McGraw-Hill

# Mis matemáticas

*Te damos la bienvenida a Mis matemáticas,* tu propio libro de matemáticas. Puedes escribir en él. De hecho, te invitamos a que escribas, dibujes, anotes, expliques y colorees a medida que exploras el apasionante mundo de las matemáticas. Empecemos ahora mismo. Toma un lápiz y completa las oraciones.

Mi nombre es ______________________.

Mi color favorito es ______________________.

Mi pasatiempo o deporte favorito es ______________________.

Mi programa de televisión o videojuego favorito es

______________________.

Mi clase favorita es ______________________.

¡las mates, por supuesto!

Bothell, WA • Chicago, IL • Columbus, OH • New York, NY

connectED.mcgraw-hill.com

STEM McGraw-Hill is committed to providing instructional materials in Science, Technology, Engineering, and Mathematics (STEM) that give all students a solid foundation, one that prepares them for college and careers in the 21st century.

Send all inquiries to:
McGraw-Hill Education
STEM Learning Solutions Center
8787 Orion Place
Columbus, OH 43240

ISBN: 978-0-02-123399-1 *(Volume 1)*
MHID: 0-02-123399-3

Printed in the United States of America.

09 10 11 12 13 QVS 23 22 21 20 19

Our mission is to provide educational resources that enable students to become the problem solvers of the 21st century and inspire them to explore careers within Science, Technology, Engineering, and Mathematics (STEM) related fields.

# ¡Conoce a los artistas!

Carolyn Phung

**Arte invertebrado** En mi clase estábamos estudiando los invertebrados y descubrimos que los insectos tienen simetría. Después hablamos de la simetría radial, que se puede observar en objetos redondos como una rueda. Combiné estas ideas para hacer mi ilustración. *Volumen 1*

Grace Kramer

**Las mates son geniales 4** Gracias a las mates, aprendo cosas nuevas. A veces los problemas me parecen difíciles, como adivinanzas. Eso son las mates: adivinanzas que me rodean. *Volumen 2*

## Otros finalistas

Jesus Pallares
Montaña rusa matemática

Isidro Tavares
Las mates justas

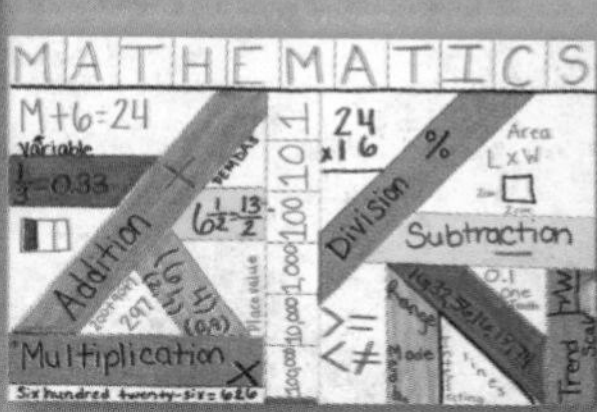


Jaquise Hickman
El mapa de las mates

Avi Sanan
Peces saltarines

Isa Weiss
A navegar por las mates

Luis Rodriguez
Las mates son geniales 12

Mikayla Pilgrim
Mis números multicolores

Kayley Spiller
El árbol de la división

Carl Zent
Las mates son una comunidad que trabaja

Calista Smith
Vaqueros ajustados

**Visita www.MHEonline.com para obtener más información sobre los ganadores y otros finalistas.**

Felicitamos a todos los participantes del concurso "Lo que las mates significan para mí" organizado por McGraw-Hill en 2011 para diseñar las portadas de los libros de *Mis matemáticas*. Hubo más de 2,400 participantes y recibimos más de 20,000 votos de miembros de la comunidad. Los nombres que aparecen arriba corresponden a los dos ganadores y los diez finalistas de este grado.

Encontrarás todo en **connectED.mcgraw-hill.com.**

## Visita el Centro del estudiante, donde encontrarás el *eBook*, recursos, tarea y mensajes.

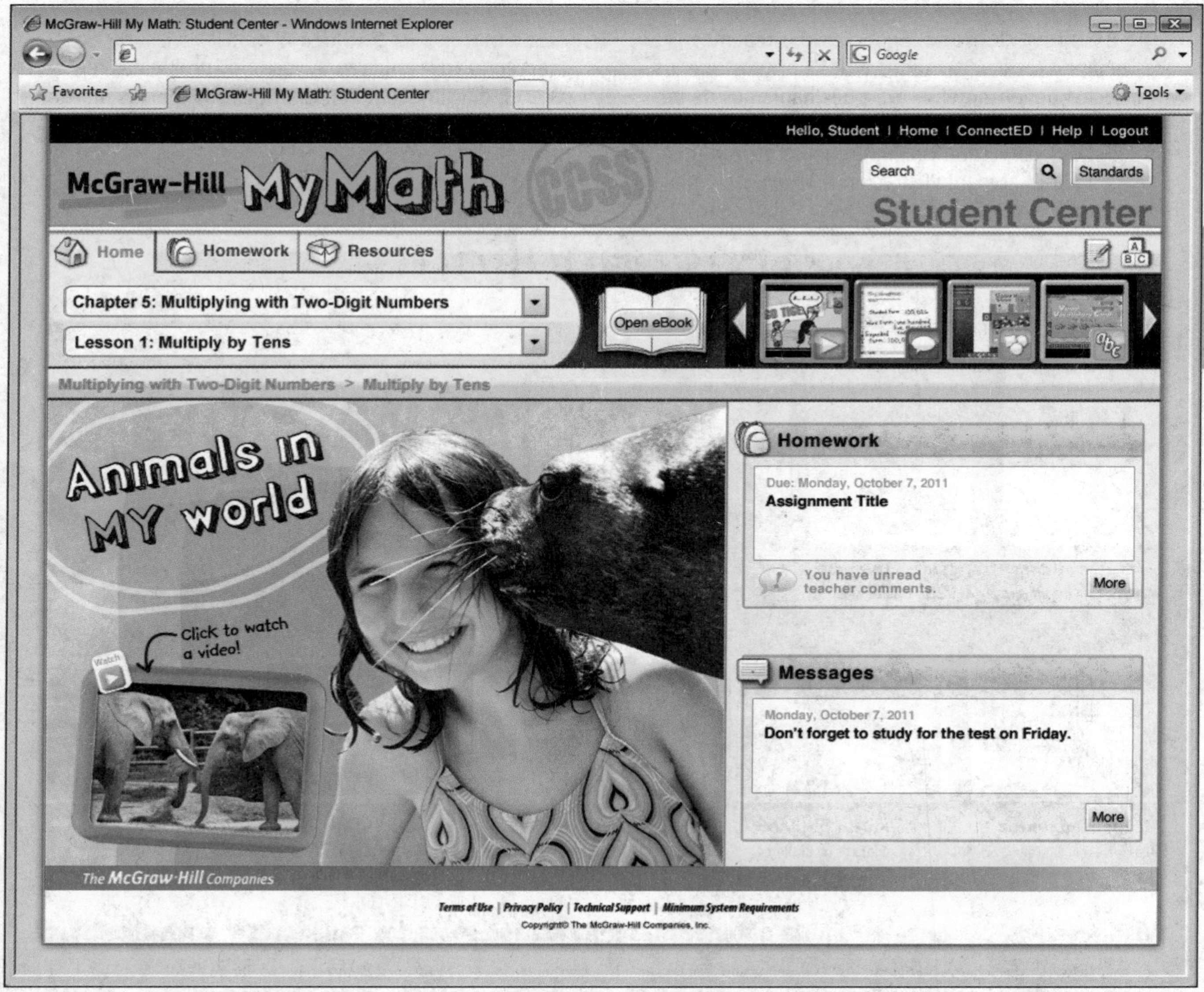

McGraw-Hill My Math: Student Center - Windows Internet Explorer

Google

Favorites | McGraw-Hill My Math: Student Center | Tools

Hello, Student | Home | ConnectED | Help | Logout

McGraw-Hill MyMath

Search | Standards

Student Center

Home | Homework | Resources

Chapter 5: Multiplying with Two-Digit Numbers

Lesson 1: Multiply by Tens

Open eBook

Multiplying with Two-Digit Numbers > Multiply by Tens

Animals in MY world

Click to watch a video!

Watch

Homework

Due: Monday, October 7, 2011

Assignment Title

You have unread teacher comments.

More

Messages

Monday, October 7, 2011

Don't forget to study for the test on Friday.

More

The McGraw-Hill Companies

Terms of Use | Privacy Policy | Technical Support | Minimum System Requirements

Copyright© The McGraw-Hill Companies, Inc.

Usuario

Contraseña

## Busca recursos en línea que te servirán de ayuda en clase y en casa.

**Observa**

Observa animaciones de conceptos clave.

**Tutor**

Observa cómo un maestro resuelve problemas.

**Herramientas**

Explora conceptos con herramientas virtuales.

**Vocabulario**

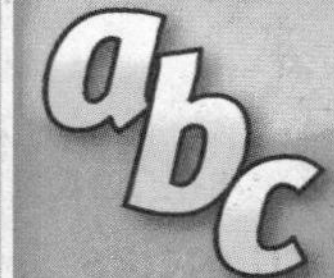


Busca actividades para desarrollar el vocabulario.

**Comprueba**

Haz una autoevaluación de tu progreso.

**Ayuda en línea**

Busca ayuda adicional con Mi tarea.

**Material reproducible**

Descarga hojas de práctica.

## CONEXIÓN móvil

Para acceder al centro de aplicaciones móviles, escanea este código QR con tu dispositivo móvil* o visita mheonline.com/stem_apps.

*Es posible que necesites una aplicación para leer códigos QR.

Available on the App Store

# Resumen del contenido

## Organizado por área

Estándares estatales



Estándares para las **PRÁCTICAS matemáticas** → *Integrados en todo el libro*

# Capítulo 1 El valor posicional

**PREGUNTA IMPORTANTE**
**¿Cómo ayuda el valor posicional a representar el valor de los números?**

¿Estás listo para salir al aire libre?

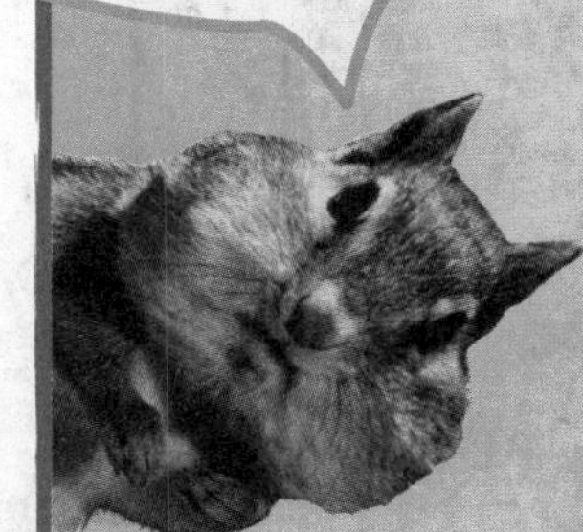

## Para comenzar



## Lecciones y tarea



## Para terminar



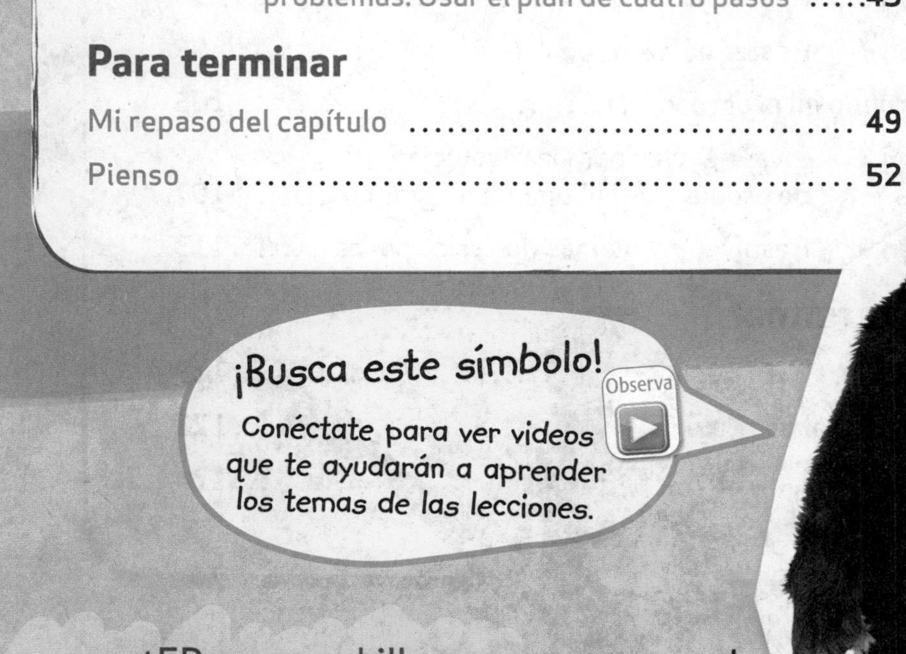

¡Busca este símbolo! Observa
Conéctate para ver videos que te ayudarán a aprender los temas de las lecciones.

connectED.mcgraw-hill.com

# Capítulo 2 Sumar y restar números naturales

**PREGUNTA IMPORTANTE**
**¿Qué estrategias puedo usar para sumar o restar?**

## Para comenzar



## Lecciones y tarea



## Para terminar



connectED.mcgraw-hill.com

Capítulo 3

# Comprender la multiplicación y la división

PREGUNTA IMPORTANTE

¿Cómo se relacionan la multiplicación y la división?

## Para comenzar



## Lecciones y tarea



## Para terminar



¡Busca este símbolo!

Conéctate para recibir ayuda adicional mientras haces tu tarea.

Capítulo 4

# Multiplicar con números de un dígito

**PREGUNTA IMPORTANTE**
**¿Cómo puedo expresar la multiplicación?**

## Para comenzar



## Lecciones y tarea



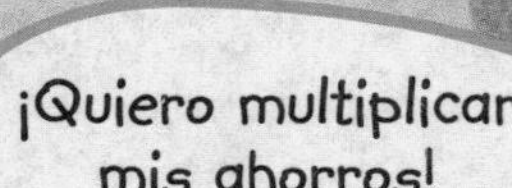


## Para terminar



connectED.mcgraw-hill.com

Capítulo 5

# Multiplicar con números de dos dígitos

PREGUNTA IMPORTANTE

¿Cómo puedo multiplicar por un número de dos dígitos?

## Para comenzar

## Lecciones y tarea



## Para terminar

¡Busca este símbolo!

Conéctate para buscar herramientas que te ayudarán a explorar conceptos.

Capítulo 6

# Dividir entre un número de un dígito

**PREGUNTA IMPORTANTE**
**¿Cómo afecta la división a los números?**

## Para comenzar



## Lecciones y tarea



## Para terminar

connectED.mcgraw-hill.com

# Capítulo 7 Patrones y secuencias

**PREGUNTA IMPORTANTE**
**¿Cómo se usan los patrones en matemáticas?**

## Para comenzar



## Lecciones y tarea



## Para terminar



¡Busca este símbolo!

Conéctate para observar cómo un maestro resuelve problemas.

# Capítulo 8 Fracciones

**PREGUNTA IMPORTANTE**
**¿Cómo pueden fracciones diferentes nombrar la misma cantidad?**

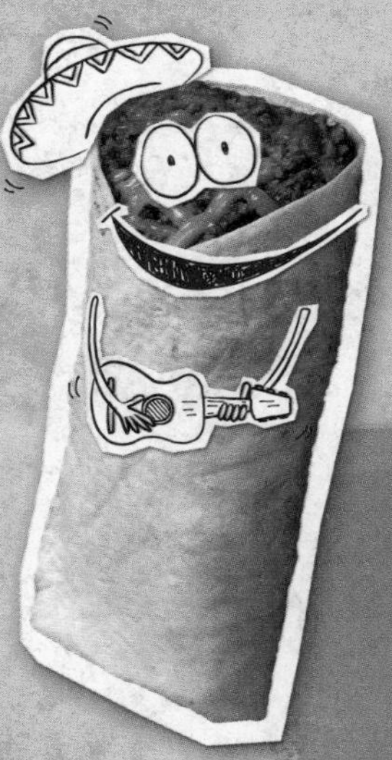

## Para comenzar



## Lecciones y tarea



## Para terminar



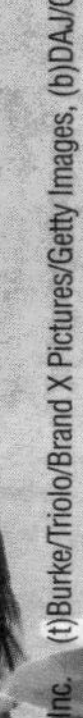

Capítulo 9

# Operaciones con fracciones

PREGUNTA IMPORTANTE

¿Cómo se pueden usar operaciones para representar fracciones del mundo real?

¡Busca este símbolo!

Vocabulario

Conéctate para buscar actividades que te ayudarán a desarrollar tu vocabulario.

# Capítulo 10 Fracciones y decimales

**PREGUNTA IMPORTANTE**
**¿Qué relación hay entre las fracciones y los decimales?**

## Para comenzar



## Lecciones y tarea



## Para terminar



connectED.mcgraw-hill.com

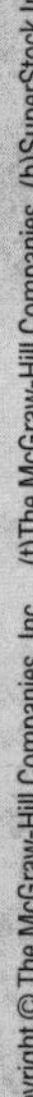

# Capítulo 11 La medición en el sistema usual

**PREGUNTA IMPORTANTE**
**¿Por qué convertimos medidas?**

## Para comenzar



## Lecciones y tarea



## Para terminar

Conéctate para comprobar tu progreso.

# Capítulo 12 La medición en el sistema métrico

**PREGUNTA IMPORTANTE**
**¿Cómo puedo convertir medidas para resolver problemas del mundo real?**

## Para comenzar



## Lecciones y tarea



## Para terminar



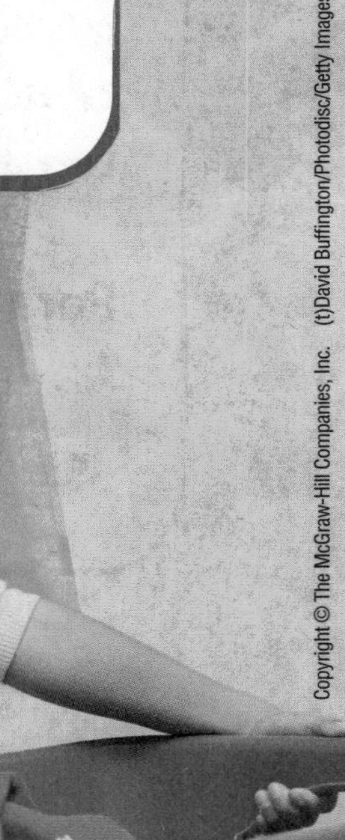

# Capítulo 13 Perímetro y área

**PREGUNTA IMPORTANTE**
**¿Por qué es importante medir el perímetro y el área?**

## Para comenzar



## Lecciones y tarea



## Para terminar



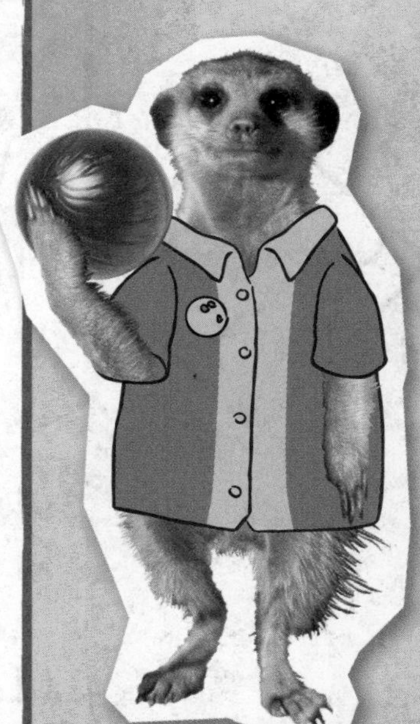

# Capítulo 14 Geometría

**PREGUNTA IMPORTANTE**
**¿Cómo se relacionan las distintas ideas acerca de la geometría?**

## Para comenzar



## Lecciones y tarea



## Para terminar



DESPACIO

connectED.mcgraw-hill.com

Capítulo
1
El valor posicional
PREGUNTA IMPORTANTE
¿Cómo ayuda el valor posicional a representar el valor de los números?
Nos encanta estar al aire libre
Observa
¡Mira el video!

# Mis estándares estatales

## Números y operaciones del sistema decimal

**4.NBT.1** Reconocer que en un número natural de varios dígitos, un dígito ubicado en determinada posición representa diez veces lo que representa en la posición que se encuentra a su derecha.

**4.NBT.2** Leer y escribir números naturales de varios dígitos usando los números del sistema decimal, los nombres de los números y la forma desarrollada. Comparar dos números de varios dígitos basándose en los significados de los dígitos situados en cada posición, usando los símbolos $>$, $=$ y $<$ para registrar los resultados de las comparaciones.

**4.NBT.3** Usar la comprensión del valor posicional para redondear números naturales de varios dígitos a cualquier posición.

¡Oye, ya conozco algunos de estos!

Estándares para las

**PRÁCTICAS matemáticas**

1. Entender los problemas y perseverar en la búsqueda de una solución.
2. Razonar de manera abstracta y cuantitativa.
3. Construir argumentos viables y hacer un análisis del razonamiento de los demás.
4. Representar con matemáticas.
5. Usar estratégicamente las herramientas apropiadas.
6. Prestar atención a la precisión.
7. Buscar una estructura y usarla.
8. Buscar y expresar regularidad en el razonamiento repetido.

= Se trabaja en este capítulo.

Nombre ........................................

# Antes de seguir...

← Conéc... para hacer la prueba de preparación.

**Compara. Escribe >, < o =.**

**1.** 8,000 ◯ 8,100 **2.** 3,404 ◯ 3,044 **3.** 7,635 ◯ 7,635

**Redondea los números a la decena más cercana.**

**4.** 24 ______ **5.** 16 ______ **6.** 37 ______

**Redondea los números a la centena más cercana.**

**7.** 215 ______ **8.** 189 ______ **9.** 371 ______

**10.** Para preparar una receta se necesitan 11 huevos. Escribe el número en forma verbal.

______

**Escribe los grupos de números en orden de *menor* a *mayor*.**

**11.** 124, 139, 129 ______ **12.** 257, 184, 321 ______

**13.** En la clase de Cooper hay veinticinco estudiantes. Escribe el número en forma estándar.

______



**Sombrea las casillas para mostrar los problemas que respondiste correctamente.**

**¿Cómo me fue?**

| 1 | 2 | 3 | 4 | 5 | 6 | 7 | 8 | 9 | 10 | 11 | 12 | 13 |
|---|---|---|---|---|---|---|---|---|---|---|---|---|

Nombre

# Las palabras de mis mates

Vocabulario

## Repaso del vocabulario

centenas decenas decenas de millar millares unidades

**Haz conexiones**

Usa las palabras del repaso del vocabulario para describir los dígitos del diagrama. Luego, responde la pregunta.

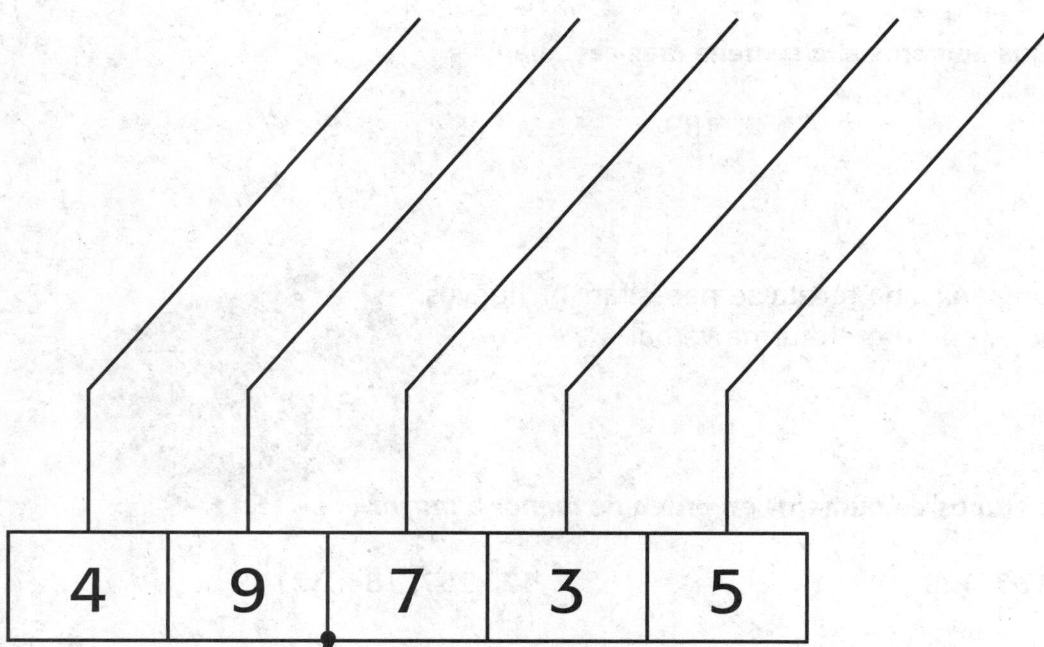


Imagina que 49,735 personas tienen boletos para un partido de básquetbol. El estadio A tiene capacidad para 40,000 personas. El estadio B tiene capacidad para 50,000 personas. ¿En qué estadio debe realizarse el partido? Explica cómo lo decidiste.

# Mis tarjetas de vocabulario

PRÁCTICAS matemáticas

Lección 1-1

## dígito

**2,340,581**

2, 3, 4, 0, 5, 8, 1

Lección 1-3

## es igual a (=)

**1,500,000 = 1,500,000**

Lección 1-3

## es mayor que (>)

**1,900,000 > 1,700,000**

Lección 1-3

## es menor que (<)

**1,200,000 < 1,600,000**

Lección 1-2

## forma desarrollada

**105,073 = 100,000 + 5,000 + 70 + 3**

Lección 1-2

## forma estándar

**3,000 + 400 + 90 + 1 = 3,491**

forma estándar



Lección 1-2

## forma verbal

**16,499 = dieciséis mil cuatrocientos noventa y nueve**

Lección 1-2

## período

| Período de los millones | | | Período de los millares | | | Período de las unidades | | |
|---|---|---|---|---|---|---|---|---|
| Millones | | | Millares | | | Unidades | | |
| centenas | decenas | unidades | centenas | decenas | unidades | centenas | decenas | unidades |
| 6 | 5 | 0, | 0 | 8 | 4, | 9 | 7 | 0 |

## Sugerencias

- Crea categorías y úsalas para clasificar las palabras. Pide a un compañero o una compañera que adivine cuáles son las categorías que usaste.
- Haz una marca de conteo en la tarjeta correspondiente cada vez que leas o escribas una de estas palabras. Ponte como meta hacer al menos 10 marcas de conteo en cada tarjeta.

Que tiene el mismo valor que otro elemento.

El sufijo *-dad* puede significar "estado o condición". ¿Qué significa la palabra *igualdad*?

Símbolo que se usa para escribir un número natural.

Escribe un número con el dígito 6 en la posición de las unidades y el dígito 0 en la posición de las decenas de millar.

Relación de desigualdad en la que el número de la izquierda es menor que el número de la derecha.

Escribe un enunciado numérico comparando dos grupos de elementos del salón de clases. Usa el símbolo $<$ en el enunciado.

Relación de desigualdad en la que el número de la izquierda es mayor que el número de la derecha.

Escribe otros términos de matemáticas que sirvan para comparar y contengan la palabra *"que"*.

Manera habitual de escribir un número usando solo dígitos en lugar de palabras.

Uno de los significados de *estándar* es "normal o habitual". ¿Cómo te ayuda saber esto a recordar la definición de *forma estándar*?

Representación de un número como una *suma* que muestra el valor de cada dígito.

Escribe el sufijo de la palabra *desarrollada*. Si necesitas ayuda, usa un diccionario.

Cada uno de los grupos de tres dígitos que hay en una tabla de valor posicional.

¿Cuáles son los nombres de los tres períodos de esta tarjeta?

Manera de representar un número usando palabras.

Escribe un número de cinco dígitos usando cifras. Luego, escribe el mismo número en forma verbal.

# Mis tarjetas de vocabulario

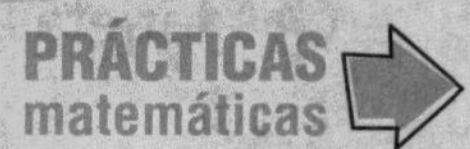


Lección 1-3

**recta numérica**

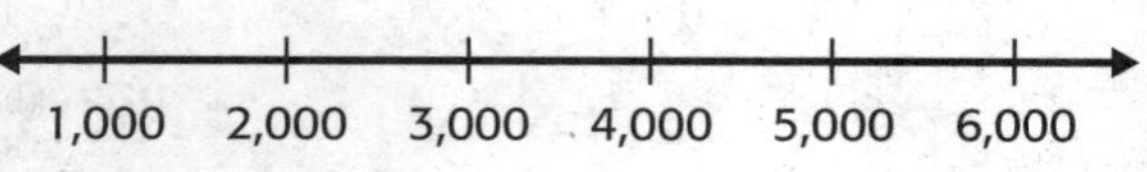


Lección 1-1

**valor posicional**

| Millones | | | Millares | | | Unidades | | |
|---|---|---|---|---|---|---|---|---|
| centenas | decenas | unidades | centenas | decenas | unidades | centenas | decenas | unidades |
| 6 | 5 | 0, | 0 | 8 | 4, | 9 | 7 | 0 |

## Sugerencias

- Dibuja o escribe ejemplos para cada tarjeta. Asegúrate de que tus ejemplos sean diferentes de los que se muestran en las tarjetas.
- Escribe los nombres de las lecciones en el frente de cada tarjeta en blanco. En el reverso, escribe ideas para estudiar para cada lección.

Valor de un dígito que corresponde a su posición en un número.

Escribe un número de cinco dígitos. Luego, escribe el valor posicional de cada dígito.

Recta que contiene números ordenados en intervalos regulares.

Escribe un problema en el que debas comparar números.

# Mi modelo de papel

FOLDABLES® Sigue los pasos que aparecen en el reverso para hacer tu modelo de papel.

9 8 7

6 5 4

3 2 1

unidades
× 1

decenas
× 10

centenas
× 10
× 10

millares
× 10
× 10
× 10

decenas de millar
× 10
× 10
× 10
× 10

centenas de millar
× 10
× 10
× 10
× 10
× 10

millones
× 10
× 10
× 10
× 10
× 10
× 10

FOLDABLES
Ayudas de estudio

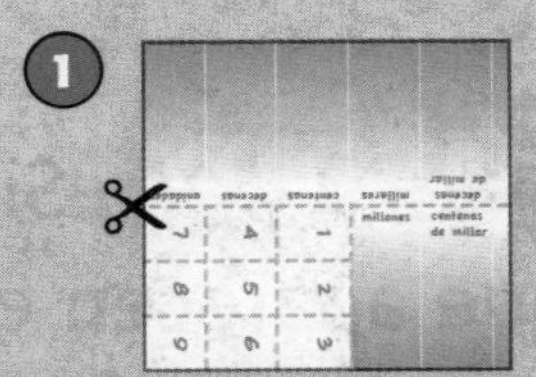

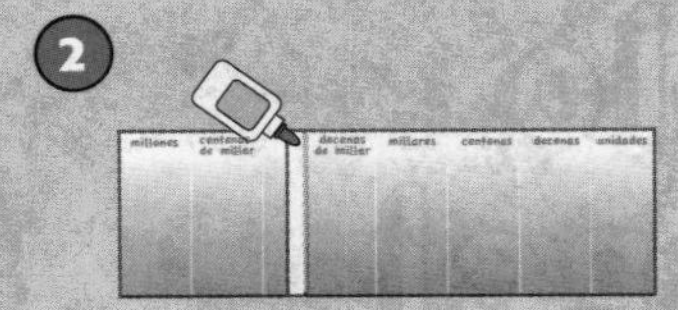

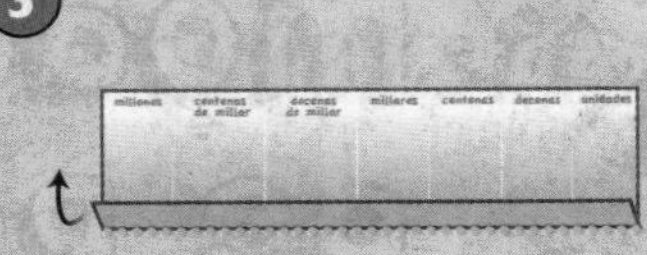

Nombre



# Valor posicional

**Lección 1**

**PREGUNTA IMPORTANTE**
**¿Cómo ayuda el valor posicional a representar el valor de los números?**

Un **dígito** es un símbolo que se usa para escribir un número natural. El valor de un dígito según la posición que ocupa en un número se llama **valor posicional**. Una tabla de valor posicional muestra el valor de los dígitos que forman un número.

## Las mates y mi mundo

Herramientas  Observa  Tutor

### Ejemplo 1

**Con un lápiz común puede dibujarse una línea de casi 184,800 pies de longitud. ¿Cuál es el valor del dígito sombreado?**

La tabla de valor posicional muestra el número 184,800.

| **Período de los millares** | | | **Período de las unidades** | | |
|---|---|---|---|---|---|
| centenas | decenas | unidades | centenas | decenas | unidades |
| 1 | **8** | 4, | 8 | 0 | 0 |
| 100,000<br>1 × 100,000 | 80,000<br>8 × 10,000 | 4,000<br>4 × 1,000 | 800<br>8 × 100 | 0<br>0 × 10 | 0<br>0 × 1 |

El dígito sombreado, 8, está en la posición de las ______________.

Por lo tanto, su valor es ______________.

El dígito que está en una posición representa un valor diez veces mayor del que representaría si estuviera en la posición a su derecha.
Cuando el 8 está en la posición de las decenas de millar, tiene un valor de 80,000.
Si el 8 estuviera en la posición de las centenas de millar, su valor sería 10 × 80,000, u 800,000.

## Ejemplo 2

**Hay 2,419,200 segundos en cuatro semanas. ¿Cómo cambia el valor del dígito en la posición de las centenas si se mueve ese dígito a cada una de las cuatro posiciones que están a su izquierda?**

| Período de los millones | | | Período de los millares | | | Período de las unidades | | |
|---|---|---|---|---|---|---|---|---|
| centenas | decenas | unidades | centenas | decenas | unidades | centenas | decenas | unidades |
| | | 2, | 4 | 1 | 9, | 2 | 0 | 0 |

El dígito en la posición de las centenas es ________.

Tiene un valor de ________.

Si se mueve este dígito a la posición de los millares, tendrá un valor de ________.

Si se mueve este dígito a la posición de las decenas de millar, tendrá un valor de ________.

Si se mueve este dígito a la posición de las centenas de millar, tendrá un valor de ________.

Si se mueve este dígito a la posición de los millones, tendrá un valor de ________.

El dígito que está en una posición tiene un valor diez veces mayor del que tendría si estuviera en la posición a su derecha.

¿Qué relación hay entre el valor de un dígito en la posición de los millares y el valor de ese mismo dígito en la posición de las centenas?

## Práctica guiada 

**Encierra en un círculo la posición correcta de los dígitos sombreados y escribe sus valores.**

| | Posición | | Valor |
|---|---|---|---|
| **1.** 62,574 | unidades | decenas | ________ |
| **2.** 53,456 | decenas de millar | millares | ________ |
| **3.** 59,833 | decenas | centenas | ________ |
| **4.** 174,305 | decenas de millar | millares | ________ |

Nombre ............................................................



## Práctica independiente

**Encierra en un círculo la posición correcta de los dígitos sombreados y escribe su valor.**

| | | Posición | | Valor |
|---|---|---|---|---|
| **5.** | 593,802 | centenas | decenas | ________ |
| **6.** | 4,826,193 | decenas de millar | centenas de millar | ________ |
| **7.** | 7,830,259 | centenas de millar | millones | ________ |

**En los ejercicios 8 a 16, usa la tabla de valor posicional.**

| Período de los millares | | | Período de las unidades | | |
|---|---|---|---|---|---|
| centenas | decenas | unidades | centenas | decenas | unidades |
| 4 | 6 | 2, | 3 | 7 | 1 |

**8.** El 6 está en la posición de las __________.

**9.** El __________ está en la posición de los millares.

**10.** El 7 tiene un valor de 7 × __________.

**11.** El 6 tiene un valor de 6 × __________.

**12.** El __________ tiene un valor de __________ × 100,000.

**13.** El __________ está en la posición de las centenas.

**14.** El 1 está en la posición de las __________.

**15.** El dígito en la posición de las centenas de millar tiene un valor 10 veces mayor del que tendría si estuviera en la posición de las __________.

**16.** El dígito en la posición de los millares tiene un valor __________ veces mayor del que tendría si estuviera en la posición de las centenas.

## Resolución de problemas

**17.** Un elefante africano puede pesar hasta 14,432 libras. ¿Cuál es el valor del dígito sombreado?

**18.** PRÁCTICA matemática 2 **Hacer un alto y pensar** Usa las siguientes pistas para hallar la distancia en millas entre la Tierra y la Luna. Escribe el número en la tabla de valor posicional.

- El mayor valor posicional es el de las centenas de millar.
- El dígito en la posición de las decenas es 5.
- Los dígitos que quedan son 2, 3, 8 y 7
- Uno de los dígitos tiene un valor de 30,000.
- Uno de los dígitos tiene un valor de 800. El valor del dígito en la posición de los millares es 10 veces mayor que el valor de ese dígito.
- Hay 2 unidades más que decenas.

| **Período de los millares** | | | **Período de las unidades** | | |
|---|---|---|---|---|---|
| centenas | decenas | unidades | centenas | decenas | unidades |
| | | | | | |

¿Cuál es la distancia entre la Tierra y la Luna?

¡Mi trabajo!

**19.** PRÁCTICA matemática 4 **Representar las mates** Escribe un número de seis dígitos que tenga un 9 en la posición de las centenas y un 6 en la posición de las centenas de millar.

**20.** **Profundización de la pregunta importante** ¿Cómo cambia el valor de un dígito si se mueve a otra posición?

# Mi tarea

Lección 1
Valor posicional

## Asistente de tareas

¿Necesitas ayuda? connectED.mcgraw-hill.com

**Escribe el valor y la posición del dígito sombreado en 8,304,421.**

Usa una tabla de valor posicional.

| Período de los millones | | | Período de los millares | | | Período de las unidades | | |
|---|---|---|---|---|---|---|---|---|
| centenas | decenas | unidades | centenas | decenas | unidades | centenas | decenas | unidades |
| | | 8 | 3 | 0 | 4 | 4 | 2 | 1 |

El 3 está en la posición de las centenas de millar.

El valor del 3 es de 3 × 100,000, o 300,000.

## Práctica

**Encierra en un círculo la posición correcta de los dígitos sombreados y escribe su valor.**

| | Posición | | Valor |
|---|---|---|---|
| **1.** 62,468 | millares | decenas de millar | ________ |
| **2.** 934,218 | millares | decenas de millar | ________ |
| **3.** 438,112 | decenas de millar | centenas de millar | ________ |
| **4.** 285,012 | decenas | millares | ________ |
| **5.** 2,905,146 | centenas de millar | millones | ________ |
| **6.** 6,034,215 | decenas de millar | millones | ________ |

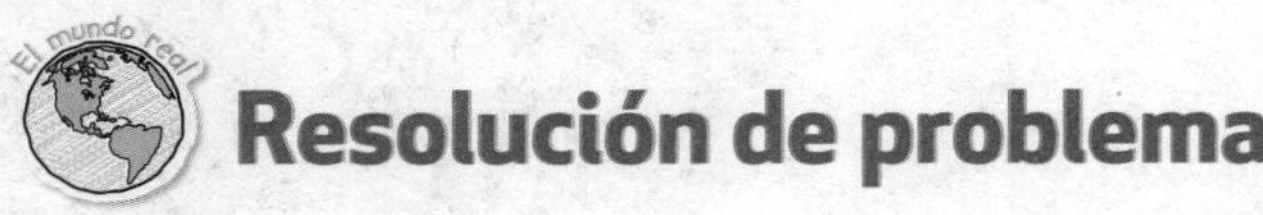

# Resolución de problemas

**PRÁCTICA matemática 2 Usar el sentido numérico** **En los ejercicios 7 a 13, usa la tabla de valor posicional.**

| Período de los millones | | | Período de los millares | | | Período de las unidades | | |
|---|---|---|---|---|---|---|---|---|
| centenas | decenas | unidades | centenas | decenas | unidades | centenas | decenas | unidades |
| | | | | | | | | |

**7.** Escribe 1 en la posición de las centenas.

**8.** Escribe 8 en la posición de las decenas.

**9.** Escribe 4 en la posición de las unidades.

**10.** Escribe 3 en la posición de los millares.

**11.** Escribe 7 en la posición de los millones.

**12.** Escribe 5 en la posición de las decenas de millar.

**13.** Escribe 2 en la posición de las centenas de millar.

## Comprobación del vocabulario

**Une las definiciones con los términos correctos del vocabulario.**

**14.** El valor de un dígito según su posición en un número. • dígitos

**15.** Símbolos que se usan para escribir números naturales. • valor posicional

## Práctica para la prueba

**16.** Un dígito está en la posición de las centenas. El dígito se mueve a otra posición, de manera que su valor es diez veces mayor del que tenía en la posición anterior. ¿A qué posición se movió el dígito?

Ⓐ centenas de millar

Ⓑ decenas de millar

Ⓒ millares

Ⓓ decenas

Nombre ..............................................

# Leer y escribir números de varios dígitos

**Lección 2**

**PREGUNTA IMPORTANTE**
**¿Cómo ayuda el valor posicional a representar el valor de los números?**

Las tablas de valor posicional muestran el valor de cada dígito. Un grupo de tres dígitos se llama **período**. Los períodos se separan con comas. Cuando veas una coma, di el nombre del período.

## Las mates y mi mundo

### Ejemplo 1

**Un grupo de científicos descubrió que un albatros voló 24,983 millas en solo 90 días. Usa la tabla de valor posicional para leer la cantidad de millas que voló el albatros.**

La tabla de valor posicional muestra 24,983.

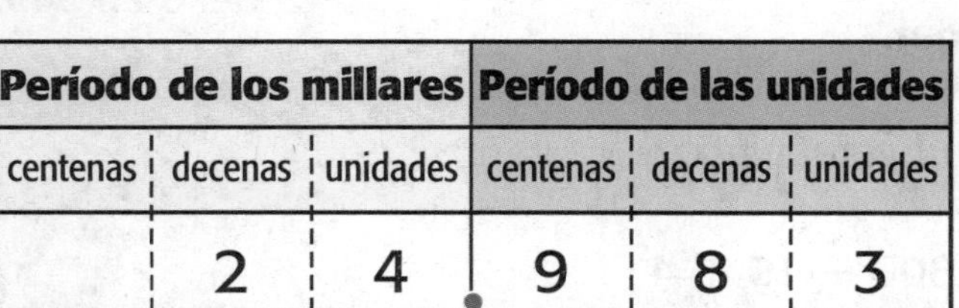

| Período de los millares | | | Período de las unidades | | |
|---|---|---|---|---|---|
| centenas | decenas | unidades | centenas | decenas | unidades |
| | 2 | 4, | 9 | 8 | 3 |

La coma está detrás del período de los millares. Cuando leas el número, di *mil*.

Di: *veinticuatro mil novecientos ochenta y tres.*

Por lo tanto, el albatros voló *veinticuatro mil novecientas ochenta y tres* millas.

Hay diferentes maneras de escribir números. En la **forma estándar**, o nombre del número, se usan únicamente dígitos para mostrar el número. La **forma desarrollada** muestra el número como una suma de los valores de sus dígitos. En la **forma verbal**, el número se escribe usando solo palabras.

## Ejemplo 2 Tutor

**La población de Botsuana es de aproximadamente 1,882,000 habitantes. Escribe este número en forma estándar, en forma desarrollada y en forma verbal.**

La tabla de valor posicional muestra la posición de cada dígito.

| Período de los millones | | | Período de los millares | | | Período de las unidades | | |
|---|---|---|---|---|---|---|---|---|
| centenas | decenas | unidades | centenas | decenas | unidades | centenas | decenas | unidades |
| | | 1, | 8 | 8 | 2, | 0 | 0 | 0 |

Escribe el número en forma estándar y en forma desarrollada.

☐, 8 ☐ ☐, 0 ☐ ☐ ← forma estándar

1,000,000 + ________ + 80,000 + ________ ← forma desarrollada

Escribe el número en forma verbal.

*un millón* ________ *ochenta y* ________ *mil*

¿Cuál es el valor del 6 en 345,629?

## Práctica guiada

**Escribe los números en forma estándar.**

**1.** *trescientos cuarenta y nueve mil veinticinco* ________

**2.** 400,000 + 90,000 + 2,000 + 800 + 10 + 4 ________

**Escribe los números en forma desarrollada y en forma verbal.**

**3.** 492,032

________

________

**4.** 3,028,002

________

________

Nombre ..........................................

CCSS

## Práctica independiente

**Escribe los números en forma estándar.**

**5.** *veinticinco mil cuatrocientos ocho* ____________

**6.** *cuarenta mil ochocientos once* ____________

**7.** *setecientos sesenta y un mil trescientos cincuenta y seis* ____________

**8.** *cinco millones setecientos sesenta y dos mil ciento once*

____________

**9.** 600,000 + 80,000 + 4 ____________

**10.** 20,000 + 900 + 70 + 6 ____________

**11.** 9,000,000 + 200,000 + 1,000 + 500 + 2 ____________

**Escribe los números en forma desarrollada y en forma verbal.**

**12.** 485,830

Forma desarrollada:

____________________________________________

Forma verbal:

____________________________________________

____________________________________________

**13.** 3,029,251

Forma desarrollada:

____________________________________________

Forma verbal:

____________________________________________

____________________________________________

## Resolución de problemas

**14.** PRÁCTICA matemática 1 **Planear la solución** Un elefante pesaba 232 libras al nacer. En un año, su peso aumentó 1,000 libras. Escribe el peso actual del elefante en forma desarrollada y en forma verbal.

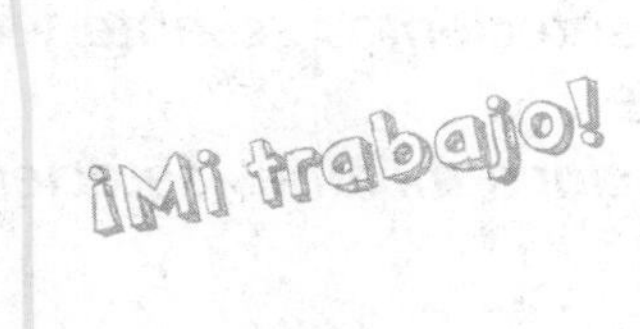

Forma desarrollada: ______________________

Forma verbal: ______________________

______________________

¡Mi trabajo!

**15.** La población de Noruega es de aproximadamente *cuatro millones setecientos dos mil* habitantes. Escribe el número en forma estándar.

______________________

**16.** La población de República Dominicana es de aproximadamente 9,366,000 habitantes. Escribe el número en forma verbal.

______________________

______________________

## Problemas S.O.S.

**17.** PRÁCTICA matemática 3 **Hallar el error** Sonia escribió 2,408,615 en forma desarrollada como se muestra abajo.

2,000,000 + 400,000 + 80,000 + 600 + 10 + 5

Halla el error que cometió y corrígelo.

______________________

______________________

**18.** **Profundización de la pregunta importante** ¿Por qué es importante la forma desarrollada? Explica tu respuesta.

______________________

Nombre ..........................................................

Lección 2
Leer y escribir números de varios dígitos

## Asistente de tareas

¿Necesitas ayuda? connectED.mcgraw-hill.com

**Escribe 1,000,000 + 300,000 + 60,000 + 300 + 10 + 5 en forma estándar. Luego, lee el número en voz alta.**

**forma estándar:** 1,360,315

Recuerda: Las comas separan los períodos. Di el nombre del período cuando veas una coma.

| Período de los millones | | | Período de los millares | | | Período de las unidades | | |
|---|---|---|---|---|---|---|---|---|
| centenas | decenas | unidades | centenas | decenas | unidades | centenas | decenas | unidades |
| | | 1, | 3 | 6 | 0, | 3 | 1 | 5 |

Di: *un millón trescientos sesenta mil trescientos quince.*

**Escribe 756,491 en forma desarrollada y en forma verbal.**
**forma desarrollada:** 700,000 + 50,000 + 6,000 + 400 + 90 + 1

**forma verbal:** *setecientos cincuenta y seis mil cuatrocientos noventa y uno*

## Práctica

1. Escribe *un millón ciento cuarenta y cinco mil doscientos treinta y siete* en forma estándar.

______________________________

2. Escribe 87,192 en forma verbal y en forma desarrollada.

______________________________

______________________________

# Resolución de problemas

**Completa la forma desarrollada de estos números.**

**3.** PRÁCTICA matemática 1 **Comprobar que sea razonable**

91,765 = 90,000 + ________ + 700 + ________ + 5

**4.** 798,054 = 700,000 + ________ + ________ + 50 + 4

**5.** 5,925,020 = 5,000,000 + ________ + 20,000 + ________ + 20

**6.** 2,802,136 = ________ + 800,000 + ________ + 100 + 30 + ________

## Comprobación del vocabulario

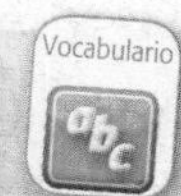


**Lee las definiciones. Completa los espacios en blanco con los términos correctos.**

forma desarrollada | forma estándar

forma verbal | período

**7.** la manera de escribir un número usando solo palabras

___ ___ ___ ___ ___   ___ ___ ___ ___ ___ ___

**8.** la manera habitual de escribir un número, usando dígitos

___ ___ ___ ___ ___   ___ ___ ___ ___ ___ ___ ___ ___

**9.** la manera de escribir un número como la suma de los valores de sus dígitos

___ ___ ___ ___ ___

___ ___ ___ ___ ___ ___ ___ ___ ___ ___ ___ ___

**10.** cada grupo de tres dígitos en una tabla de valor posicional

___ ___ ___ ___ ___ ___ ___

## Práctica para la prueba

**11.** ¿Cuál es la forma desarrollada correcta de 45,098?

Ⓐ 45,000 + 98

Ⓑ 4,000 + 5,000 + 9 + 8

Ⓒ 40,000 + 500 + 90 + 8

Ⓓ 40,000 + 5,000 + 90 + 8

# Comparar números

## Lección 3

**PREGUNTA IMPORTANTE**
**¿Cómo ayuda el valor posicional a representar el valor de los números?**

Una **recta numérica** es una recta que contiene números ordenados en intervalos regulares. Puedes usar una recta numérica para comparar números. Usa estos símbolos para mostrar cuál es la relación entre dos números.

| **es mayor que (>)** | **es menor que (<)** | **es igual a (=)** |
|---|---|---|

## Las mates y mi mundo

### Ejemplo 1

**Un policía gana $41,793 durante su primer año de trabajo. Un bombero gana $41,294 en el mismo período. ¿Cuál de los dos gana más dinero durante su primer año de trabajo?**

Rotula cada punto con el salario correcto.

41,000 41,200 41,400 41,600 41,800 42,000

Los números se hacen más pequeños.

Los números se hacen más grandes.

41,793 está a la ______________ de 41,294.

41,793 es ______________ que 41,294.

41,793 ◯ 41,294 ← Escribe el símbolo > en el círculo.

Por lo tanto, ______________ gana más dinero que ______________ durante su primer año de trabajo.

## Ejemplo 2

**Hace unos años, la población de Vermont era de 621,760 habitantes. La población de Dakota del Norte era de 646,844 habitantes. Compara las poblaciones. Escribe <, > o =.**

Usa una tabla de valor posicional.

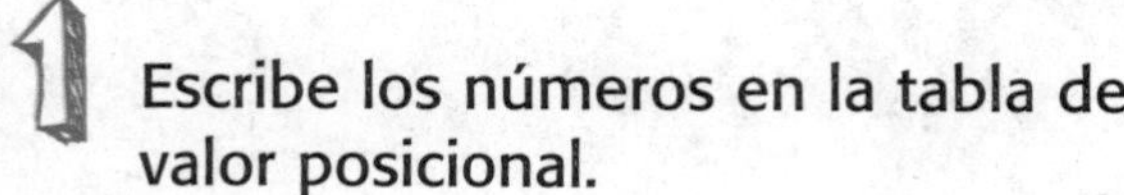

1. Escribe los números en la tabla de valor posicional.

2. Compara los dígitos de mayor valor posicional. Si esos dígitos son iguales, pasa a los dígitos que siguen a la derecha. Haz esto hasta que encuentres dos dígitos que sean diferentes.

| **Período de los millares** | | | **Período de las unidades** | | |
|---|---|---|---|---|---|
| centenas | decenas | unidades | centenas | decenas | unidades |
| | | | | | |
| | | | | | |

iguales

diferentes
2 < 4

Por lo tanto, 621,760 ◯ 646,844.

## Práctica guiada

Si dos números están formados por los mismos dígitos y estos dígitos están en las mismas posiciones, ¿puede uno de ellos ser mayor que el otro? Explica tu respuesta.

1. Usa la recta numérica para comparar. Escribe <, > o =.

   32,053 ◯ 35,251

   30,000 31,000 32,000 33,000 34,000 35,000 36,000

**Compara. Escribe <, > o =.**

2. 25,409 ◯ 26,409
3. 13,636 ◯ 13,636
4. 72,451 ◯ 76,321
5. 201,953 ◯ 201,953
6. 442,089 ◯ 442,078
7. 224,747 ◯ 224,774

Nombre

CCSS

## Práctica independiente

**En los ejercicios 8 a 10, usa las rectas numéricas para comparar. Escribe <, > o =.**

**8.** 45,526 ◯ 48,873

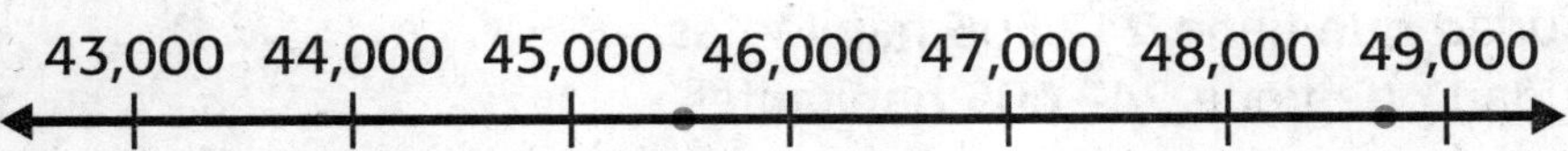


**9.** 31,748 ◯ 31,521

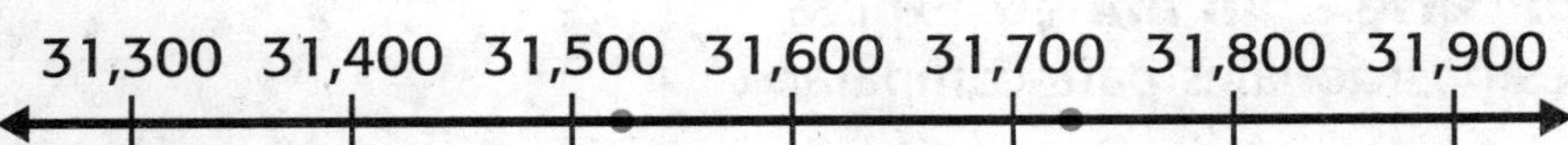


**10.** 126,532 ◯ 129,321

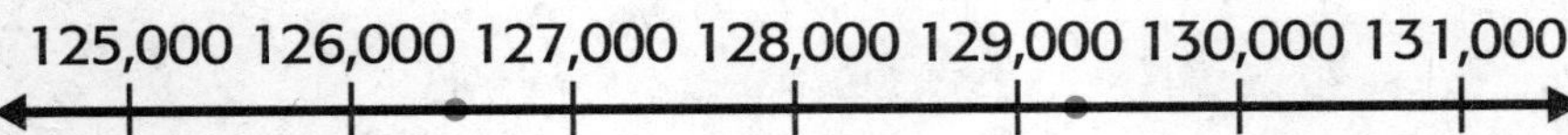


**Compara. Escribe <, > o =.**

**11.** 3,030 ◯ 3,030 **12.** 76,101 ◯ 77,000 **13.** 12,683 ◯ 12,638

**14.** 229,214 ◯ 300,142 **15.** 701,000 ◯ 701,000 **16.** 342,646 ◯ 34,646

**17.** 398,421 ◯ 389,421 **18.** 605,310 ◯ 605,310 **19.** 840,515 ◯ 845,015

**20.** 655,543 ◯ 556,543 **21.** 720,301 ◯ 720,031 **22.** 333,452 ◯ 333,452

## Resolución de problemas

**23.** Julio colecciona estampillas y tarjetas de béisbol. Tiene 1,834 estampillas y 1,286 tarjetas de béisbol. ¿Tiene más estampillas o más tarjetas de béisbol? Explica tu respuesta.

_______________________________________________

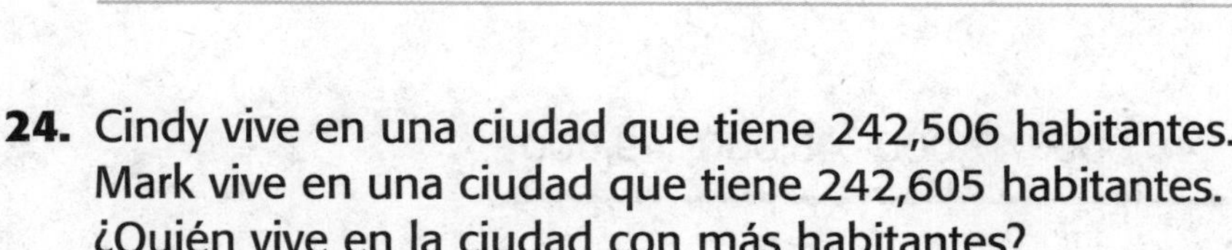

**24.** Cindy vive en una ciudad que tiene 242,506 habitantes. Mark vive en una ciudad que tiene 242,605 habitantes. ¿Quién vive en la ciudad con más habitantes?

_______________________________________________

**25.** PRÁCTICA matemática 6 **Explicarle a un amigo** Explica cómo usar los valores posicionales para comparar números.

_______________________________________________

_______________________________________________

_______________________________________________

### Problemas S.O.S.

PRÁCTICA matemática 2 **Entender los símbolos En los ejercicios 26 a 28, completa los espacios en blanco para hacer que los enunciados numéricos sean verdaderos.**

**26.** 253,052 < __________

**27.** 95,925 > __________

**28.** 205,053 < __________

**29.** **Profundización de la pregunta importante** ¿Cómo puedes mostrar la relación entre dos números?

_______________________________________________

_______________________________________________

_______________________________________________

Nombre ..................................................

# Mi tarea

Lección 3
Comparar números

## Asistente de tareas

¿Necesitas ayuda? connectED.mcgraw-hill.com

**Compara 54,515 y 54,233. Escribe >, < o =.**

Usa una recta numérica.

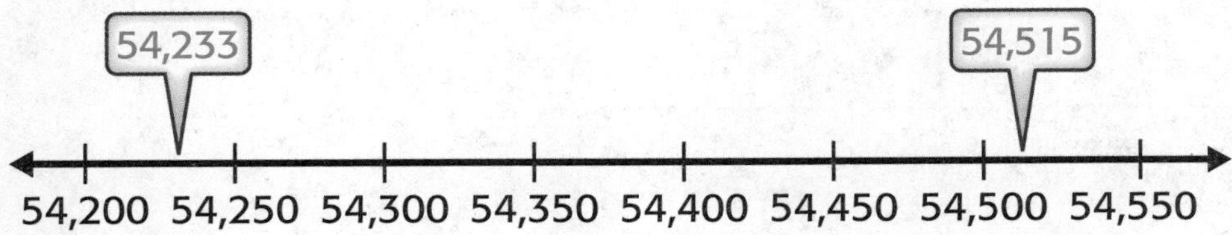


En la recta numérica, 54,515 está a la derecha de 54,233.

Por lo tanto, 54,515 > 54,233.

## Práctica

**En los ejercicios 1 y 2, usa las rectas numéricas para comparar. Escribe <, > o =.**

**1.** 67,113 ◯ 62,523

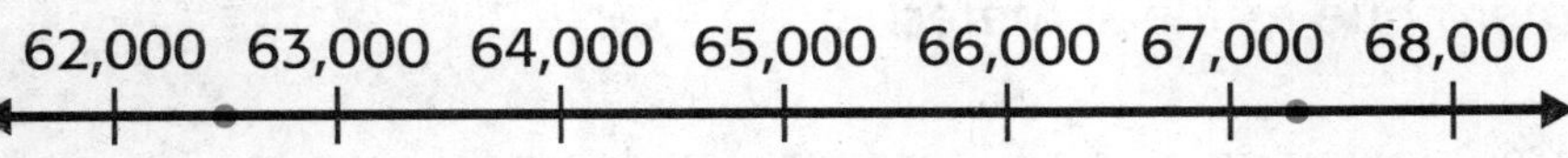


**2.** 42,254 ◯ 42,533

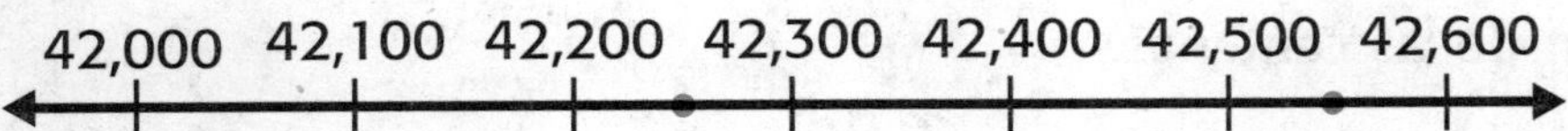


**Compara. Escribe <, > o =.**

**3.** \$751,012 ◯ \$715,012 **4.** 4,350 ◯ 5,430 **5.** 8,080 ◯ 8,880

**6.** 322,650 ◯ 332,650 **7.** 673 ◯ 376 **8.** \$918,050 ◯ \$819,050

**9.** 121,571 ◯ 211,571 **10.** 17,888 ◯ 17,780 **11.** 72,770 ◯ 72,770

## Resolución de problemas

12. PRÁCTICA matemática 3 **Sacar una conclusión** Gigi tiene $1,698 en su cuenta de ahorros. En su cuenta, Robert tiene $1,898. Toby tiene $100 menos que Robert en su cuenta de ahorros. ¿Quién de ellos tiene menos dinero?

_______________________________________

13. Se vendieron 544,692 boletos para un concierto de *rock*. Para un concierto de *country* se vendieron 455,692 boletos. ¿Para qué concierto se vendieron más boletos?

_______________________________________

## Comprobación del vocabulario

14. Escoge las palabras correctas para completar las oraciones.

es igual a (=)     es mayor que (>)

es menor que (<)     recta numérica

Para comparar números, puedes usar una ______________. Un número que está a la derecha en una recta numérica ______________ el número que tiene a la izquierda. Un número que está a la izquierda ______________ el número que está a su derecha.

Puedes observar los valores posicionales para comparar números. Si un número tiene un dígito en la posición de los millares que ______________ dígito de otro número en la misma posición, entonces debes mirar los dígitos de la posición de las centenas.

## Práctica para la prueba

15. ¿Cuál de los siguientes enunciados numéricos *no* es verdadero?

Ⓐ 243,053 < 242,553

Ⓑ 194,832 > 193,832

Ⓒ 553,025 = 553,025

Ⓓ 295,925 < 295,952

Nombre ..........................................................

# Ordenar números

**Lección 4**

**PREGUNTA IMPORTANTE**
**¿Cómo ayuda el valor posicional a representar el valor de los números?**

Puedes usar una tabla de valor posicional para ordenar los números.

## Las mates y mi mundo

### Ejemplo 1

**Compara la cantidad de habitantes de las tres ciudades y ordénalas de *mayor* a *menor*.**

1. Escribe las cantidades de habitantes en la tabla de valor posicional.

2. Comienza por la posición de mayor valor. Compara.

   ________ > ________

3. Compara los dígitos en la posición que sigue.

   ________ = ________

4. Sigue comparando hasta encontrar dígitos que sean diferentes.

   ________ > ________

   ____________ > ____________ > ____________

| Millares | | | Unidades | | |
|---|---|---|---|---|---|
| centenas | decenas | unidades | centenas | decenas | unidades |
| | | , | | | |
| | | , | | | |
| | | , | | | |

Por lo tanto, de *mayor* a *menor* cantidad de habitantes, el orden de las ciudades es

____________, ______________ y ______________.

## Ejemplo 2 Tutor

**Ordena los números de las tarjetas de la derecha de *menor* a *mayor*.**

245,032 254,002 245,023

**1 Alinea los números partiendo de la posición de las unidades.**

☐☐☐,☐☐☐

☐☐☐,☐☐☐

☐☐☐,☐☐☐

**2 Comienza por la posición de mayor valor. Compara.**

Cada uno de los números tiene un ______ en la posición de las centenas de millar. Por lo tanto, hay que comparar los dígitos en la posición de las decenas de millar. El mayor de los números es ______.

Los dos números que quedan tienen un ______ en la posición de los millares y un ______ en la posición de las centenas.

El segundo mayor de los números es ______.

Por lo tanto, en orden de *menor* a *mayor*, los números son

______________________________.

**Habla de las MATES**

Cuando ordenas números, ¿qué haces si los dígitos que ocupan la misma posición tienen el mismo valor?

## Práctica guiada Comprueba

**1.** Escribe los números ordenados de *mayor* a *menor* en la tabla de valor posicional.

52,482
50,023
56,028
63,340

| | Millares | | | Unidades | | |
|---|---|---|---|---|---|---|
| | centenas | decenas | unidades | centenas | decenas | unidades |
| mayor → | | | , | | | |
| | | | , | | | |
| | | | , | | | |
| menor → | | | , | | | |

Nombre ..............................................................................................

## Práctica independiente

**Escribe los números ordenados de *mayor* a *menor* en las tablas de valor posicional.**

**2.** 12,378
12,783
12,873

| | Millares | | | Unidades | | |
|---|---|---|---|---|---|---|
| | centenas | decenas | unidades | centenas | decenas | unidades |
| mayor | | | | | | |
| | | | | | | |
| menor | | | | | | |

**3.** 258,103
248,034
285,091
248,934

| | Millares | | | Unidades | | |
|---|---|---|---|---|---|---|
| | centenas | decenas | unidades | centenas | decenas | unidades |
| mayor | | | | | | |
| | | | | | | |
| | | | | | | |
| menor | | | | | | |

**4.** 138,032
138,023
139,006
183,467

| | Millares | | | Unidades | | |
|---|---|---|---|---|---|---|
| | centenas | decenas | unidades | centenas | decenas | unidades |
| mayor | | | | | | |
| | | | | | | |
| | | | | | | |
| menor | | | | | | |

**5.** 652,264
625,264
652,462
625,642

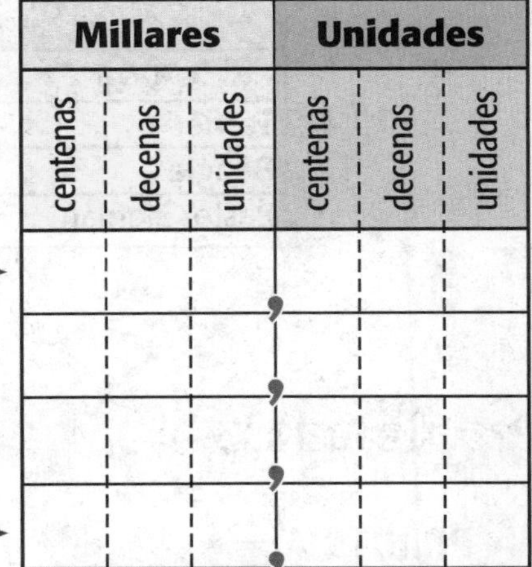

| | Millares | | | Unidades | | |
|---|---|---|---|---|---|---|
| | centenas | decenas | unidades | centenas | decenas | unidades |
| mayor | | | | | | |
| | | | | | | |
| | | | | | | |
| menor | | | | | | |

**Ordena los números de *menor* a *mayor*.**

**6.** 402,052; 425,674; 414,035

______________________________

**7.** 643,947; 643,537; 642,066

______________________________

**8.** 113,636; 372,257; 337,633

______________________________

**9.** 563,426; 564,376; 653,363

______________________________

El mundo real

# Resolución de problemas

**10.** PRÁCTICA matemática 2 **Hacer un alto y pensar** Ordena los estados de *menor* (1) a *mayor* (4) superficie.

| Superficie de tierra y lagos | | |
|---|---|---|
| **Estado** | **Superficie total (mi²)** | **Orden** |
| Wyoming | 97,814 | |
| Alaska | 663,267 | |
| Texas | 268,581 | |
| California | 163,696 | |

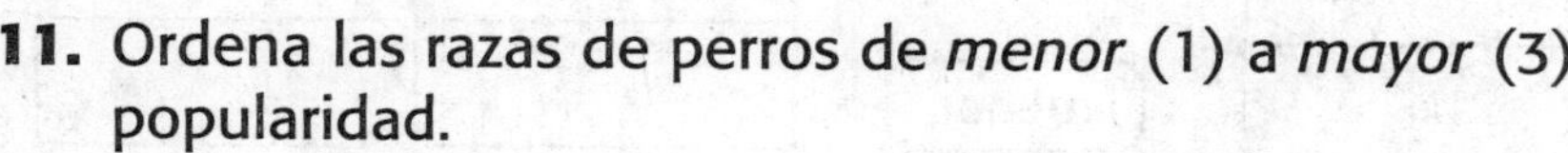

**11.** Ordena las razas de perros de *menor* (1) a *mayor* (3) popularidad.

| Razas de perros | | |
|---|---|---|
| **Raza** | **Cantidad** | **Orden** |
| Terrier | 47,238 | |
| Beagle | 42,592 | |
| Pastor alemán | 45,868 | |

¡Mi trabajo!

## Problemas S.O.S.

**12.** PRÁCTICA matemática 1 **Seguir intentándolo** Usa los dígitos 2, 3, 4, 5 y 9 para crear cuatro números diferentes, de cinco dígitos cada uno. Usa cada dígito una sola vez en cada número. Luego, ordena los números de *menor* a *mayor*.

**13.** **Profundización de la pregunta importante** ¿Cuándo comparas números en el mundo real?

# Mi tarea

Lección 4
Ordenar números

## Asistente de tareas

¿Necesitas ayuda? connectED.mcgraw-hill.com

**Ordena los números de *mayor* a *menor*:**
**17,601; 20,007; 17,610**

**Compara las decenas de millar.**

17,601
20,007 ← la mayor cantidad de decenas de millar
17,610

**Tanto los millares como las centenas son iguales; por lo tanto, compara las decenas.**

17,601
17,610 ← más decenas

De *mayor* a *menor*, los números son 20,007; 17,610 y 17,601.

## Práctica

**Ordena los números de *mayor* a *menor*.**

**1.** 59,909; 95,509; 59,919

______________________

**2.** 2,993; 9,239; 2,393

______________________

**3.** 112,443; 114,324; 112,344

______________________

**4.** 642,063; 642,036; 642,306

______________________

**Ordena los números de *menor* a *mayor*.**

**5.** 225,625; 335,432; 325,745

______________________

**6.** 357,925; 329,053; 356,035

______________________

## Resolución de problemas

**7.** El equipo de fútbol de Estados Unidos tiene 572,112 seguidores. El equipo de Gran Bretaña tiene 612,006 seguidores. El equipo de Brasil tiene 901,808 seguidores. Ordena los países de *mayor* a *menor* cantidad de seguidores de fútbol.

______________________________

______________________________

**8.** En un mes se vendieron 943,025 boletos para eventos deportivos, 832,502 boletos para el cine y 415,935 boletos para el teatro. Ordena las cantidades de boletos de *menor* a *mayor*.

______________________________

______________________________

**9.** PRÁCTICA matemática 7 **Identificar la estructura** Escribe cuatro números de seis dígitos cada uno. Ordena los números de *menor* a *mayor*.

______________________________

______________________________

## Práctica para la prueba

**10.** La tabla muestra la población de las ciudades donde viven Alex y Brent. La ciudad donde vive Marcia tiene más habitantes que la ciudad donde vive Alex, pero menos habitantes que la ciudad donde vive Brent. ¿Cuál puede ser la cantidad de habitantes de la ciudad donde vive Marcia?

| Nombre | Población de la ciudad donde vive |
|---|---|
| Alex | 404,048 |
| Brent | 412,888 |

Ⓐ 413,066 habitantes Ⓒ 404,132 habitantes

Ⓑ 412,901 habitantes Ⓓ 403,997 habitantes

# Compruebo mi progreso

## Comprobación del vocabulario

**1.** Las tarjetas muestran definiciones o ejemplos de palabras de vocabulario. Escribe cada palabra de la lista en la tarjeta que tenga su definición o ejemplo.

| | | | |
|---|---|---|---|
| **dígito** | **es igual a (=)** | **es mayor que (>)** | **es menor que (<)** |
| **forma desarrollada** | **forma estándar** | **forma verbal** | **período** |
| **recta numérica** | **valor posicional** | | |

_______________

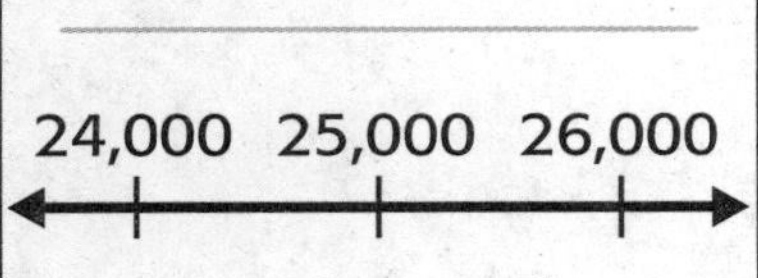


_______________

23,042 ◯ 23,000

_______________

Ejemplo: 83,104

_______________

Valor de un dígito según su posición en el número.

_______________

Símbolo usado para escribir números naturales.

_______________

Grupo de tres dígitos en una tabla de valor posicional.

_______________

Ejemplo: 80,000 + 3,000 + 100 + 4

_______________

34,842 ◯ 43,842

_______________

Ejemplo: *ochenta y tres mil ciento cuatro*

_______________

44,204 ◯ 44,204

# Comprobación del concepto 

**Escribe la posición de los dígitos sombreados. Luego, escribe su valor.**

2. 34,025

3. 52,276

# Resolución de problemas

4. Un carro cuesta *treinta y seis mil quinientos cuarenta y siete* dólares. Escribe el precio en forma estándar.

5. En una granja, se vendieron 429,842 manzanas y 53,744 peras. ¿Se vendieron más manzanas o más peras?

6. La tabla muestra las ganancias de dos tiendas de patinetas: Tablas Láser y Sobre Ruedas.

| Ventas de Tablas Láser y Sobre Ruedas | |
|---|---|
| **Artículo** | **Ventas** |
| Patinetas | $132,439 |
| Cascos | $103,322 |
| Rampas | $201,385 |

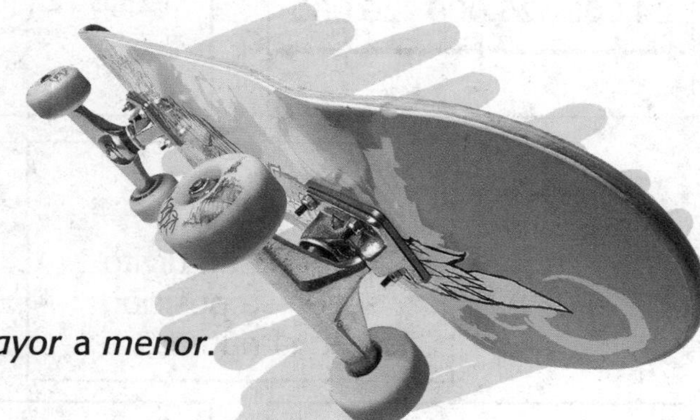

Ordena las ventas de los artículos de *mayor* a *menor*.

# Práctica para la prueba

7. ¿Cuál de los siguientes grupos de números está ordenado de *menor* a *mayor*?

Ⓐ 351,935; 351,914; 215,634

Ⓑ 351,914; 215,634; 351,935

Ⓒ 215,634; 351,935; 351,914

Ⓓ 215,634; 351,914; 351,935

Nombre ..........................................



# Usar el valor posicional para redondear

**Lección 5**

**PREGUNTA IMPORTANTE**
**¿Cómo ayuda el valor posicional a representar el valor de los números?**

Cuando estimas, hallas una respuesta cercana a la respuesta exacta. Una manera de estimar es redondear cambiando el valor de un número, para que sea más fácil usarlo en operaciones.

## Las mates y mi mundo

### Ejemplo 1

**La mayor competencia de deportes extremos se llama Juegos X y es tan popular que en una de ellas hubo 268,390 personas. ¿Cuánto es 268,390 redondeado a la decena de millar más cercana?**

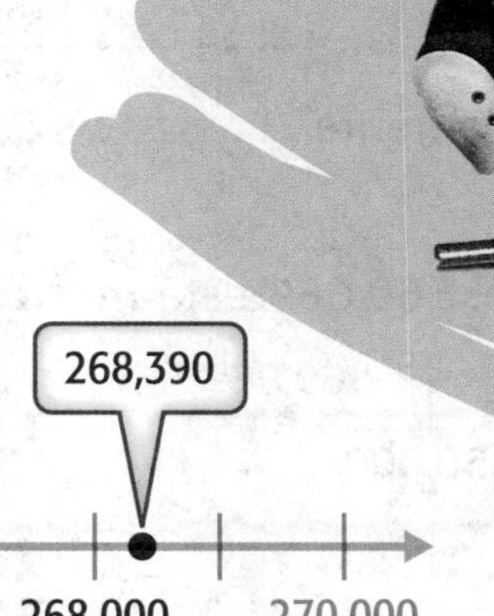

Observa la recta numérica. 268,390 está entre 260,000 y 270,000.

268,390

260,000 262,000 264,000 266,000 268,000 270,000

Como 268,390 está más cerca de ________ que de

________, 268,390 se redondea a ________.

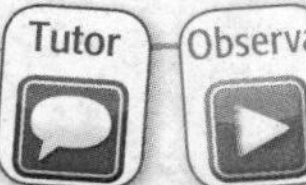


## Ejemplo 2

**Para marcar un récord, 569,069 personas pasaron un minuto entero saltando. ¿Cuántas fueron aproximadamente las personas que marcaron el récord? Redondea 569,069 a la centena de millar más cercana.**

Encierra en un círculo el dígito que está en la posición que vas a redondear.

569,069

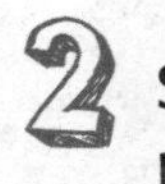
Subraya el dígito a la derecha de la posición que vas a redondear.

Si el dígito subrayado es 4 o menos, no cambies el dígito encerrado en el círculo. Si el dígito subrayado es 5 o más, suma 1 al dígito encerrado en el círculo.

Reemplaza con ceros los dígitos que están a la derecha del dígito encerrado en el círculo.

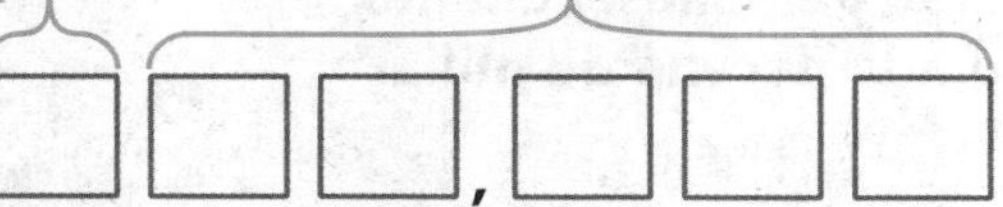

Por lo tanto, aproximadamente ________ personas marcaron el récord.

### Comprueba

Usa una recta numérica. 569,069 está más cerca de ________ que de 500,000.

500,000 — 550,000 — 569,069 — 600,000

## Práctica guiada

**Redondea los números a la posición indicada.**

**1.** 2,221; millares ________

**2.** 78,214; decenas de millar ________

**3.** 581,203; centenas de millar ________

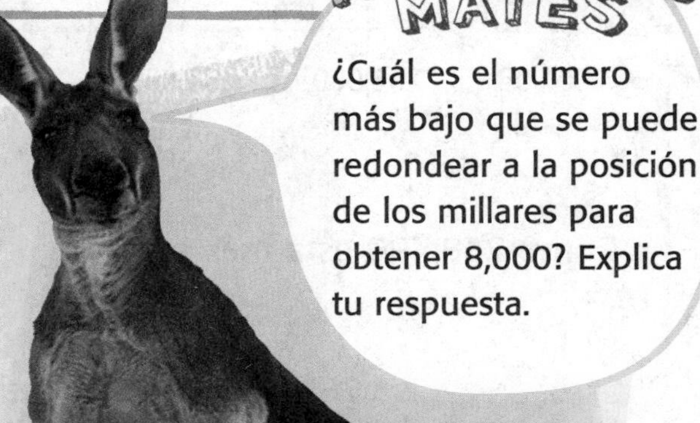

Nombre ..........................................

CCSS

## Práctica independiente

**Redondea los números a la posición indicada.**

**4.** 500,580; millares

______________

**5.** 290,152; centenas de millar

______________

**6.** 218,457; centenas de millar

______________

**7.** 37,890; centenas

______________

**8.** 95,010; millares

______________

**9.** 845,636; decenas de millar

______________

**10.** 336,001; centenas de millar

______________

**11.** 709,385; centenas de millar

______________

**Indica la posición a la que se redondearon los números.**

**12.** 456,750 ⟶ 460,000

______________

**13.** 38,124 ⟶ 38,120

______________

**14.** 18,334 ⟶ 18,000

______________

**15.** 455,670 ⟶ 455,700

______________

**16.** 980,065 ⟶ 980,070

______________

**17.** 162,245 ⟶ 200,000

______________

## Resolución de problemas

**Un carro ecológico que funciona con gas natural marcó un récord mundial.**

¡Luz VERDE!

**Récord mundial**
23,697 millas o
38,137 kilómetros

**18.** ¿Cuál es la distancia del viaje en millas redondeada a la decena de millar más cercana?

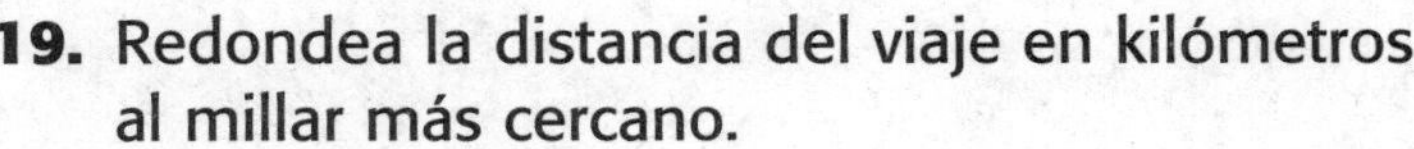

**19.** Redondea la distancia del viaje en kilómetros al millar más cercano.

¡Mi trabajo!

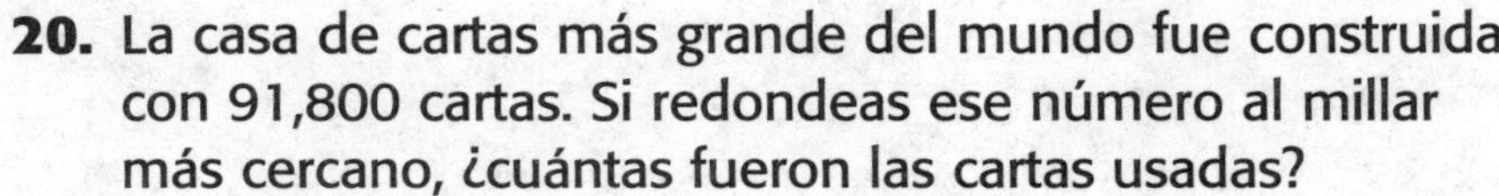

**20.** La casa de cartas más grande del mundo fue construida con 91,800 cartas. Si redondeas ese número al millar más cercano, ¿cuántas fueron las cartas usadas?

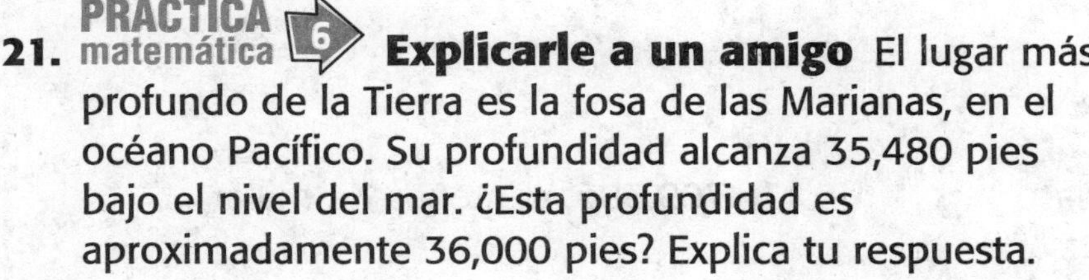

**21.** PRÁCTICA matemática 6 **Explicarle a un amigo** El lugar más profundo de la Tierra es la fosa de las Marianas, en el océano Pacífico. Su profundidad alcanza 35,480 pies bajo el nivel del mar. ¿Esta profundidad es aproximadamente 36,000 pies? Explica tu respuesta.

### Problemas S.O.S.

**22.** PRÁCTICA matemática 3 **Hallar el error** Andrew redondeó el número 672,726 a la centena de millar más cercana. Escribió 672,000. Halla el error que cometió y corrígelo.

**23.** **Profundización de la pregunta importante** ¿Cuándo la estimación es una manera eficaz de determinar una respuesta?

Nombre ...............................................................................



# Mi tarea

Lección 5
Usar el valor posicional para redondear

## Asistente de tareas

¿Necesitas ayuda? connectED.mcgraw-hill.com

**Redondea 65,839 a la centena más cercana.**

Encierra en un círculo el dígito que vas a redondear. **65,839**

El dígito a la derecha es 4 o menos; por lo tanto, el 8 no cambia. Todos los dígitos a la derecha del 8 se reemplazan con ceros.

65,839 redondeado a la centena más cercana es 65,800.

**Redondea 65,839 a la decena de millar más cercana.**

Encierra en un círculo el dígito que vas a redondear. **65,839**

El dígito a la derecha es 5 o más; por lo tanto, se debe sumar 1 al dígito encerrado en el círculo. Todos los dígitos a su derecha se reemplazan con ceros.

65,839 redondeado a la decena de millar más cercana es 70,000.

## Práctica

**Redondea los números a la posición indicada.**

**1.** 64,569; millares ______

**2.** 155,016; millares ______

**3.** 73,569; decenas de millar ______

**4.** 708,569; decenas de millar ______

**5.** 91,284; centenas de millar ______

**6.** 265,409; centenas de millar ______

## Resolución de problemas

**7.** Durante sus vacaciones del verano pasado, Luis y su familia volaron 51,487 millas. Si se redondea esa distancia al millar más cercano, ¿cuántas millas volaron?

**8.** Mario compró un carro que costó $23,556. Si redondeas a la decena de millar más cercana, ¿cuánto costó el carro?

**9.** Explica cómo redondearías los números 33 y 89 para estimar su suma.

**En los ejercicios 10 a 12, usa los datos de la tabla.**

| Profundidad de los océanos | |
|---|---|
| Océano | Profundidad promedio (pies) |
| Pacífico | 12,925 |
| Atlántico | 11,730 |
| Índico | 12,598 |

**10.** PRÁCTICA matemática 5 **Usar herramientas de las mates** ¿Cuál de los océanos tiene una profundidad que, redondeada al millar más cercano, es de 12,000 pies?

**11.** ¿Cuál es la profundidad del océano Pacífico redondeada a la decena de millar más cercana?

**12.** ¿Cuál es la profundidad del océano Índico redondeada al millar más cercano?

## Práctica para la prueba

**13.** ¿Cuál de estos números es 104,229 redondeado a la decena de millar más cercana?

Ⓐ 90,000
Ⓒ 104,000
Ⓑ 100,000
Ⓓ 110,000

Nombre ..........................................................................



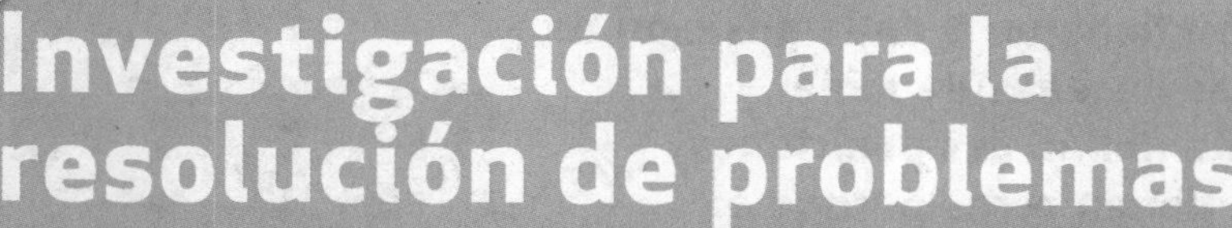

# Investigación para la resolución de problemas

**ESTRATEGIA: Usar el plan de cuatro pasos**

**Lección 6**

**PREGUNTA IMPORTANTE**
**¿Cómo ayuda el valor posicional a representar el valor de los números?**

## Aprende la estrategia

**Ben, Andy y Kelly viven en ciudades diferentes. Esas ciudades tienen 372,952 habitantes, 225,395 habitantes y 373,926 habitantes. Usa las pistas para hallar la cantidad de habitantes de la ciudad donde vive Ben.**

**Pistas**
- La ciudad donde vive Andy es la que tiene menos habitantes.
- Redondeada al millar más cercano, la ciudad donde vive Kelly tiene 374,000 habitantes.

### 1 Comprende

**¿Qué sabes?**

Ben, Andy y Kelly viven en ciudades diferentes.

Las ciudades tienen: ________; ________ y ________ habitantes.

**¿Qué debes hallar?**

cuántos habitantes hay en la ciudad donde vive ________

### 2 Planea

Puedes ordenar y redondear las cantidades de habitantes.

### 3 Resuelve

Ordena las cantidades de habitantes de *menor* a *mayor*. 225,395; 372,952; 373,926

________ vive en la ciudad con la menor cantidad de habitantes.

Redondea las otras cantidades de habitantes al millar más cercano.

372,952 se redondea a ________. 373,926 se redondea a ________.

Kelly vive en la ciudad cuya cantidad de habitantes se redondea a 374,000.

Por lo tanto, Ben vive en la ciudad que tiene ________.

### 4 Comprueba

**¿Tiene sentido tu respuesta? ¿Por qué?**

________________________________________

# Practica la estrategia

**Una película recaudó más de $7,000,000 pero menos de $8,000,000. El número estimado de la recaudación tiene un 5 en la posición de los millares, un 7 en la posición de las decenas de millar y un 6 en la posición de las centenas de millar. Las posiciones de las unidades, decenas y centenas tienen ceros porque el número es una estimación. ¿Cuál es la cantidad estimada de dinero que recaudó la película?**

## 1 Comprende

**¿Qué sabes?**

**¿Qué debes hallar?**

## 2 Planea

## 3 Resuelve

## 4 Comprueba

**¿Tiene sentido tu respuesta? ¿Por qué?**

Nombre

# Aplica la estrategia

¡Qué buen negocio!

**Usa el plan de cuatro pasos para resolver los problemas.**

1. **PRÁCTICA matemática 5 Usar herramientas de las mates** El Sr. Kramer va a comprar un carro. La tabla muestra una lista de los precios. El Sr. Kramer quiere comprar el carro más barato. ¿Qué carro debería comprar?

| Precios de carros | |
|---|---|
| **Carro** | **Precio** |
| Carro A | $83,532 |
| Carro B | $24,375 |
| Carro C | $24,053 |
| Carro D | $73,295 |

¡Mi trabajo!

2. El mes pasado, un restaurante recaudó más de $80,000 pero menos de $90,000. La cantidad recaudada tiene un 6 en la posición de las unidades, un 3 en la posición de los millares, un 7 en la posición de las centenas y un 1 en la posición de las decenas. ¿Cuánto dinero recaudó el restaurante?

3. Amy, Lisa, Angie y Doug viven en estados diferentes. Las estados tienen 885,122 habitantes, 5,024,748 habitantes, 4,492,076 habitantes y 2,951,996 habitantes. Lisa vive en el estado con más habitantes. Doug vive en el estado cuya cantidad de habitantes tiene un 2 en la posición de los millares. Amy vive en el estado con menos habitantes. ¿Cuántos habitantes hay en el estado donde vive Angie?

4. El estadio New Meadowlands, en Nueva Jersey, tiene una gran cantidad de asientos. El número tiene ceros en las posiciones de las decenas y unidades, un 2 en la posición de los millares, un 8 en la posición de las decenas de millar y un 5 en la posición de las centenas. ¿Cuántos asientos tiene el estadio?

# Repasa las estrategias

**Usa cualquier estrategia para resolver los problemas.**

- Hacer una tabla.
- Escoger una operación.
- Representar.
- Hacer un dibujo.

**5.** La tabla de la derecha muestra la cantidad de latas de alimento que recibió un centro de caridad.

| Alimentos en lata | Cantidad recibida |
|---|---|
| Tomates | 59,294 |
| Frijoles | 159,002 |
| Maíz | 45,925 |
| Sopa | 903,690 |

¿De qué tipo de alimento recibieron más latas?

______________

¡Mi trabajo!

**6.** La cantidad de habitantes de una ciudad es un número de seis dígitos. El número tiene un 3 en la posición de las decenas, un 5 en la posición de las centenas de millar, un 6 en la posición de las unidades y un 9 en las posiciones restantes. ¿Cuántos habitantes tiene la ciudad?

______________

**7.** En un depósito se guardan latas de pintura. La cantidad de latas tiene un 3 en la posición de las centenas, un 7 en la posición de los millares, un 5 en la posición de las decenas de millar y un 8 en las posiciones restantes. El número tiene cinco dígitos. ¿Cuántas latas de pintura hay en el depósito?

______________

**8.** PRÁCTICA matemática 7 **Identificar la estructura** La cantidad de millas recorridas por un carro tiene cinco dígitos. Tiene un 3 en las posiciones de las decenas de millar, las unidades y las decenas. Tiene un 9 en las posiciones de las centenas y los millares. ¿Cuántas millas recorrió el carro?

______________

# Mi tarea

**Lección 6**

**Resolución de problemas: Usar el plan de cuatro pasos**

## Asistente de tareas

¿Necesitas ayuda? connectED.mcgraw-hill.com

**Un número de seis dígitos tiene un 2 en la posición de los millares, un 5 en la posición de las decenas, un 3 en la posición de las centenas de millar y ceros en las posiciones restantes. ¿Cuál es el número?**

Usa el plan de cuatro pasos para resolver este problema.

### Comprende

Sabes que es un número de seis dígitos. Tiene un 2 en la posición de los millares, un 5 en la posición de las decenas, un 3 en la posición de las centenas de millar y ceros en las posiciones restantes. Debes hallar el número.

### Planea

Usa una tabla de valor posicional para ordenar los dígitos.

### Resuelve

| Período de los millares | | | Período de las unidades | | |
|---|---|---|---|---|---|
| centenas | decenas | unidades | centenas | decenas | unidades |
| 3 | 0 | 2, | 0 | 5 | 0 |

Por lo tanto, el número es 302,050.

### Comprueba

Puedes comprobar tu trabajo leyendo nuevamente las pistas para asegurarte de que todos los dígitos están en la posición correcta.

## Resolución de problemas

1. Un número de cinco dígitos tiene un 3 en la posición de las centenas, un 7 en la posición de mayor valor, un nueve en la posición de las unidades, un 8 en la posición de los millares y un 6 en la posición de las decenas. ¿Cuál es el número? Usa el plan de cuatro pasos.

**Usa el plan de cuatro pasos para resolver los problemas.**

**2.** Usa cada uno de los dígitos del 1 al 7 para escribir un número de siete dígitos que pueda redondearse a 6,300,000.

_______________

**3.** Un número de siete dígitos tiene un 0 en la posición de las unidades, un 6 en la posición de las decenas de millar, un 8 en la posición de los millones y cincos en las posiciones restantes. ¿Cuál es el número?

_______________

**4.** Tara lanzó los dados y obtuvo los siguientes números. ¿Cuál es el mayor número que puede formar si usa cada dígito solo una vez?

_______________

**5.** Betsy, Carl y Dave viven en diferentes ciudades. Las poblaciones de las ciudades son 194,032 habitantes, 23,853 habitantes y 192,034 habitantes. Betsy vive en la ciudad menos poblada. Carl no vive en la ciudad más poblada. ¿Cuál es la población de la ciudad donde vive Dave?

_______________

**6.** PRÁCTICA matemática 6 **Explicarle a un amigo** Explica cómo cambia el valor del 7 en 327,902 si se mueve a la posición de las decenas.

_______________

_______________

# Repaso

**Capítulo 1**

**El valor posicional**

## Comprobación del vocabulario

**Completa las oraciones con las palabras de la lista.**

| | | |
|---|---|---|
| **dígitos** | **es igual a (=)** | **es mayor que (>)** |
| **es menor que (<)** | **forma desarrollada** | **forma estándar** |
| **forma verbal** | **período** | **recta numérica** |
| **valor posicional** | | |

**1.** 83,502 ______________ 82,502.

**2.** Puedes usar una ______________ para comparar números.

**3.** El número 35,024 tiene cinco ______________ .

**4.** 392,903 ______________ 392,903.

**5.** La ______________ de 32,052 es *treinta y dos mil cincuenta y dos.*

**6.** La ______________ de 853,025 es 800,000 + 50,000 + 3,000 + 20 + 5.

**7.** El ______________ es el valor dado a un dígito por su posición en un número.

**8.** El nombre de cada grupo de tres dígitos en una tabla de valor posicional se llama ______________ .

**9.** La ______________ de *quince mil sesenta y dos es* 15,062.

**10.** 473,503 ______________ 474,503.

# Comprobación del concepto

**11.** Escribe *doscientos treinta y nueve mil ochocientos cuatro* en forma estándar y en forma desarrollada.

________________________________________

________________________________________

**Compara. Escribe <, > o =.**

**12.** 689,000 ◯ 679,000

**13.** 515,063 ◯ 515,603

**14.** 739,023 ◯ 739,023

**15.** 405,032 ◯ 450,002

**16.** Redondea 415,203 a la posición de los millares. __________

**En los ejercicios 17 a 23, usa la tabla de valor posicional.**

| **Período de los millares** | | | **Período de las unidades** | | |
|---|---|---|---|---|---|
| centenas | decenas | unidades | centenas | decenas | unidades |
| 5 | 3 | 7 | 2 | 8 | 0 |

**17.** El 3 está en la posición de las __________ .

**18.** El ______ está en la posición de los millares.

**19.** El 8 tiene un valor de 8 × ______ .

**20.** El 3 tiene un valor de 3 × ______ .

**21.** El ______ tiene un valor de ______ × 100,000.

**22.** El ______ está en la posición de las centenas.

**23.** En todas las posiciones, un dígito tiene un valor que es ______ veces el valor que tiene el dígito que está a su ________ .

**Ordena los números de *mayor* a *menor*.**

**24.** 374,273 ________
374,372 ________
347,732 ________

**25.** 263,224 ________
623,224 ________
633,222 ________

Nombre

## Resolución de problemas

**26.** En el juego de fútbol americano del domingo, hubo 48,566 personas presentes. ¿Cuál fue el número de personas redondeado al millar más cercano?

**27.** La tabla muestra los precios de tres casas. Ordena los precios de menor a mayor.

| Casa | Precio |
|---|---|
| Casa A | $175,359 |
| Casa B | $169,499 |
| Casa C | $179,450 |

**28.** Hace unos años, la población de Hong Kong era de aproximadamente 6,924,000 habitantes. ¿Cuál es el valor del 9 en este número?

**29.** Un estadio de béisbol tiene capacidad para 24,053 personas. Un estadio de fútbol tiene capacidad para 53,025 personas. ¿Qué estadio tiene capacidad para más personas?

## Práctica para la prueba

**30.** La población de Nueva Zelanda es de aproximadamente 4,184,000 habitantes. ¿Cuál es la forma desarrollada de ese número?

Ⓐ 4,000,000 + 100,000 + 80,000 + 4,000

Ⓑ 4,000,000 + 100,000 + 8,000 + 4,000

Ⓒ 400,000 + 100 + 80 + 4

Ⓓ 4 + 1 + 8 + 4

¡Mi trabajo!

# Pienso

**Capítulo 1**

**Respuesta a la**
PREGUNTA IMPORTANTE

**Usa lo que aprendiste acerca del valor posicional para completar el organizador gráfico.**

| **Escribe un ejemplo** | **Ejemplo del mundo real** |
| --- | --- |
| **Vocabulario** | **Estimación** |

PREGUNTA IMPORTANTE

**¿Cómo ayuda el valor posicional a representar el valor de los números?**

**Piensa sobre la** PREGUNTA IMPORTANTE.  **Escribe tu respuesta.**

Capítulo

# 2 Sumar y restar números naturales

**PREGUNTA IMPORTANTE**

**¿Qué estrategias puedo usar para sumar o restar?**

¡Miremos el concierto!

Observa

¡Mira el video!

# Mis estándares estatales

## Números y operaciones del sistema decimal

**4.NBT.3** Usar la comprensión del valor posicional para redondear números naturales de varios dígitos a cualquier posición.

**4.NBT.4** Sumar y restar con fluidez números naturales de varios dígitos usando el algoritmo estándar.

**Operaciones y razonamiento algebraico** *Este capítulo también trata estos estándares:*

**4.OA.3** Resolver problemas contextualizados de varios pasos planteados con números naturales, con respuestas en números naturales obtenidas mediante las cuatro operaciones, incluidos problemas en los que es necesario interpretar los residuos. Representar esos problemas mediante ecuaciones con una letra que represente la cantidad desconocida. Evaluar si las respuestas son razonables mediante cálculos mentales y estrategias de estimación que incluyan el redondeo.

**4.OA.5** Generar un patrón numérico o de figuras que siga una regla dada. Identificar características aparentes del patrón que no estaban explícitas en la regla.

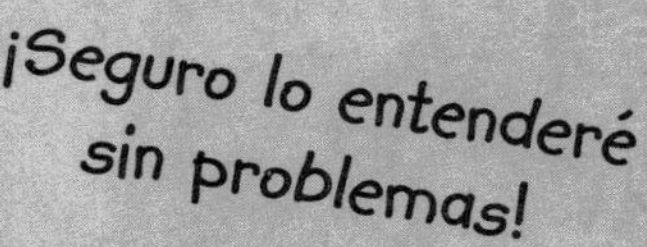


### Estándares para las PRÁCTICAS matemáticas

1. Entender los problemas y perseverar en la búsqueda de una solución.
2. Razonar de manera abstracta y cuantitativa.
3. Construir argumentos viables y hacer un análisis del razonamiento de los demás.
4. Representar con matemáticas.
5. Usar estratégicamente las herramientas apropiadas.
6. Prestar atención a la precisión.
7. Buscar una estructura y usarla.
8. Buscar y expresar regularidad en el razonamiento repetido.

= Se trabaja en este capítulo.

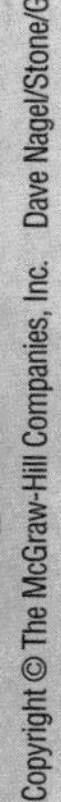

Nombre ..............................

# Antes de seguir...

← Conéctate para hacer la prueba de preparación.

**Suma.**

**1.** $\begin{array}{r} 35 \\ +\ 56 \\ \hline \end{array}$

**2.** $\begin{array}{r} \$58 \\ +\ \$25 \\ \hline \end{array}$

**3.** $\begin{array}{r} 94 \\ +\ 78 \\ \hline \end{array}$

**4.** $87 + $35 = ______

**5.** 103 + 57 = ______

**6.** 233 + 158 = ______

**7.** Felicia tiene una colección de 117 canicas. Su hermana le da 25 canicas. ¿Cuántas canicas tiene Felicia ahora?

______________________

**Resta.**

**8.** $\begin{array}{r} \$57 \\ -\ \$8 \\ \hline \end{array}$

**9.** $\begin{array}{r} 71 \\ -\ 23 \\ \hline \end{array}$

**10.** $\begin{array}{r} 132 \\ -\ 74 \\ \hline \end{array}$

**11.** 93 − 15 = ______

**12.** $62 − $49 = ______

**13.** 415 − 107 = ______

**14.** Jasper está leyendo un libro de 98 páginas. Ya leyó 29 páginas. ¿Cuántas páginas le falta leer a Jasper?

______________________



**¿Cómo me fue?**

**Sombrea las casillas para mostrar los problemas que respondiste correctamente.**

| 1 | 2 | 3 | 4 | 5 | 6 | 7 | 8 | 9 | 10 | 11 | 12 | 13 | 14 |
|---|---|---|---|---|---|---|---|---|---|---|---|---|---|

Nombre ..............................

# Las palabras de mis mates

Vocabulario

## Repaso del vocabulario

diferencia    estimación    forma verbal    redondear    suma

**Haz conexiones**
Usa las palabras del repaso del vocabulario para describir los ejemplos a partir de los problemas de cada tabla.

| Problema de resta | Palabra de vocabulario | Ejemplo |
|---|---|---|
| 2,238 − 599 | | 2,200 - 600 = 1,600 |
| | | *dos mil doscientos treinta y ocho menos quinientos noventa y nueve* |
| | | 1,639 |
| | | 2,200 − 600 = 1,600 |

| Problema de suma | Palabra de vocabulario | Ejemplo |
|---|---|---|
| 5,877 + 673 | | 5,900 + 700 = 6,600 |
| | | *cinco mil ochocientos setenta y siete más seiscientos setenta y tres* |
| | | 6,550 |
| | | 5,900 + 700 = 6,600 |

# Mis tarjetas de vocabulario

Lección 2-9

## ecuación

$a + 2 = 5; 7 - b = 4$

Lección 2-1

## incógnita

$150 + 300 - 200 = ?$

Lección 2-6

## minuendo

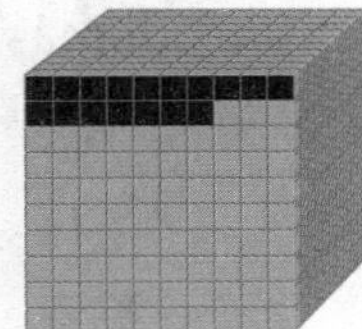

$1{,}000 - 17 = 983$

Lección 2-1

## propiedad asociativa de la suma

$(13 + 10) + 4 = 13 + (10 + 4)$

Lección 2-1

## propiedad conmutativa de la suma

$12 + 15 = 15 + 12$

Lección 2-1

## propiedad de identidad de la suma

$0 + 18 = 18$ | $18 + 0 = 18$

Lección 2-6

## sustraendo

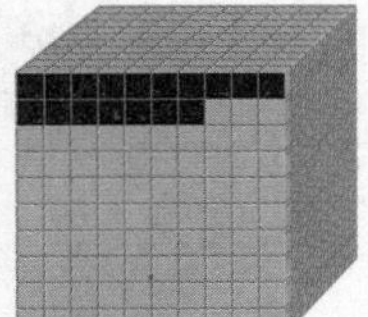

$1{,}000 - 17 = 983$

Lección 2-9

## variable

$150 + 300 - k = 250$

## Sugerencias

- Dibuja ejemplos para cada tarjeta. Procura que sean diferentes de los que se muestran en las tarjetas.
- ¡Practica caligrafía! Escribe las palabras en letra cursiva.

Cantidad que no se ha identificado.

El prefijo *in-* significa "no". Nombra otras dos palabras con ese prefijo.

Enunciado que incluye el signo igual (=) y que muestra que dos expresiones son iguales.

Explica la diferencia entre una ecuación y una expresión.

Propiedad que establece que la manera de agrupar los *sumandos* no altera la *suma*.

*Asociar* puede significar "combinar o reunir". Explica cómo te ayuda ese significado a entender esta propiedad.

Número del que se resta otro número.

¿Qué palabra de este capítulo forma parte de una ecuación de resta, además de *minuendo*?

Con cualquier número, cero más el número es ese mismo número.

Busca un significado de *identidad* en el diccionario. Escribe una oración donde uses la palabra con ese significado.

Propiedad que establece que el orden en el que se *suman* dos números no altera la *suma*.

Imagina que debes comprar muchas cosas. Describe cómo usarías esta propiedad para estimar la suma.

Letra o símbolo que representa una cantidad desconocida.

Un significado de *variable* es "intercambiable". Explica cómo se relaciona ese significado con el significado matemático de *variable*.

Número que se resta a otro número.

Escribe una pista que te ayude a recordar qué número es el minuendo y cuál es el sustraendo.

FOLDABLES® Sigue los pasos que aparecen en el reverso para hacer tu modelo de papel.

| Ecuación de resta | Comprobación con la suma |
| --- | --- |
| 2,161 - 125 = 2,036 | 2,036 + 125 = 2,161 |
| 7,013 - 1,692 = 5,321 | 5,321 + 1,692 = ____ |
| ____ - ____ = ____ | ____ + ____ = ____ |

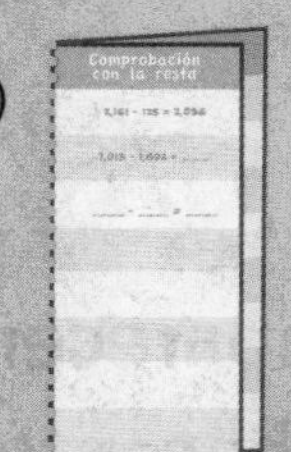

| Ecuación de suma | Comprobación con la resta |
|---|---|
| 2,036 + 125 = 2,161 | 2,161 - 125 = 2,036 |
| 5,321 + 1,692 = 7,013 | 7,013 - 1,692 = ____ |
| ____ + ____ = ____ | ____ - ____ = ____ |

Nombre ..............................................

# Propiedades de la suma y reglas de la resta

**Lección 1**

**PREGUNTA IMPORTANTE**
**¿Qué estrategias puedo usar para sumar o restar?**

Las propiedades de la suma pueden usarse como ayuda para resolver problemas de suma.

## Las mates y mi mundo

### Ejemplo 1

**Carlos va a comprar los instrumentos que se muestran. ¿Altera el costo total el orden en que le cobren los instrumentos musicales?**

\$10 + \$20 = \$20 + \$10

\$ ☐ = \$ ☐

El orden en que le cobren los instrumentos no altera el costo total. Esa es la propiedad conmutativa de la suma.

## Concepto clave Propiedades de la suma

| | |
|---|---|
| **Palabras** | **Propiedad conmutativa de la suma** El orden en el que se suman los números no altera la suma. |
| **Ejemplos** | 4 + 1 = 5 1 + 4 = 5 |
| **Palabras** | **Propiedad asociativa de la suma** La manera en que se agrupan los números al sumar no altera la suma. |
| **Ejemplos** | (5 + 2) + 3 → 7 + 3 → 10   5 + (2 + 3) → 5 + 5 → 10 |
| **Palabras** | **Propiedad de identidad de la suma** La suma de cualquier número más 0 es ese mismo número. |
| **Ejemplos** | 8 + 0 = 8 0 + 8 = 8 |

Los paréntesis ( ) muestran qué números se suman primero.

## Ejemplo 2

**El sábado había 16 personas en la alberca. El domingo no había nadie en la alberca. ¿Cuántas personas hubo entre el sábado y el domingo?**

_______ + _______ = _______ Esta es la propiedad de _______ de la suma.

Por lo tanto, hubo _______ personas en la alberca entre el sábado y el domingo.

Puedes usar propiedades y reglas para hallar la **incógnita**, o el número que falta en un enunciado numérico.

## Ejemplo 3

**Halla la incógnita en 10 – ■ = 10.**

Al restar 0 de cualquier número, el resultado es ese mismo número.

Por lo tanto, la incógnita es _______.

### Concepto clave Reglas de la resta

| | |
|---|---|
| **Palabras** | Cuando a un número cualquiera se le resta 0, el resultado es ese mismo número. |
| **Ejemplos** | 22 – 0 = 22 14 – 0 = 14 |
| **Palabras** | Cuando a un número cualquiera se le resta ese mismo número, el resultado es 0. |
| **Ejemplos** | 16 – 16 = 0 20 – 20 = 0 |

**Habla de las MATES**

¿Qué regla de la resta es lo opuesto de la propiedad de identidad de la suma? Explica tu razonamiento.

## Práctica guiada

**Halla las incógnitas. Traza una línea para identificar la propiedad o regla usada.**

**1.** 19 – ■ = 19
■ = _______

**2.** (5 + ■) + 2 = 5 + (9 + 2)
■ = _______

**3.** 74 + 68 = ■ + 74
■ = _______

- propiedad conmutativa de la suma
- propiedad asociativa de la suma
- Cuando a cualquier número se le resta 0, el resultado es ese mismo número.

Nombre ..............................

## Práctica independiente

**Álgebra** **Halla las incógnitas. Escribe la propiedad o regla usada.**

**4.** (■ + 8) + 7 = 9 + (8 + 7)

■ = ______

______________________

**5.** 14 + 13 = 13 + ■

■ = ______

______________________

**6.** ■ + 0 = 19

■ = ______

______________________

**7.** 25 – ■ = 0

■ = ______

______________________

**8.** 17 + (11 + 18) = (17 + ■) + 18

■ = ______

______________________

**9.** 37 – ■ = 37

■ = ______

______________________

**Usa las propiedades de la suma para sumar.**

**10.** 17 + 0 = ______

**11.** (22 + 35) + 15 = ______

**12.** 16 + 22 = ______

**13.** 0 + 47 = ______

**14.** 19 + (61 + 15) = ______

**15.** 27 + (43 + 16) = ______

**16.** 23 + 74 = ______

**17.** (24 + 24) + 16 = ______

**18.** 0 + 83 = ______

**19.** 25 + (35 + 19) = ______

## Resolución de problemas

**20.** Paco tiene 75 minutos antes de prepararse para la práctica de béisbol. Ordena su dormitorio durante 40 minutos y lee durante 35 minutos. ¿Cuánto tiempo le queda antes de la práctica de béisbol? Explica tu respuesta.

¡Mi trabajo!

**21.** PRÁCTICA matemática 7 **Identificar la estructura** Chloe comió 10 uvas y 5 galletas. Layla comió 5 uvas y 10 galletas. ¿Quién comió más alimentos? Escribe un enunciado numérico. Luego, identifica la propiedad o regla usada.

### Problemas S.O.S.

**22.** PRÁCTICA matemática 2 **Usar el sentido numérico** (23 + ■) + 19 = 23 + (■ + 19)

¿Hay algún número que complete el enunciado numérico? Explica tu respuesta.

**23.** **Profundización de la pregunta importante** ¿De qué manera te ayudan las propiedades de la suma y las reglas de la resta al resolver problemas?

Nombre ..................................................



# Mi tarea

Lección 1

## Propiedades de la suma y reglas de la resta

## Asistente de tareas

¿Necesitas ayuda? connectED.mcgraw-hill.com

**Suma (44 + 18) + 22 mentalmente.**

Usa la propiedad asociativa de la suma para sumar estos números con más facilidad. La forma en que se agrupen los números al sumar no altera la suma.

$(44 + 18) + 22 = 44 + (18 + 22)$ ← Primero halla 18 + 22.

$= 44 + 40$

$= 84$

Por lo tanto, 44 + 18 + 22 = 84.

## Práctica

**Completa los enunciados numéricos. Identifica la propiedad o regla usada.**

**1.** 85 + 0 = ______

______________________________

**2.** 96 + 13 = 13 + ______

______________________________

**3.** ______ − 0 = 37

______________________________

______________________________

**4.** (15 + 23) + 7 = 15 + (______ + 7)

______________________________

## Resolución de problemas

**5.** Mientras observaba pájaros, Gabriela vio 6 petirrojos y 3 urracas. Carla vio 3 petirrojos y 6 urracas. ¿Quién vio más pájaros? Indica qué propiedad usaste.

______________________________________________

______________________________________________

**6.** PRÁCTICA matemática 5 **Calcular mentalmente** De tarea, Brooke tiene que resolver 15 problemas de matemáticas, 5 problemas de estudios sociales y 9 problemas de ciencias. Calcula mentalmente cuántos problemas tiene de tarea. Indica qué propiedad usaste.

______________________________________________

**7.** Un equipo de fútbol anotó 2 goles durante el primer tiempo. Si ganaron el partido por 2 goles a 1, ¿cuántos goles anotaron durante el segundo tiempo? Indica qué propiedad usaste.

______________________________________________

## Comprobación del vocabulario

**Escribe un enunciado numérico que demuestre cada propiedad.**

**8.** propiedad conmutativa de la suma ____________________

**9.** propiedad asociativa de la suma ____________________

**10.** propiedad de identidad de la suma ____________________

## Práctica para la prueba

**11.** ¿Qué enunciado numérico representa la propiedad conmutativa de la suma?

Ⓐ $357 + 0 = 357$

Ⓑ $(7 + 19) + 3 = 7 + (19 + 3)$

Ⓒ $36 + 14 = 14 + 36$

Ⓓ $79 - 79 = 0$

Nombre ..............................................................



# Patrones de suma y resta

**Lección 2**

**PREGUNTA IMPORTANTE**
**¿Qué estrategias puedo usar para sumar o restar?**

## Las mates y mi mundo

### Ejemplo 1

**El viernes, 1,323 personas vieron la película nueva en el cine local. El sábado, 1,000 personas más que el viernes vieron la película nueva. El domingo, 100 personas menos que el sábado vieron la película. ¿Cuántas personas vieron la película cada día?**

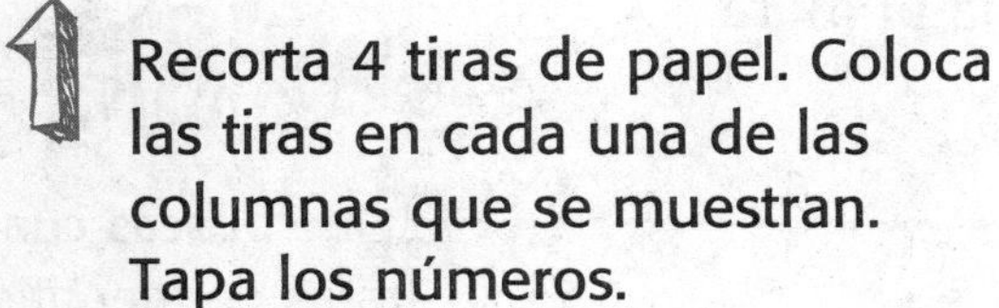

1. Recorta 4 tiras de papel. Coloca las tiras en cada una de las columnas que se muestran. Tapa los números.

| | | | |
|---|---|---|---|
| 1,000 | 100 | 10 | 1 |
| 1,000 | 100 | 10 | 1 |
| 1,000 | 100 | 10 | 1 |

2. Desliza las tiras hacia arriba para mostrar 1 millar, 3 centenas, 2 decenas y 3 unidades.

3. Desliza el papel una fila hacia arriba en la columna de los millares para mostrar la cantidad de personas que vieron la película el sábado.

| | millares | centenas | decenas | unidades |
|---|---|---|---|---|
| viernes → | 1, | 3 | 2 | 3 |
| sábado → | 2, | 3 | 2 | 3 |
| domingo → | , | | | |

4. Desliza el papel una fila hacia abajo en la columna de las centenas para mostrar cuántas personas vieron la película el domingo. Escribe ese número en la tabla de valor posicional.

Por lo tanto, ________ personas vieron la película el sábado y ________ personas vieron la película el domingo.

## Ejemplo 2

**La señorita Starcher planteó un juego en el pizarrón. El juego muestra un patrón. Completa las dos casillas en blanco para resolverlo.**

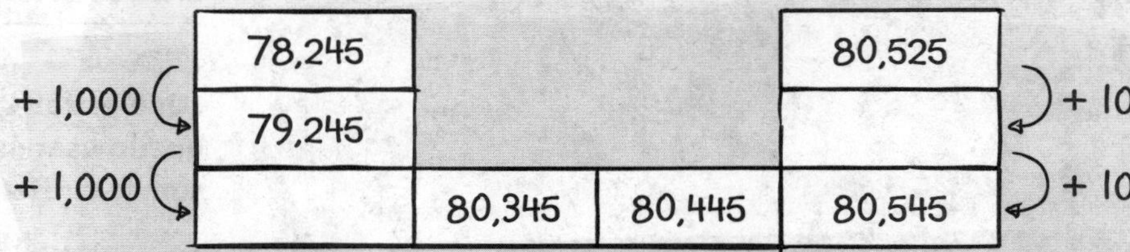


**1** Cada número de la primera columna es ________ más que el número de la fila que está encima.

Por lo tanto, 79,245 + 1,000 = ________.

**2** Cada número de la última columna es ________ más que el número de la fila que está encima.

Por lo tanto, 80,525 + 10 = ________.

### Comprueba

Cada número de la última fila es ________ más que el número que está antes.

Como ________ + 100 = 80,345, la respuesta de la primera columna es correcta.

¿Qué buscas cuando tratas de identificar un patrón numérico?

## Práctica guiada

**Escribe los números**

**1.** 1,000 más que 3,872

________

**2.** 10 menos que 221

________

**Completa la tabla.**

| | Inicio | Final | Cambio |
|---|---|---|---|
| **3.** | 37,828 | 38,828 | |
| **4.** | 830,174 | | 100,000 menos |

**Completa los enunciados numéricos.**

**5.** 36,525 + ________ = 36,625

**6.** 98,264 − ________ = 88,264

Nombre ..........................................

## Práctica independiente

**Escribe los números.**

**7.** 100 menos que 37,972 ______

**8.** 10,000 más que 374 ______

**9.** 10 más que 45,301 ______

**10.** 1 más que 12,349 ______

**11.** 10,000 menos que 12,846 ______

**12.** 1,000 más que 91,928 ______

**13.** 1 menos que 37,937 ______

**14.** 1,000 menos que 82,402 ______

**Completa la tabla.**

| | Inicio | Final | Cambio |
|---|---|---|---|
| **15.** | 28,192 | | 100 menos |
| **16.** | 8,392 | 8,402 | |
| **17.** | 521,457 | 520,457 | |
| **18.** | 51,183 | | 1 más |

**Completa los enunciados numéricos.**

**19.** 45,311 + ______ = 46,311

**20.** 28,400 − ______ = 28,390

**21.** 89,420 − ______ = 89,320

**22.** 84,552 + ______ = 94,552

**23.** 6,339 + ______ = 6,340

**24.** 3,014 + ______ = 13,014

**Identifica y completa los patrones numéricos.**

| | | | | | | |
|---|---|---|---|---|---|---|
| **25.** | 8,901 | 8,911 | 8,921 | | | ______ más |
| **26.** | | 969,987 | 979,987 | | 999,987 | ______ más |
| **27.** | 56,789 | | 56,589 | 56,489 | 56,389 | ______ |
| **28.** | 42,578 | | | 42,608 | 42,618 | ______ |

## Resolución de problemas

**29.** Sube la escalera. Escribe el resultado en cada peldaño.

| | |
|---|---|
| | 100 más |
| | 10 más |
| | 1,000 más |
| | 1 más |
| | 10,000 más |
| | 10 más |
| | 1,000 más |
| 272 | **Inicio** |

**30.** Baja la escalera. Escribe el resultado en cada peldaño.

| | |
|---|---|
| 12,393 | **Inicio** |
| | 10,000 menos |
| | 100 menos |
| | 100 menos |
| | 1,000 menos |
| | 1,000 menos |
| | 100 menos |
| | 10 menos |

### Problemas S.O.S.

**31.** PRÁCTICA matemática 3 **Hallar el error** Gary completó este patrón numérico. Halla el error que cometió y corrígelo.

27,389; 26,389; 25,389; 23,389; 24,389

______________________________

______________________________

**32.** PRÁCTICA matemática 2 **Usar el sentido numérico** El precio de las bebidas en el supermercado va en aumento. Si este patrón continúa, ¿cuál será el precio del galón de leche?

79¢ $1.79 $2.79 [ ]

**33.** **Profundización de la pregunta importante**
¿Por qué estudiamos patrones en matemáticas?

______________________________

______________________________

Nombre ................................................



# Mi tarea

**Lección 2**
**Patrones de suma y resta**

## Asistente de tareas

¿Necesitas ayuda? connectED.mcgraw-hill.com

**Identifica y completa el patrón numérico.**

**12,345; 13,345; ________; 15,345; 16,345**

Observa en qué se diferencia cada número del número anterior.

Escribe el primer número. 12,345

Escribe el segundo número. 13,345

La posición en la que cambió el valor es la de los millares.

El patrón es 1,000 más o + 1,000.
Por lo tanto, para completar el patrón, suma 1,000.

$$\begin{array}{r} 13,345 \\ +\ 1,000 \\ \hline 14,345 \end{array}$$

Comprueba para asegurarte de que el patrón continúa.

12,345 → (+ 1,000) → 13,345 → (+ 1,000) → 14,345 → (+ 1,000) → 15,345 → (+ 1,000) → 16,345

Por lo tanto, el número que falta es 14,345.

## Práctica

**Escribe los números.**

**1.** 100 menos que 877

________

**2.** 10,000 más que 6,310

________

**3.** 10 más que 1,146

________

**4.** 1,000 menos que 9,052

________

**5.** 1,000 más que 37,542

________

**6.** 10 menos que 2,727

________

**Completa los enunciados numéricos.**

**7.** 1,100 + ________ = 1,200

**8.** 40,619 − ________ = 39,619

**9.** 63,088 − ________ = 53,088

**10.** 4,514 + ________ = 4,524

**Completa los patrones.**

**11.** 7,213; ________; 7,413; 7,513

**12.** 32,877; 42,877; 52,877; ________

**13.** 967, 957, ________, 937

**14.** 3,222; ________; 3,220; 3,219

El mundo real

# Resolución de problemas

**15.** Cady tenía 435 canicas. Una semana, usó su mesada para comprar más y tenía 445 canicas. La siguiente semana, compró más y tenía 455 canicas. Encierra en un círculo el patrón correcto.

100 más 10 más 10 menos 100 menos

**16.** PRÁCTICA matemática 8 **Buscar el patrón** Lito lleva el registro de los libros que hay en un depósito. Todos los meses, actualiza una tabla que muestra la cantidad de libros en existencia. Para un título, la tabla muestra 54,350; 44,350; 34,350. Si el patrón continúa, ¿qué número mostrará la tabla de Lito el mes siguiente?

________________________

**17.** Ángela usa un cántaro grande para regar las plantas. Cuando el cántaro está lleno, contiene 384 onzas de agua. Ángela riega cada planta con 100 onzas de agua. ¿Cuánta agua queda en el cántaro después de que Ángela riega dos plantas?

________________________

# Práctica para la prueba

**18.** Identifica el patrón numérico. 21,344; 20,344; 19,344

Ⓐ 10 menos
Ⓑ 10,000 menos
Ⓒ 1,000 menos
Ⓓ 100 menos

Nombre ..................................................



# Sumar y restar mentalmente

**Lección 3**

**PREGUNTA IMPORTANTE**
**¿Qué estrategias puedo usar para sumar o restar?**

Para sumar o restar mentalmente números más grandes, puedes sacar y agregar para que un número termine en una decena, una centena o un millar.

## Las mates y mi mundo

### Ejemplo 1

**La tabla muestra la cantidad de instrumentos vendidos en una tienda de instrumentos. ¿Cuál es la cantidad total de guitarras y trompetas vendidas?**

| Instrumentos vendidos | |
|---|---|
| **Instrumento** | **Cantidad vendida** |
| Guitarra | 223 |
| Trompeta | 67 |

Halla 223 + ______.

Forma una decena.

Saca de un sumando. → 223 + 67 ← Agrega al otro sumando.

| 223 | 67 |
|---|---|
| −3 | +3 |
| 220 | 70 |

220 + 70 = ______ ← Escribe un enunciado numérico.

Por lo tanto, se vendieron ______ guitarras y trompetas.

### Ejemplo 2

**Halla 184 − 59.**

Forma una decena. 59 está cerca de 60.

Suma 1 a 59 para formar 60.

184 − 60 = 124

Como restaste 1 de más, vuelve a sumarlo. 124 + 1 = 125

Por lo tanto, 184 − 59 = ______.

## Ejemplo 3

**A un concierto asistieron 82,000 personas. La semana siguiente, asistieron 76,000 personas. ¿Cuántas personas más asistieron al concierto la primera semana?**

Halla 82,000 − 76,000.

En los dos números, la posición de mayor valor es la misma.

También puedes pensarlo así:

82 millares − 76 millares = ______ millares.

La posición de mayor valor es la de las decenas de millar.

| DM | M | C | D | U |
|---|---|---|---|---|
| 8 | 2, | 0 | 0 | 0 |
| 7 | 6, | 0 | 0 | 0 |

Primero, resta las decenas de millar y los millares.

82 − 76 = ______

La diferencia, 6, está en la posición de los millares.

Por lo tanto, 82,000 − 76,000 = ______.

Por lo tanto, ______ mil personas más asistieron al concierto la primera semana.

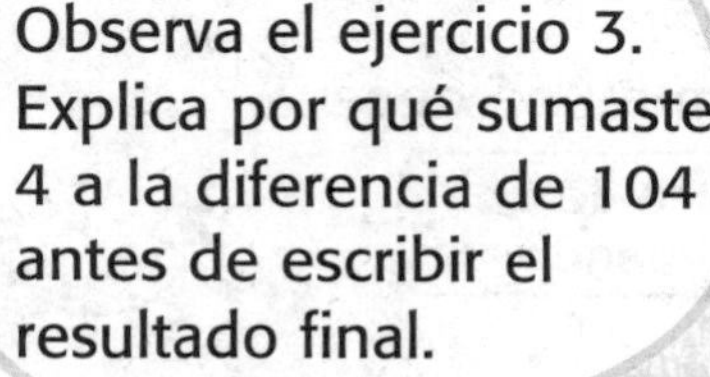


Observa el ejercicio 3. Explica por qué sumaste 4 a la diferencia de 104 antes de escribir el resultado final.

## Práctica guiada

**Forma una decena, una centena o un millar para sumar mentalmente.**

**1.** 57 + 58

− ☐ + 2

☐ + 60 = ______

Por lo tanto,
57 + 58 = ______.

**2.** 499 + 77

+ 1 − ☐

500 + ☐ = ______

Por lo tanto,
499 + 77 = ______.

**Calcula mentalmente para restar.**

**3.** 184 − 76

Forma una decena. 76 + 4 = ______

184 − ______ = ______

104 + 4 = ______

Por lo tanto, 184 − 76 = ______.

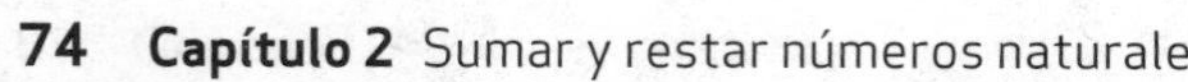

Nombre ______

CCSS

## Práctica independiente

**4.** 8,825 − 6,397

Forma una centena.

6,397 + 3 = ______

______ − 6,400 = ______

2,425 + 3 = ______

Por lo tanto,
8,825 − 6,397 = ______.

**5.** 684 − 169

Forma una decena.

169 + 1 = ______

______ − 170 = ______

514 + 1 = ______

Por lo tanto,
684 − 169 = ______.

**Forma una decena, una centena o un millar para sumar mentalmente.**

**6.** 738 + 56 = ______

**7.** 223 + 728 = ______

**8.** 6,627 + 3,315 = ______

**9.** 5,478 + 1,312 = ______

**Calcula mentalmente para restar.**

**10.** 7,930 − 4,623 = ______

**11.** 5,547 − 2,539 = ______

**12.** 8,329 − 7,218 = ______

**13.** 3,273 − 1,256 = ______

**Resta. Traza una línea hasta la diferencia en la segunda columna.**

| | |
|---|---|
| **14.** 15,000 − 8,000 | • 103,000 |
| **15.** 77,000 − 65,000 | • 12 mil |
| **16.** 394,000 − 44,000 | • 7 mil |
| **17.** 273,000 − 170,000 | • 350,000 |

# Resolución de problemas

**Suma o resta mentalmente para resolver.**

**18.** A un concierto asistieron 12,769 personas. La siguiente noche, asistieron 13,789 personas. ¿Cuántas personas más asistieron al concierto la segunda noche?

_______________

**19.** PRÁCTICA matemática 2 **Razonar** Yolanda quiere hallar 23,567 − 12,458. Sumó 2 a 12,458 antes de restar. Luego, volvió a sumarlo después de restar. ¿Su método es correcto? Explica tu respuesta.

_______________

_______________

_______________

¡Mi trabajo!

## Problemas S.O.S.

**20.** PRÁCTICA matemática 1 **Entender los problemas** Suma o resta mentalmente para llegar a la meta.

| | | | | |
|---|---|---|---|---|
| **Partida** | 3,829 | 4,829 | | |
| | | | | 6,729 |
| | | | 16,629 | |
| 315,629 | | 115,629 | 15,629 | |
| 315,639 | | | | |
| | 415,649 | | | 715,649 |
| | | | | **Meta** |

**21.** Profundización de la pregunta importante ¿Por qué es importante sumar y restar mentalmente al aprender conceptos más difíciles?

_______________

_______________

_______________

# Mi tarea

**Lección 3**
**Sumar y restar mentalmente**

## Asistente de tareas

¿Necesitas ayuda? connectED.mcgraw-hill.com

**Halla 237 + 48.**

Forma una decena para sumar mentalmente. 237 + 48

Agrega al otro sumando. → + 3     − 3 ← Saca de un sumando.

240 + 45 = 285

Por lo tanto, 237 + 48 = 285.

**Halla 752 − 23.**

752 − 20 ← Convierte 23 a 20 restando 3.

752 − 20 = 732

732 − 3 = 729 ← Como restaste 3 de menos, resta 3 más del total.

Por lo tanto, 752 − 23 = 729.

## Práctica

**Forma una decena, una centena o un millar para sumar mentalmente.**

**1.** 118 + 203 = ________

**2.** 549 + 24 = ________

**3.** 1,198 + 46 = ________

**4.** 745 + 997 = ________

**Resta mentalmente.**

**5.** 982 − 56 = ________

**6.** 7,499 − 4,100 = ________

El mundo real

# Resolución de problemas

**Calcula mentalmente para resolver.**

**7.** En la cafetería venden 498 envases de leche y 246 botellas de jugo por día. ¿Cuántos envases de leche y jugo venden en total por día?

______________________

**8.** PRÁCTICA matemática 5 **Usar herramientas de las mates** Terrell tenía una cadena formada por 56 sujetapapeles. Algunos sujetapapeles se cayeron. Ahora la cadena tiene 38 sujetapapeles. ¿Cuántos se cayeron?

______________________

**9.** Li cuenta 203 estrellas en el cielo. La noche siguiente, cuenta 178 estrellas. ¿Cuántas estrellas vio durante las dos noches?

______________________

**10.** El sábado había 132 niños en el museo. El domingo había 61 niños. ¿Cuántos niños visitaron el museo entre el sábado y el domingo?

______________________

## Práctica para la prueba

**11.** El perro de Mikah tiene 39 manchas. El perro de Jonelle tiene 85 manchas. ¿Cuántas manchas más que el perro de Mikah tiene el perro de Jonelle?

Ⓐ 45 manchas

Ⓑ 46 manchas

Ⓒ 41 manchas

Ⓓ 44 manchas

Nombre ..............................................



# Estimar sumas y diferencias

**Lección 4**

**PREGUNTA IMPORTANTE**
**¿Qué estrategias puedo usar para sumar o restar?**

Al estimar, puedes redondear a cualquier valor posicional.

## Las mates y mi mundo

### Ejemplo 1

**El Distrito Escolar Central necesita 5,481 tenedores y 2,326 cucharas para un espectáculo escolar. Aproximadamente, ¿cuántos cubiertos necesitan en total?**

Estima 5,481 + 2,326. Redondea a la posición de las centenas. Redondea los números a la centena más cercana. Luego, suma.

5,481 — se redondea a → ☐,☐☐☐

\+ 2,326 — se redondea a → + ☐,☐☐☐

☐,☐☐☐

Por lo tanto, 5,481 + 2,326 es aproximadamente ______.

### Ejemplo 2

**Estima $7,542 – $3,225. Redondea a la posición de las centenas.**

$7,542 — se redondea a → $ ☐,☐☐☐

– $3,225 — se redondea a → – $ ☐,☐☐☐

$ ☐,☐☐☐

Por lo tanto, $7,542 – $3,225 es aproximadamente ______.

## Ejemplo 3 

**La tabla muestra la cantidad de habitantes de dos ciudades de Kentucky. Aproximadamente, ¿cuántas personas más viven en Covington que en Ashland?**

| Habitantes de Kentucky | |
|---|---|
| **Ciudad** | **Habitantes** |
| Ashland | 21,510 |
| Covington | 42,811 |

Redondea las cantidades de habitantes al millar más cercano. Luego, resta.

42,811 → se redondea a → ☐☐,☐☐☐

− 21,510 → se redondea a → − ☐☐,☐☐☐

☐☐,☐☐☐

Por lo tanto, Covington tiene aproximadamente ______ habitantes más.

## Práctica guiada 

**Estima. Redondea los números a la posición indicada.**

**1.** 1,454 + 335; centenas

______ + ______ = ______

**2.** 2,871 + 427; centenas

______ + ______ = ______

**3.** \$2,746 − \$1,529; decenas

______ − ______ = ______

**4.** 48,344 − 7,263; millares

______ − ______ = ______

Estima 829 + 1,560 redondeando a la centena y al millar más cercanos.

Nombre

CCSS

## Práctica independiente

**Estima. Redondea los números a la posición indicada.**

**5.** \$5,238 + \$3,420; centenas

**6.** \$4,127 + \$2,666; centenas

**7.** 5,342 + 298; centenas

**8.** 3,182 + 6,618; centenas

**9.** 48,205 + 50,214; millares

**10.** \$25,497 + \$54,088; decenas de millar

**11.** \$7,172 − \$5,103; centenas

**12.** 9,185 − 6,239; millares

**13.** 2,647 − 256; centenas

**14.** 27,629 − 5,364; millares

**15.** \$27,986 − \$4,521; millares

**16.** \$47,236 − \$20,425; millares

# Resolución de problemas

**La tabla muestra los edificios más altos del mundo. Redondea cada altura a la centena más cercana. Escribe un enunciado numérico para resolver.**

| Edificios más altos del mundo | | |
|---|---|---|
| **Edificio** | **Ubicación** | **Altura (pies)** |
| Taipei 101 | Taiwán | 1,669 |
| Torres Petronas | Malasia | 1,482 |
| Torre Willis | Estados Unidos | 1,450 |
| Edificio Jin Mao | China | 1,381 |
| CITIC Plaza | China | 1,282 |
| Plaza Shun Hing | China | 1,259 |
| Edificio Empire State | Estados Unidos | 1,250 |

**17.** Aproximadamente, ¿cuánto más alta que el edificio Jin Mao es la Torre Willis?

______________________

______________________

**18.** PRÁCTICA matemática 4 **Representar las mates** Estima la diferencia entre la altura del edificio Taipei 101 y el edificio Empire State.

______________________

**19.** Aproximadamente, ¿cuánto más altas que el edificio Empire State son las Torres Petronas?

______________________

¡Mi trabajo!

## Problemas S.O.S.

**20.** PRÁCTICA matemática 2 **Razonar** Escribe dos números que, redondeados a la posición de los millares, den como resultado una suma estimada de 10,000.

______________________

**21.** **Profundización de la pregunta importante** ¿Cómo sabes si una estimación es razonable? Explica tu respuesta.

______________________

______________________

______________________

Nombre ........................................

# Mi tarea

## Lección 4
## Estimar sumas y diferencias

## Asistente de tareas

¿Necesitas ayuda? connectED.mcgraw-hill.com

**Estima 468 + 2,319. Redondea a la centena más cercana.**

| | | |
|---|---|---|
| 468 | se redondea a → | 500 |
| + 2,319 | se redondea a → | + 2,300 |
| | | 2,800 |

Por lo tanto, 468 + 2,319 es aproximadamente 2,800.

**Estima 55,599 − 22,782. Redondea al millar más cercano.**

| | | |
|---|---|---|
| 55,599 | se redondea a → | 56,000 |
| − 22,782 | se redondea a → | − 23,000 |
| | | 33,000 |

Por lo tanto, 51,599 − 22,782 es aproximadamente 33,000.

## Práctica

**Estima. Redondea los números a la centena más cercana.**

**1.** 7,392 — se redondea a → ☐,☐☐☐
+ 4,112 — se redondea a → + ☐,☐☐☐
☐☐,☐☐☐

**2.** 8,752 — se redondea a → ☐,☐☐☐
− 3,269 — se redondea a → − ☐,☐☐☐
☐,☐☐☐

**Estima. Redondea los números al millar más cercano.**

**3.** \$5,486 + \$8,602 ____________

**4.** 95,438 − 62,804 ____________

## Resolución de problemas

**Estima. Redondea cada número a la centena más cercana.**

5. A la obra de la escuela asistieron 2,691 personas en total. Al concierto de la banda asistieron 1,521 personas. Aproximadamente, ¿cuántas personas más asistieron a la obra que al concierto?

______

**Estima. Redondea cada número al millar más cercano.**

6. El punto más alto de Texas, el pico Guadalupe, está a 8,749 pies de altura. El punto más alto de California, el monte Whitney, está a 14,497 pies de altura. Aproximadamente, ¿cuánto más alto que el pico Guadalupe es el monte Whitney?

______

7. PRÁCTICA matemática 2 **Usar el sentido numérico** La escuela de María recaudó $23,240 con la venta de revistas y la escuela de Cole recaudó $16,502. Aproximadamente, ¿cuánto dinero más recaudó la escuela de María?

______

¡Mi trabajo!

## Práctica para la prueba

8. ¿Cuál es la estimación correcta para 63,621 − 41,589 redondeado a la centena más cercana?

   Ⓐ 22,040

   Ⓑ 22,000

   Ⓒ 20,000

   Ⓓ 22,032

# Compruebo mi progreso

## Comprobación del vocabulario 

**1.** Cada ratón usa una propiedad de la suma. Halla las incógnitas. Traza líneas en el laberinto para ayudar a los ratones a llegar al queso que tiene la propiedad que corresponde a su enunciado de suma.

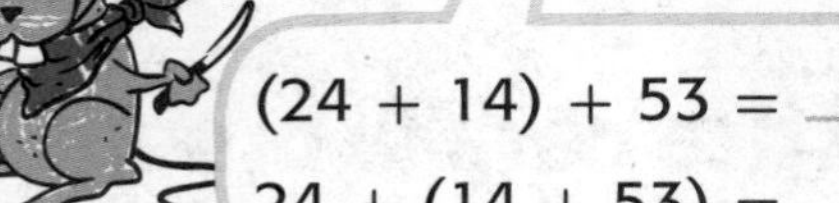


## Comprobación del concepto 

**Escribe los números.**

**2.** 1,000 menos que 49,737

____

**3.** 10,000 más que 53,502

____

## Resolución de problemas

**4.** Sarah y su mamá están en la tienda. Compran una camisa de $16, un cinturón de $8 y un vestido de $22. Para hallar el costo total, Sarah suma $16 y $8, y luego suma ese resultado a $22. Su mamá suma $16 a la suma de $8 y $22. ¿Qué propiedad de la suma usaron para hallar el costo total? ¿Cuál es el costo total?

______________________________

**5.** El señor Cleff quiere comprar estos instrumentos para la clase de música.

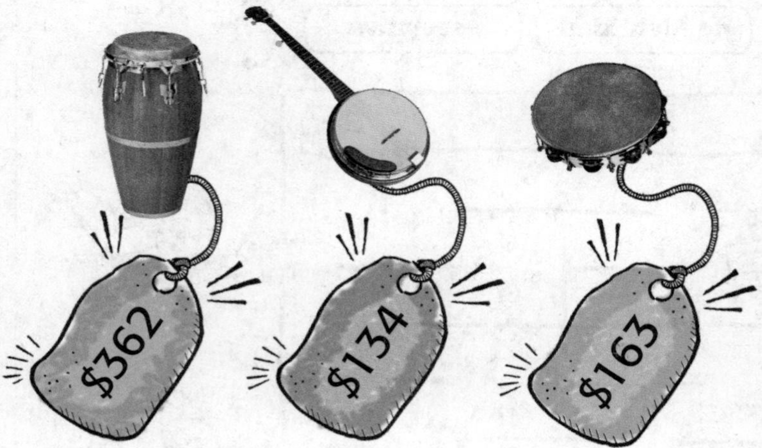


Aproximadamente, ¿cuánto dinero necesitará para comprar los instrumentos?

______________________________

## Práctica para la prueba

**6.** ¿Qué enunciado numérico puede usarse para estimar 3,401 + 8,342?

Ⓐ 3,000 + 8,000 = 11,000

Ⓑ 3,000 + 9,000 = 12,000

Ⓒ 4,000 + 8,000 = 12,000

Ⓓ 4,000 + 9,000 = 13,000

¡Mi trabajo!

Nombre ..............................................



# Sumar números naturales

**Lección 5**

**PREGUNTA IMPORTANTE**
**¿Qué estrategias puedo usar para sumar o restar?**

Al sumar, tal vez debas reagrupar.

## Las mates y mi mundo

¡La tengo!

### Ejemplo 1

**La semana pasada, se vendieron 6,824 entradas de béisbol. Esta semana, se vendieron 349 entradas. ¿Cuántas entradas se vendieron en total?**

Halla 6,824 + 349.

**Suma las unidades.**

4 + 9 = 13

Reagrupa 13 unidades en 1 decena y 3 unidades.

**Suma las decenas.**

1 + 2 + 4 = 7

**Suma las centenas.**

8 + 3 = 11

Reagrupa 11 centenas en 1 millar y 1 centena.

**Suma los millares.**

1 + 6 = 7

| ☐ | | ☐ | |
|---|---|---|---|
| 6, | 8 | 2 | 4 |
| + | 3 | 4 | 9 |
| ☐, | ☐ | ☐ | ☐ |

Por lo tanto, se vendieron ________ entradas en total.

**Comprueba que sea razonable** La estimación es ________.

Como ________ está cerca de la estimación, la respuesta es razonable.

## Ejemplo 2 Observa

**En la tabla se muestra la venta de boletos para una obra. ¿Cuál fue el valor de la venta total?**

| Venta de boletos | |
|---|---|
| **Día** | **Cantidad** |
| sábado | $58,713 |
| domingo | $43,827 |

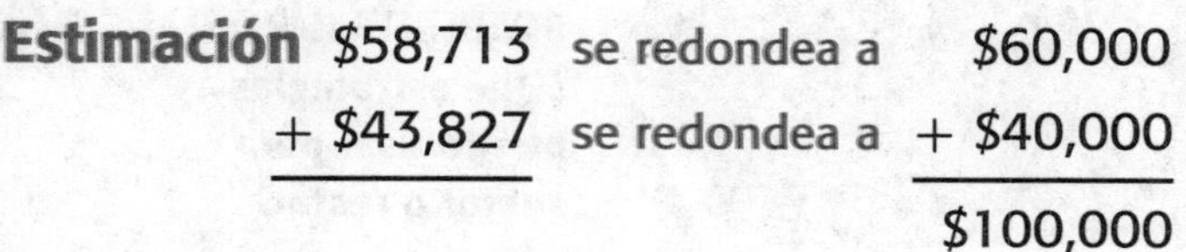

**Estimación** $58,713 se redondea a $60,000
+ $43,827 se redondea a + $40,000
$100,000

**Suma las unidades.**

3 + 7 = 10

Reagrupa 10 unidades en 1 decena y 0 unidades.

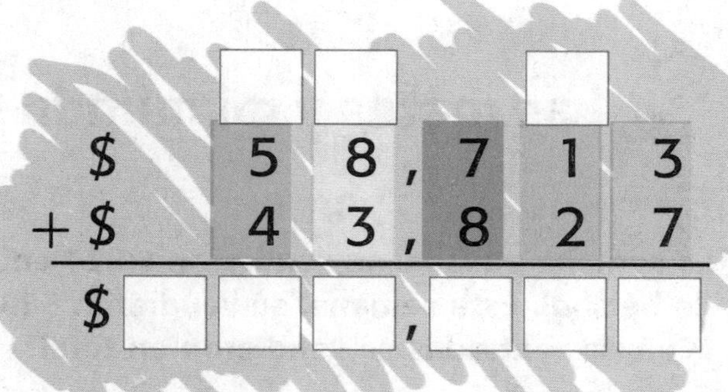

**Suma las decenas.**

1 + 1 + 2 = 4

**Suma las centenas.**

7 + 8 = 15

Reagrupa 15 centenas en 1 millar y 5 centenas.

**Suma los millares.**

1 + 8 + 3 = 12

Reagrupa 12 millares en 1 decena de millar y 2 millares.

**Suma las decenas de millar.**

1 + 5 + 4 = 10

Coloca el símbolo $ delante de la suma.

Explica por qué es importante alinear los dígitos de los números al sumar.

Por lo tanto, el valor total de la venta fue ________.

## Práctica guiada 

**Suma. Estima para comprobar tu trabajo.**

**1.** $2,961
+ $4,205

**2.** 29,380
+ 10,225

Nombre ..................................................

## Práctica independiente

**Suma. Estima para comprobar tu trabajo.**

**3.** 8,346 + 7,208

**4.** $23,824 + $ 7,346

**5.** 82,828 + 4,789

**6.** $37,178 + $82,370

**7.** $693,782 + $ 47,816

**8.** 743,980 + 211,315

**9.** 254,671 + 381,366

**10.** $15,789 + $22,503

**11.** 56,772 + 29,428

**Suma. Usa la tabla de valor posicional como ayuda para plantear el problema.**

**12.** 17,599 + 72,682 = ________

| | millares | | | unidades | | |
|---|---|---|---|---|---|---|
| | centenas | decenas | unidades | centenas | decenas | unidades |
| | | | | | | |
| + | | | | | | |
| | | | | | | |

# Resolución de problemas

**13.** Hoy 4,585 estudiantes fueron a la escuela en autobús y 3,369 estudiantes fueron de otra manera. ¿Cuántos estudiantes fueron a la escuela en total?

______________________

**14.** PRÁCTICA matemática 6 **Explicarle a un amigo** La mamá de Becky quiere comprar un televisor nuevo que cuesta $1,500 y un reproductor de DVD que cuesta $300. Tiene $2,000. Si gasta $150 en el supermercado, ¿le quedará suficiente dinero para el televisor y el reproductor de DVD? Explícaselo a un amigo.

______________________

**15.** La clase del señor Russo está juntando botellas para reciclar. La clase juntó 1,146 botellas en marzo y 2,555 botellas en abril. ¿Cuántas botellas juntaron en total?

______________________

## Problemas S.O.S.

**16.** PRÁCTICA matemática 1 **Entender los problemas** Escribe dos sumandos de 5 dígitos cuya suma dé como resultado una estimación de 60,000.

______________________

**17.** **Profundización de la pregunta importante** Explica por qué un problema de suma con sumandos de 4 dígitos podría dar como resultado una suma de 5 dígitos.

______________________

______________________

# Mi tarea

**Lección 5**
**Sumar números naturales**

## Asistente de tareas

¿Necesitas ayuda? connectED.mcgraw-hill.com

**Halla 32,866 + 7,375.**

**Estima**

|  |  |  |
|---|---|---|
| 32,866 | se redondea a | 33,000 |
| + 7,375 | se redondea a | + 7,000 |
|  |  | 40,000 |

|  |  |  |  |  |  |
|---|---|---|---|---|---|
|  | 1 | 1 | 1 | 1 |  |
|  | 3 | 2, | 8 | 6 | 6 |
| + |  | 7, | 3 | 7 | 5 |
|  | 4 | 0, | 2 | 4 | 1 |

1 **Suma las unidades.**
6 + 5 = 11
Reagrupa 11 unidades en 1 decena 1 unidad.

2 **Suma las decenas.**
1 + 6 + 7 = 14
Reagrupa 14 decenas en 1 centena y 4 decenas.

3 **Suma las centenas.**
1 + 8 + 3 = 12
Reagrupa 12 centenas en 1 millar y 2 centenas.

4 **Suma los millares.**
1 + 2 + 7 = 10
Reagrupa 10 millares en 1 decena de millar y 0 millares.

5 **Suma las decenas de millar.**
1 + 3 = 4

Por lo tanto, 32,866 + 7,375 = 40,241.

40,241 está cerca de la estimación de 40,000. La respuesta es razonable.

# Práctica

**Suma. Estima para comprobar tu trabajo.**

**1.** 5,239 + 2,794

**2.** \$4,189 + \$5,432

**3.** 169,748 + 355,470

**4.** 452,903 + 318,766

## Resolución de problemas

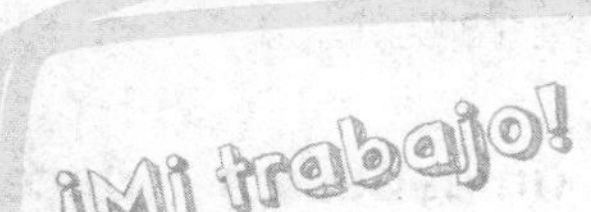

**5.** PRÁCTICA matemática 5 **Usar herramientas de las mates** En un zoológico hay dos elefantes, Sally y Joe. Sally pesa 7,645 libras y Joe pesa 12,479 libras. ¿Cuánto pesan Sally y Joe en total?

______________________

**6.** En una biblioteca, retiraron 1,324 libros infantiles y 1,510 libros de ficción. ¿Cuántos libros retiraron en total de la biblioteca?

______________________

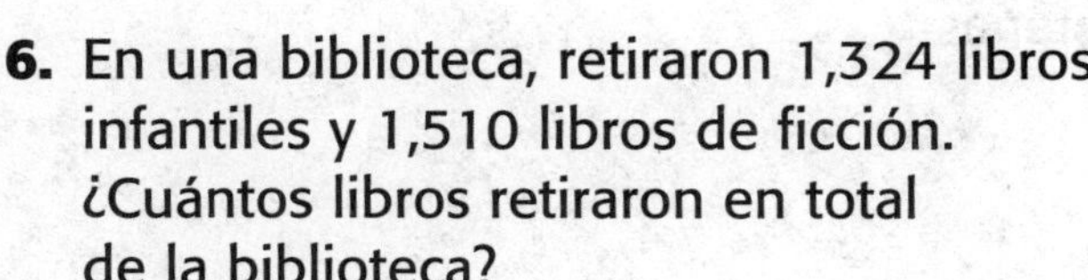

¡Mi trabajo!

## Práctica para la prueba

**7.** Halla la incógnita en \$45,209 + \$31,854 = ■.

Ⓐ \$76,063　　Ⓒ \$77,053

Ⓑ \$77,163　　Ⓓ \$77,063

Nombre



# Restar números naturales

**Lección 6**

**PREGUNTA IMPORTANTE**
**¿Qué estrategias puedo usar para sumar o restar?**

Restar números naturales es similar a sumar números naturales porque tal vez debas reagrupar.

## Las mates y mi mundo

### Ejemplo 1

**La familia Trevino se muda a una ciudad nueva. Ya recorrieron 957 millas de las 3,214 millas que deben recorrer. ¿Cuántas millas les falta recorrer?**

Halla 3,214 − 957.

**1 Resta las unidades.**
Reagrupa 1 decena en 10 unidades.
10 unidades + 4 unidades = 14 unidades
14 unidades − 7 unidades = ____ unidades

**2 Resta las decenas.**
Reagrupa 1 centena en ____ decenas.
10 decenas + 0 decenas = 10 decenas
10 decenas − 5 decenas = ____ decenas

**3 Resta las centenas.**
Reagrupa 1 millar en ____ centenas.
10 centenas + 1 centena = 11 centenas
11 centenas − 9 centenas = ____ centenas

**Resta los millares.**
2 millares − 0 millares = ______ millares

|   |   |   |   |   |
|---|---|---|---|---|
|   |   | ☐ | ☐ |   |
|   | ☐ | ☐ | ☐ | ☐ |
|   | 3, | 2 | 1 | 4 |
| − |   | 9 | 5 | 7 |
|   | ☐, | ☐ | ☐ | ☐ |

Por lo tanto, 3,214 − 957 = ______. A la familia Trevino le falta recorrer ______ millas más.

El **minuendo** es el primer número de un enunciado de resta, del que se resta el segundo número. El **sustraendo** es el número que se resta.

## Ejemplo 2

**La banda recaudó $1,345 para comprar equipos nuevos. Si la meta es recaudar $4,275, ¿cuánto dinero les falta recaudar?**

**Estima** $4,275 → se redondea a → $4,300
− $1,345 → se redondea a → $1,300
$3,000

**Resta las unidades.**
5 − 5 = 0

**Resta las decenas.**
7 − 4 = 3

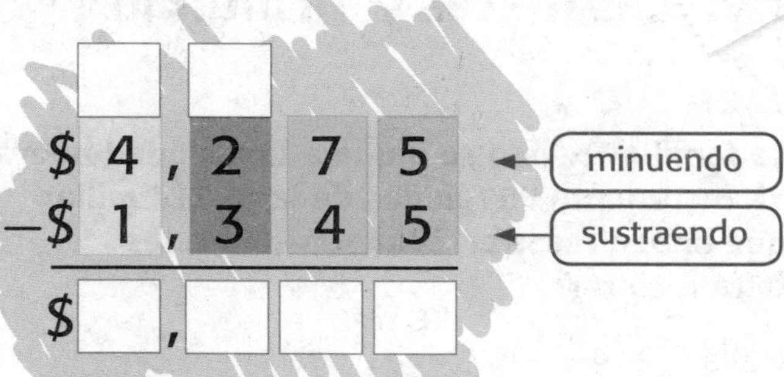

**Resta las centenas.**
Reagrupa 1 millar en 10 centenas.
12 − 3 = 9

**Resta los millares.**
3 − 1 = 2

Por lo tanto, a la banda le falta recaudar ________.

**Comprueba que sea razonable** Usa la suma para comprobar la resta.

```
  4,275        2,930
− 1,345      + 1,345
  2,930        4,275
```

La respuesta es correcta y está cerca de la estimación.

Explica cómo puedes comprobar la respuesta de un problema de resta usando la suma.

## Práctica guiada

**Resta. Suma o estima para comprobar.**

**1.** 2,962 − 845

**2.** $4,785 − $2,293

Nombre

CCSS

## Práctica independiente

**Resta. Suma o estima para comprobar.**

**3.** 8,845 − 627

**4.** \$5,751 − \$4,824

**5.** \$8,327 − \$5,709

**6.** 39,536 − 18,698

**7.** 847,311 − 562,530

**8.** 93,458 − 21,649

**9.** 78,215 − 56,827

**10.** \$18,345 − \$14,400

**11.** 629,843 − 216,954

**Resta. Suma o estima para comprobar. Usa la tabla de valor posicional para plantear el problema.**

**12.** 961,344 − 345,822 = ________

| | Millares | | | Unidades | | |
|---|---|---|---|---|---|---|
| | centenas | decenas | unidades | centenas | decenas | unidades |
| | | | | | | |
| − | | | | | | |
| | | | | | | |

**13.** ¿Prefieres sumar o estimar para comprobar? Explica tu respuesta.

El mundo real

## Resolución de problemas

**14.** PRÁCTICA matemática 5 **Usar herramientas de las mates** Hay 1,569 boletos en total para un concierto. El primer día de ventas, se vendieron 875 boletos. Al día siguiente, se vendieron otros 213 boletos. ¿Cuántos boletos quedan sin vender?

**15.** Una montaña mide 29,135 pies de altura. Desde el campamento base, a 17,600 pies, un escalador subió 2,300 pies. ¿Cuánto le falta al escalador para llegar a la cima de la montaña?

**16.** John Adams nació en 1735 y se convirtió en presidente en 1797. Harry S. Truman nació en 1884 y se convirtió en presidente en 1945. ¿Quién tenía más años de edad cuando se convirtió en presidente?

¡Mi trabajo!

## Problemas S.O.S.

**17.** PRÁCTICA matemática 2 **Usar el sentido numérico** Encierra en un círculo el problema de resta en el que no es necesario reagrupar. Explica tu respuesta.

| 67,457 | 71,639 | 89,584 | 95,947 |
|---|---|---|---|
| − 40,724 | − 39,607 | − 57,372 | − 26,377 |

**18.** **Profundización de la pregunta importante** ¿Por qué es importante alinear los dígitos de cada valor posicional al restar?

Nombre ..............................................................



# Mi tarea

**Lección 6**
**Restar números naturales**

## Asistente de tareas

¿Necesitas ayuda? connectED.mcgraw-hill.com

**Halla 6,325 − 2,841.**

**Estima** Redondea al millar más cercano. 6,000 − 3,000 = 3,000

**1** **Resta las unidades.**

**2** **Resta las decenas.**
Reagrupa 1 centena en 10 decenas.

**3** **Resta las centenas.**
Reagrupa 1 millar en 10 centenas.

**4** **Resta los millares.**

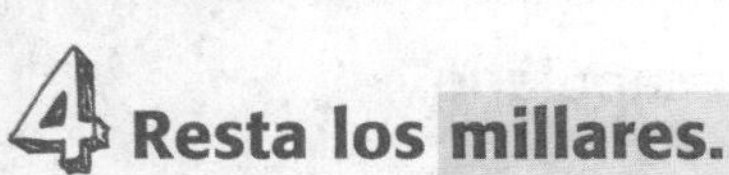

| | 5 | 12 | 12 | |
|---|---|---|---|---|
| | ~~6~~, | ~~3~~ | ~~2~~ | 5 |
| − | 2, | 8 | 4 | 1 |
| | 3, | 4 | 8 | 4 |

Por lo tanto, 6,325 − 2,841 = 3,484.

### Comprueba

Suma para comprobar.

| | |
|---|---|
| 6,325 | 3,484 |
| − 2,841 | + 2,841 |
| 3,484 | 6,325 |

Por lo tanto, la respuesta es razonable.

## Práctica

**Resta. Suma o estima para comprobar.**

**1.** \$6,148 − \$1,575

**2.** 9,516 − 7,228

**3.** 6,637 − 2,846

**4.** 33,539 − 31,649

## Resolución de problemas

**5.** El equipo de una liga infantil de béisbol regaló 1,250 gorras. Si asistieron 2,359 personas al partido, ¿cuántas personas no recibieron una gorra?

______________________

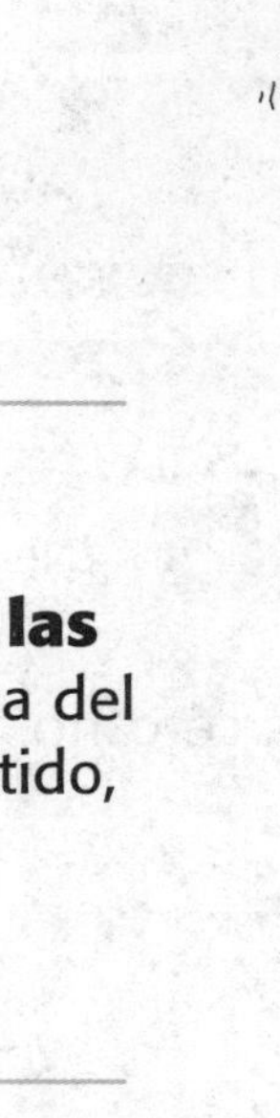

**6.** PRÁCTICA matemática 5 **Usar herramientas de las mates** Había 3,515 camisetas en la tienda del estadio antes del partido. Después del partido, quedaban 1,396 camisetas. ¿Cuántas se vendieron durante el partido?

______________________

## Comprobación del vocabulario

**7.** Rotula las partes del problema de resta con el término de vocabulario correcto.

diferencia    minuendo    sustraendo

4,178 ← ______

− 535 ← ______

3,643 ← ______

## Práctica para la prueba

**8.** Halla la incógnita en 1,515 − 1,370 = ■.

Ⓐ 165

Ⓑ 145

Ⓒ 135

Ⓓ 235

Nombre ..........................................



# Restar números con ceros

**Lección 7**

**PREGUNTA IMPORTANTE**
**¿Qué estrategias puedo usar para sumar o restar?**

A veces, la resta incluye minuendos con ceros.

## Las mates y mi mundo

### Ejemplo 1

**Cada clase de cuarto grado tiene la meta de juntar 5,100 monedas de 1¢ para una beneficencia. ¿Cuántas monedas de 1¢ les falta juntar a los niños de cuarto grado de la clase del señor Blake para llegar a la meta?**

| Clase | Monedas de 1¢ |
|---|---|
| Sra. Clark | 4,523 |
| Sr. Blake | 3,520 |
| Sr. Simms | 1,987 |
| Sra. Stone | 2,569 |

Halla 5,100 − 3,520.

**Resta las unidades.**
0 unidades − 0 unidades = 0 unidades

**2** **Resta las decenas.**
Reagrupa 1 centena en 10 decenas.
10 decenas − 2 decenas = 8 decenas

**Resta las centenas.**
Reagrupa 1 millar en 10 centenas.
10 centenas − 5 centenas = 5 centenas

**Resta los millares.**
4 millares − 3 millares = 1 millar

$$\begin{array}{r} 5,100 \\ -3,520 \\ \hline \square,\square\square\square \end{array}$$

Por lo tanto, la clase del señor Blake necesita ______ monedas de 1¢ más.

**Comprueba**

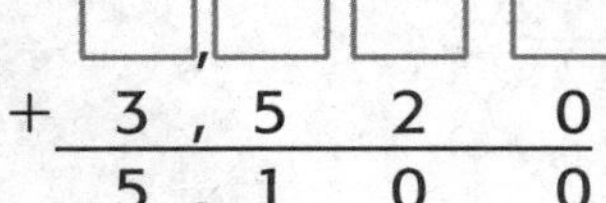

$$\begin{array}{r} \square,\square\square\square \\ +3,520 \\ \hline 5,100 \end{array}$$

La respuesta es correcta.

## Ejemplo 2

Tutor

**El sábado hubo 30,900 aficionados en el estadio. El sábado siguiente, hubo 22,977 aficionados. ¿Cuántos aficionados más que el segundo sábado hubo en el estadio el primer sábado?**

Halla 30,090 – 22,977.

**Resta las unidades.**
Reagrupa 1 decena en 10 unidades.

10 unidades – 7 unidades = _____ unidades

**Resta las decenas.**

8 decenas – 7 decenas = _____ decena

**Resta las centenas.**
Reagrupa 1 decena de millar en 10 millares.
Reagrupa 1 millar en 10 centenas.

10 centenas – 9 centenas = _____ centena

$$\begin{array}{r} 3\ 0,0\ 9\ 0 \\ -2\ 2,9\ 7\ 7 \\ \hline \square,\square\square\square \end{array}$$

**Resta los millares.**

9 millares – 2 millares = _____ millares

**Resta las decenas de millar.**

2 decenas de millar – 2 decenas de millar = _____ decenas de millar

Por lo tanto, 30,090 – 22,977 = __________.

Hubo __________ aficionados más el primer sábado.

Explica cómo restar 42,956 de 55,000.

## Práctica guiada

**Resta. Suma o estima para comprobar.**

**1.** $\begin{array}{r} 2,0\ 0\ 3 \\ -\ 1,1\ 5\ 4 \\ \hline \square\square\square \end{array}$

**2.** $\begin{array}{r} \$8,0\ 0\ 0 \\ -\ \$3,5\ 0\ 2 \\ \hline \$\square,\square\square\square \end{array}$

Nombre ........................................



## Práctica independiente

**Resta. Suma o estima para comprobar.**

**3.** 2,040 − 946

**4.** 7,008 − 2,055

**5.** 12,050 − 3,162

**6.** 10,400 − 5,445

**7.** 46,801 − 5,823

**8.** 60,032 − 21,833

**9.** $52,006 − $13,055

**10.** 600,000 − 28,005

**11.** 508,200 − 136,118

**Resta. Suma o estima para comprobar. Usa la tabla de valor posicional para plantear el problema.**

**12.** 900,000 − 31,650 = ________

| Millares | | | Unidades | | |
|---|---|---|---|---|---|
| centenas | decenas | unidades | centenas | decenas | unidades |
| | | | | | |
| − | | | | | |
| | | | | | |

# Resolución de problemas

**En los ejercicios 13 y 14, usa la tabla que muestra la distancia entre Nueva York y otras cinco ciudades del mundo.**

| Ciudad | Millas |
|---|---|
| Yakarta, Indonesia | 10,053 |
| Londres, Inglaterra | 3,471 |
| Ciudad de México, México | 2,086 |
| Múnich, Alemania | 4,042 |
| París, Francia | 3,635 |

**13.** ¿Cuántas millas más se deben recorrer para ir a Yakarta que a Londres?

**14.** ¿Cuántas millas más se deben recorrer para ir a Múnich que a París?

**15.** PRÁCTICA matemática 5 **Usar herramientas de las mates** Trent sumó 4,005 puntos en un videojuego. Su hermano sumó 2,375 puntos en el mismo juego. ¿Cuántos puntos más que su hermano sumó Trent?

¡Mi trabajo!

## Problemas S.O.S.

**16.** PRÁCTICA matemática 1 **Planear la solución** Identifica un número que al restarle 156,350 dé como resultado un número de 4 dígitos.

**17.** **Profundización de la pregunta importante** ¿Para qué sirve entender el valor posicional al restar números con ceros?

Nombre ........................................



# Mi tarea

**Lección 7**
**Restar números con ceros**

## Asistente de tareas

¿Necesitas ayuda? connectED.mcgraw-hill.com

**Halla 10,200 – 4,795.**

**Resta las unidades.**
Reagrupa 1 centena en 10 decenas.
Reagrupa 1 decena en 10 unidades.

**Resta las decenas.**

**Resta las centenas.**
Reagrupa 1 decena de millar en 10 millares.
Reagrupa 1 millar en 10 centenas.

**Resta los millares.**

**Resta las decenas de millar.**
0 decenas de millar – 0 decenas de millar = 0 decenas de millar.

Por lo tanto, 10,200 – 4,795 es 5,405.

## Práctica

**Resta. Suma o estima para comprobar.**

**1.** 4,000
– 1,731

**2.** 3,300
– 1,892

**3.** 8,000
– 6,313

**4.** $14,000
– $10,892

El mundo real

## Resolución de problemas

**5.** Si se vendieron 700 boletos para un concierto pero solamente asistieron 587 personas, ¿cuántas personas compraron un boleto pero no asistieron?

______________________

**6.** El río Amazonas, que está en América del Sur, mide 4,000 millas. El río Snake, que está en el noroeste de Estados Unidos, mide 1,038 millas. ¿Cuánto más largo que el río Snake es el río Amazonas?

______________________

**7.** PRÁCTICA matemática 5 **Usar herramientas de las mates** En la tienda hay 6,000 productos. En una hora, se venden 425 productos. ¿Cuántos productos quedan?

______________________

**8.** Un campo de maíz tiene 2,000 insectos. Solamente 497 insectos comen el maíz. ¿Cuántos insectos no comen el maíz?

______________________

¡Mi trabajo!

## Práctica para la prueba

**9.** Logan tiene una tarjeta de regalo por $200. El lunes gasta $45 y el martes gasta $61. ¿Cuánto dinero queda en la tarjeta de regalo?

Ⓐ $94

Ⓑ $106

Ⓒ $104

Ⓓ $139

# Compruebo mi progreso

## Comprobación del vocabulario

**1.** Ayuda a las mariposas a hallar la flor que les corresponde trazando líneas para unir las palabras de vocabulario con su definición.

**minuendo**

**sustraendo**

**diferencia**

El primer número de un enunciado de resta, del que se resta el segundo número.

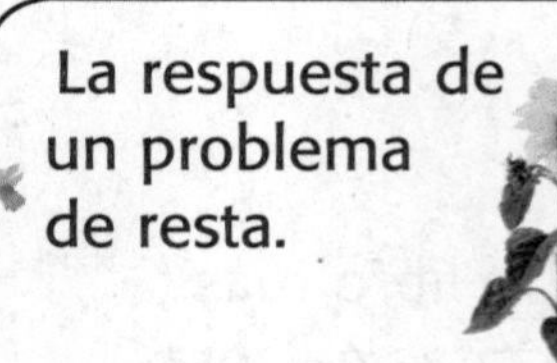

La respuesta de un problema de resta.

El número que se resta en un problema de resta.

## Comprobación del concepto

**Suma. Estima para comprobar tu trabajo.**

**2.** $\begin{array}{r} \$3{,}618 \\ +\ \$2{,}956 \\ \hline \end{array}$

**3.** $\begin{array}{r} 36{,}847 \\ +\ 14{,}268 \\ \hline \end{array}$

**4.** $\begin{array}{r} 529{,}318 \\ +\ 231{,}937 \\ \hline \end{array}$

**Resta. Suma o estima para comprobar.**

**5.** $\begin{array}{r} 5{,}428 \\ -\ \ \ 725 \\ \hline \end{array}$

**6.** $\begin{array}{r} \$90{,}000 \\ -\ \$24{,}074 \\ \hline \end{array}$

**7.** $\begin{array}{r} 836{,}422 \\ -\ 145{,}742 \\ \hline \end{array}$

El mundo real

# Resolución de problemas

**8.** Jabar viajó 3,052 millas el año pasado. Su hermano viajó 5,294 millas. ¿Cuántas millas viajaron en total?

____________________

**9.** El año pasado se vendieron 15,292 boletos para conciertos. Este año se vendieron 26,935 boletos para conciertos. ¿Cuántos boletos más que el año pasado se vendieron este año?

____________________

**10.** Una tienda quiere ganar $100,000 este año. Hasta ahora, ha ganado $82,052. ¿Cuánto dinero le falta ganar para alcanzar la meta?

____________________

**11.** Un libro tiene 31,225 palabras. Un libro más corto tiene 24,893 palabras. ¿Cuántas palabras más que el libro más corto tiene el libro más largo?

____________________

# Práctica para la prueba

**12.** Halla la incógnita.

$24{,}378 + 12{,}489 = p$

Ⓐ $p = 36{,}867$

Ⓑ $p = 36{,}757$

Ⓒ $p = 12{,}111$

Ⓓ $p = 11{,}889$

Nombre



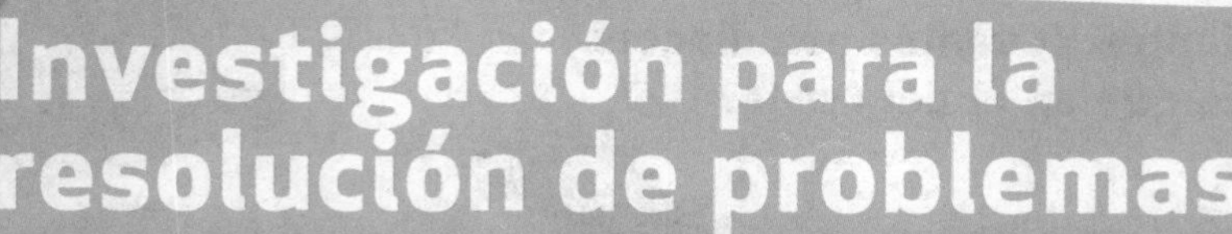

# Investigación para la resolución de problemas

**ESTRATEGIA: Dibujar un diagrama**

**Lección 8**

**PREGUNTA IMPORTANTE**
**¿Qué estrategias puedo usar para sumar o restar?**

## Aprende la estrategia

**En el campamento de verano de Keith, van a construir casas en los árboles. Necesitan $2,492 para comprar herramientas y $12,607 para comprar madera. ¿Cuánto dinero necesitan para construir las casas en los árboles?**

### 1 Comprende

**¿Qué sabes?**

Las herramientas cuestan $________. La madera cuesta $________.

**¿Qué debes hallar?**
cuánto dinero se necesita para construir las casas en los árboles

### 2 Planea

Puedes dibujar un diagrama de barra y sumar para hallar la suma.

### 3 Resuelve

El diagrama muestra las partes que se necesitan. Suma para hallar el total.

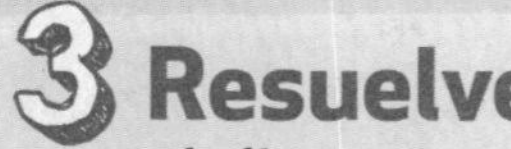


$$\begin{array}{r} \$\ \ \ 2,492 \\ +\ \$12,607 \\ \hline \$\square\square,\square\square\square \end{array}$$

Por lo tanto, se necesitan ________ en total para construir las casas en los árboles.

### 4 Comprueba

**¿Tiene sentido tu respuesta? ¿Por qué?**

________________________________________

________________________________________

# Practica la estrategia

**El Distrito Escolar del Este tiene 52,672 estudiantes. El Distrito Escolar del Oeste tiene 34,089 estudiantes. ¿Cuántos estudiantes más hay en el Distrito Escolar del Este que en el del Oeste?**

##  Comprende

**¿Qué sabes?**

______________________________

______________________________

______________________________

**¿Qué debes hallar?**

______________________________

______________________________

## 2 Planea

______________________________

## 3 Resuelve

## 4 Comprueba

**¿Tiene sentido tu respuesta? ¿Por qué?**

______________________________

Nombre ..............................

# Aplica la estrategia

**Dibuja un diagrama para resolver los problemas.**

1. PRÁCTICA matemática 4 **Representar las mates**
El estadio Twickenham, de Inglaterra, tiene capacidad para 82,000 personas sentadas. Si hay 49,837 personas sentadas, ¿cuántas personas más pueden sentarse en el estadio?

______________________________

2. En una panadería, usan diez tazas de manteca y diez huevos para una receta. Diez tazas de manteca tienen 16,280 calorías. Diez huevos tienen 1,170 calorías. ¿Cuántas calorías más que 10 huevos tienen 10 tazas de manteca?

______________________________

3. Escribe y resuelve un problema del mundo real que dé como resultado una suma de 11,982.

______________________________

______________________________

______________________________

______________________________

¡Mi trabajo!

CCSS

# Repasa las estrategias

**Usa cualquier estrategia para resolver los problemas.**

- Usar el plan de cuatro pasos
- Dibujar un diagrama

**4.** La señorita Bintel quiere comprar un carro que cuesta $35,500. El domingo hay una rebaja. Si compra el carro el domingo, ahorrará $2,499. ¿Cuánto costará el carro el domingo?

El carro costará ___________ el domingo.

**5.** PRÁCTICA matemática 5 **Usar herramientas de las mates** Rick condujo 12,363 millas en su carro nuevo durante el primer año que lo tuvo. El segundo año, condujo 15,394 millas. ¿Cuántas millas condujo Rick durante esos dos años?

_______________________________________

**6.** La señora Walker debe ordenar 2,005 recetas. Ya ordenó 962. ¿Cuántas recetas más debe ordenar?

_______________________________________

**7.** Un alce pesa 1,820 libras. Un camello pesa 1,521 libras. ¿Cuántas libras más que un camello pesa un alce?

_______________________________________

**8.** PRÁCTICA matemática 3 **Hallar el error** Macy debe hallar la suma de 61,043 y 23,948. Su respuesta es 37,095. Halla el error que cometió y corrígelo.

_______________________________________

_______________________________________

¡Mi trabajo!

# Mi tarea

**Lección 8**
**Resolución de problemas: Dibujar un diagrama**

## Asistente de tareas

¿Necesitas ayuda? connectED.mcgraw-hill.com

**El primer día de una audición, participaron 2,731 cantantes. El segundo día de la audición, participaron 4,327 cantantes. ¿Cuántos cantantes participaron en total? Usa un diagrama de barra para resolver.**

### 1 Comprende

**¿Qué sabes?**

El primer día participaron 2,731 cantantes.

El segundo día participaron 4,327 cantantes.

**¿Qué debes hallar?**

cuántos cantantes participaron en total

### 2 Planea

Puedes dibujar un diagrama de barra y sumar para hallar la suma.

### 3 Resuelve

El diagrama muestra las partes que se necesitan. Suma para hallar el total.

?

| 2,731 | 4,327 |
|---|---|

$$\begin{array}{r} 2{,}731 \\ +\ 4{,}327 \\ \hline 7{,}058 \end{array}$$

Por lo tanto, participaron 7,058 cantantes en total.

### 4 Comprueba

**¿Tiene sentido tu respuesta? ¿Por qué?**

2,731 se redondea a 3,000. 4,327 se redondea a 4,000. 3,000 + 4,000 = 7,000. 7,000 está cerca de la suma real, 7,058. Por lo tanto, la respuesta tiene sentido.

# Resolución de problemas

**Dibuja un diagrama para resolver los problemas.**

¡Mi trabajo!

**1.** Joseph tiene 3,124 trozos de papel en su salón. Emily tiene 5,229 trozos de papel en el suyo. ¿Cuántos trozos de papel hay en total?

______________________

**2.** Brayden vendió 2,306 números de una rifa escolar. Connor vendió 1,523 números. ¿Cuántos números más que Connor vendió Brayden?

______________________

**3.** El sábado, 5,395 personas visitaron un museo. El domingo, 3,118 personas visitaron el museo. ¿Cuántas personas visitaron el museo en total entre el sábado y el domingo?

______________________

Nombre ..............................



# Resolver problemas de varios pasos

**Lección 9**

**PREGUNTA IMPORTANTE**
**¿Qué estrategias puedo usar para sumar o restar?**

Puedes escribir una **ecuación** como ayuda para organizar y resolver problemas de varios pasos. Una ecuación es un enunciado con un signo igual (=), que muestra que la información que hay a un lado del signo es equivalente a la información que hay al otro lado.

## Las mates y mi mundo

### Ejemplo 1

**El club de música tenía \$390 en su cuenta. En el concierto, ganaron \$472. Después, pagaron \$75 por el alquiler del escenario y \$102 por el alquiler de los equipos. ¿Cuánto dinero hay en la cuenta ahora?**

Escribe una ecuación.

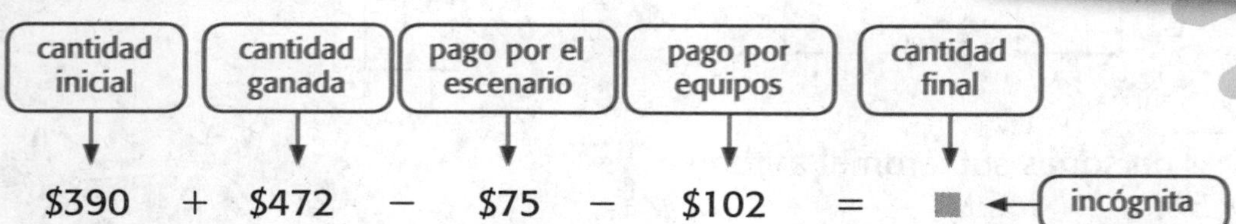


Cuando un problema tiene más de un paso, suma y resta en orden, de izquierda a derecha.

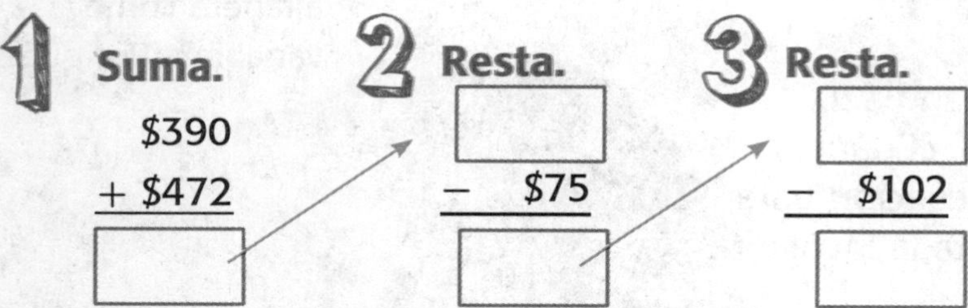


Por lo tanto, en la cuenta hay ________ ahora.

**Comprueba** Una estimación es \$400 + \$500 − \$100 − \$100, o ________.

Esta estimación está cerca de la cantidad real, que es \$ ________.
Por lo tanto, la respuesta es razonable.

Una **variable** es un símbolo (suele ser una letra) que representa una incógnita o un número que no se conoce.

## Ejemplo 2

**En la primera parada, subieron 20 personas al autobús. En la segunda parada, bajaron 14 personas y subieron 5. En la tercera parada, bajaron 2 personas y subieron algunas personas. En ese momento, había 24 personas en el autobús. ¿Cuántas personas subieron en la tercera parada?**

Escribe una ecuación.
Usa la letra *b* como variable para representar la incógnita.

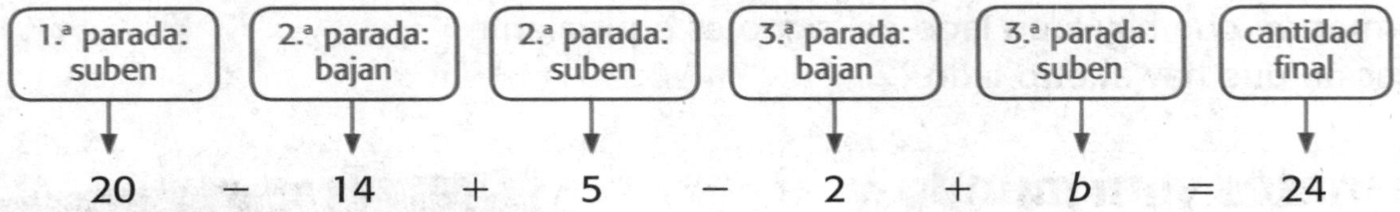


$$20 - 14 + 5 - 2 + b = 24$$

**Halla la incógnita.**

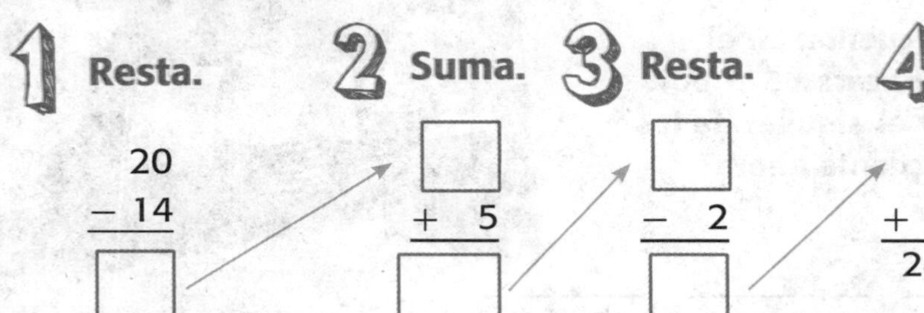

**1 Resta.** $20 - 14 = \square$

**2 Suma.** $\square + 5 = \square$

**3 Resta.** $\square - 2 = \square$

**4 Halla la variable.** $9 + b = 24$

Como $9 + b = 24$, entonces $24 - 9 = b$.

$24 - 9 = \square$

$b = \square$

Por lo tanto, ☐ personas subieron al autobús en la tercera parada.

¿Se puede usar cualquier letra del alfabeto como variable? ¿Por qué?

## Práctica guiada

1. **Álgebra** Savannah tenía \$15. Ganó \$20. Luego, compró un regalo de \$8. ¿Cuánto dinero le queda? Escribe una ecuación para resolver el problema. Representa la incógnita con una variable.

______________________________

______________________________

Nombre

## Práctica independiente

**Álgebra Escribe una ecuación para resolver los problemas. Representa la incógnita con una variable.**

2. Bailey tenía 75 cuentas. Usó 20 cuentas en un collar y 12 en un brazalete. Luego, compró 25 cuentas más. ¿Cuántas cuentas tiene Bailey ahora?

3. Alex tenía $30. Gastó $13 en un juego y $5 en un cartel. Luego, ganó $8 haciendo tareas de la casa durante una semana. ¿Cuánto dinero tiene Alex ahora?

4. Hunter tenía 16 tarros de pintura. Usó 2 en un dibujo. Compró 8 tarros más. Luego, usó algunos tarros para hacer otro dibujo. Ahora, Hunter tiene 15 tarros de pintura. ¿Cuántos tarros usó en el segundo dibujo?

5. Un restaurante sirvió comida para un grupo grande. El gerente enumera el costo total, que aparece a continuación.

| Comida | Precio ($) |
|---|---|
| pollo | 452 |
| pasta | 388 |
| ensalada | 150 |
| helado | $h$ |

El costo total es $1,317. ¿Cuánto costaron los helados?

# Resolución de problemas

**Usa un cubo numerado para completar los juegos numéricos.**

**6.** Lanza un cubo numerado 4 veces. Escribe un número en cada casilla. Halla el valor más alto de la variable.

$\square + \square - \square + \square = b$

$b =$ ______

**7.** Lanza un cubo numerado 6 veces. Escribe un número en cada casilla. Halla el valor más alto de la variable.

$\square + \square - \square + \square + \square - \square = y$

$y =$ ______

¡Mi trabajo!

## Problemas S.O.S.

**8.** PRÁCTICA matemática 1 **Entender los problemas** Victoria tenía un poco de dinero en el bolsillo. Fue al centro comercial y gastó $8 en un muñeco de peluche, $7 en el almuerzo y $13 en un regalo para su mamá. Luego, su hermano le dio $10. Ella compró un libro de $15. Ahora tiene $12. ¿Cuánto dinero tenía Victoria originalmente en el bolsillo?

______

**9.** **Profundización de la pregunta importante** ¿Cómo puedes usar variables para describir problemas del mundo real? Explica tu respuesta.

______

______

______

Nombre ..............................................................



# Mi tarea

Lección 9
Resolver problemas de varios pasos

## Asistente de tareas

¿Necesitas ayuda? connectED.mcgraw-hill.com

**Los empleados del puesto de comidas comenzaron con $520 en la caja registradora. Ganaron $725 en el partido de fútbol. Tuvieron que pagar $125 por más palomitas de maíz y $65 por más chocolate caliente. ¿Cuánto dinero hay en la caja registradora ahora?**

Escribe una ecuación.

| cantidad inicial | | ganaron en el partido | | pagaron por palomitas | | pagaron por chocolate caliente | | cantidad final |
|---|---|---|---|---|---|---|---|---|
| $520 | + | $725 | − | $125 | − | $65 | = | *c* ← incógnita |

Suma y resta en orden, de izquierda a derecha.

**Estima** $520 + 725 - 125 - 65 = c$

se redondea a

$500 + 700 - 100 - 100 = \$1{,}000$

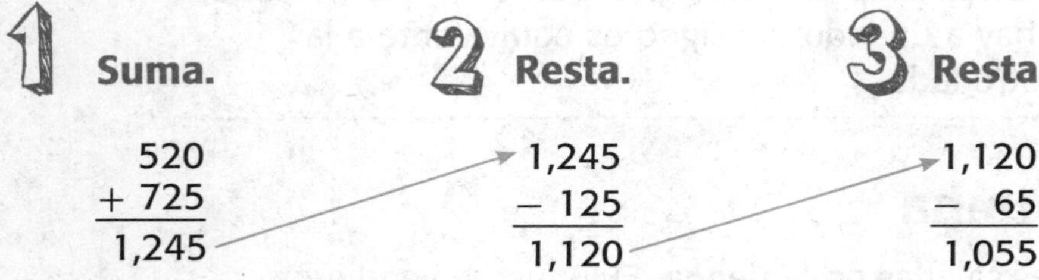

**1 Suma.**

$$\begin{array}{r} 520 \\ +\ 725 \\ \hline 1{,}245 \end{array}$$

**2 Resta.**

$$\begin{array}{r} 1{,}245 \\ -\ 125 \\ \hline 1{,}120 \end{array}$$

**3 Resta.**

$$\begin{array}{r} 1{,}120 \\ -\ 65 \\ \hline 1{,}055 \end{array}$$

Por lo tanto, en la caja registradora ahora hay $1,055.

**Comprueba** La estimación es $1,000. Eso está cerca de la cantidad real, que es $1,055. Por lo tanto, la respuesta es razonable.

# Resolución de problemas

**PRÁCTICA matemática 2** **Usar el álgebra Escribe una ecuación para resolver los problemas. Representa la incógnita con una variable.**

**1.** La mamá de Trent le dio $30. Trent ganó otros $12 haciendo tareas. Luego, gastó $15 en el cine y $6 en el almuerzo. ¿Cuánto dinero tiene Trent?

______________________

**2.** En la cafetería, compraron 400 platos desechables. Usaron 226 en el desayuno. Compraron 100 platos más. Luego, usaron algunos platos en el almuerzo. Ahora tienen 78 platos. ¿Cuántos platos usaron en el almuerzo?

______________________

**3.** La familia de Mía tenía $150 para gastar en la playa durante el día. Alquilar un bote les costó $75 y el almuerzo les costó $35. ¿Cuánto dinero tienen al final del día?

______________________

## Comprobación del vocabulario

**Completa las oraciones con las siguientes palabras.**

ecuación variable

**4.** Una __________ es un símbolo (que suele ser una letra) usado para representar una incógnita o cantidad que no se ha identificado.

**5.** Una __________ es un enunciado con un signo igual (=), que muestra que la información que hay a un lado del signo es equivalente a la información que hay al otro lado.

## Práctica para la prueba

**6.** Hay 367 cajas de galletas saladas en la tienda. El lunes, se vendieron 126 cajas y el martes se vendieron 92 cajas. El miércoles, les entregaron 203 cajas más. ¿Cuántas cajas hay ahora en la tienda? ¿Qué ecuación representa esta situación?

Ⓐ $367 + 126 + 92 - 203 = b$ Ⓑ $367 - 126 - 92 + 203 = b$

Ⓒ $367 + 126 - 92 + 203 = b$ Ⓓ $367 + 126 - 92 + b = 203$

Nombre ........................................

# Práctica de fluidez

PRÁCTICA matemática 6

**Suma.**

| | | | |
|---|---|---|---|
| **1.** 53,035 + 39,952 | **2.** 94,225 + 63,236 | **3.** 82,427 + 37,174 | **4.** 32,472 + 18,009 |
| **5.** 72,259 + 62,905 | **6.** 52,372 + 17,429 | **7.** 63,141 + 14,603 | **8.** 20,407 + 38,692 |
| **9.** 367,028 + 52,842 | **10.** 482,952 + 20,485 | **11.** 137,953 + 84,037 | **12.** 813,448 + 92,734 |
| **13.** 109,374 + 824,849 | **14.** 372,555 + 372,555 | **15.** 218,662 + 741,852 | **16.** 359,751 + 486,258 |
| **17.** 118,577 + 254,009 | **18.** 888,888 + 102,222 | **19.** 328,805 + 646,464 | **20.** 335,533 + 254,009 |

Nombre ..........................................................

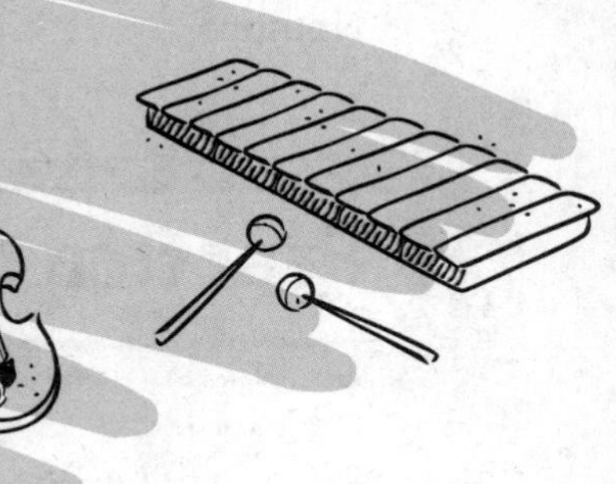

# Práctica de fluidez

**Resta.**

**1.** 63,581 − 37,510

**2.** 72,510 − 62,507

**3.** 82,404 − 15,840

**4.** 43,524 − 43,509

**5.** 42,824 − 29,131

**6.** 34,108 − 19,888

**7.** 13,546 − 12,816

**8.** 45,850 − 29,544

**9.** 237,482 − 52,851

**10.** 321,123 − 32,123

**11.** 137,953 − 84,037

**12.** 338,200 − 12,658

**13.** 825,385 − 703,261

**14.** 651,851 − 215,992

**15.** 453,166 − 405,556

**16.** 212,894 − 198,284

**17.** 489,255 − 281,816

**18.** 258,914 − 168,876

**19.** 545,248 − 359,249

**20.** 605,060 − 488,777

# Repaso

**Capítulo 2**
**Sumar y restar números naturales**

## Comprobación del vocabulario

**Usa las palabras de la lista para completar los espacios en blanco.**

| | |
|---|---|
| **ecuación** | **incógnita** |
| **minuendo** | **propiedad asociativa de la suma** |
| **propiedad conmutativa de la suma** | **propiedad de identidad de la suma** |
| **sustraendo** | **variable** |

**1.** La ______________ establece que la suma de cualquier número más 0 es ese mismo número.

**2.** Una ______________ es una cantidad cuyo valor se debe hallar.

**3.** La ______________ establece que el orden en el que se suman dos números no altera la suma.

**4.** El primer número de un enunciado de resta del que se resta el segundo número se llama ______________.

**5.** La ______________ establece que la manera de agrupar los sumandos no altera la suma.

**6.** Un número que se resta de otro número se llama ______________.

**7.** Una ______________ es un símbolo (que suele ser una letra) usado para representar una cantidad desconocida.

**8.** Una ______________ es un enunciado con el signo igual (=), que muestra que dos expresiones son iguales.

# Comprobación del concepto 

**Halla las incógnitas. Escribe la propiedad de la suma o la regla de la resta que se muestra en cada ejercicio.**

**9.** 35 − ■ = 35

**10.** (16 + 5) + ■ = 16 + (5 + 10)

**11.** 83 + 35 = 35 + ■

**12.** 76 + 0 = ■

**Escribe los números.**

**13.** 10,000 más que 25,953

**14.** 1,000 menos que 63,035

**Forma una decena, una centena o un millar para sumar mentalmente.**

**15.** 4,529 + 56 = ______

**16.** 506 + 349 = ______

**Suma. Estima para comprobar tu trabajo.**

**17.** $82{,}267 + 21{,}037$

**18.** $432{,}901 + 177{,}235$

**19.** $206{,}522 + 321{,}877$

**Resta. Suma o estima para comprobar.**

**20.** $54,751 − $43,226

**21.** $9{,}004 - 632$

**22.** $70{,}909 - 63{,}485$

Nombre

## Resolución de problemas

**23.** La señora VanHorn debe ordenar 1,045 recetas. Ya ordenó 632. ¿Cuántas recetas más debe ordenar?

**24.** Parker tenía $32. Ganó $10. Luego, compró un videojuego de $18. ¿Cuánto dinero le queda? Escribe una ecuación con una variable como incógnita.

**25.** Abby sumó 57 puntos durante el primer turno de un juego. Sumó 37 puntos más durante el segundo turno y luego perdió 19 puntos durante el tercer turno. Ganó algunos puntos más durante el cuarto turno. Ahora Abby tiene 100 puntos. ¿Cuántos puntos ganó durante el cuarto turno? Escribe una ecuación con una variable como incógnita.

## Práctica para la prueba

**26.** Rick condujo 12,363 millas en su carro nuevo durante el primer año que lo tuvo. Durante el segundo año, condujo 15,934 millas. ¿Cuántas millas condujo Rick en total durante esos dos años?

Ⓐ 23,571 millas

Ⓑ 27,297 millas

Ⓒ 28,291 millas

Ⓓ 28,297 millas

¡Mi trabajo!

# Pienso

**Capítulo 2**

**Respuesta a la**
PREGUNTA IMPORTANTE

**Usa lo que aprendiste acerca de la suma y la resta para completar el organizador gráfico.**

| Ejemplo de suma | Ejemplo de resta |
| --- | --- |
| | |

PREGUNTA IMPORTANTE

**¿Qué estrategias puedo usar para sumar o restar?**

| Vocabulario | Estimación |
| --- | --- |
| | |

**Piensa sobre la** PREGUNTA IMPORTANTE.  **Escribe tu respuesta.**

Capítulo

# Comprender la multiplicación y la división

**PREGUNTA IMPORTANTE**

**¿Cómo se relacionan la multiplicación y la división?**

## Mi mundo de diversión

Observa

¡Mira el video!

# Mis estándares estatales

## Números y operaciones del sistema decimal

**4.NBT.5** Multiplicar un número natural de hasta cuatro dígitos por un número natural de un dígito, y multiplicar dos números de dos dígitos usando estrategias basadas en el valor posicional y las propiedades de las operaciones. Ilustrar y explicar el cálculo usando ecuaciones, arreglos rectangulares o modelos de área.

**4.NBT.6** Hallar cocientes y residuos que sean números naturales con dividendos de hasta cuatro dígitos y divisores de un dígito, usando estrategias basadas en el valor posicional, las propiedades de las operaciones o la relación entre la multiplicación y la división. Ilustrar y explicar el cálculo mediante ecuaciones, arreglos rectangulares o modelos de área.

**Operaciones y razonamiento algebraico** *Este capítulo también trata estos estándares:*

**4.OA.1** Interpretar las ecuaciones de multiplicación como comparaciones; por ejemplo, interpretar $35 = 5 \times 7$ como un enunciado según el cual 35 es 5 veces 7 y 7 veces 5. Representar enunciados verbales de comparaciones multiplicativas como ecuaciones de multiplicación.

**4.OA.2** Multiplicar o dividir para resolver problemas contextualizados que involucren comparaciones multiplicativas; por ejemplo, usar dibujos y ecuaciones con un símbolo en lugar del número desconocido para representar el problema, y distinguir la comparación multiplicativa de la comparación aditiva.

**4.OA.4** Hallar todos los pares de factores para un número natural entre el 1 y el 100. Reconocer que un número natural es un múltiplo de cada uno de sus factores. Determinar si un número natural dado entre el 1 y el 100 es múltiplo de un número dado de un dígito. Determinar si un número natural dado entre el 1 y el 100 es primo o compuesto.

¡Parece difícil, pero seguro lo entenderé!

### Estándares para las PRÁCTICAS matemáticas

1. Entender los problemas y perseverar en la búsqueda de una solución.
2. Razonar de manera abstracta y cuantitativa.
3. Construir argumentos viables y hacer un análisis del razonamiento de los demás.
4. Representar con matemáticas.
5. Usar estratégicamente las herramientas apropiadas.
6. Prestar atención a la precisión.
7. Buscar una estructura y usarla.
8. Buscar y expresar regularidad en el razonamiento repetido.

= Se trabaja en este capítulo.

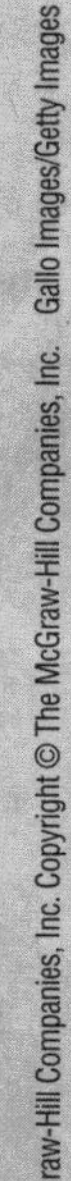

Nombre

# Antes de seguir...

← Conéctate para hacer la prueba de preparación.

**Completa los enunciados numéricos.**

**1.** $4 + 4 + 4 =$ ______

**2.** $6 + 6 +$ ______ $+ 6 = 24$

**3.** $7 + 7 + 7 = 3 \times$ ______

**4.** $9 + 9 + 9 + 9 =$ ______ $\times 9$

**5.** Escribe la operación de multiplicación que muestra el arreglo de la derecha.

______

**En cada arreglo, encierra en un círculo grupos iguales de 3 elementos.**

**6.**

**7.**

**Completa los patrones numéricos.**

**8.** 2, 4, 6, ______, 10, ______, 14

**9.** 4, 8, 12, ______, 20, 24, ______

**10.** 5, ______, 15, 20, ______, 30, ______

**11.** ______, 18, 27, ______, 45, 54, ______

**¿Cómo me fue?**

**Sombrea las casillas para mostrar los problemas que respondiste correctamente.**

| 1 | 2 | 3 | 4 | 5 | 6 | 7 | 8 | 9 | 10 | 11 |
|---|---|---|---|---|---|---|---|---|---|---|

Nombre ...............................................

# Las palabras de mis mates

## Repaso del vocabulario

dividir multiplicar

**Haz conexiones**

Usa las palabras del repaso del vocabulario para indicar qué operación u operaciones deben usarse en cada círculo. Resuelve los problemas.

¿Cuántos cuadrados hay en total en el arreglo?

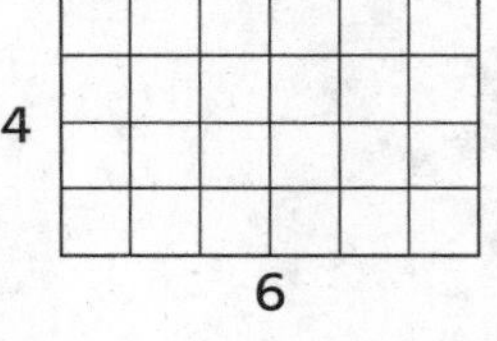


Cinco amigos tomaron un total de 10 tarjetas de béisbol y formaron con ellas 5 grupos iguales. ¿Cuántas tarjetas hay en cada grupo?

**¿Dividir, multiplicar o ambas?**

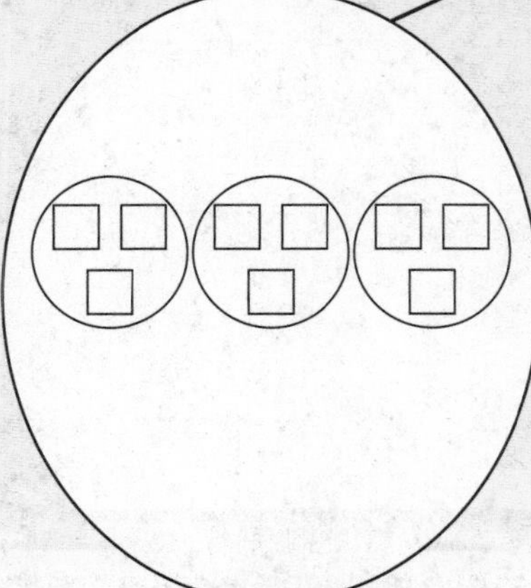

Hay 5 canastas. En cada canasta hay 4 frutas. ¿Cuántas frutas hay en total?

# Mis tarjetas de vocabulario

Lección 3–1

## cociente

$15 \div 3 = 5$

Lección 3–7

## descomponer

6

$6 \times 1 = 6$
$3 \times 2 = 6$
$2 \times 3 = 6$
$1 \times 6 = 6$

**Factores:** 1, 2, 3, 6

Lección 3–1

## dividendo

$64 \div 8 = 8$

Lección 3–1

## divisor

$3\overline{)19}$

Lección 3–1

## factor

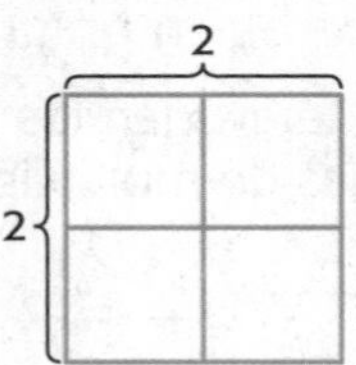


$2 \times 2 = 4$

Lección 3–1

## familia de operaciones

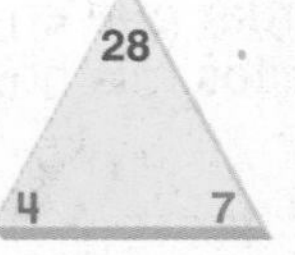


$4 \times 7 = 28$, $7 \times 4 = 28$,
$28 \div 7 = 4$, $28 \div 4 = 7$

Lección 3–7

## múltiplo

**múltiplos de 8:**

| 0, | 8, | 16, | 24, | 32... |
|---|---|---|---|---|
| $0 \times 8$ | $1 \times 8$ | $2 \times 8$ | $3 \times 8$ | $4 \times 8$ |

Lección 3–1

## producto

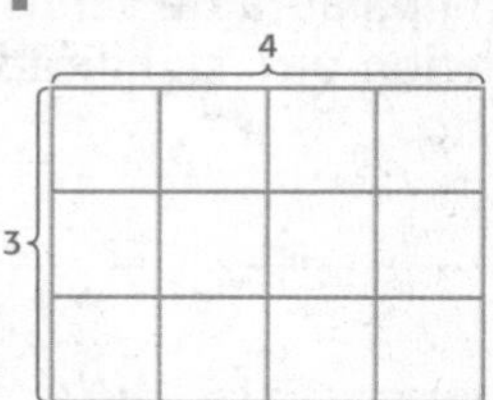


$3 \times 4 = 12$

## Sugerencias

- Agrupa 2 o 3 palabras relacionadas. Agrega una palabra no relacionada al grupo. Luego, trabaja con un compañero o una compañera para decir cuál es la palabra que no está relacionada.
- Diseña un crucigrama. Usa las definiciones de las palabras como pistas.

Separar un número en diferentes partes.

*Descomponer* es una palabra de varios significados. Usa en una oración la palabra *descomponer* con otro significado.

Resultado de un problema de división.

Escribe una ecuación de división en el que el cociente sea 4.

Número que divide al dividendo.

El sufijo *-or* significa "el que realiza la acción". Explica por qué el divisor realiza la acción de dividir.

Número que es dividido.

Escribe las palabras de este grupo de tarjetas que están relacionadas con *dividendo*.

Grupo de operaciones relacionadas que usan los mismos números.

¿Cómo puedes recordar que en una familia de operaciones se usan los mismos 3 números?

Número entre el que se divide otro número natural sin dejar residuo. También es cada uno de los números en una multiplicación.

¿De qué manera te ayudan los factores a resolver problemas de multiplicación y división?

Resultado de un problema de multiplicación.

*Producto* es una palabra de varios significados. Usa en una oración otro significado de la palabra *producto*.

Un múltiplo de un número es el producto de ese número y otro número natural.

Escribe una clave que te ayude a recordar que los múltiplos se usan en la multiplicación.

# Mis tarjetas de vocabulario

**PRÁCTICAS matemáticas**

Lección 3–6

## propiedad asociativa de la multiplicación

$3 \times (4 \times 6) = (3 \times 4) \times 6$

Lección 3–5

## propiedad conmutativa de la multiplicación

$3 \times 6 = 6 \times 3$

Lección 3–5

## propiedad de identidad de la multiplicación

$1 \times 10 = 10$    $10 \times 1 = 10$

Lección 3–5

## propiedad del cero de la multiplicación

$12 \times 0 = 0$    $3 \times 0 = 0$

Lección 3–2

## resta repetida

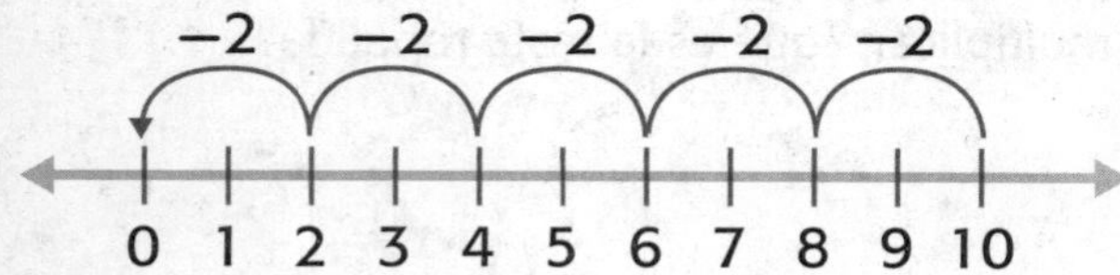

## Sugerencias

- Haz una marca de conteo en la tarjeta correspondiente cada vez que leas o escribas una de estas palabras. Ponte como meta hacer al menos 3 marcas de conteo en cada tarjeta.
- Usa las tarjetas en blanco para crear tus propias tarjetas de vocabulario.

El orden en el que se multiplican dos o más números no altera el producto.

**¿En qué se diferencia esta propiedad de la propiedad asociativa de la multiplicación?**

La manera de agrupar los factores no altera el producto.

**¿En qué se parece esta propiedad a la propiedad asociativa de la suma?**

Cuando se multiplica cualquier número por 0, el producto es 0.

**Escribe una pista que te ayude a recordar esta propiedad.**

Cuando se multiplica cualquier número por 1, el producto es ese mismo número.

**Busca un significado de *identidad* en el diccionario. Escribe una oración donde uses la palabra con ese significado.**

Procedimiento por el que se resta el mismo sustraendo una y otra vez.

**Si la suma repetida es una manera de multiplicar, ¿qué es la resta repetida?**

# Mi modelo de papel

**FOLDABLES®** Sigue los pasos que aparecen en el reverso para hacer tu modelo de papel.

**Múltiplos**

4

5

6

12

15

24

27

**Factores**

4

5

6

12

15

24

27

FOLDABLES®
Ayudas de estudio

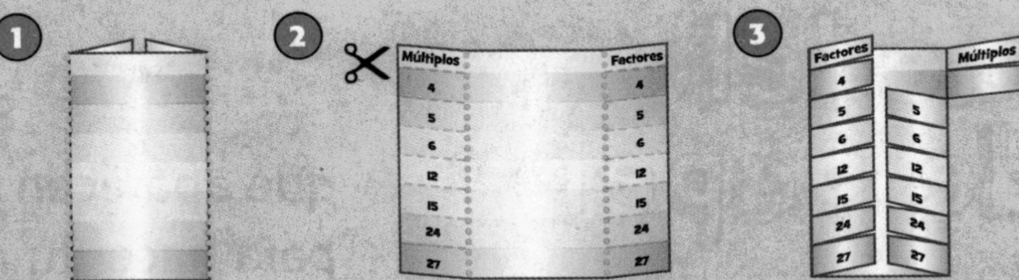


Múltiplos

Factores

Nombre ..............................................................

# Relacionar la multiplicación y la división

**Lección 1**

**PREGUNTA IMPORTANTE**
**¿Cómo se relacionan la multiplicación y la división?**

Puedes usar modelos para representar la multiplicación y la división. La multiplicación y la división son operaciones inversas, es decir, opuestas.

¡Puntaje máximo!

## Las mates y mi mundo

### Ejemplo 1

**Felisa y Mei-Ling fueron a una tienda de videojuegos. Jugaron a 4 juegos que costaban $3 cada uno. ¿Cuánto gastaron en total?**

Escribe un enunciado de multiplicación y un enunciado de división relacionados para resolver el problema.

Acomoda las fichas en un arreglo con 3 filas y 4 columnas. Dibuja las fichas en la cuadrícula.

Hay ________ fichas en total.

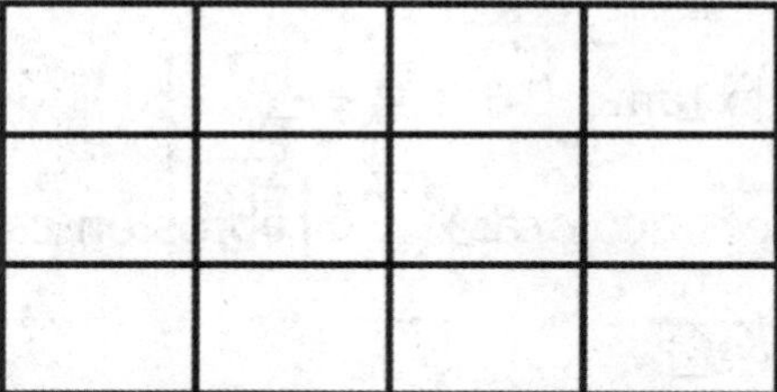

2 Escribe un enunciado de multiplicación.

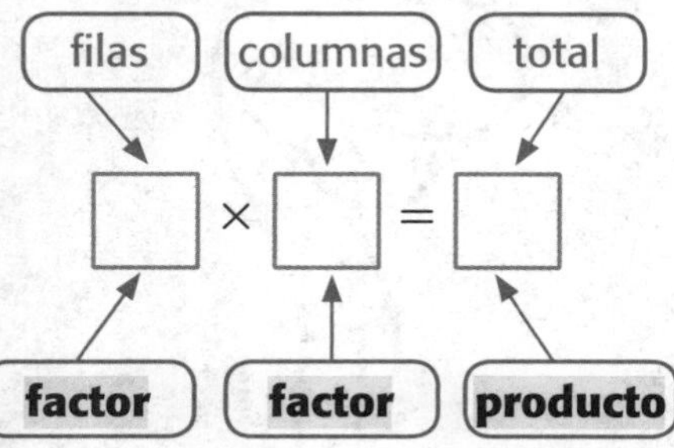


Por lo tanto, el costo total fue de $________.

Escribe un enunciado de división relacionado.

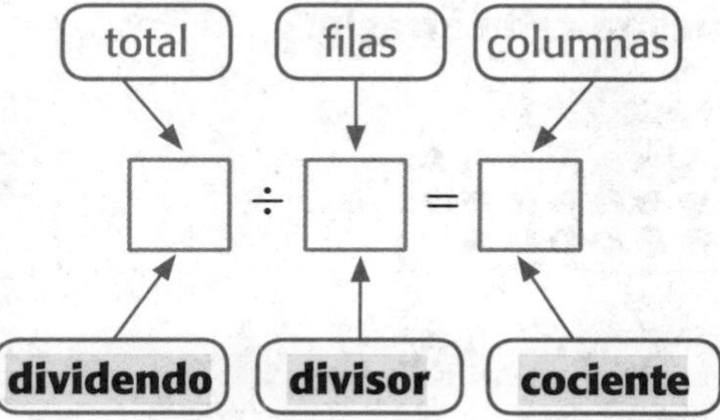

Una **familia de operaciones** es un conjunto de cuatro operaciones de multiplicación y división relacionadas en las que se usan los mismos tres números.

## Ejemplo 2

**Latanya y su papá formaron un arreglo de botones. Escribe la familia de operaciones que muestra el arreglo.**

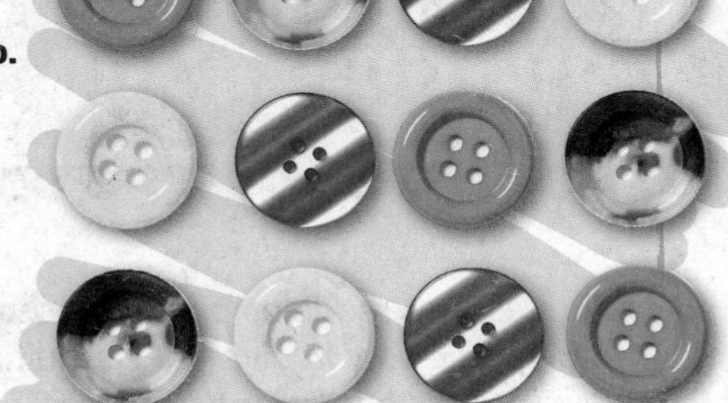

Hay 3 filas, 4 columnas y un total de 12 botones.

$\square \times \square = \square$ $\quad$ $\square \div \square = \square$

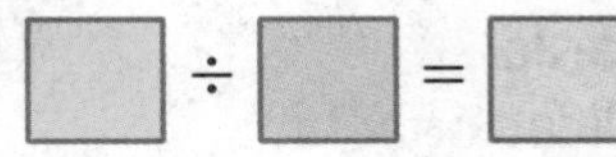

$\square \times \square = \square$ $\quad$ $\square \div \square = \square$

## Ejemplo 3

**Vanessa tiene 36 libros para acomodar en 4 estantes. Debe colocar la misma cantidad de libros en cada estante. ¿Cuántos libros colocará en cada estante?**

Halla _______ ÷ _______. Puedes usar una multiplicación relacionada como ayuda para dividir.

$36 \div 4 = \blacksquare$ ← Halla la incógnita.

Piensa: $4 \times \blacksquare = 36$

$4 \times \square = 36$

Por lo tanto, $36 \div 4 = \square$.

Vanessa colocará $\square$ libros en cada estante.

¿Cómo se relacionan la multiplicación y la división?

## Práctica guiada

**Escribe la familia de operaciones que muestra cada arreglo.**

**1.** 

_______
_______
_______
_______

**2.**

_______
_______

Nombre ........................................

CCSS

## Práctica independiente

**Escribe la familia de operaciones que se relaciona con cada arreglo o grupo de números.**

**3.** 

________________

________________

________________

________________

**4.** 

________________

________________

________________

________________

**5.** 6, 9, 54

________________

________________

________________

________________

**6.** 7, 8, 56

________________

________________

________________

________________

**7.** 9, 11, 99

________________

________________

________________

________________

**8.** 11, 12, 132

________________

________________

________________

________________

**Halla las incógnitas para completar las familias de operaciones.**

**9.** $4 \times 8 =$ ______

______ $\times 4 = 32$

$32 \div$ ______ $= 8$

$32 \div 8 =$ ______

**10.** ______ $\times 9 = 72$

$9 \times 8 =$ ______

$72 \div$ ______ $= 8$

$72 \div 8 =$ ______

## Resolución de problemas

**11.** PRÁCTICA matemática 4 **Representar las mates** Cinco intérpretes de banjo participan de un concurso musical. Cada músico toca un banjo de cuatro cuerdas. ¿Cuántas cuerdas hay en total?

$5 \times 4 =$ ________

**12.** Ed quiere repartir 18 uvas en cantidades iguales entre él y dos amigos. ¿Cuántas uvas recibirá cada uno?

$18 \div 3 =$ ________

**13.** Un cestero seminola tejió una canasta pequeña. Trenzó 9 hojas de hierba para armar cada varilla. Para tejer la canasta usó 9 varillas. ¿Cuántas hojas de hierba usó para tejer la cesta?

$9 \times 9 =$ ________

### Problemas S.O.S.

**14.** PRÁCTICA matemática 2 **Usar el sentido numérico** Dibuja un arreglo. Escribe la familia de operaciones que muestra.

________

________

**15.** **Profundización de la pregunta importante** ¿Cómo puedes usar para dividir las familias de operaciones y las tablas de multiplicar? Explica tu respuesta.

________

________

________

Nombre ..........................................................................



# Mi tarea

**Lección 1**
**Relacionar la multiplicación y la división**

## Asistente de tareas

¿Necesitas ayuda? connectED.mcgraw-hill.com

**Escribe la familia de operaciones que muestra el arreglo.**

Hay 2 filas con 4 pelotas en cada una. Eso da un total de 8. Los números de la familia de operaciones son 2, 4 y 8.

$2 \times 4 = 8$ $8 \div 2 = 4$
$4 \times 2 = 8$ $8 \div 4 = 2$

**Halla $14 \div 2$. Usa una multiplicación relacionada.**

Piensa: $2 \times ■ = 14$

$2 \times 7 = 14$

Por lo tanto, $14 \div 2 = 7$.

Al usar la multiplicación relacionada $2 \times 7 = 14$, sabes que $14 \div 2 = 7$.

## Práctica

**Escribe la familia de operaciones para los grupos de números.**

**1.** 3, 6, 18

______________
______________
______________
______________

**2.** 2, 5, 10

______________
______________
______________
______________

## Resolución de problemas

**3.** El mes pasado, Monique trabajó 24 horas como voluntaria en el refugio para animales. Si trabajó la misma cantidad de horas cada semana durante 4 semanas, ¿cuántas horas trabajó por semana?

______

**4.** PRÁCTICA matemática 4 **Representar las mates** Durante sus vacaciones, Tyler tomó 36 fotografías. Quiere guardarlas en un álbum de fotos, donde pondrá 6 fotografías en cada página. ¿Cuántas páginas usará?

______

**5.** La mamá les dio a Lani y a sus dos hermanas $21 para ir al cine. Si cada niña recibe la misma cantidad de dinero, ¿cuánto tiene cada una para gastar?

______

## Comprobación del vocabulario

**6.** Usa las siguientes palabras de vocabulario para rotular cada parte de las ecuaciones.

cociente    dividendo    divisor    factor    producto

$24 \div 4 = 6$        $4 \times 6 = 24$

______ ______ ______        ______ ______

**Une cada término con su definición.**

**7.** división

**8.** familia de operaciones

**9.** multiplicación

- grupo de operaciones relacionadas en las que se usan los mismo números
- operación entre dos números para hallar el producto
- operación entre dos números para hallar el cociente

## Práctica para la prueba

**10.** ¿Cuál de las siguientes es una multiplicación relacionada con $18 \div ■ = 6$?

Ⓐ $18 \div 2 = 9$    Ⓑ $6 \times 3 = 18$    Ⓒ $18 - 12 = 6$    Ⓓ $6 \times 4 = 24$

Nombre ..........................................................



# Relacionar la división y la resta

**Lección 2**

**PREGUNTA IMPORTANTE**
**¿Cómo se relacionan la multiplicación y la división?**

Sabes que puedes usar la suma repetida para multiplicar. Puedes usar la **resta repetida** para dividir.

## Las mates y mi mundo

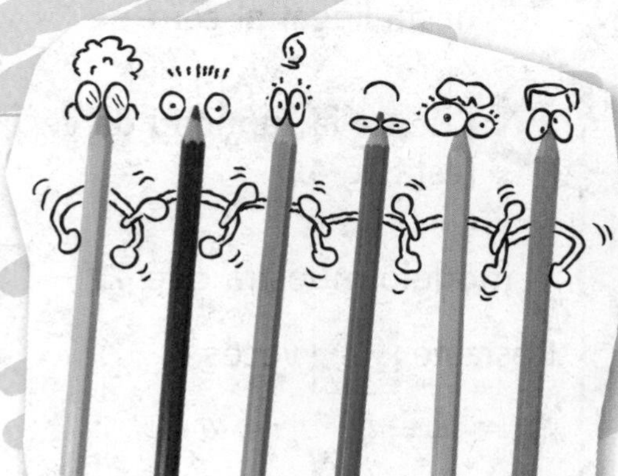

### Ejemplo 1

**Wyatt les regalará 15 lápices de colores a 3 amigos. ¿Cuántos lápices recibirá cada uno?**

Puedes usar la resta repetida para hallar 15 ÷ 3.

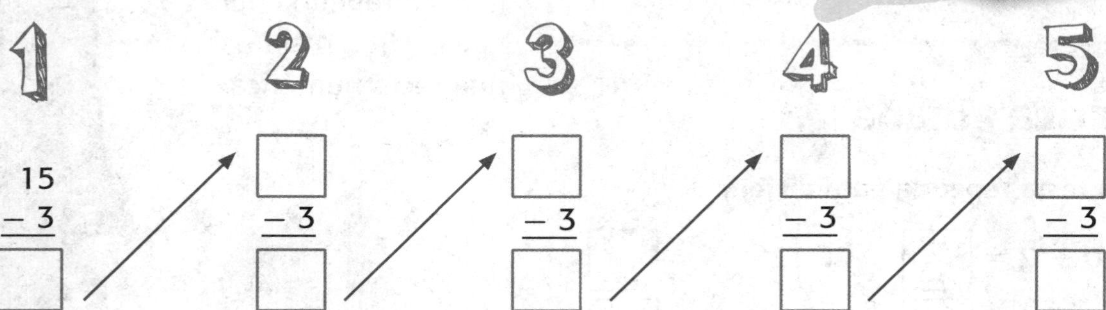


¿Cuántas veces restaste 3 de 15? ______

15 ÷ 3 = ______.

Por lo tanto, cada amigo recibirá ______ lápices de colores.

## Ejemplo 2 Observa

**Los estudiantes de la clase del Sr. Bantha están preparando juegos para el festival escolar "Matemáticas en familia". En cada juego pueden participar 4 jugadores. ¿Cuántos juegos necesitarán para 12 personas?**

Halla 12 ÷ 4.

Puedes contar salteado hacia atrás en una recta numérica para hallar 12 ÷ 4.

 Halla el 12.

 Cuenta hacia atrás de 4 en 4 hasta llegar al cero.

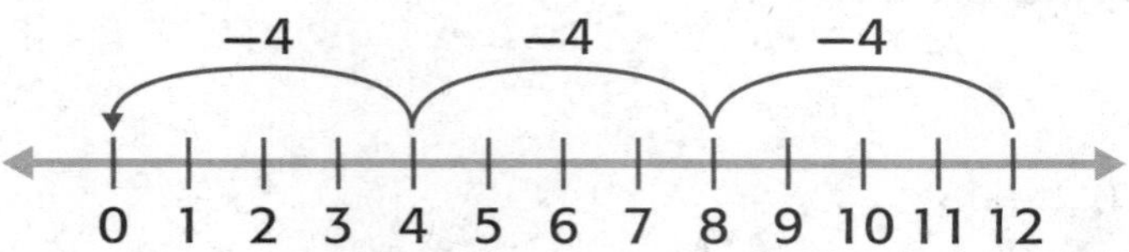

 Cuenta la cantidad de veces que restaste 4.

El modelo muestra que 12 − ☐ − ☐ − ☐ = ☐.

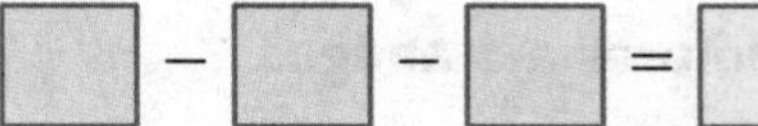

Restaste ☐ veces 4.

12 ÷ 4 = 3

Por lo tanto, necesitarán ______ juegos.

Describe cómo usar la resta repetida para hallar 16 ÷ 4 sin usar una recta numérica.

## Práctica guiada Comprueba

**Usa la resta repetida para dividir.**

**1.** 10 ÷ 2 = ☐

10 − 2 = ☐

☐ − 2 = ☐

☐ − 2 = ☐

☐ − 2 = ☐

☐ − 2 = ☐

**2.** 12 ÷ 3 = ☐

12 − 3 = ☐

☐ − 3 = ☐

☐ − 3 = ☐

☐ − 3 = ☐

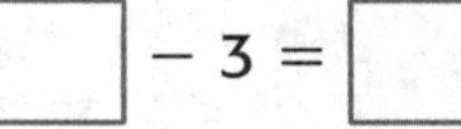

Nombre

## Práctica independiente

**Usa la resta repetida para dividir.**

**3.** $16 \div 8 =$ ______ **4.** $14 \div 2 =$ ______ **5.** $18 \div 6 =$ ______

**6.** $15 \div 5 =$ ______ **7.** $25 \div 5 =$ ______ **8.** $27 \div 9 =$ ______

**9.** $24 \div 8 =$ ______ **10.** $20 \div 4 =$ ______ **11.** $24 \div 6 =$ ______

Álgebra **Halla los números desconocidos.**

**12.** $12 \div 4 =$ ■

■ = ______

**13.** $21 \div$ ■ $= 3$

■ = ______

**14.** ■ $\div 5 = 2$

■ = ______

# Resolución de problemas

**Escribe un enunciado numérico para resolver los problemas.**

**15.** Mike compró una serie de televisión en DVD. Cada DVD tiene 6 episodios. Si la serie tiene 24 episodios, ¿cuántos DVD compró Mike?

______________________________

**16.** Lucy está armando brazaletes iguales para 8 de sus amigas. Tiene 32 cuentas. ¿Cuántas cuentas puede poner en cada brazalete?

______________________________

**17.** PRÁCTICA matemática 8 **Buscar el patrón** En un árbol hay 9 nidos de ruiseñor. En los nidos hay 18 huevos en total, y cada nido tiene la misma cantidad de huevos. ¿Cuántos huevos de ruiseñor hay en cada nido?

______________________________

¡Mi trabajo!

## Problemas S.O.S.

**18.** PRÁCTICA matemática 3 **Hallar el error** Olivia usa la resta repetida para hallar 18 ÷ 2. Halla el error y corrígelo.

$$18 - 2 - 2 - 2 - 2 - 2 - 2 - 2 - 2 = 2$$

______________________________

______________________________

**19.** **Profundización de la pregunta importante** ¿Cómo se relacionan la división y la resta? Explica tu respuesta.

______________________________

______________________________

______________________________

Nombre ..............................................................

# Mi tarea

**Lección 2**

**Relacionar la división y la resta**

## Asistente de tareas

¿Necesitas ayuda? connectED.mcgraw-hill.com

**Halla 12 ÷ 2. Usa la resta repetida.**

|  | 2 |  | 4 |  |  |
|---|---|---|---|---|---|
| $\begin{array}{r} 12 \\ -\ 2 \\ \hline 10 \end{array}$ | $\begin{array}{r} 10 \\ -\ 2 \\ \hline 8 \end{array}$ | $\begin{array}{r} 8 \\ -\ 2 \\ \hline 6 \end{array}$ | $\begin{array}{r} 6 \\ -\ 2 \\ \hline 4 \end{array}$ | $\begin{array}{r} 4 \\ -\ 2 \\ \hline 2 \end{array}$ | $\begin{array}{r} 2 \\ -\ 2 \\ \hline 0 \end{array}$ |

El número 2 se restó 6 veces.

Por lo tanto, 12 ÷ 2 = 6.

## Práctica

**Usa la resta repetida para dividir.**

**1.** 27 ÷ 3 = ________

**2.** 30 ÷ 10 = ________

**3.** 24 ÷ 6 = ________

**4.** 15 ÷ 1 = ________

**5.** 14 ÷ 7 = ________

**6.** 18 ÷ 3 = ________

**7.** 10 ÷ 5 = ________

**8.** 28 ÷ 4 = ________

**9.** 20 ÷ 4 = ________

# Resolución de problemas

**Escribe un enunciado numérico para cada situación. Luego, resuelve.**

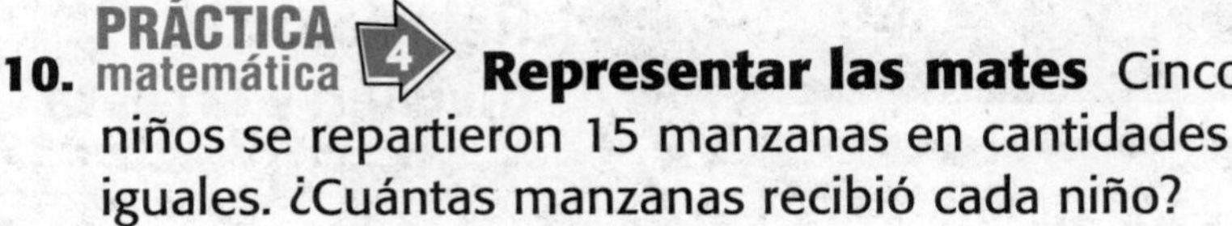

10. **PRÁCTICA matemática 4** **Representar las mates** Cinco niños se repartieron 15 manzanas en cantidades iguales. ¿Cuántas manzanas recibió cada niño?

_______________

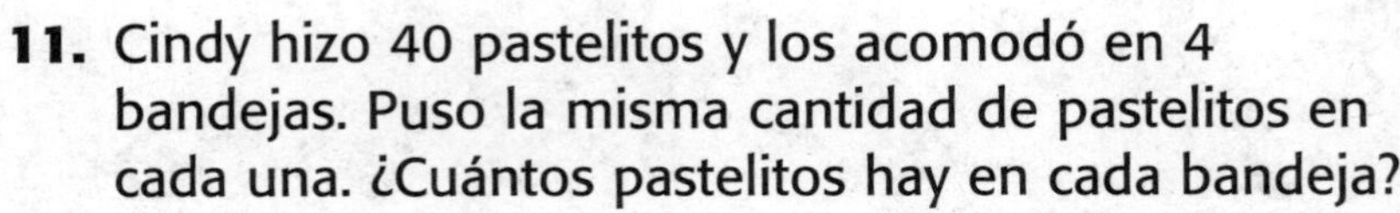

11. Cindy hizo 40 pastelitos y los acomodó en 4 bandejas. Puso la misma cantidad de pastelitos en cada una. ¿Cuántos pastelitos hay en cada bandeja?

_______________

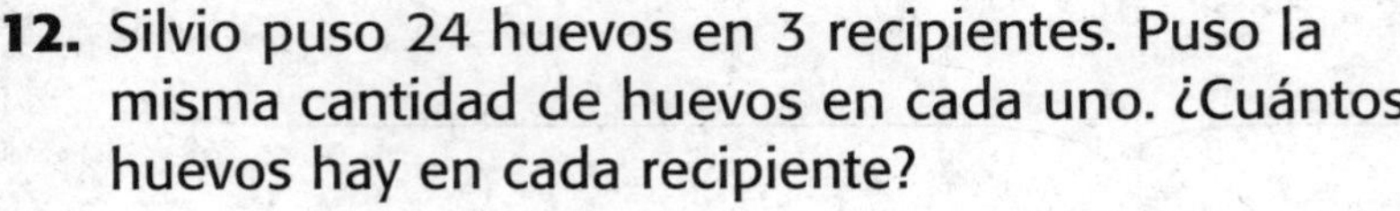

12. Silvio puso 24 huevos en 3 recipientes. Puso la misma cantidad de huevos en cada uno. ¿Cuántos huevos hay en cada recipiente?

_______________

## Comprobación del vocabulario

13. Explica cómo usarías la resta repetida para hallar $8 \div 2$.

_______________

_______________

_______________

## Práctica para la prueba

14. ¿Cuál de los siguientes enunciados numéricos representa la resta repetida del recuadro de la derecha?

$$\begin{array}{r}9\\-3\\\hline 6\end{array}\quad\begin{array}{r}6\\-3\\\hline 3\end{array}\quad\begin{array}{r}3\\-3\\\hline 0\end{array}$$

Ⓐ $9 \div 3 = 6$
Ⓑ $6 \div 3 = 2$
Ⓒ $9 \div 9 = 1$
Ⓓ $9 \div 3 = 3$

Nombre ..............................................................



# La multiplicación como comparación

**Lección 3**

**PREGUNTA IMPORTANTE**
**¿Cómo se relacionan la multiplicación y la división?**

En algunos problemas, para describir una cantidad, se dice *cuántas veces* hay que repetir otra cantidad. Esos son problemas de comparación.

## Las mates y mi mundo

### Ejemplo 1

**Este verano, Mary pasó 7 días en un campamento. Tyler pasó tres veces la cantidad de días que pasó Mary. Halla la cantidad de días que pasó Tyler en el campamento.**

Usa fichas como ayuda para comparar la cantidad de días.

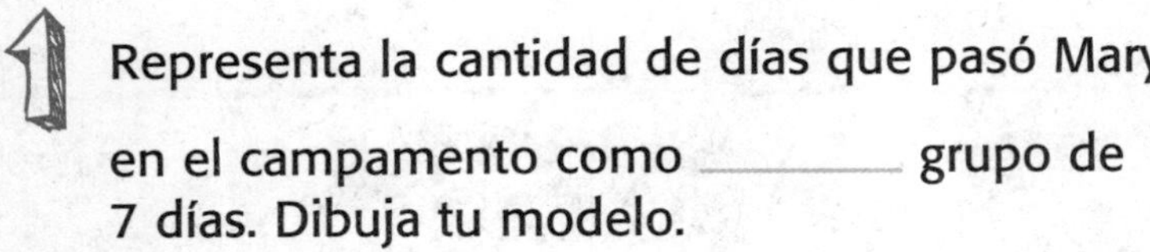

1. Representa la cantidad de días que pasó Mary en el campamento como ______ grupo de 7 días. Dibuja tu modelo.

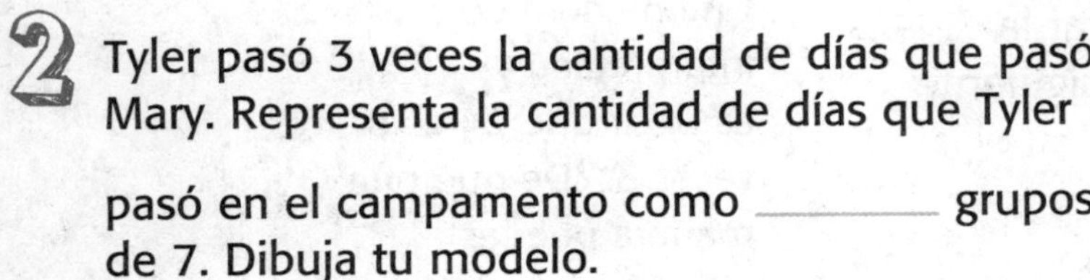

2. Tyler pasó 3 veces la cantidad de días que pasó Mary. Representa la cantidad de días que Tyler pasó en el campamento como ______ grupos de 7. Dibuja tu modelo.

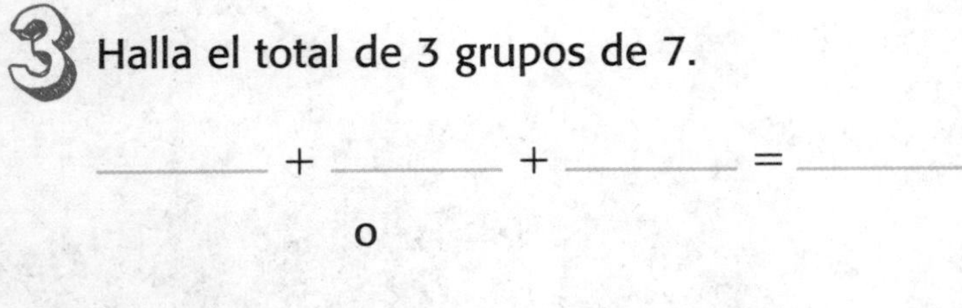

3. Halla el total de 3 grupos de 7.

______ + ______ + ______ = ______

o

______ × ______ = ______

Por lo tanto, Tyler pasó ______ días en el campamento.

¡Mi dibujo!

El diagrama de barra es un tipo de modelo. Puedes usar un diagrama de barra para comprender un problema y planear cómo resolverlo.

## Ejemplo 2

**Suki usó 15 cuentas para hacer un brazalete. Usó 3 veces la cantidad de cuentas que usó Cassady. ¿Cuántas cuentas usó Cassady?**

El diagrama de barra representa el problema.

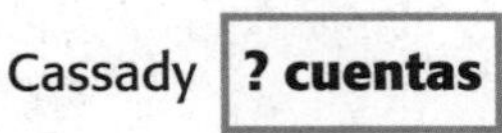


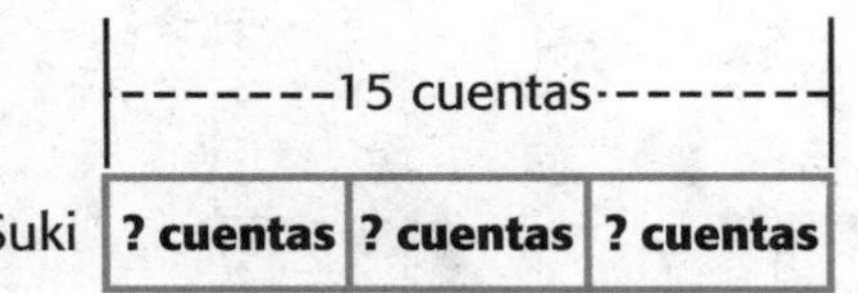


Suki usó ______ veces la cantidad de cuentas que usó Cassady.

2 Halla cuántas cuentas usó Cassady. Escribe una ecuación.

$3 \times ? = 15$ $3 \times$ ______ $= 15$ cuentas ← Usa la familia de operaciones.

Por lo tanto, Cassady usó ______ cuentas.

## Práctica guiada

1. Multiplica o divide para completar la ecuación que corresponda a la siguiente frase.

   3 veces esta cantidad

   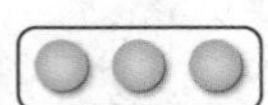

   $3 \times 3 = ?$

   $3 \times 3 =$ ______

Una manera de interpretar $24 = 8 \times 3$ es decir que 24 es 8 veces 3. ¿De qué otra manera puedes interpretar la ecuación?

Nombre

## Práctica independiente

**Multiplica o divide para completar las ecuaciones y los dibujos.**

**2.** 3 veces esta cantidad

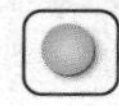

_____ × _____ = 3

**3.** 5 veces esta cantidad

_____ × _____ = 25

**4.** 4 veces esta cantidad

_____ × 3 = 12

**5.** 10 veces esta cantidad

10 × _____ = 40

**6.** 2 veces esta cantidad

2 × _____ = 6

**7.** el doble

2 × _____ = 14

**Completa los diagramas de barra. Luego, completa las ecuaciones de multiplicación.**

**8.** el doble de 4 niños

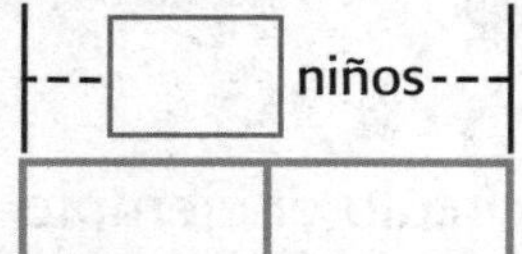


2 × _____ = 8

**9.** 2 veces 3 lazos

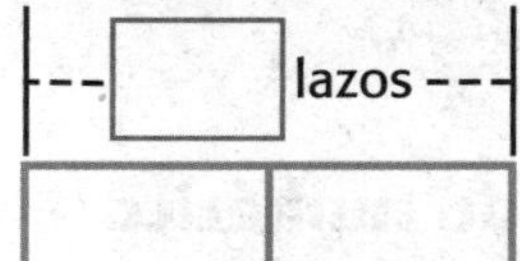


_____ × _____ = _____

**10.** 4 veces 6 peces

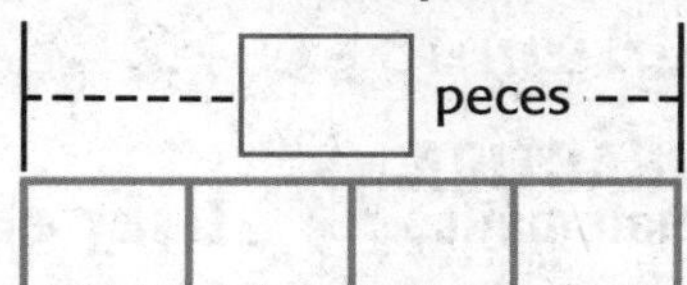


_____ × _____ = _____

**Dibuja un diagrama de barra. Luego, escribe la ecuación de multiplicación.**

**11.** 3 veces $6

Escribe la ecuación.

_____

**12.** 5 veces 1 estrella

Escribe la ecuación.

_____





CCSS

## Resolución de problemas

**Dibuja un diagrama de barra y escribe una ecuación para resolver los problemas.**

¡Guau, guau!

¡Mi trabajo!

13. PRÁCTICA matemática 4 **Representar las mates** La cantidad de globos azules es 3 veces la cantidad de globos verdes. Hay 4 globos verdes. ¿Cuántos globos azules hay?

______________________________

Halla la incógnita.

_______ es 3 veces 4.

14. Nan necesita harina y azúcar. La cantidad de harina que necesita es 4 veces la cantidad de azúcar. Necesita 4 tazas de azúcar. ¿Cuánta harina necesita?

______________________________

Halla la incógnita.

_______ es 4 veces 4.

### Problemas S.O.S.

15. PRÁCTICA matemática 2 **Usar el sentido numérico** Encierra en un círculo el ejemplo que no representa el enunciado numérico $3 \times 4 = 12$. Explica tu respuesta.

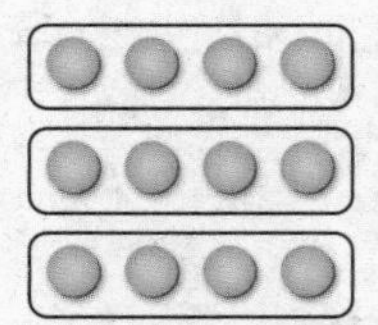

$4 + 4 + 4 = 12$

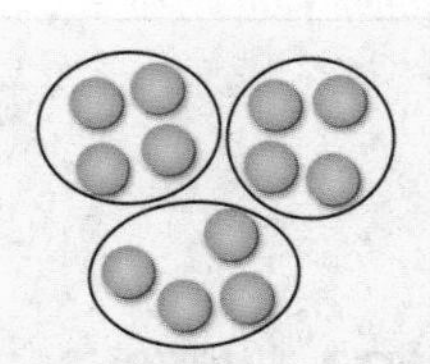

$12 - 4 = 8$

______________________________

______________________________

16. **Profundización de la pregunta importante** ¿Cómo te ayudan los diagramas de barra a planear y resolver problemas? Explica tu respuesta.

______________________________

______________________________

Nombre ............................................................



# Mi tarea

Lección 3

La multiplicación como comparación

## Asistente de tareas

¿Necesitas ayuda? connectED.mcgraw-hill.com

**Escribe una ecuación de multiplicación para describir el modelo.**

5 veces esta cantidad

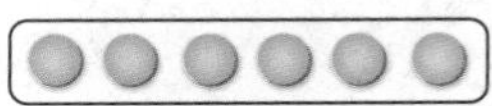

Debes hallar el total de 5 grupos de 6.

Escribe una ecuación de multiplicación.

$6 \times 5 = 30$

También puedes mostrar los datos con un diagrama de barra

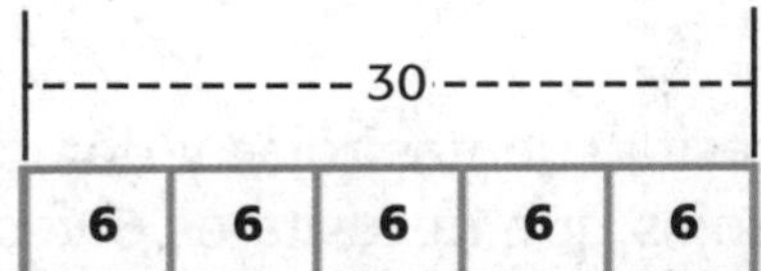


## Práctica

**Escribe una ecuación de multiplicación para describir el modelo.**

**1.** 4 veces esta cantidad

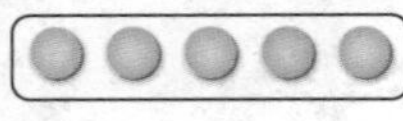

_______________

**2.** 2 veces esta cantidad

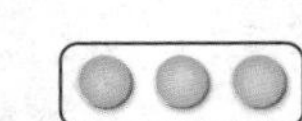

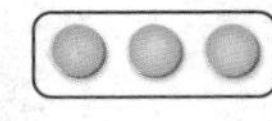

_______________

**3.** 6 veces esta cantidad

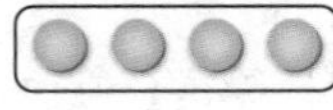

_______________

**4.** el doble

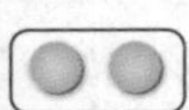

_______________

**5.** 3 veces esta cantidad

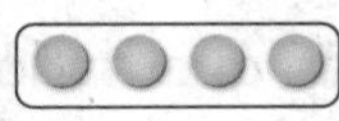

_______________

**6.** 5 veces esta cantidad

_______________

**PRÁCTICA matemática** 4 **Representar las mates Completa los diagramas de barra. Luego, completa las ecuaciones de multiplicación.**

**7.** 4 veces $5

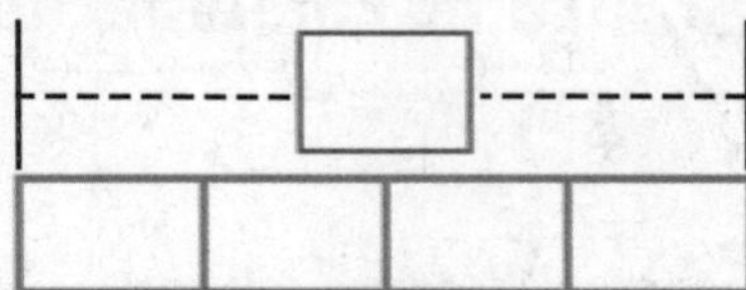

4 × _____ = _____

**8.** 2 veces 7 libros

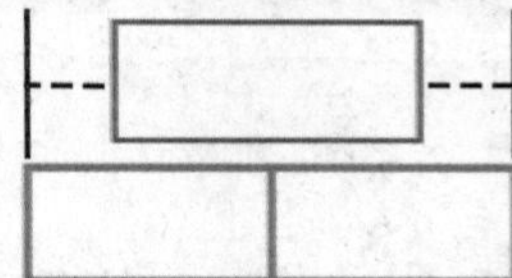

_____ × _____ = _____

## Resolución de problemas

**9.** Henry tiene 3 jerbos. Hannah tiene 3 veces la cantidad de jerbos que tiene Henry. ¿Cuántos jerbos tiene Hannah?

_______________________________

**10.** Dani necesita cuentas rojas y doradas. La cantidad de cuentas rojas que necesita es 6 veces la cantidad de cuentas doradas. Necesita 7 cuentas doradas. ¿Cuántas cuentas rojas necesita Dani?

_______________________________

**11.** Dibuja un diagrama de barra para representar 6 veces $4.

## Práctica para la prueba

**12.** Amelia nadó 4 veces la cantidad de largos que nadó Wesley. Wesley nadó 7 largos. ¿Cuántos largos nadó Amelia?

Ⓐ 11 largos
Ⓑ 28 largos
Ⓒ 35 largos
Ⓓ 21 largos

Nombre ..........................................................

# Comparar para resolver problemas

**Lección 4**

**PREGUNTA IMPORTANTE**
**¿Cómo se relacionan la multiplicación y la división?**

En las comparaciones aditivas se usa la suma o la resta para comparar. En las comparaciones multiplicativas se usa la multiplicación o la división para comparar.

| Comparación aditiva |
|---|
| cuánto más |
| cuántos más |
| cuánto menos |

| Comparación multiplicativa |
|---|
| cuántas veces |

## Las mates y mi mundo

¡Al agua!

### Ejemplo 1

**Bryan fue a un parque acuático 4 veces. Sarah fue al mismo parque acuático tres veces la cantidad de veces que fue Bryan. ¿Cuántas veces fue Sarah al parque acuático?**

Escribe una ecuación para hallar la incógnita. Puedes usar una letra, o una variable, para representar la incógnita.

$4 \times$ ________ $= s$ ←

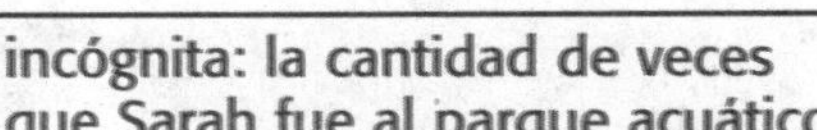


**Haz un dibujo para mostrar 3 veces 4, o 3 grupos de 4.**

El dibujo muestra un total de 12.

Por lo tanto, $4 \times 3 = 12$.

Como $s =$ ________, Sarah fue al parque acuático ________ veces.

## Ejemplo 2 Tutor

**Jess tiene 18 tarjetas de béisbol. Tiene 6 veces la cantidad de tarjetas que tiene Max. ¿Cuántas tarjetas tiene Max?**

Escribe una ecuación. El ■ representa el número de tarjetas que tiene Max.

■ × _______ = _______

Como ■ × 6 = 18, sabes que 18 ÷ 6 = ■.

Usa una familia de operaciones.

Dibuja 6 grupos iguales de cuadrados. Dibuja 18 cuadrados en total.

¡Mi dibujo!

Hay _______ cuadrados en cada grupo.

■ = 3. Por lo tanto, Max tiene _______ tarjetas de béisbol.

**Habla de las MATES**

¿Cómo puedes representar números desconocidos en las ecuaciones?

## Práctica guiada 

1. Sue tiene 3 veces la cantidad de cuentas que tiene Jo. Jo tiene 8 cuentas. ¿Cuántas cuentas tiene Sue? Escribe una ecuación para hallar el número desconocido. Representa la incógnita con una variable.

   $3 \times$ _______ $= b$

   $b =$ _______

Nombre

CCSS

# Práctica independiente

**Álgebra Escribe una ecuación para hallar el número desconocido. Representa la incógnita con un símbolo.**

**2.** Paul hizo 4 veces la cantidad de dibujos que hizo Dennis. Paul hizo 16 dibujos. ¿Cuántos dibujos hizo Dennis?

**3.** María preparó 21 panecillos. Esto es tres veces la cantidad que preparó Sonia. ¿Cuántos panecillos preparó Sonia?

**Álgebra Escribe una ecuación para hallar el número desconocido. Representa la incógnita con una variable.**

**4.** Wendy toma una clase de baile 2 días a la semana. James toma una clase de baile 5 días a la semana. ¿Cuántas clases más que Wendy toma James en una semana?

**5.** Hay 4 conejos blancos menos que conejos grises. Hay 9 conejos blancos. ¿Cuántos conejos grises hay?

**Usa la tabla para resolver los ejercicios 6 a 9.**

| Artículos vendidos en una tienda | |
|---|---|
| **Artículo** | **Cantidad vendida** |
| sombreros | 4 |
| zapatos | 7 |
| cinturones | 2 |
| camisas | 8 |
| pantalones | 16 |
| medias | 12 |

**6.** ¿Cuántos zapatos más que cinturones se vendieron?

**7.** ¿De qué artículo se vendió el doble de la cantidad de camisas vendidas?

**8.** ¿En cuáles de los ejercicios de esta página se usó la suma o la resta para comparar? Haz una lista.

**9.** ¿En cuáles de los ejercicios de esta página se usó la multiplicación o la división para comparar? Haz una lista.

## Resolución de problemas

**10.** Este fin de semana, Jerry leyó 24 páginas. Esto es 4 veces la cantidad de páginas que había leído el fin de semana anterior. ¿Cuántas páginas había leído el fin de semana anterior?

**11.** Una planta de frijoles mide 3 pulgadas de alto. Una planta de maíz mide cinco veces esa altura. ¿Cuántas pulgadas mide la planta de maíz?

**12.** PRÁCTICA matemática 1 **Planear la solución** Hannah usó 10 bloques más que Steve. Steve usó 7 bloques. ¿Cuántos bloques usó Hannah?

**13.** Hay 10 petirrojos menos que cardenales. Hay 16 cardenales. ¿Cuántos petirrojos hay?

### Problemas S.O.S.

**14.** PRÁCTICA matemática 1 **Comprobar que sea razonable** Missy ganó tres veces la cantidad de puntos que ganó Jerry. Kimmie ganó 9 puntos más que Jerry. Missy ganó 21 puntos. ¿Cuántos puntos ganó Kimmie?

**15.** ? **Profundización de la pregunta importante** ¿Cuál es la diferencia entre una comparación aditiva y una comparación multiplicativa?

# Mi tarea

Lección 4
Comparar para resolver problemas

## Asistente de tareas

¿Necesitas ayuda? connectED.mcgraw-hill.com

En las comparaciones aditivas se usa la suma o la resta para comparar.

En las comparaciones multiplicativas se usa la multiplicación o la división para comparar

| Comparación aditiva |
|---|
| cuánto más |
| cuántos más |
| cuánto menos |

| Comparación multiplicativa |
|---|
| cuántas veces |

**Maya tomó 7 clases de natación este mes. Su hermano tomó 14 clases. ¿Cuántas veces la cantidad de clases que tomó Maya tomó su hermano?**

Escribe una ecuación. La letra $b$ representa la incógnita.

$7 \times b = 14$

$7 \times 2 = 14$

Por lo tanto, $b = 2$.

El hermano de Maya tomó el doble de clases de natación que Maya.

## Práctica

Álgebra **Escribe una ecuación para hallar el número desconocido. Representa la incógnita con un símbolo.**

1. Julie ganó $25. Esto es cinco veces la cantidad de dinero que ganó Lisa. ¿Cuánto dinero ganó Lisa?

_______________

2. El equipo rojo anotó 4 goles. El equipo azul anotó 3 veces esa cantidad de goles. ¿Cuántos goles anotó el equipo azul?

_______________

# Resolución de problemas

**Escribe una ecuación para hallar el número desconocido. Representa la incógnita con una variable.**

**3.** En un acuario grande hay 6 peces más que en un acuario pequeño. En el acuario grande hay 19 peces. ¿Cuántos peces hay en el acuario pequeño?

______________________________

**4.** PRÁCTICA matemática 1 **Planear la solución** Esta tabla muestra la cantidad de veces que los estudiantes subieron a la montaña rusa en el parque de diversiones.

| Estudiantes que subieron a la montaña rusa | |
|---|---|
| **Estudiante** | **Veces que subió** |
| Sarah | 18 |
| Tom | 15 |
| Val | 3 |
| Warren | 9 |

¿Cuántas veces más que Val subió Tom a la montaña rusa?

______________________________

¿Quién subió a la montaña rusa el doble de veces que Warren?

______________________________

## Práctica para la prueba

**5.** ¿Cuál de las siguientes opciones muestra 7 veces 5?

Ⓐ 2

Ⓑ 5

Ⓒ 12

Ⓓ 35

# Compruebo mi progreso

## Comprobación del vocabulario 

1. Escribe las palabras de la lista en las casillas correctas.

**cociente** **dividendo** **divisor**

**factor** **familia de operaciones** **producto**

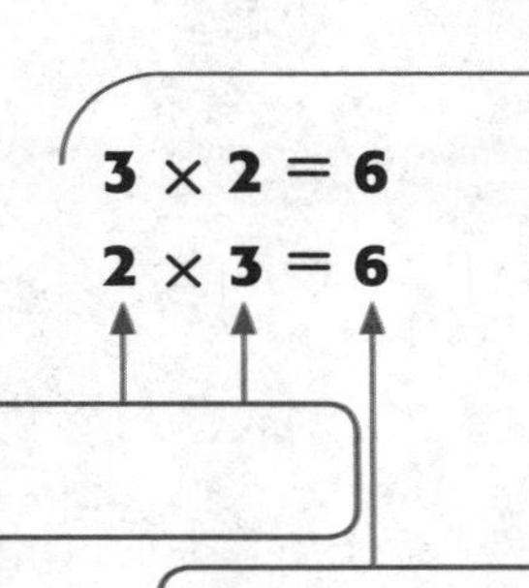


## Comprobación del concepto 

**Usa la resta repetida para dividir.**

2. $18 \div 6 =$ ______

3. $28 \div 7 =$ ______

**Escribe la familia de operaciones para cada conjunto de números.**

4. 6, 4, 24

5. 7, 6, 42

6. 8, 4, 32

# Resolución de problemas

**7.** Jerry preparó limonada con los limones que se muestran a continuación.

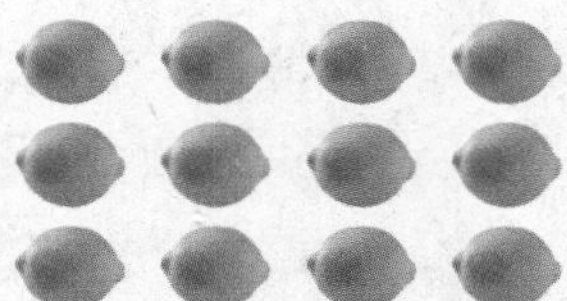

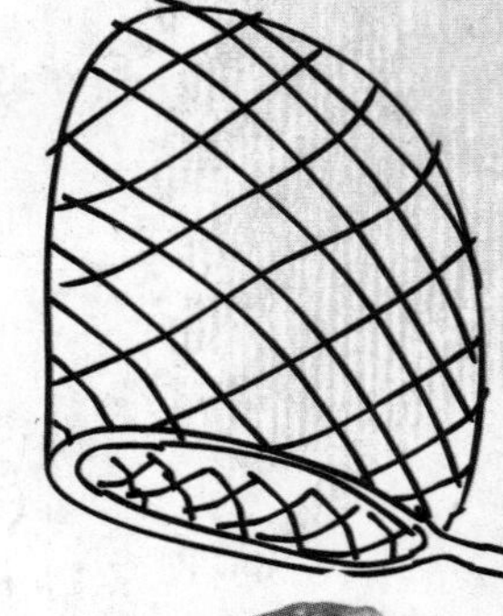

Escribe la familia de operaciones para el arreglo de limones.

---

**8.** En un acuario del zoológico hay 21 peces. Para limpiar el acuario, el guardián debe poner los peces en tres acuarios más pequeños. Si decide poner la misma cantidad de peces en cada uno de los acuarios más pequeños, ¿cuántos peces habrá en cada uno? Usa la resta repetida para resolver el problema.

---

**9.** **Álgebra** Gina tiene 5 lápices. Su hermana tiene el doble de lápices. Escribe una ecuación para hallar el número desconocido. Representa la incógnita con una variable.

---

## Práctica para la prueba

**10.** Halla el número que falta. $15 \div 3 = \blacksquare$.

Ⓐ 1　　Ⓒ 5

Ⓑ 3　　Ⓓ 12

Nombre ..................................................

# Propiedades de la multiplicación y reglas de la división

**Lección 5**

**PREGUNTA IMPORTANTE**
**¿Cómo se relacionan la multiplicación y la división?**

## Las mates y mi mundo

| Jenny | Cliff |
|---|---|
| Barrer | Poner la mesa |
| Ordenar | Hacer la cama |
| | Pasear al perro |

### Ejemplo 1

**La tabla muestra las tareas de Jenny y Cliff. Por cada tarea realizada, Jenny gana \$3 y Cliff gana \$2. ¿Cuánto gana cada uno de ellos por realizar todas sus tareas?**

Completa los enunciados numéricos.

**Jenny**

cantidad de tareas → ☐ × $ por cada tarea → ☐ = Total de $ → ☐

**Cliff**

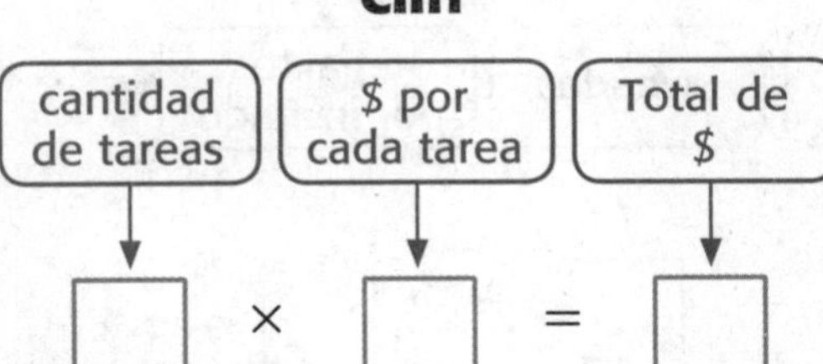


Por lo tanto, cada uno gana ______. El orden en que se multiplican los factores no altera el producto.

## Concepto clave Propiedades de la multiplicación

| | |
|---|---|
| **Propiedad conmutativa de la multiplicación**<br>Al multiplicar, el orden de los factores no altera el producto. | $4 \times 2 = 8$<br>$2 \times 4 = 8$ |
| **Propiedad de identidad de la multiplicación**<br>Cuando multiplicas cualquier número por 1, el producto es ese mismo número. | $4 \times 1 = 4$ |
| **Propiedad del cero de la multiplicación**<br>Cuando multiplicas cualquier número por 0, el producto es 0. | $3 \times 0 = 0$ |

**Pista**

En las próximas lecciones aprenderás acerca de la propiedad asociativa de la multiplicación y la propiedad distributiva.

Las siguientes reglas pueden ayudarte a dividir.

## Concepto clave Reglas de la división

**Los ceros en la división**
Cuando divides 0 entre cualquier número distinto de cero, el cociente es 0. $0 \div 5 = 0$

Es imposible dividir un número entre 0.

**Los unos en la división**
Cuando divides cualquier número entre 1, el cociente siempre es igual al dividendo. $7 \div 1 = 7$

Cuando divides cualquier número distinto de cero entre sí mismo, el cociente siempre es 1. $4 \div 4 = 1$

**Pista**
El *cociente* es la respuesta de un problema de división.
El *dividendo* es el número que es dividido.

## Ejemplo 2

**Hay 9 regalitos y 9 invitados a una fiesta. ¿Cuántos regalitos recibirá cada invitado?**

Completa el enunciado numérico.

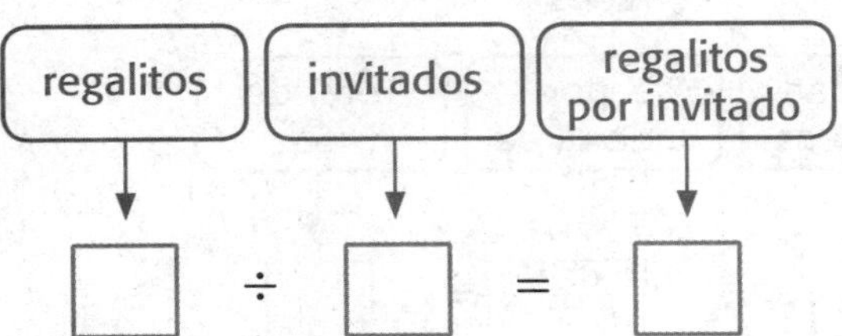


Al dividir un número distinto de cero entre ese mismo número, el cociente es 1.

Por lo tanto, cada invitado recibirá ______ regalito.

Explica por qué en la propiedad de identidad de la multiplicación se usa el 1, mientras que en la propiedad de identidad de la suma se usa el 0.

## Práctica guiada

**Indica qué propiedad o regla muestran las ecuaciones.**

**1.** $12 \times 0 = 0$

______

______

**2.** $8 \times 5 = 5 \times 8$

______

______

CCSS

## Práctica independiente

**Indica qué propiedad o regla muestran las ecuaciones.**

**3.** $6 \div 1 = 6$

**4.** $10 \div 10 = 1$

**5.** $8 \times 0 = 0$

**6.** $0 \div 12 = 0$

**7.** $22 \times 1 = 22$

**8.** $4 \times 3 = 3 \times 4$

Álgebra **Halla los números desconocidos. Indica qué propiedad o regla muestran las ecuaciones.**

**9.** $3 \div ■ = 1$

■ = ______

**10.** $■ \times 8 = 8 \times 4$

■ = ______

**11.** $■ \div 11 = 0$

■ = ______

**12.** $■ \times 1 = 15$

■ = ______

# Resolución de problemas

**13.** En una excursión, Tamika y Bryan caminaron 7 millas por día. Caminaron durante 5 días. Kurt y Sade caminaron 5 millas por día. ¿Cuántos días tardaron Kurt y Sade en recorrer la misma distancia que Tamika y Bryan? Escribe un enunciado numérico para resolver el problema.

______________________________

**14.** La biblioteca tiene 6 estantes y en cada uno hay 8 libros. ¿Cuántos libros hay en total en todos los estantes? Usa la propiedad conmutativa para escribir el enunciado de multiplicación de dos maneras distintas. Luego, resuelve el problema.

______________________________

**15.** PRÁCTICA matemática 7 **Identificar la estructura** Explica por qué es útil comprender la propiedad de identidad de la multiplicación.

______________________________

______________________________

______________________________

¡Mi trabajo!

## Problemas S.O.S.

**16.** PRÁCTICA matemática 1 **Hacer un plan** Escribe un problema de multiplicación que se resuelva usando la propiedad conmutativa de la multiplicación.

______________________________

______________________________

**17.** **Profundización de la pregunta importante** ¿Cómo te ayudan a multiplicar y dividir las propiedades de la multiplicación y las reglas de la división?

______________________________

______________________________

Nombre ..........................................................



# Mi tarea

## Lección 5
### Propiedades de la multiplicación y reglas de la división

## Asistente de tareas

¿Necesitas ayuda? connectED.mcgraw-hill.com

**Las tablas muestran las propiedades de la multiplicación y las reglas de la división que ayudan a resolver problemas. Indica qué propiedad o regla muestra la ecuación $5 \times 1 = 5$.**

| Propiedades de la multiplicación | |
|---|---|
| **Propiedad conmutativa de la multiplicación**<br>Al multiplicar, el orden de los factores no altera el producto. | $3 \times 4 = 12$<br>$4 \times 3 = 12$ |
| **Propiedad de identidad de la multiplicación**<br>Cuando multiplicas cualquier número por 1, el producto es ese mismo número. | $7 \times 1 = 7$ |
| **Propiedad del cero de la multiplicación**<br>Cuando multiplicas cualquier número por 0, el producto es 0. | $6 \times 0 = 0$ |

| Reglas de la división | |
|---|---|
| **Los ceros en la división**<br>Cuando divides 0 entre cualquier número distinto de cero, el cociente es 0.<br>Es imposible dividir un número entre 0. | $0 \div 9 = 0$ |
| **Los unos en la división**<br>Cuando divides cualquier número entre 1, el cociente siempre es igual al dividendo.<br>Cuando divides cualquier número distinto de cero entre sí mismo, el cociente siempre es 1. | $8 \div 1 = 8$<br>$6 \div 6 = 1$ |

La ecuación $5 \times 1 = 5$ muestra la propiedad de identidad de la multiplicación.

## Práctica

**Indica qué propiedad o regla muestran las ecuaciones.**

**1.** $9 \div 1 = 9$

_______________

**2.** $33 \times 1 = 33$

_______________

## Resolución de problemas

**Completa los enunciados numéricos. Indica qué propiedad o regla muestran.**

**3.** $5 \div$ ______ $= 5$

______________________________

**4.** $9 \times 8 = 8 \times$ ______

______________________________

**5.** ______ $\div 12 = 0$

______________________________

**6.** PRÁCTICA matemática 7 **Identificar la estructura** Dennis tiene 3 juegos de bolígrafos formados por 2 bolígrafos cada uno. También tiene 2 juegos de lápices formados por 3 lápices cada uno. Escribe dos enunciados de multiplicación para mostrar cuántos bolígrafos y cuántos lápices tiene.

______________________________

## Comprobación del vocabulario

**Escribe un enunciado numérico para cada regla o propiedad.**

**7.** los unos en la división ______

**8.** propiedad conmutativa de la multiplicación ______

**9.** los ceros en la división ______

**10.** propiedad del cero de la multiplicación ______

**11.** propiedad de identidad de la multiplicación ______

## Práctica para la prueba

**12.** Según la propiedad del cero de la multiplicación, ¿cuál es el resultado de $25 \times 0$?

Ⓐ 0 Ⓒ 7

Ⓑ 1 Ⓓ 25

Nombre ..............................................................



# La propiedad asociativa de la multiplicación

**Lección 6**

**PREGUNTA IMPORTANTE**
**¿Cómo se relacionan la multiplicación y la división?**

La **propiedad asociativa de la multiplicación** muestra que la manera en que se agrupan los números no altera el producto.

## Las mates y mi mundo

### Ejemplo 1

**Cada paquete de videojuegos en oferta tiene 2 videojuegos. Hay seis paquetes en cada caja. Si Raúl compra 3 cajas para su colección, ¿cuántos videojuegos tendrá?**

Debes hallar $2 \times 6 \times 3$. Hay dos maneras de agrupar los números.

**Una manera**

**Primero, multiplica $2 \times 6$.**

$2 \times 6 \times 3 = (2 \times 6) \times 3$

$= \square \times \square$

**Pista**
Usa la suma repetida para hallar $12 \times 3$.
$12 + 12 + 12 = \square$

$= \square$

**Otra manera**

**Primero, multiplica $6 \times 3$.**

$2 \times 6 \times 3 = 2 \times (6 \times 3)$

$= \square \times \square$

**Pista**
Usa la suma repetida para hallar $18 \times 2$.
$18 + 18 = \square$

$= \square$

Por lo tanto, Raúl tendrá ______ videojuegos.

## Ejemplo 2  

**Usa la propiedad asociativa de la multiplicación para hallar 9 × 2 × 4.**

Primero, halla 9 × 2.

$9 \times 2 \times 4 = (9 \times 2) \times 4$

$= \square \times 4$

$= 18 + 18 + 18 + 18$

$= \square$

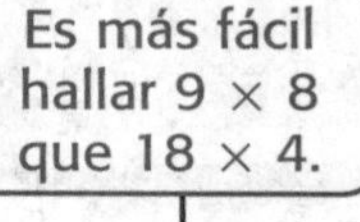

Es más fácil hallar 9 × 8 que 18 × 4.

Primero, halla 2 × 4.

$9 \times 2 \times 4 = 9 \times (2 \times 4)$

$= 9 \times \square$

$= \square$

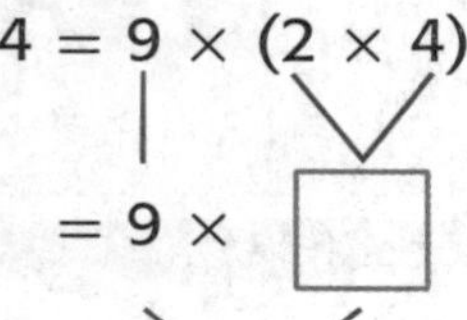

**Pista**
Los paréntesis ( ) te indican qué números debes multiplicar primero.

## Práctica guiada 

**Multiplica. Usa la propiedad asociativa.**

**1.** $5 \times 3 \times 3 = 5 \times (3 \times 3)$

$= \square \times \square$

$= \square$

**2.** $4 \times 2 \times 7 = (4 \times 2) \times 7$

$= \square \times \square$

$= \square$

**3.** $3 \times 1 \times 6 = (3 \times 1) \times 6$

$= \square \times \square$

$= \square$

**Habla de las MATES**

Indica en qué orden es más fácil multiplicar los factores de 9 × 4 × 2. Explica tu respuesta.

Nombre ..............................................................

# Práctica independiente

**Multiplica. Usa la propiedad asociativa.**

**4.** $6 \times 1 \times 5 =$ ______

**5.** $2 \times 2 \times 7 =$ ______

**6.** $7 \times 5 \times 2 =$ ______

**7.** $10 \times 2 \times 5 =$ ______

**8.** $9 \times 3 \times 3 =$ ______

**9.** $6 \times 2 \times 2 =$ ______

**10.** $2 \times 3 \times 7 =$ ______

**11.** $9 \times 2 \times 4 =$ ______

**12.** $5 \times 1 \times 10 =$ ______

**Compara. Usa >, < o =.**

**13.** $4 \times 2 \times 9$ ◯ $7 \times 4 \times 2$

**14.** $6 \times 2 \times 6$ ◯ $5 \times 2 \times 8$

**Halla el valor de los enunciados numéricos si ✹ = 2, ☺ = 3 y ★ = 4.**

**15.** $5 \times 1 \times$ ★ $=$ ______

**16.** $6 \times$ ✹ $\times 3 =$ ______

**17.** ☺ $\times 3 \times$ ★ $=$ ______

**Álgebra** **Halla el número desconocido.**

**18.** $4 \times$ ■ $\times 1 = 12$

■ = ______

**19.** $2 \times 5 \times$ ■ $= 60$

■ = ______

**20.** ■ $\times 3 \times 4 = 24$

■ = ______

## Resolución de problemas

**Escribe un enunciado numérico para resolver los problemas.**

**21.** Gabriel está entrenándose para una carrera. Los días que sale a correr, corre 2 millas. La tabla muestra su agenda de entrenamiento. ¿Cuántas millas correrá en 6 semanas?

| Agenda de entrenamiento | |
|---|---|
| **Día** | **Actividad** |
| lunes | correr |
| martes | correr |
| miércoles | básquetbol |
| jueves | correr |
| viernes | básquetbol |
| sábado | correr |
| domingo | descanso |

¡Mi trabajo!

**22.** PRÁCTICA matemática 4 **Representar las mates** Bianca recorre 2 millas en bicicleta hasta la casa de su abuelo y 2 millas de regreso a su casa 5 veces por mes. ¿Cuántas millas recorre en 1 mes?

### Problemas S.O.S.

**23.** PRÁCTICA matemática 2 **Razonar** Encierra en un círculo la ecuación que no está relacionada con las otras tres. Explica tu respuesta.

$4 \times ■ \times 7 = 56$ | $5 \times 2 \times ■ = 40$ | $■ \times 3 \times 9 = 54$ | $4 \times ■ \times 5 = 40$

**24.** **Profundización de la pregunta importante** ¿Cómo te ayuda la propiedad asociativa de la multiplicación a calcular productos mentalmente?

Nombre ..............................................



# Mi tarea

Lección 6
## La propiedad asociativa de la multiplicación

## Asistente de tareas

¿Necesitas ayuda? connectED.mcgraw-hill.com

**Halla 3 × 4 × 2.**

### Una manera

**Primero, multiplica 3 × 4.**

$3 \times 4 \times 2 = (3 \times 4) \times 2$

$= 12 \times 2$

$= 24$

### Otra manera

**Primero, multiplica 4 × 2.**

$3 \times 4 \times 2 = 3 \times (4 \times 2)$

$= 3 \times 8$

$= 24$

Por lo tanto, 3 × 4 × 2 = 24.

## Práctica

**Multiplica. Usa la propiedad asociativa.**

**1.** 5 × 2 × 7 = ______

**2.** 8 × 3 × 2 = ______

**3.** 4 × 2 × 5 = ______

**4.** 5 × 4 × 3 = ______

**5.** 8 × 2 × 2 = ______

**6.** 3 × 2 × 5 = ______

Álgebra **Halla la incógnita en las ecuaciones.**

**7.** 4 × ______ × 8 = 64

**8.** 3 × 4 × ______ = 120

**9.** 4 × 2 × ______ = 40

**10.** 6 × 2 × ______ = 96

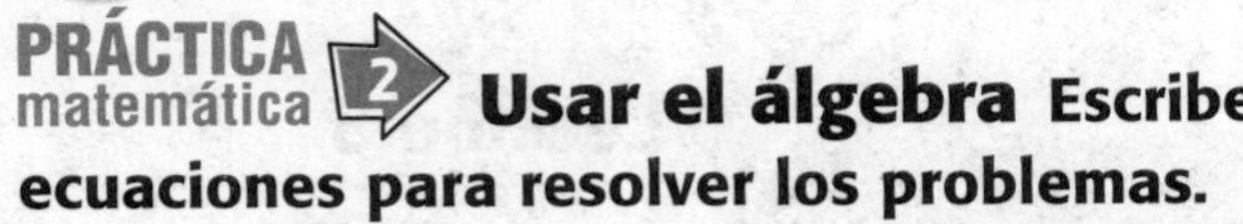

# Resolución de problemas

**PRÁCTICA matemática 2 Usar el álgebra Escribe ecuaciones para resolver los problemas.**

¡Mi trabajo!

**11.** Un autobús tiene 12 filas de asientos. En cada fila pueden sentarse 4 personas. ¿Cuántas personas pueden sentarse en dos autobuses?

______________________

**12.** La mascota de Lucy es una serpiente que come 2 ratones dos veces por semana. ¿Cuántos ratones comerá la serpiente en 6 semanas?

______________________

**13.** Tyler reparte periódicos. Cada cliente le pagó $10. Tiene 5 clientes en cada calle y reparte periódicos en 4 calles diferentes. ¿Cuánto dinero ganó Tyler?

______________________

## Comprobación del vocabulario

**Traza una línea para unir cada propiedad con la ecuación que la representa.**

**14.** propiedad asociativa de la multiplicación • $8 \times 9 = 9 \times 8$

**15.** propiedad conmutativa de la multiplicación • $(4 \times 7) \times 2 = 4 \times (7 \times 2)$

## Práctica para la prueba

**16.** Emerson corre 2 millas hasta la casa de su amiga y 2 millas de regreso a su casa 5 veces por mes. ¿Cuántas millas corre en total?

Ⓐ 9 millas
Ⓑ 10 millas
Ⓒ 20 millas
Ⓓ 50 millas

Nombre ..........................................................................

# Factores y múltiplos

## Lección 7

**PREGUNTA IMPORTANTE**
**¿Cómo se relacionan la multiplicación y la división?**

## Las mates y mi mundo

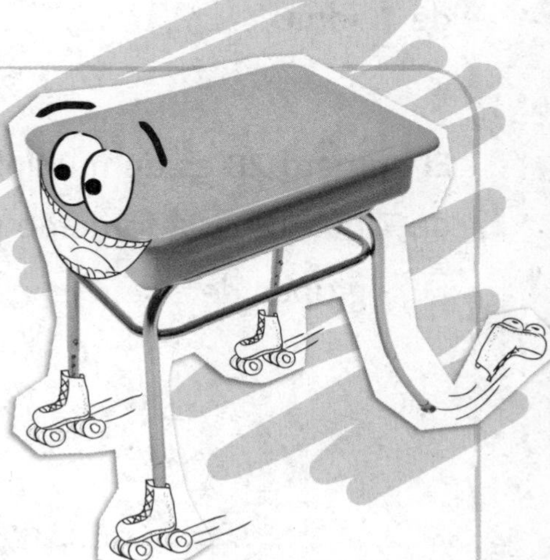

### Ejemplo 1

**La Sra. Navarro está acomodando los pupitres del salón de clase. Hay 12 pupitres. ¿De cuántas formas puede acomodar los pupitres de manera que cada fila tenga la misma cantidad de pupitres?**

Para hallar las diferentes maneras de ordenar los pupitres, debes separar o **descomponer** 12 en sus factores. Piensa con qué factores puedes obtener un producto de 12. Usa los factores para escribir enunciados numéricos que representen los arreglos.

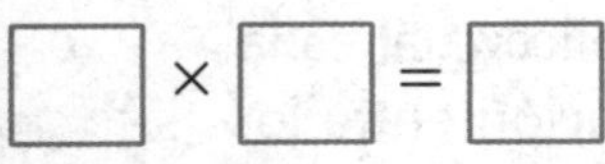

☐ × ☐ = ☐

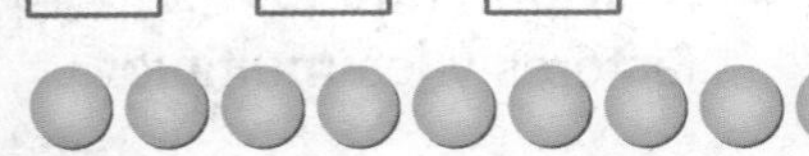

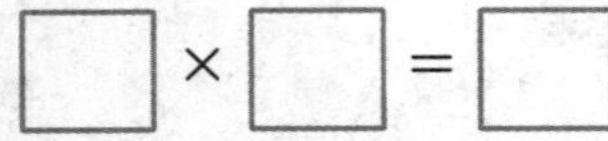

☐ × ☐ = ☐

☐ × ☐ = ☐

**Pista**

Hay otros tres arreglos posibles:

12 × ☐

6 × ☐

4 × ☐

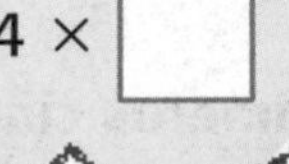

Los factores de 12 son ___, ___, ___, ___, ___ y ___.

Por lo tanto, los pupitres pueden acomodarse de ___ maneras.

Un **múltiplo** de un número es el producto de ese número y cualquier número natural. Por ejemplo, 15 es un múltiplo de 5 porque está compuesto por 3 grupos de 5. El número 15 también es un múltiplo de 3.

## Ejemplo 2

**Todos los números de la fila del 7 y la columna del 7 son múltiplos de 7. Sombrea en la tabla los múltiplos de 7.**

| × | 0 | 1 | 2 | 3 | 4 | 5 | 6 | 7 | 8 | 9 | 10 |
|---|---|---|---|---|---|---|---|---|---|---|---|
| **0** | 0 | 0 | 0 | 0 | 0 | 0 | 0 | 0 | 0 | 0 | 0 |
| **1** | 0 | 1 | 2 | 3 | 4 | 5 | 6 | 7 | 8 | 9 | 10 |
| **2** | 0 | 2 | 4 | 6 | 8 | 10 | 12 | 14 | 16 | 18 | 20 |
| **3** | 0 | 3 | 6 | 9 | 12 | 15 | 18 | 21 | 24 | 27 | 30 |
| **4** | 0 | 4 | 8 | 12 | 16 | 20 | 24 | 28 | 32 | 36 | 40 |
| **5** | 0 | 5 | 10 | 15 | 20 | 25 | 30 | 35 | 40 | 45 | 50 |
| **6** | 0 | 6 | 12 | 18 | 24 | 30 | 36 | 42 | 48 | 54 | 60 |
| **7** | 0 | 7 | 14 | 21 | 28 | 35 | 42 | 49 | 56 | 63 | 70 |
| **8** | 0 | 8 | 16 | 24 | 32 | 40 | 48 | 56 | 64 | 72 | 80 |
| **9** | 0 | 9 | 18 | 27 | 36 | 45 | 54 | 63 | 72 | 81 | 90 |
| **10** | 0 | 10 | 20 | 30 | 40 | 50 | 60 | 70 | 80 | 90 | 100 |

Los primeros cinco múltiplos de 7 son 0, ____, ____, ____ y ____.

El número 28 es un múltiplo de 7 porque está formado por ____ grupos de ____.

**Habla de las MATES**

Explica cuál es la relación entre los factores y los múltiplos.

## Práctica guiada

**Halla los factores.**

**1.** 6 ________

**2.** 36 ________ ________

**Escribe los primeros cinco múltiplos.**

**3.** 4 ________

**4.** 9 ________

Nombre



## Práctica independiente

**Halla los factores.**

**5.** 4

**6.** 7

**7.** 14

**8.** 28

**9.** 30

**10.** 35

**Escribe los primeros cinco múltiplos.**

**11.** 1

**12.** 3

**13.** 5

**14.** 7

**15.** 8

**16.** 6

**Indica el total que representa cada arreglo. Luego, halla los factores de ese número.**

**17.** 

**18.** 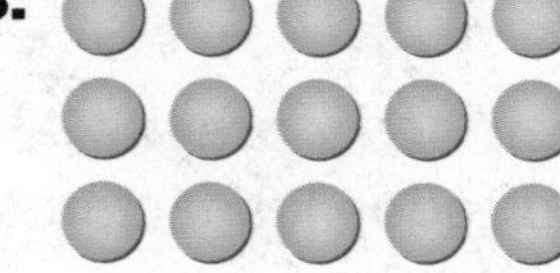

# Resolución de problemas

**19.** Completa el diagrama de Venn.

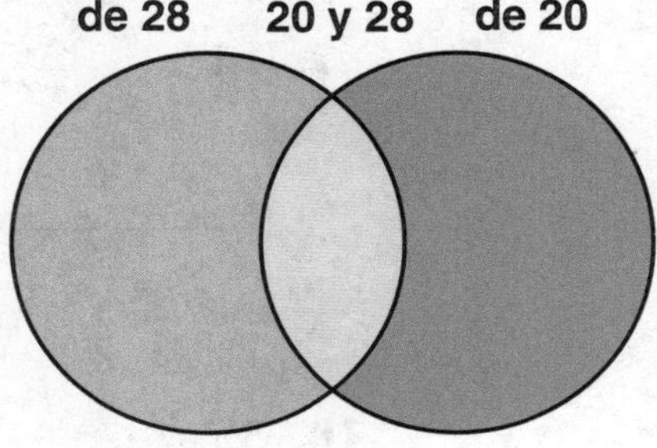

¡Mi trabajo!

**20.** Pedro saca a pasear a su perro 3 veces por día. ¿Cuántas veces lo saca a pasear en una semana? Halla múltiplos de 3 para indicar cuántas veces Pedro saca a pasear a su perro en 8, 9 y 10 días.

**21.** PRÁCTICA matemática 5 **Usar herramientas de las mates** En un estante hay 16 latas de sopa. Las latas pueden acomodarse en un arreglo de 1 × 16. Piensa en factores de 16 para identificar otras dos maneras posibles de acomodar las latas.

## Problemas S.O.S.

**22.** PRÁCTICA matemática 1 **Hacer un plan** Identifica los dos números menores que 20 que tengan la mayor cantidad de factores.

**23.** **Profundización de la pregunta importante** ¿Cómo sabes que ya has hallado todos los factores de un número?

# Mi tarea

**Lección 7**
**Factores y múltiplos**

## Asistente de tareas

¿Necesitas ayuda? connectED.mcgraw-hill.com

**Halla los factores de 16.**

Piensa en factores que dan como resultado un producto de 16.
$1 \times 16 = 16$
$2 \times 8 = 16$
$4 \times 4 = 16$

Por lo tanto, los factores de 16 son 1, 2, 4, 8 y 16.

**Identifica los primeros cinco múltiplos de 4.**

Primer múltiplo: $0 \times 4 = 0$
Segundo múltiplo: $1 \times 4 = 4$
Tercer múltiplo: $2 \times 4 = 8$
Cuarto múltiplo: $3 \times 4 = 12$
Quinto múltiplo: $4 \times 4 = 16$

Por lo tanto, los primeros cinco múltiplos de 4 son 0, 4, 8, 12 y 16.

## Práctica

**Halla los factores.**

**1.** 14 ____________

**2.** 20 ____________

**Escribe los primeros cinco múltiplos.**

**3.** 2 ____________

**4.** 3 ____________

**5.** 6 ____________

**6.** 5 ____________

**7.** 8 ____________

**8.** 7 ____________

## Resolución de problemas

**9.** Cada clase de música canta 8 canciones por semana. ¿Cuántas canciones canta cada clase en 5 semanas? ¿Y en 6 semanas? ¿Y en 7 semanas?

______________________________

**10.** **PRÁCTICA matemática 5** **Usar herramientas de las mates** Tyra quiere acomodar 32 baldosas en filas y columnas iguales. ¿De cuántas maneras puede ordenar las baldosas? Haz una lista de los factores.

______________________________

______________________________

**11.** Los músicos de una banda marchan en 6 filas de 8 músicos cada una. ¿Cuántos músicos hay en la banda? Indica otras dos maneras en que podrían marchar.

______________________________

______________________________

## Comprobación del vocabulario

**Completa las oraciones con la palabra de vocabulario correcta.**

descomponer    múltiplo

**12.** El número 12 es un ____________ de 2, 3 y 4.

**13.** Una manera de ____________ 24 es escribirlo como $2 \times 12$.

## Práctica para la prueba

**14.** ¿Cuál de los siguientes grupos de números muestra todos los factores de 28?

Ⓐ 1, 2, 4, 7, 14, 28

Ⓑ 0, 1, 7, 14, 28

Ⓒ 1, 2, 7, 14, 28

Ⓓ 1, 2, 4, 7, 8, 14, 28

Nombre ..............................................................................................

El mundo real

# Investigación para la resolución de problemas

## ESTRATEGIA: Respuestas razonables

**Lección 8**

PREGUNTA IMPORTANTE
**¿Cómo se relacionan la multiplicación y la división?**

## Aprende la estrategia

**Starr ganó 4 boletos en la feria de juegos. Suzi ganó 5 veces esa cantidad de boletos. ¿Es razonable decir que entre las dos ganaron 24 boletos?**

### 1 Comprende

**¿Qué sabes?**

Starr ganó ________ boletos.

Suzi ganó ________ veces la cantidad de boletos que ganó Starr.

**¿Qué debes hallar?**

la cantidad total de ________ que ganaron entre las dos

### 2 Planea

Halla $5 \times 4$. Luego, súmale 4.

### 3 Resuelve

Halla $5 \times 4$.

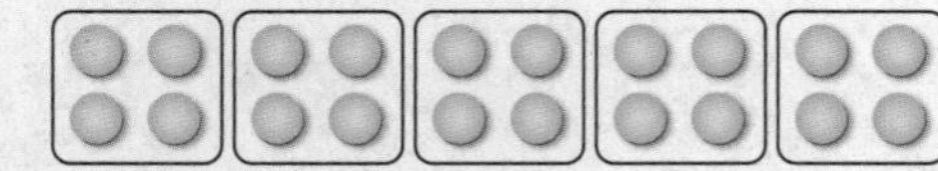

Representa 5 grupos de 4.

Por lo tanto, $5 \times 4 = 20$. Suzi ganó 20 boletos. Suma. $20 + 4 =$ ________

Compara. Las niñas ganaron ________ boletos. La respuesta es razonable.

### 4 Comprueba

**¿Tiene sentido tu respuesta? ¿Por qué?**

____________________________________________

# Practica la estrategia

**Dasan reparte 283 periódicos por semana. Lisa reparte 302 periódicos por semana. ¿Es 400 una estimación razonable de la cantidad de periódicos que reparten semanalmente entre los dos?**

## 1 Comprende

**¿Qué sabes?**

______________________________

______________________________

**¿Qué debes hallar?**

______________________________

______________________________

## 2 Planea

______________________________

______________________________

______________________________

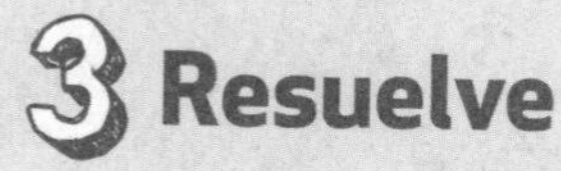

## 3 Resuelve

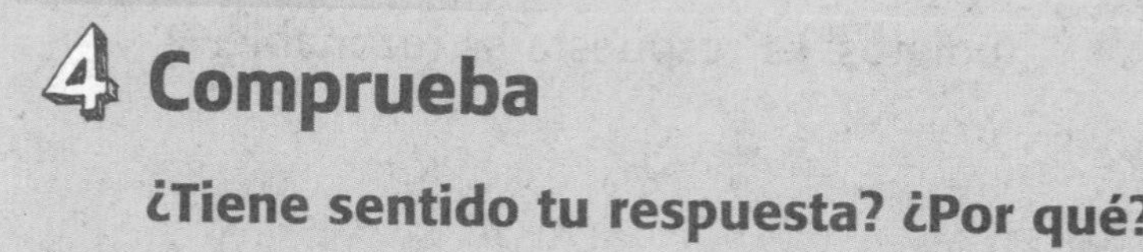

## 4 Comprueba

**¿Tiene sentido tu respuesta? ¿Por qué?**

______________________________

______________________________

Nombre

# Aplica la estrategia

**Determina una respuesta razonable para los problemas.**

**1.** La tabla muestra la cantidad de monedas de 1¢ que recaudaron cuatro niños. ¿Es razonable decir que Myron y Teresa recaudaron aproximadamente 100 monedas de 1¢ en total? Explica tu respuesta.

| Monedas de 1¢ | |
|---|---|
| **Nombre** | **Cantidad de monedas** |
| Myron | 48 |
| Teresa | 52 |
| Verónica | 47 |
| Warren | 53 |

**2.** PRÁCTICA matemática 1 **Entender los problemas** Jay ganará $240 trabajando en un depósito durante 6 semanas. Está ahorrando dinero para comprar equipos de campamento que cuestan $400. Ya ahorró $120. ¿Es razonable decir que en 6 semanas Jay habrá ahorrado el dinero que necesita? Explica tu respuesta.

**3.** Escribe un problema en el que $180 sea una respuesta razonable.

# Repasa las estrategias

**Usa cualquier estrategia para resolver los problemas.**

- Usar el plan de cuatro pasos
- Comprobar que sea razonable

**4.** En un camión cabe la cantidad de carros que se muestra. En un estacionamiento cabe 6 veces esa cantidad de carros. ¿Cuántos carros caben en el estacionamiento?

______________________________

¡Mi trabajo!

**5.** PRÁCTICA matemática 1 **Comprobar que sea razonable** Jack juega al básquetbol. Los partidos tienen 4 tiempos de 8 minutos de duración cada uno. ¿Es posible que Jack juegue 35 minutos en un partido? Explica tu respuesta.

______________________________

**6.** PRÁCTICA matemática 3 **Hallar el error** Mark y su papá van al parque de diversiones. Una de las montañas rusas tiene un recorrido de 1,204 pies. Otra montaña rusa tiene un recorrido de 2,941 pies. Mark estima que las dos montañas rusas tienen en total un recorrido aproximado de 3,000 pies. Halla su error y corrígelo.

______________________________

______________________________

______________________________

______________________________

**7.** Dos entradas al campo de minigolf cuestan $12. Abby quiere invitar a 9 amigas. ¿Cuánto le costarán las entradas para 10 personas?

______________________________

# Mi tarea

**Lección 8**
**Resolución de problemas: Respuestas razonables**

## Asistente de tareas

¿Necesitas ayuda? connectED.mcgraw-hill.com

**Callie y Cole usaron 24 palillos de madera cada uno para su proyecto de arte. Dinah y Dennis usaron 33 palillos cada uno para su proyecto. ¿Es razonable decir que usaron aproximadamente 100 palillos en total?**

### 1 Comprende

**¿Qué sabes?**

Callie y Cole usaron 24 palillos de madera cada uno.

Dinah y Dennis usaron 33 palillos de madera cada uno.

**¿Qué debes hallar?**

Debes determinar si usaron aproximadamente 100 palillos en total.

### 2 Planea

Redondea la cantidad de palillos que usó cada estudiante.
Luego, suma los resultados.

### 3 Resuelve

Redondea 24 a la decena más cercana: 20.

Redondea 33 a la decena más cercana: 30.

Suma: $20 + 20 + 30 + 30 = 100$

Por lo tanto, es razonable decir que los niños usaron aproximadamente 100 palillos de madera en total.

### 4 Comprueba

Suma las cantidades.

$$\begin{array}{r} 24 \\ +\ 24 \\ \hline 48 \end{array} \qquad \begin{array}{r} 33 \\ +\ 33 \\ \hline 66 \end{array} \qquad \begin{array}{r} 48 \\ +\ 66 \\ \hline 114 \end{array}$$

El número 114 está cerca de 100; por lo tanto, la estimación es razonable.

# Resolución de problemas

**Determina una respuesta razonable para los problemas.**

**1.** Kevin puede caminar 5 pies cargando una canasta. Rachel puede cargarla 3 pies más lejos que Kevin. Daniel puede cargar la canasta la mitad de la distancia que Rachel. ¿Es razonable decir que entre todos pueden recorrer 15 pies cargando la canasta, si cada persona la carga una sola vez?

______________________________

______________________________

**2.** Josh y Anthony tienen un puesto de venta de limonada. Cobran $1 por 2 vasos de limonada. Venden 14 vasos cada tarde. ¿Es razonable decir que ganaron más de $50 en tres tardes?

______________________________

______________________________

**3.** La abuela de Javier vive a 120 millas de distancia. Recorrer 40 millas en tren toma 1 hora. Si Javier sale de su casa a las 7 a. m., ¿es razonable decir que llegará a la casa de su abuela a las 9 a. m.?

______________________________

______________________________

**4.** **PRÁCTICA matemática** 1 **Entender los problemas**
Brittany quiere hornear galletas para toda la clase del cuarto grado. Con una hornada de masa puede preparar 2 docenas de galletas. Hay 68 niños del cuarto grado en su escuela. ¿Es razonable decir que Brittany necesitará más de dos hornadas de masa de galletas?

______________________________

______________________________

______________________________

______________________________

¡Mi trabajo!

# Repaso

Capítulo 3

Comprender la multiplicación y la división

## Comprobación del vocabulario 

**Escribe la letra de la definición correcta al lado de las palabras de vocabulario.**

1. **propiedad asociativa de la multiplicación** ______
2. **propiedad conmutativa de la multiplicación** ______
3. **descomponer** ______
4. **dividendo** ______
5. **divisor** ______
6. **familia de operaciones** ______
7. **factor** ______
8. **propiedad de identidad de la multiplicación** ______
9. **múltiplo** ______
10. **producto** ______
11. **cociente** ______
12. **resta repetida** ______
13. **propiedad del cero de la multiplicación** ______

**A.** Grupo de operaciones relacionadas en las que se usan los mismos números.

**B.** Número entre el que se divide el dividendo.

**C.** Propiedad que establece que el orden en que se multiplican dos números no altera su producto.

**D.** Propiedad que indica que al multiplicar cualquier número por cero, el resultado es cero.

**E.** Número que se multiplica por otro número.

**F.** Respuesta de un problema de división.

**G.** Respuesta de un problema de multiplicación.

**H.** Producto de un número dado y cualquier número natural.

**I.** Propiedad que indica que la manera en que se agrupan los factores no altera su producto.

**J.** Estrategia que puede usarse para dividir.

**K.** Número que es dividido entre otro.

**L.** Propiedad que indica que al multiplicar un número por 1, el producto es ese mismo número.

**M.** Una forma de separar un número y obtener sus factores.

## Comprobación del concepto 

**Escribe una familia de operaciones para los conjuntos de números.**

**14.** 3, 7, 21 ______ ______ ______ ______

**15.** 9, 5, 45 ______ ______ ______ ______

**Usa la resta repetida para dividir.**

**16.** $42 \div 7 =$ ______ **17.** $56 \div 8 =$ ______ **18.** $36 \div 9 =$ ______

**19.** Multiplica para completar el enunciado numérico.

cinco veces esta cantidad

$\square \times \square = \square$

**Indica qué propiedad o regla muestran las ecuaciones.**

**20.** $6 \times 8 = 8 \times 6$

______

______

**21.** $(3 \times 2) \times 6 = 3 \times (2 \times 6)$

______

______

**Halla los factores.**

**22.** 16 ______ **23.** 18 ______ **24.** 15 ______

**Escribe los primeros cinco múltiplos.**

**25.** 2 ______ **26.** 10 ______ **27.** 12 ______

Nombre

# Resolución de problemas

¡Mi trabajo!

**28.** Hay latas de sopa y latas de verduras. Hay 8 latas de sopa y 3 veces esa cantidad de latas de verduras. ¿Cuántas latas de verduras hay? Escribe una ecuación para hallar la incógnita. Representa la incógnita con una variable.

______________________

**29.** Claire tiene 15 cuentas verdes, 8 cuentas azules y 4 cuentas amarillas. Si las reparte en tres collares iguales, ¿cuántas cuentas tendrá cada collar?

______________________

**30.** Stefanie y Eva quieren compartir los caracoles que juntaron en su viaje a la playa. Tienen 18 caracoles en total. Usa operaciones relacionadas y dibuja un arreglo para ayudarlas a decidir cómo pueden repartir los caracoles en partes iguales.

Cada una se quedará con ________ caracoles.

**31.** Si cada uno de los integrantes de un grupo de 7 personas sube 5 veces a la montaña rusa y paga $2 cada vez, ¿cuál es el precio total que deben pagar por subir todos a la montaña rusa?

______________________

## Práctica para la prueba

**32.** Marina obtuvo 9 puntos en cada una de las 11 pruebas que realizó. ¿Cuántos puntos obtuvo en total?

Ⓐ 9 puntos  
Ⓑ 20 puntos  
Ⓒ 90 puntos  
Ⓓ 99 puntos

# Pienso

## Capítulo 3

**Respuesta a la**
PREGUNTA IMPORTANTE

**Usa lo que aprendiste acerca de la multiplicación y la división para completar el organizador gráfico.**

**Semejanza**

PREGUNTA IMPORTANTE

**¿Cómo se relacionan la multiplicación y la división?**

**Diferencia**

**Ahora, piensa sobre la** PREGUNTA IMPORTANTE.  **Escribe tu respuesta.**

Capítulo

# Multiplicar con números de un dígito

**PREGUNTA IMPORTANTE**

**¿Cómo puedo expresar la multiplicación?**

## ¡Vamos de compras!

Observa

¡Mira el video!

# Mis estándares estatales

## Números y operaciones del sistema decimal

**4.NBT.1** Reconocer que en un número natural de varios dígitos, un dígito ubicado en determinada posición representa diez veces lo que representa en la posición que se encuentra a su derecha.

**4.NBT.3** Usar la comprensión del valor posicional para redondear números naturales de varios dígitos a cualquier posición.

**4.NBT.5** Multiplicar un número natural de hasta cuatro dígitos por un número natural de un dígito, y multiplicar dos números de dos dígitos usando estrategias basadas en el valor posicional y las propiedades de las operaciones. Ilustrar y explicar el cálculo usando ecuaciones, arreglos rectangulares o modelos de área.

**Operaciones y razonamiento algebraico** *Este capítulo también trata estos estándares:*

**4.OA.3** Resolver problemas contextualizados de varios pasos planteados con números naturales, con respuestas en números naturales obtenidas mediante las cuatro operaciones, incluidos problemas en los que es necesario interpretar los residuos. Representar esos problemas mediante ecuaciones con una letra que represente la cantidad desconocida. Evaluar si las respuestas son razonables mediante cálculos mentales y estrategias de estimación que incluyan el redondeo.

**4.OA.4** Hallar todos los pares de factores para un número natural entre el 1 y el 100. Reconocer que un número natural es un múltiplo de cada uno de sus factores. Determinar si un número natural dado entre el 1 y el 100 es múltiplo de un número dado de un dígito. Determinar si un número natural dado entre el 1 y el 100 es primo o compuesto.

¡Genial! ¡Esto es lo que voy a estar haciendo!

### Estándares para las PRÁCTICAS matemáticas

1. Entender los problemas y perseverar en la búsqueda de una solución.
2. Razonar de manera abstracta y cuantitativa.
3. Construir argumentos viables y hacer un análisis del razonamiento de los demás.
4. Representar con matemáticas.
5. Usar estratégicamente las herramientas apropiadas.
6. Prestar atención a la precisión.
7. Buscar una estructura y usarla.
8. Buscar y expresar regularidad en el razonamiento repetido.

= Se trabaja en este capítulo.

Nombre ..........................................

# Antes de seguir...

←Conéctate para hacer la prueba de preparación.

**Multiplica. Usa modelos si es necesario.**

**1.** 2 × 3 = ________

**2.** 7 × \$8 = ________

**3.** 9 × 4 = ________

**4.** \$7 × 5 = ________

**5.** El álbum de fotos de Evan tiene 8 páginas. ¿Cuántas fotografías tiene el álbum de Evan si cada página tiene la misma cantidad de fotografías?

________________________

**Identifica el valor posicional del dígito sombreado.**

**6.** 1,630

________

**7.** \$5,367

________

**8.** 20,495

________

**Redondea los números al mayor valor posicional.**

**9.** 26 ________

**10.** \$251 ________

**11.** 4,499 ________

**12.** En la escuela primaria Sunrise, hay 1,366 estudiantes. Aproximadamente, ¿cuántos estudiantes asisten a la escuela?

________________________



**Sombrea las casillas para mostrar los problemas que respondiste correctamente.**

**¿Cómo me fue?**

| 1 | 2 | 3 | 4 | 5 | 6 | 7 | 8 | 9 | 10 | 11 | 12 |
|---|---|---|---|---|---|---|---|---|---|---|---|

Nombre ........................................

# Las palabras de mis mates

## Repaso del vocabulario

ecuación factor producto

**Haz conexiones**
Usa las palabras del repaso del vocabulario para completar las secciones de la red de conceptos. Escribe un ejemplo o una oración sobre cada palabra.

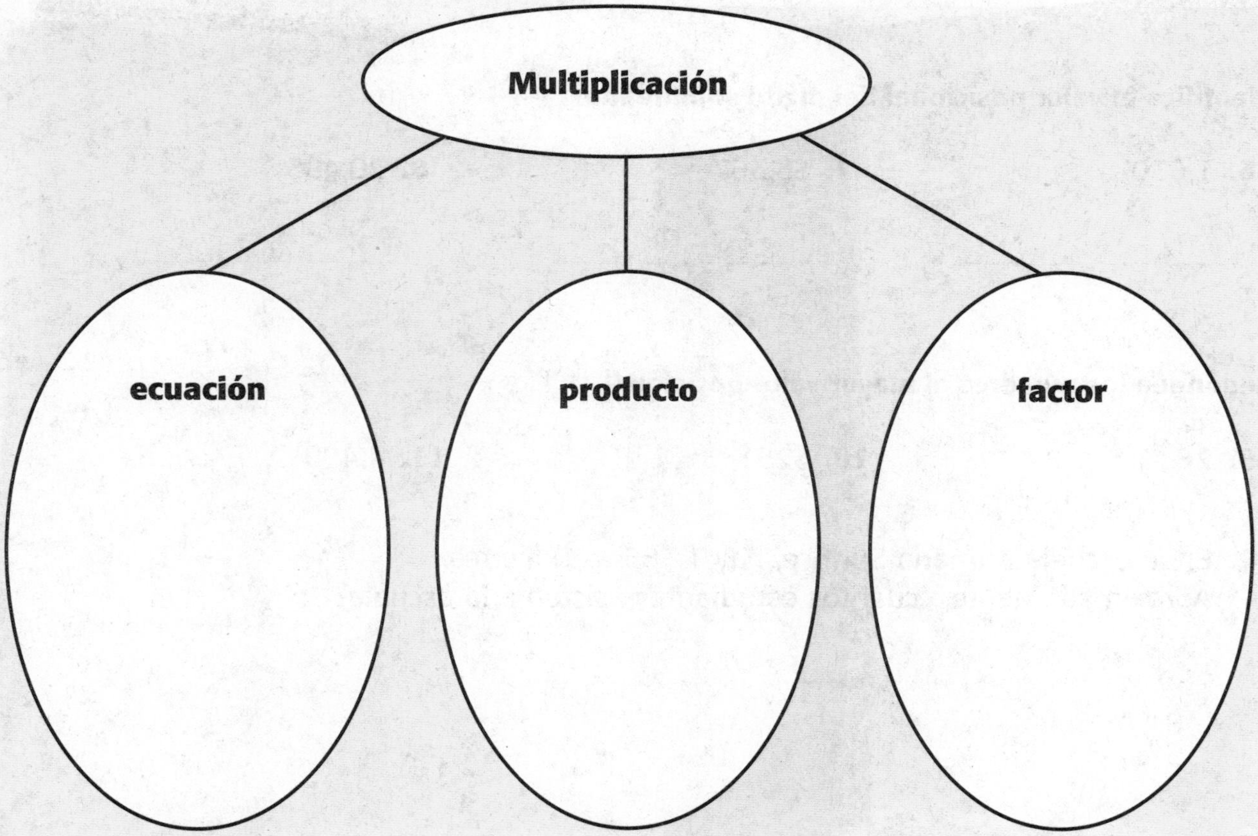

**Multiplicación**

**ecuación**

**producto**

**factor**

# Mis tarjetas de vocabulario

Lección 4-4

## productos parciales

$348 \times 6 = (300 + 40 + 8) \times 6$

$300 \times 6 = 1,800$

$40 \times 6 = 240$

$8 \times 6 = 48$

$1,800 + 240 + 48 = 2,088$

Lección 4-7

## propiedad distributiva

$8 \times 11 = (8 \times 10) + (8 \times 1)$

Lección 4-6

## reagrupar

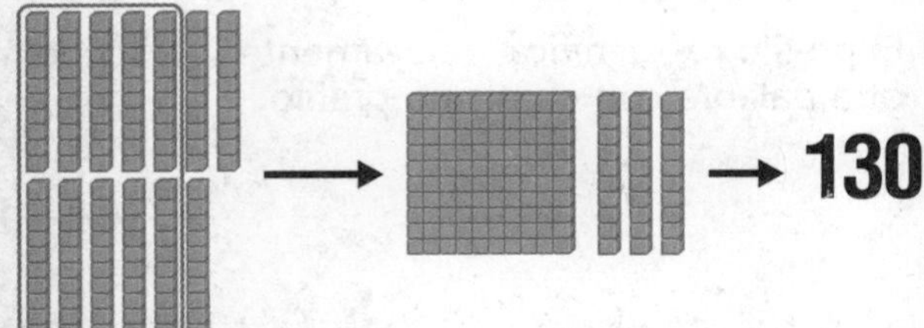

## Sugerencias

- Durante el año, crea un grupo de tarjetas para los verbos clave de las matemáticas, como *reagrupar.* Esos verbos te ayudarán a resolver problemas.
- Trabaja con un compañero o compañera para identificar la categoría gramatical de cada palabra. Consulta un diccionario para comprobar las respuestas.
- Usa las tarjetas en blanco para crear tus propias tarjetas de vocabulario.

Multiplica los sumandos de un número y luego suma los productos.

**¿Cuáles son las dos operaciones que usas cuando aplicas la propiedad distributiva?**

Los productos de cada valor posicional se hallan por separado y luego se suman.

**¿En qué te ayudan los productos parciales?**

Usar el valor posicional para cambiar cantidades iguales al convertir un número.

**El prefijo *re-* significa "nuevamente". Describe otra palabra con el mismo prefijo.**

# Mi modelo de papel

**FOLDABLES®** Sigue los pasos que aparecen en el reverso para hacer tu modelo de papel.

**Multiplicar sin reagrupación**

**Multiplicación con números de varios dígitos con ceros**

**Múltiplos**

**Multiplicar con reagrupación**

$7 \times 8 =$ ____

$7 \times 80 =$ ____

$7 \times 800 =$ ____

$7 \times 8{,}000 =$ ____

$7 \times$ ____ $=$ ____

## Modelo de área

30 | 2

3

$$\begin{array}{r} 32 \\ \times\ 3 \\ \hline \end{array}$$

$$\begin{array}{r} 4{,}238 \\ \times\ \ \ 4 \\ \hline \end{array}$$

$3{,}502 \times 6 =$ ____

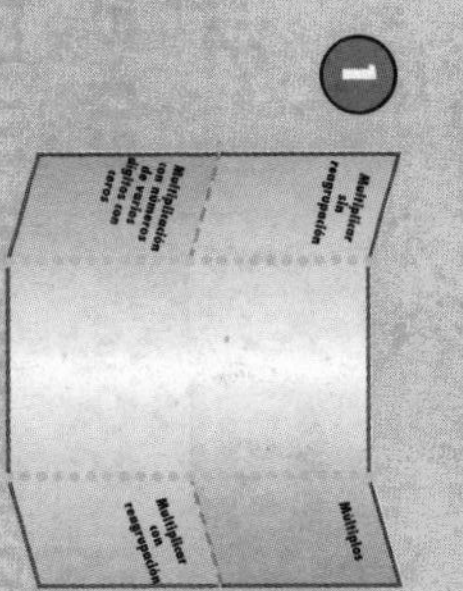


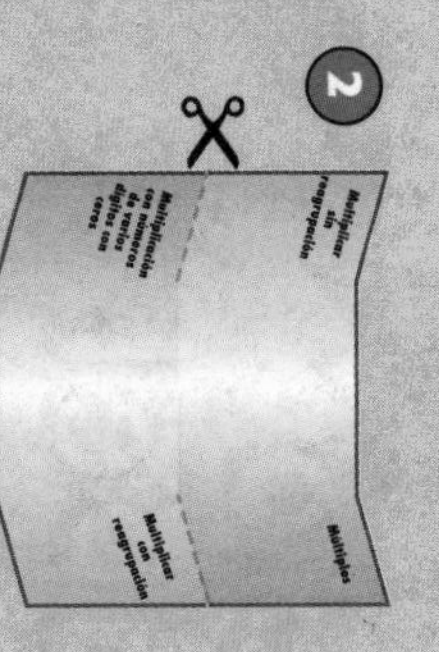


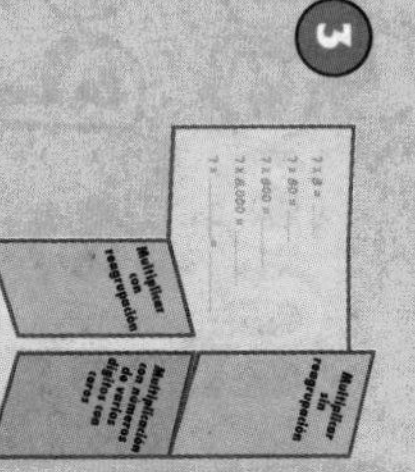

Nombre ..........................................................................

# Múltiplos de 10, 100 y 1,000

**Lección 1**

**PREGUNTA IMPORTANTE**
**¿Cómo puedo expresar la multiplicación?**

Un múltiplo de un número es el producto de ese número y cualquier número natural. Cualquier número divisible entre diez es un múltiplo de diez. Puedes usar múltiplos y patrones numéricos para multiplicar.

## Las mates y mi mundo

¡Diga "Aaahhh"!

### Ejemplo 1

**El tiburón ballena es el pez más grande del mundo. Su boca mide 5 pies de largo y, por cada pie, tiene 600 dientes. ¿Cuántos dientes tiene el tiburón ballena?**

Halla 5 × 600. Usa operaciones básicas y patrones. 600 es un múltiplo de 10.

5 × 6 = ________ 5 × 6 unidades = 30 unidades = 30

5 × 60 = ________ 5 × 6 decenas = 30 decenas = 300

5 × 600 = ________ 5 × 6 centenas = 30 centenas = 3,000

Por lo tanto, el tiburón ballena tiene ________ dientes.
Observa que el producto es 5 × 6 con dos ceros al final.

### Ejemplo 2

**Halla 3 × 7,000.**

3 × 7 = ________ 3 × 7 unidades = 21 unidades = 21

3 × 70 = ________ 3 × 7 decenas = 21 decenas = 210

3 × 700 = ________ 3 × 7 centenas = 21 centenas = 2,100

3 × 7,000 = ________ 3 × 7 millares = 21 millares = ________

Por lo tanto, 3 × 7,000 es ________.
Observa que el producto es 3 × 7 con tres ceros al final.

Si sabes usar operaciones básicas y patrones numéricos, puedes multiplicar mentalmente.

## Ejemplo 3

**El peso de un camión de bomberos es 8 × 4,000 libras. ¿Cuál es el peso en libras?**

La letra *p* representa el peso.

Escribe una ecuación.

$p = 8 \times$ ______

Debes hallar 8 × 4,000.

| | |
|---|---|
| 8 × 4 = ______ | 8 × 4 unidades = ______ unidades = ______ |
| 8 × 4**0** = ______ | 8 × 4 decenas = ______ decenas = ______ |
| 8 × 4**00** = ______ | 8 × 4 centenas = ______ centenas = ______ |
| 8 × 4,**000** = ______ | 8 × 4 millares = ______ millares = ______ |

Observa que el producto es 8 × 4 con ______ ceros al final.

Como 8 × 4,000 = ______, $p =$ ______.

Por lo tanto, el peso del camión de bomberos es ______ libras.

¿Cuál es el producto de 4 y 5,000? Explica por qué el producto tiene más ceros que los factores del problema.

## Práctica guiada

**Multiplica. Usa operaciones básicas y patrones.**

| | |
|---|---|
| **1.** 6 × 8 = 48 | **2.** 7 × 9 = 63 |
| 6 × 80 = ______ | 7 × 90 = ______ |
| 6 × 800 = ______ | 7 × 900 = ______ |
| 6 × 8,000 = 48,000 | 7 × 9,000 = ______ |

**Multiplica. Calcula mentalmente.**

**3.** 8 × 600 = ______   **4.** 9 × 9,000 = ______

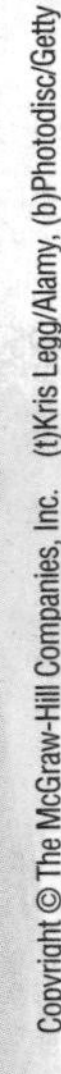

Nombre

# Práctica independiente

**Multiplica. Usa operaciones básicas y patrones.**

**5.** $5 \times 3 = 15$
$5 \times 30 = 150$
$5 \times 300 =$ ______
$5 \times 3{,}000 =$ ______

**6.** $3 \times 4 = 12$
$3 \times 40 =$ ______
$3 \times 400 =$ ______
$3 \times 4{,}000 =$ ______

**7.** $8 \times 5 =$ ______
$8 \times 50 =$ ______
$8 \times 500 =$ ______
$8 \times 5{,}000 =$ ______

**8.** $9 \times 1 =$ ______
$9 \times 10 =$ ______
$9 \times 100 =$ ______
$9 \times 1{,}000 =$ ______

**9.** $3 \times 7 =$ ______
$3 \times 70 =$ ______
$3 \times 700 =$ ______
$3 \times 7{,}000 =$ ______

**10.** $6 \times 5 =$ ______
$6 \times 50 =$ ______
$6 \times 500 =$ ______
$6 \times 5{,}000 =$ ______

**Multiplica. Calcula mentalmente.**

**11.** $4 \times 30 =$ ______

**12.** $6 \times 40 =$ ______

**13.** $7 \times 200 =$ ______

**14.** $4 \times 500 =$ ______

**15.** $3 \times 9{,}000 =$ ______

**16.** $9 \times 6{,}000 =$ ______

Álgebra **Calcula mentalmente para hallar los números desconocidos.**

**17.** Si $6 \times 7 = 42$,
entonces $6 \times$ ______ $= 4{,}200$.

**18.** Si $5 \times 7 = 35$,
entonces $5 \times$ ______ $= 3{,}500$.

**19.** Si $8 \times 3 = 24$,
entonces $8 \times$ ______ $= 2{,}400$.

**20.** Si $2 \times 9 = 18$,
entonces $2 \times$ ______ $= 1{,}800$.

**21.** ¿Cuántas veces más grande es el producto de $4 \times 300$ que el producto de $4 \times 30$? ______

## Resolución de problemas

22. Cada boleto para un parque de diversiones cuesta $30. ¿Cuál es el costo total para una familia de 5 personas?

_______________

23. El costo por persona de la comida de una semana es $100. Halla el costo total de la comida de una semana para una familia de cinco personas.

_______________

24. Imagina que 5 amigos suben a 70 juegos cada uno. Entre todos, ¿a cuántos juegos se subirán?

_______________

25. PRÁCTICA matemática 5 **Calcular mentalmente** Calcula mentalmente para hallar cuál tiene el mayor producto: 5 × 50 o 5 × 500. Explica tu respuesta.

_______________

_______________

_______________

### Problemas S.O.S.

26. PRÁCTICA matemática 4 **Representar las mates** Escribe dos expresiones de multiplicación cuyo producto sea 20,000.

_______________

27. **Profundización de la pregunta importante** ¿El producto de un múltiplo de 10 siempre tiene un cero en la posición de las unidades? ¿Por qué?

_______________

_______________

# Mi tarea

Lección 1
Múltiplos de 10, 100 y 1,000

## Asistente de tareas

¿Necesitas ayuda? connectED.mcgraw-hill.com

**Halla 7 × 5,000.**

Usa operaciones básicas y patrones para hallar el producto.

7 × 5 = 35 — 7 × 5 unidades = 35 unidades, o 35

7 × 50 = 350 — 7 × 5 decenas = 35 decenas, o 350

7 × 500 = 3,500 — 7 × 5 centenas = 35 centenas, o 3,500

7 × 5,000 = 35,000 — 7 × 5 millares = 35 millares, o 35,000

Por lo tanto, 7 × 5,000 = 35,000.

## Práctica

**Multiplica. Usa operaciones básicas y patrones.**

**1.** 4 × 1 = ______

4 × 10 = ______

4 × 100 = ______

4 × 1,000 = ______

**2.** 6 × 7 = ______

6 × 70 = ______

6 × 700 = ______

6 × 7,000 = ______

**3.** 3 × 6 = ______

3 × 60 = ______

3 × 600 = ______

3 × 6,000 = ______

**4.** 8 × 9 = ______

8 × 90 = ______

8 × 900 = ______

8 × 9,000 = ______

**Multiplica. Calcula mentalmente.**

**5.** $2 \times 70 =$ ______

**6.** $9 \times 500 =$ ______

**7.** $7 \times 4{,}000 =$ ______

**8.** $3 \times 2{,}000 =$ ______

Álgebra **Halla las incógnitas.**

**9.** $30 \times \blacksquare = 120$ ______

**10.** $6 \times \blacksquare = 3{,}600$ ______

**11.** $2 \times \blacksquare = 800$ ______

**12.** $\blacksquare \times 600 = 7{,}200$ ______

## Resolución de problemas

**13.** Joe compró una casa. Debe pagar cuotas de $1,000 cada mes. ¿Cuánto pagará en 5 meses?

______

**14.** Erin quiere comprar 3 CD de $10 cada uno. ¿Cuánto dinero necesita?

______

**15.** Kamil gana $100 por semana cortando el pasto. ¿Cuánto ganará Kamil en 6 semanas?

______

**16.** PRÁCTICA matemática 2 **Usar el sentido numérico** Justin planea comprar 1 libro de $20 cada mes durante 1 año ¿Cuánto dinero gastará en libros ese año?

______

## Práctica para la prueba

**17.** Violeta tiene 11 rollos de monedas de 1¢. En cada rollo, hay 50 monedas de 1¢. ¿Cuántas monedas de 1¢ tiene Violeta en total?

Ⓐ 5,500 monedas de 1¢

Ⓑ 550 monedas de 1¢

Ⓒ 500 monedas de 1¢

Ⓓ 55 monedas de 1¢

Nombre ..............................................................

# Redondear para estimar productos

**Lección 2**

**PREGUNTA IMPORTANTE**
**¿Cómo puedo expresar la multiplicación?**

Para estimar productos, puedes redondear los factores al mayor valor posicional.

## Las mates y mi mundo

### Ejemplo 1

**Hay trenes de pasajeros que viajan a 267 millas por hora. Aproximadamente, ¿qué distancia recorrerá uno de estos trenes en tres horas?**

Estima 3 × 267.

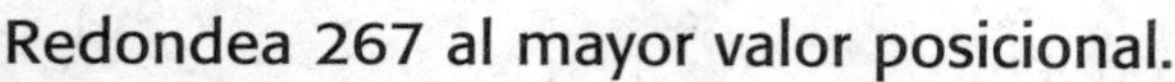

Redondea 267 al mayor valor posicional.

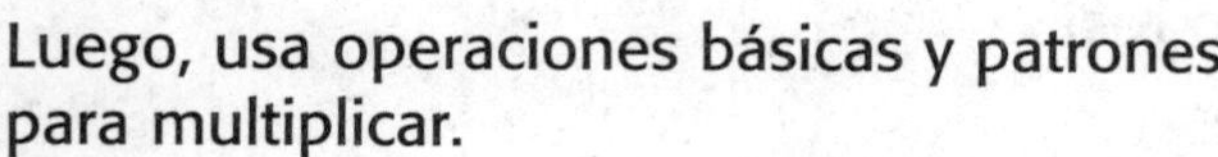

Luego, usa operaciones básicas y patrones para multiplicar.

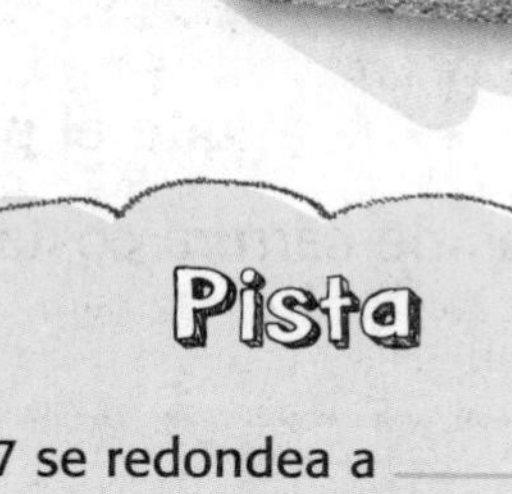


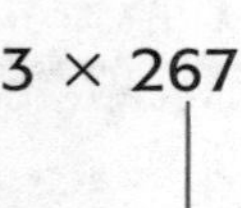

3 × 267

↓

3 × ________ = ________

¿A qué posición se redondeó 267? ____________________

Como 267 se redondeó *hacia arriba*, el producto estimado es *mayor* que el producto real.

Por lo tanto, el tren recorre aproximadamente ________ millas en ________ horas.

## Ejemplo 2

Tutor

**Estima 8 × 2,496.**

Redondea 2,496 a la posición de los millares. Luego, usa operaciones básicas y patrones para multiplicar.

8 × 2,496

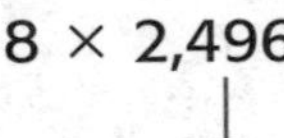

↓

8 × ________ = ________

Como 2,496 se redondeó *hacia abajo*, el producto estimado es *menor* que el producto real.

Por lo tanto, 8 × 2,496 es aproximadamente ________.

## Ejemplo 3

Tutor

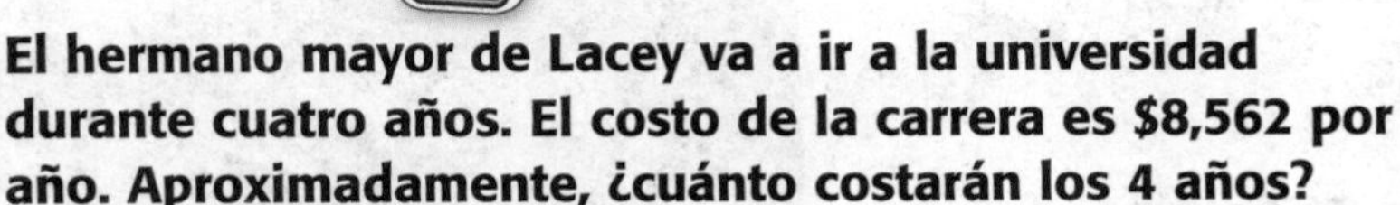

**El hermano mayor de Lacey va a ir a la universidad durante cuatro años. El costo de la carrera es $8,562 por año. Aproximadamente, ¿cuánto costarán los 4 años?**

Estima 4 × $8,562.
Redondea al mayor valor posicional. Luego, multiplica.

4 × ________ = ________

Como 8,562 se redondeó ________, el producto estimado es ________ que el producto real.

Por lo tanto, los 4 años de carrera costarán aproximadamente ________.

**Habla de las MATES**

¿Qué producto está más cerca de la estimación de 1,600: 4 × 385 o 4 × 405? ¿Por qué?

## Práctica guiada

Comprueba

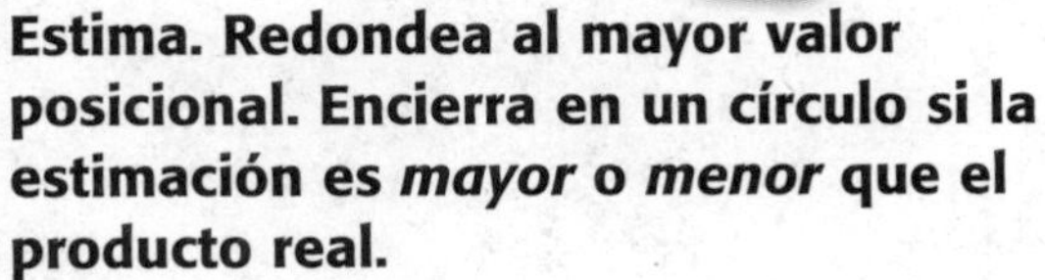

**Estima. Redondea al mayor valor posicional. Encierra en un círculo si la estimación es *mayor* o *menor* que el producto real.**

**1.** 9 × $870

↓

9 × ________ = ________

mayor

menor

**2.** 3,293 × 3

↓

________ × 3 = ________

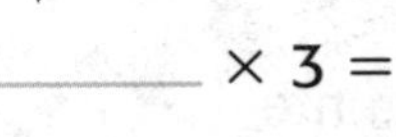

mayor

menor

Nombre ........................................

CCSS

## Práctica independiente

**Estima. Redondea al mayor valor posicional. Encierra en un círculo si la estimación es *mayor* o *menor* que el producto real.**

**3.** 562 × 6 mayor menor

↓

_____ × _____ = _______

**4.** 2 × 896 mayor menor

_____ × _____ = _______

**5.** 729 × 8 mayor menor

↓

_____ × _____ = _______

**6.** 2 × $438 mayor menor

_____ × _______ = _______

**7.** $450 × 7 mayor menor

↓

_____ × _____ = _______

**8.** 3 × 5,489 mayor menor

_____ × _______ = _______

**Traza líneas para unir los productos con la estimación más razonable.**

**9.** 7 × 189 • 4,800

**10.** 211 × 9 • 1,400

**11.** 8 × 632 • 2,500

**12.** 455 × 5 • 1,800

## Resolución de problemas

**A Toby y Lena les gusta ir a la sala de juegos. Suman puntos para ganar premios. En los ejercicios 13 a 15, usa la información de la derecha.**

13. PRÁCTICA matemática 1 **Planear la solución** Toby fue a la sala de juegos 2 veces. Sumó 5,150 puntos cada vez. ¿Cuál es el mayor premio que puede obtener Toby?

14. ¿Cuántos carros de juguete podría obtener Toby con sus puntos?

15. Lena fue a la sala de juegos 7 veces. Sumó 9,050 puntos cada vez. ¿Cuáles son los dos premios mayores que puede obtener?

16. Los estudiantes de la clase de la señora Pérez escribieron 4 cartas cada uno a sus amigos. En total, escribieron aproximadamente 80 cartas. Aproximadamente, ¿cuántos estudiantes hay en la clase de la señora Pérez?

### Problemas S.O.S.

17. PRÁCTICA matemática 2 **Usar el sentido numérico** Explica cómo sabes si la respuesta que estimaste para un problema de multiplicación es mayor o menor que la respuesta exacta.

18. **Profundización de la pregunta importante** ¿En qué te ayuda la estimación para hallar un producto mentalmente? Explica tu respuesta.

Nombre ..............................................



# Mi tarea

**Lección 2**
**Redondear para estimar productos**

## Asistente de tareas

¿Necesitas ayuda? connectED.mcgraw-hill.com

**Estima 6 × 8,825.**

1 Redondea el factor mayor al mayor valor posicional.

6 × 8,825
↓
9,000
↓
6 × 9,000 = 54,000

**Pista**
8,825 se redondea a 9,000.

2 Multiplica. Usa operaciones básicas y patrones.
6 × 9,000 = 54,000

La estimación de 6 × 8,825 es 54,000.

Como 8,825 se redondeó hacia arriba, la estimación es mayor que el producto real.

## Práctica

**Estima. Redondea al mayor valor posicional. Encierra en un círculo si la estimación es *mayor* o *menor* que el producto real.**

**1.** 756 × 4
↓
800 × 4 = ________

mayor menor

**2.** $246 × 8

________ × 8 = ________

mayor menor

**3.** 4,528 × 4

________ × 4 = ________

mayor menor

**4.** 2,331 × 5

________ × 5 = ________

mayor menor

**Estima. Redondea al mayor valor posicional. Encierra en un círculo si la estimación es *mayor* o *menor* que el producto real.**

**5.** 143 × 2

_______ × 2 = _______

mayor menor

**6.** 2,721 × 4

_______ × 4 = _______

mayor menor

**7.** 6 × $6,517

_______________

mayor menor

**8.** 7 × $9,499

_______________

mayor menor

## Resolución de problemas

**Estima los productos. Luego, escribe si la estimación es *mayor* o *menor* que el producto real.**

**9.** En el cine hay 62 filas de 9 asientos. Aproximadamente, ¿cuántos asientos hay?

_______________

**10.** Celine estima la cantidad de baldosas que hay en el patio de la escuela. Hay 7 colores diferentes y 1,725 baldosas de cada color. ¿Cuál puede ser la estimación de Celine?

_______________

**11.** PRÁCTICA matemática 5 **Calcular mentalmente** Un centro turístico tiene 380 habitaciones con espacio para 6 personas. Estima la mayor cantidad de personas que podrían ocupar esas habitaciones al mismo tiempo.

_______________

## Práctica para la prueba

**12.** Kurt nada 575 yardas en cada práctica de natación. Si practica los lunes, miércoles y viernes, aproximadamente, ¿cuántas yardas nada por semana?

Ⓐ 150 yardas
Ⓒ 1,500 yardas
Ⓑ 180 yardas
Ⓓ 1,800 yardas

# Manos a la obra

## Usar el valor posicional para multiplicar

**Lección 3**

**PREGUNTA IMPORTANTE**
**¿Cómo puedo expresar la multiplicación?**

Puedes usar modelos de base diez para multiplicar por números de un dígito.

## Construyelo

**Grace y sus amigas están en el centro comercial. Ven 3 filas de carros estacionados. En cada fila, hay 23 carros. ¿Cuántos carros hay en total?**

Usa un modelo para hallar 3 × 23.

Encierra las unidades en un círculo. Cuenta las unidades.

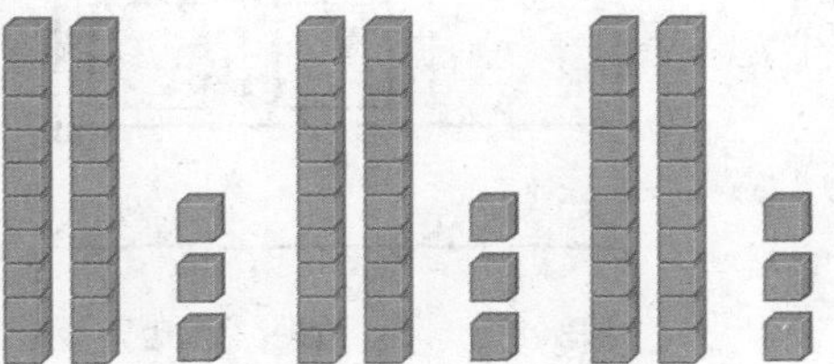

_____ + _____ + _____ = _____

Escribe el número de unidades en la posición de las unidades.

Encierra las decenas en un círculo. Cuenta las decenas.

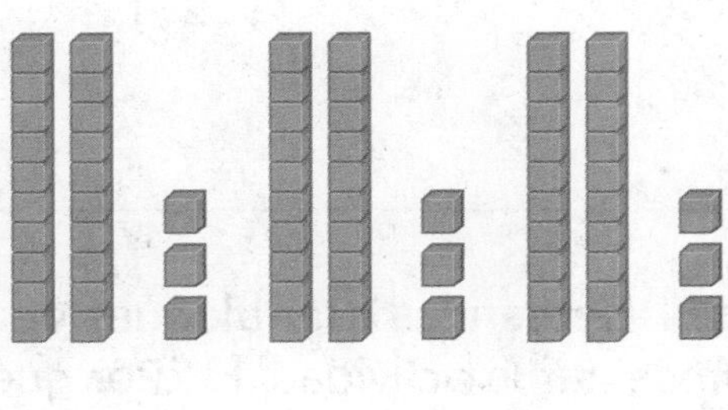

_____ + _____ + _____ = _____

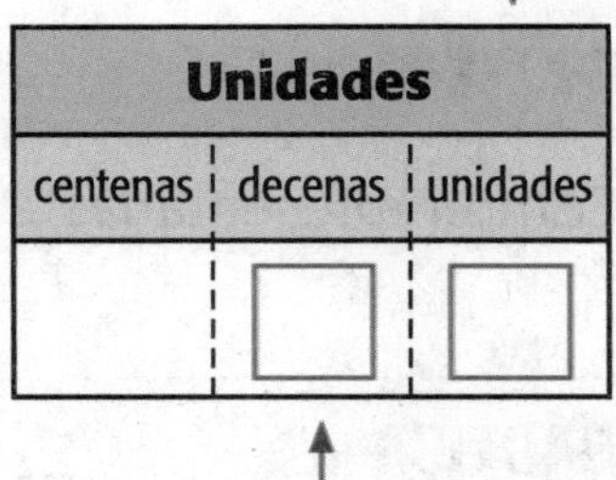

| Unidades | | |
|---|---|---|
| centenas | decenas | unidades |
| | ☐ | ☐ |

Escribe el número de decenas en la posición de las decenas.

3 × 23 = _____

Por lo tanto, Grace y sus amigas ven _____ carros.

# Inténtalo

**Usa un modelo para hallar 2 × 32.**

Represента 2 × 32.

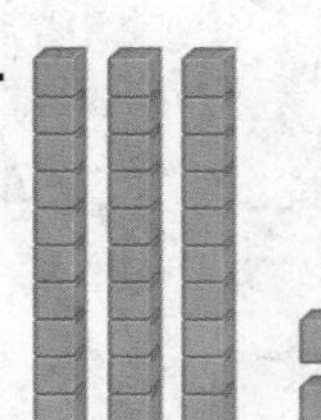

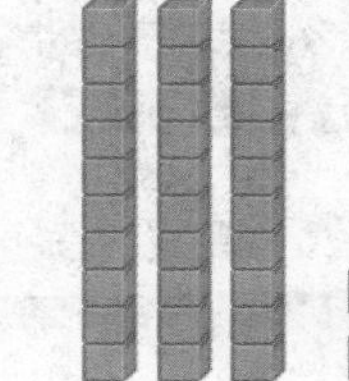

**2** Encierra las unidades en un círculo. Luego, cuenta las unidades. Completa la tabla de valor posicional.

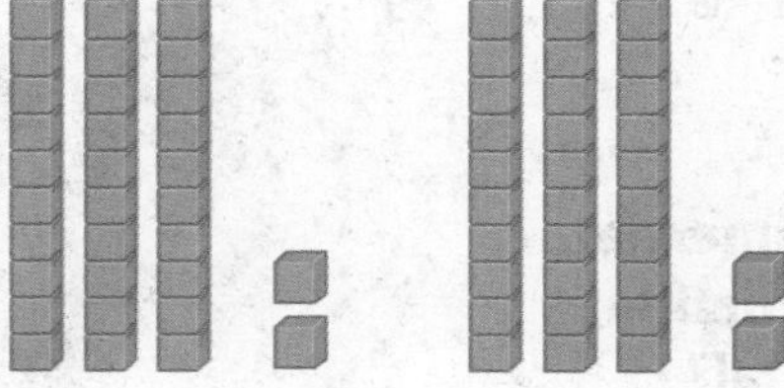

**3** Encierra las decenas en un círculo. Cuenta las decenas. Completa la tabla de valor posicional.

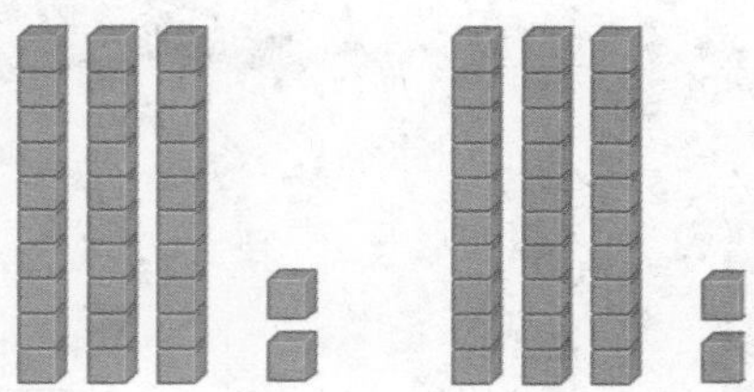

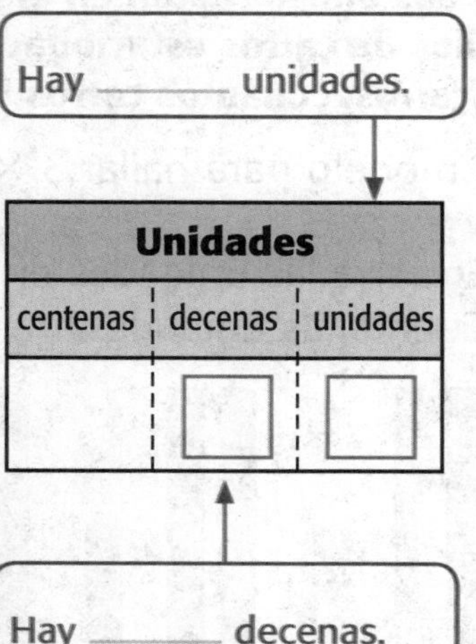

Hay ______ unidades.

| Unidades | | |
|---|---|---|
| centenas | decenas | unidades |
| | | |

Hay ______ decenas.

Por lo tanto, 2 × 32 = ______.

# Coméntalo

**1.** ¿Cómo representarías 2 × 22?

______________________________

**2.** PRÁCTICA matemática 3 **Justificar las conclusiones** ¿Preferirías usar bloques de base diez, fichas o calcular mentalmente para representar la actividad 1? ¿Por qué?

______________________________

______________________________

______________________________

Nombre ..........................................................................................

## Practícalo

**Multiplica. Usa modelos. Dibuja los modelos.**

**3.** $3 \times 22 =$ ______

**4.** $4 \times 12 =$ ______

**5.** $3 \times 20 =$ ______

**6.** $1 \times 56 =$ ______

**Álgebra Halla el número desconocido. Usa modelos. Dibuja los modelos.**

**7.** $4 \times 22 = a$

$a =$ ______

**8.** $2 \times 24 = c$

$c =$ ______

## Aplícalo

Álgebra **Escribe una ecuación para resolver.**

9. PRÁCTICA matemática 2 **Usar símbolos** Hay 4 tiendas de zapatos en el centro comercial local. En cada tienda hay 22 personas. ¿Cuántas personas hay en las cuatro tiendas?

   4 × _____ = _____

   Por lo tanto, hay _____ personas.

10. Justine ganó $32 por mes durante 3 meses. ¿Cuánto dinero ganó en total?

    _____ × $32 = $_____

    Por lo tanto, ganó $_____.

11. La prima de Trent quiere 2 tulipanes en cada mesa en su boda. Hay 24 mesas. ¿Cuántos tulipanes necesita?

    _____ × _____ = _____

    Por lo tanto, se necesitan _____ tulipanes.

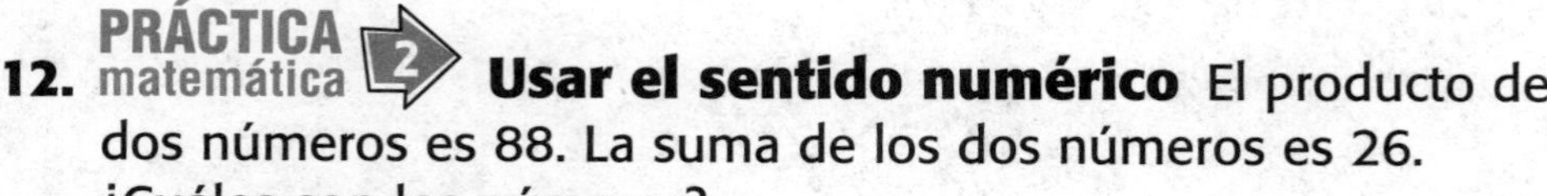

12. PRÁCTICA matemática 2 **Usar el sentido numérico** El producto de dos números es 88. La suma de los dos números es 26. ¿Cuáles son los números?

    ______________________________

## Escríbelo

13. ¿Cómo te ayudan los modelos a multiplicar por números de un dígito? Explica tu respuesta.

    ______________________________

    ______________________________

    ______________________________

Nombre ..............................................................................................................

# Mi tarea

**Lección 3**

**Manos a la obra: Usar el valor posicional para multiplicar**

## Asistente de tareas

¿Necesitas ayuda? **connectED.mcgraw-hill.com**

**Usa modelos para hallar 4 × 22.**

Cuenta las unidades.

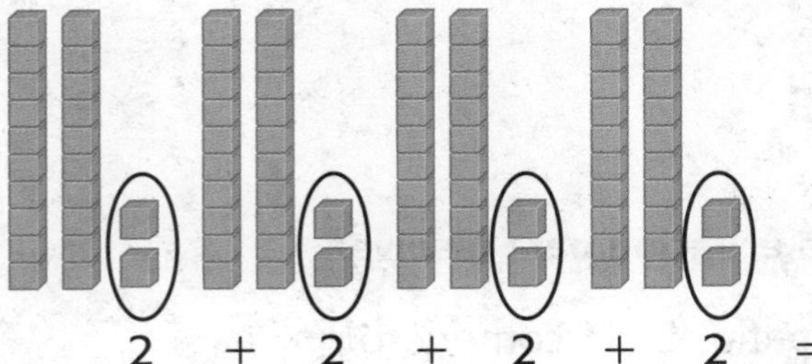

2 + 2 + 2 + 2 = 8

| Unidades | | |
|---|---|---|
| centenas | decenas | unidades |
| | | 8 |

Cuenta las decenas.

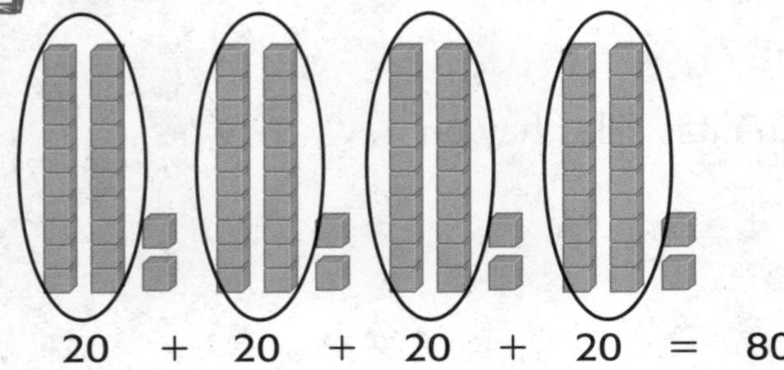

20 + 20 + 20 + 20 = 80

| Unidades | | |
|---|---|---|
| centenas | decenas | unidades |
| | 8 | 8 |

Por lo tanto, 4 × 22 = 88.

## Práctica

**Multiplica. Dibuja los modelos si es necesario.**

**1.** 2 × 23 = ________

**2.** 4 × 21 = ________

**3.** 2 × 22 = ________

**4.** 3 × 11 = ________

**Multiplica. Dibuja los modelos si es necesario.**

**5.** 3 × 32 = ________

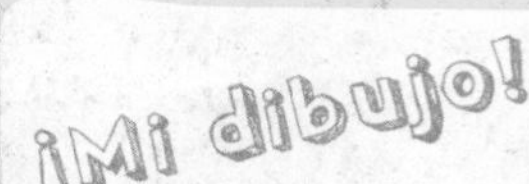


**6.** 2 × 43 = ________

**7.** 4 × 12 = ________

**8.** 3 × 21 = ________

## Resolución de problemas

**PRÁCTICA matemática** 2 **Usar el álgebra** **Escribe una ecuación para resolver.**

**9.** Julie colgó 3 comederos para aves en su patio. Cada comedero tiene 12 perchas. ¿Cuántas perchas hay en total?

________________

**10.** En cada salón de clases hay 32 sillas. ¿Cuántas sillas hay en total en 2 salones de clases?

________________

**11.** Lance sacó 34 fotografías cada día que estuvo de vacaciones. Estuvo de vacaciones 2 días. ¿Qué ecuación describe la cantidad de fotografías que sacó en total?

________________

**12.** En cada caja hay 42 galletas. ¿Cuántas galletas hay en 2 cajas?

________________

**13.** En el centro de juegos, cada premio vale 3 boletos. ¿Cuántos boletos se necesitan para 23 premios?

________________

Nombre ..................................................

# Manos a la obra
## Usar modelos para multiplicar

**Lección 4**

**PREGUNTA IMPORTANTE**
**¿Cómo puedo expresar la multiplicación?**

Puedes usar **productos parciales** para multiplicar un número de un dígito por un número de dos dígitos. Halla los productos de las decenas y las unidades por separado. Luego, súmalos.

Los modelos de área y los arreglos sirven para mostrar productos parciales.

## Dibújalo

**El club de excursionismo tiene 3 grupos de excursionistas. En cada grupo, hay 12 personas. ¿Cuántos excursionistas hay en el club en total?**

Usa un arreglo para hallar 3 × 12.

1. Dibuja un arreglo rectangular. Separa 12 en

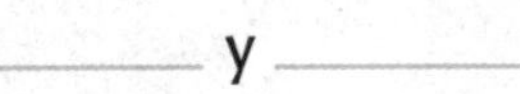

_______ y _______.

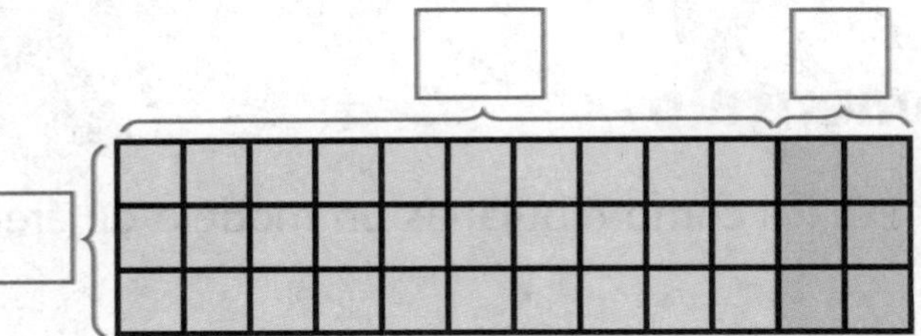

2. Halla los productos parciales.

3 × 10 = ☐

3 × 2 = ☐

3. Suma los productos parciales.

☐ + ☐ = ☐

3 × 12 = _______

Por lo tanto, hay _______ excursionistas en el club.

## Inténtalo

**Los excursionistas caminaron durante cuatro horas. Durante cada hora, vieron 21 animales. ¿Cuántos animales vieron en total?**

Usa un modelo de área para hallar $4 \times 21$.

1 Dibuja un modelo de área. Separa 21 en

_______ y _______. Rotula el modelo.

2 Halla los productos parciales. $4 \times 20 =$ _______ $4 \times 1 =$ _______

3 Suma los productos parciales. _______ + _______ = _______

Por lo tanto, $4 \times 21 =$ _______.

## Coméntalo

1. Explica cómo dibujarías un modelo de área para representar $2 \times 15$.

2. PRÁCTICA matemática 6 **Explicarle a un amigo** Explícale a un compañero o una compañera cómo multiplicarías $3 \times 32$.

Nombre ____________

CCSS

## Practícalo

**Dibuja un arreglo para multiplicar.**

**3.** $3 \times 13 =$ ______

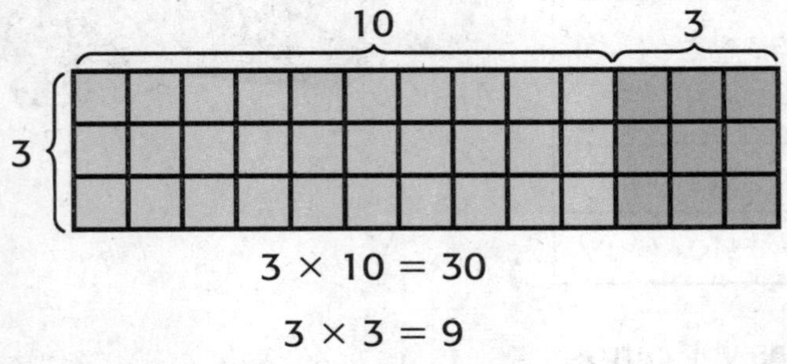


$3 \times 10 = 30$

$3 \times 3 = 9$

$30 + 9 =$ ______

**4.** $4 \times 12 =$ ______

**5.** $1 \times 26 =$ ______

**Dibuja un modelo de área para multiplicar.**

**6.** $3 \times 31 =$ ______

______ + ______ = ______

**7.** $4 \times 22 =$ ______

______ + ______ = ______

**Álgebra** **Halla los números desconocidos. Usa un arreglo o un modelo de área.**

**8.** $43 \times 2 = d$

$d =$ ______

**9.** $39 \times 1 = g$

$g =$ ______

# Aplícalo

**En los ejercicios 10 a 13, usa la tabla. Dibuja modelos para resolver.**

| Juguetes en oferta | | |
|---|---|---|
| **Tipo de juguete** | **Precio normal** | **Precio rebajado** |
| Juegos de bloques | $20 | $14 |
| Rompecabezas | $12 | $10 |
| Muñecos articulados | $13 | $12 |
| Carros | $11 | $10 |

**10.** ¿Cuál es el costo total de 2 rompecabezas y 1 carro al precio normal?

______________________________

**11.** ¿Cuánto más que 2 muñecos articulados cuestan 2 juegos de bloques al precio normal?

______________________________

**12.** PRÁCTICA matemática 1 **Entender los problemas** ¿Cuánto se ahorra al comprar 3 muñecos articulados al precio rebajado en lugar del precio normal?

______________________________

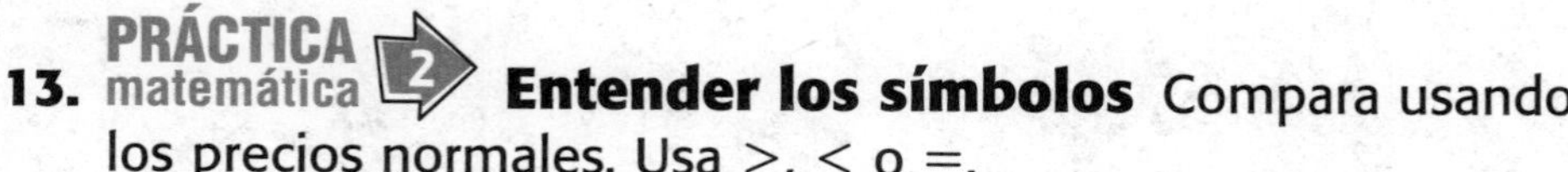

**13.** PRÁCTICA matemática 2 **Entender los símbolos** Compara usando los precios normales. Usa >, < o =.

4 carros + 2 muñecos articulados ◯ 4 rompecabezas + 1 juego de bloques

# Escríbelo

**14.** ¿Cómo puedes usar modelos de área para representar la multiplicación? Explica tu respuesta.

______________________________

______________________________

______________________________

Nombre ........................................



# Mi tarea

**Lección 4**

**Manos a la obra: Usar modelos para multiplicar**

## Asistente de tareas

¿Necesitas ayuda? connectED.mcgraw-hill.com

**Los padres de Hailey hicieron una venta de garaje. Hailey vendió 24 juegos a $2 cada uno. ¿Cuánto dinero ganó Hailey en total?**

Usa un arreglo para hallar $2 × 24. El arreglo muestra 2 filas de 24, que es igual a 48.

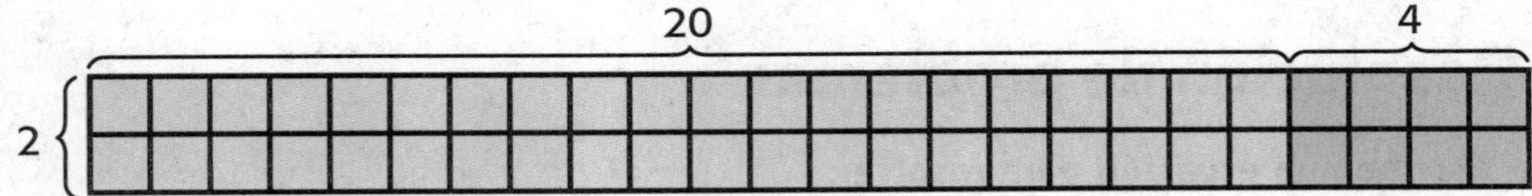

1. Halla los productos parciales.

2 × 20 = 40
2 × 4 = 8

2. Suma los productos parciales.

40 + 8 = 48

$2 × 24 = $48

Por lo tanto, Hailey ganó $48.

## Práctica

**Dibuja un arreglo o un modelo de área para resolver.**

**1.** 3 × 22 = ________

**2.** 2 × 41 = ________

¡Mi dibujo!

**Dibuja un arreglo o un modelo de área para resolver.**

**3.** 31 × 3 = ________

**4.** 42 × 2 = ________

**5.** 24 × 2 = ________

**6.** 33 × 2 = ________

## Resolución de problemas

Álgebra **Escribe una ecuación para resolver.**

**7.** Tyrone usa 2 tazas de harina para cada bandeja de galletitas. ¿Cuánta harina necesitará para hacer 31 bandejas de galletitas?

________________________________________

**8.** El perrito de Corinne come 3 comidas por día. ¿Cuántas comidas come el perrito en 32 días?

________________________________________

**9.** PRÁCTICA matemática 2 **Usar símbolos** Hay 3 estantes. Cada estante tiene 21 libros. ¿Cuántos libros hay en total?

________________________________________

## Comprobación del vocabulario

**10.** Muestra cómo usarías productos parciales para resolver 3 × 12.

# Compruebo mi progreso

## Comprobación del vocabulario

1. Une las definiciones con la palabra de vocabulario correspondiente.

| | |
|---|---|
| Un _____ de un número es el producto de ese número y cualquier número natural. | estimación |
| Número que está cerca de un valor exacto. | factor |
| Número que divide un número natural en partes iguales. También, número que se multiplica por otro número. | productos parciales |
| Los productos de cada valor posicional se hallan por separado y luego se suman. | múltiplo |

## Comprobación del concepto

**Multiplica. Usa operaciones básicas y patrones.**

**2.** 2 × 60 = ______ **3.** 9 × 600 = ______ **4.** 6 × 4,000 = ______

**Estima. Redondea al mayor valor posicional. Encierra en un círculo si la estimación es *mayor* o *menor* que el producto real.**

**5.** $6 \times 423$

$6 \times$ ______ $=$ ______

mayor

menor

**6.** $1{,}987 \times 5$

______ $\times 5 =$ ______

mayor

menor

**Dibuja un arreglo o un modelo de área para multiplicar.**

**7.** $2 \times 15 =$ ______

**8.** $3 \times 19 =$ ______

## Resolución de problemas

**9.** Los saltamontes saltan aproximadamente 20 veces su longitud. Aproximadamente, ¿a qué distancia saltará el saltamontes que se muestra?

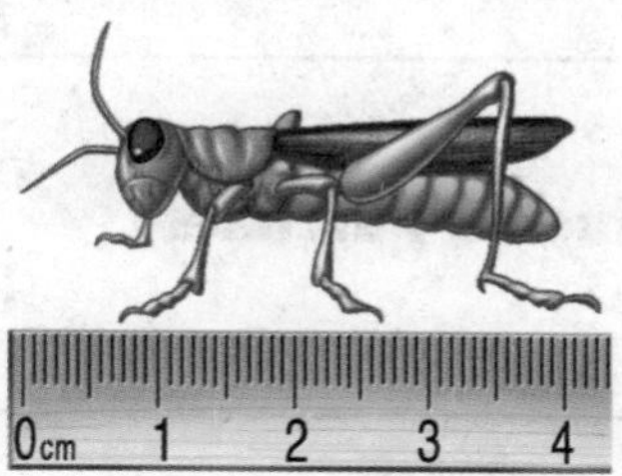


______

**10.** En el salón de arte hay 21 cajas de marcadores. Cada caja contiene 8 marcadores. ¿Cuántos marcadores hay en el salón de arte?

______

## Práctica para la prueba

**11.** Para hallar el producto de $2 \times 200$, Julia usó la operación básica $2 \times 2 = 4$. ¿Cuántos ceros deberá incluir en el producto de $2 \times 200$?

Ⓐ 1

Ⓑ 2

Ⓒ 3

Ⓓ 4

Nombre ..............................................................

# Multiplicar por un número de dos dígitos

**Lección 5**

**PREGUNTA IMPORTANTE**
**¿Cómo puedo expresar la multiplicación?**

El valor posicional puede ayudarte a multiplicar.

## Las mates y mi mundo

### Ejemplo 1

**La mamá de Ann compra dos cascos. Cada casco cuesta $24. ¿Cuánto gasta en los cascos?**

Debes hallar 2 × $24.

Multiplica.

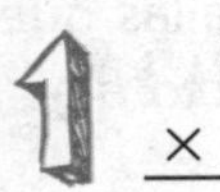

$$\begin{array}{r} 24 \\ \times\ 2 \\ \hline 8 \end{array}$$

Multiplica las unidades.
2 × 4 unidades = ______ unidades

**2**

$$\begin{array}{r} 24 \\ \times\ 2 \\ \hline 48 \end{array}$$

Multiplica las decenas.
2 × 2 decenas = ______ decenas

**Pista**
Alinea los factores en la posición de las unidades.

Por lo tanto, la mamá de Ann gasta ______.

### Comprueba que sea razonable

El modelo de área muestra los productos parciales.

| | 20 | 4 | |
|---|---|---|---|
| 2 | 2 × 20 = 40 | 2 × 4 = 8 | 40 + 8 = ☐ |

Por lo tanto, la respuesta es correcta.

Puedes estimar para comprobar que la respuesta sea razonable.

## Ejemplo 2  

**En el negocio de bicicletas de Jimmy encargaron 31 bicicletas. Cada bicicleta tiene dos ruedas. ¿Cuántas ruedas necesitará Jimmy para las bicicletas?**

**Estima** 31 × 2 ⟶ ____ × ____ = ____

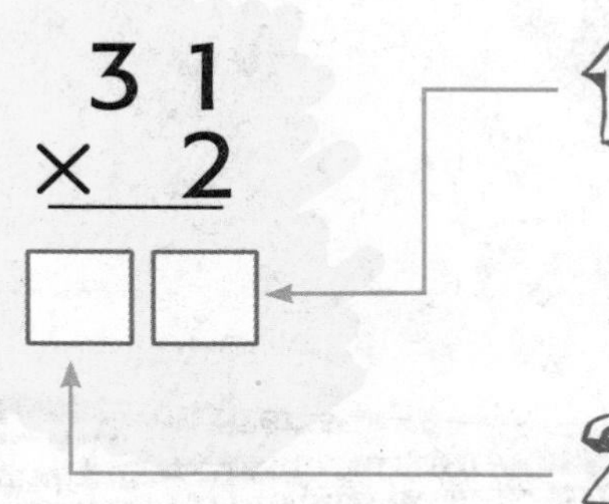



**1 Multiplica las unidades.**

2 × 1 unidades = 2 unidades

Escribe el producto en la posición de las unidades.

**2 Multiplica las decenas.**

2 × 3 decenas = 6 decenas

Escribe el producto en la posición de las decenas.

Por lo tanto, Jimmy necesitará ____ ruedas de bicicleta.

**Comprueba que sea razonable**

El producto, ____, está cerca de la estimación, ____.

Imagina que hallas que 99 es el producto de 33 × 3. ¿Cómo comprobarías para ver si la respuesta es razonable?

## Práctica guiada

**Multiplica. Comprueba que sea razonable.**

**1.** 42 × 2 = ____

**2.** 21 × 3 = ____

**3.** 11 × 4 = ____

**4.** 32 × 2 = ____

Nombre

CCSS

## Práctica independiente

**Multiplica. Comprueba que sea razonable.**

**5.** $\begin{array}{r} 44 \\ \times\ 2 \\ \hline \end{array}$ ☐☐

**6.** $\begin{array}{r} 21 \\ \times\ 4 \\ \hline \end{array}$ ☐☐

**7.** $\begin{array}{r} 13 \\ \times\ 2 \\ \hline \end{array}$ ☐☐

**8.** $41 \times 2 =$ _____

**9.** $12 \times 3 =$ _____

**10.** $4 \times 22 =$ _____

**Álgebra Halla las incógnitas.**

**11.** $41 \times 2 = h$

$h =$ _____

**12.** $12 \times 3 = j$

$j =$ _____

**13.** $4 \times 22 = k$

$k =$ _____

## Resolución de problemas

¡Mi trabajo!

**14.** PRÁCTICA matemática 1 **Planear la solución** En una ciudad hay 23 juegos de columpios. Cada juego tiene 3 columpios. ¿Cuántos columpios hay en total?

**15.** El roedor más grande del mundo se llama *capibara*. Pesa 34 kilogramos. ¿Cuánto pesan 2 capibaras?

**16.** Al reciclar una tonelada de papel, se salvan 17 árboles. Aproximadamente, ¿cuántos árboles se salvan si se reciclan 4 toneladas de papel?

### Problemas S.O.S.

**17.** PRÁCTICA matemática 6 **Explicarle a un amigo** Adrián tiene cuatro cajas de muñecos articulados. En cada caja hay 12 muñecos. Alec tiene 21 muñecos articulados en cada una de sus 3 cajas. ¿Quién tiene más muñecos articulados? Explícaselo a un compañero o una compañera.

**18.** **Profundización de la pregunta importante** ¿Cómo puede usarse la estimación para comprobar que la respuesta a un problema de multiplicación sea razonable?

Nombre ..............................................



# Mi tarea

Lección 5

**Multiplicar por un número de dos dígitos**

## Asistente de tareas

¿Necesitas ayuda? **connectED.mcgraw-hill.com**

**Halla $4 \times 11$.**

Estima el producto. $4 \times 10 = 40$

Multiplica.

$$\begin{array}{r} 1\ 1 \\ \times \quad 4 \\ \hline 4\ 4 \end{array}$$

1. **Multiplica las unidades.** El producto está en la posición de las unidades.

2. **Multiplica las decenas.** El producto está en la posición de las decenas.

Por lo tanto, $4 \times 11 = 44$.

**Comprueba que sea razonable** El producto, 44, está cerca de la estimación, 40.

## Práctica

**Multiplica. Dibuja un modelo de área. Comprueba que sea razonable.**

**1.** $\begin{array}{r} 30 \\ \times\ 2 \\ \hline \end{array}$

**2.** $\begin{array}{r} 21 \\ \times\ 4 \\ \hline \end{array}$

**3.** $\begin{array}{r} 86 \\ \times\ 1 \\ \hline \end{array}$

**Multiplica.**

**4.** $3 \times 31 =$ ______ **5.** $6 \times 11 =$ ______

## Resolución de problemas

**6.** Caroline gana $3 por hora cuidando las mascotas de los vecinos. El verano pasado, trabajó 23 horas. ¿Cuánto dinero ganó Caroline?

______

**7.** Simón tiene 12 CD. Grabó 3 copias de cada uno. ¿Cuántos CD grabó en total Simón?

______

**8.** La cafetería de la escuela tiene 4 filas de mesas. Cada fila tiene 22 sillas. ¿Cuántos estudiantes pueden sentarse en la cafetería de la escuela al mismo tiempo?

______

**9.** **PRÁCTICA matemática 2** **Usar el sentido numérico**
Steve participa en un juego de memoria con tarjetas. Forma 5 filas y coloca 11 tarjetas en cada fila. ¿Cuántas tarjetas está usando Steve?

______

## Práctica para la prueba

**10.** John quiere comprar regalos de cumpleaños para 4 amigos. Puede gastar $20 en cada regalo. ¿Cuánto dinero puede gastar John en total en los regalos?

Ⓐ $80 Ⓒ $34
Ⓑ $40 Ⓓ $24

Nombre ............................................................

# Manos a la obra
## Representar la reagrupación

**Lección 6**

**PREGUNTA IMPORTANTE**
**¿Cómo puedo expresar la multiplicación?**

## Construyelo

**A veces debes reagrupar para multiplicar los números. En la reagrupación se usa el valor posicional para cambiar cantidades iguales al convertir un número.**

**Halla 3 × 26.**

Usa bloques de base diez para representar 3 × 26.

Halla las unidades.
Hay 18 unidades. Reagrupa en 1 decena y 8 unidades.
Escribe el 8 en la posición de las unidades.

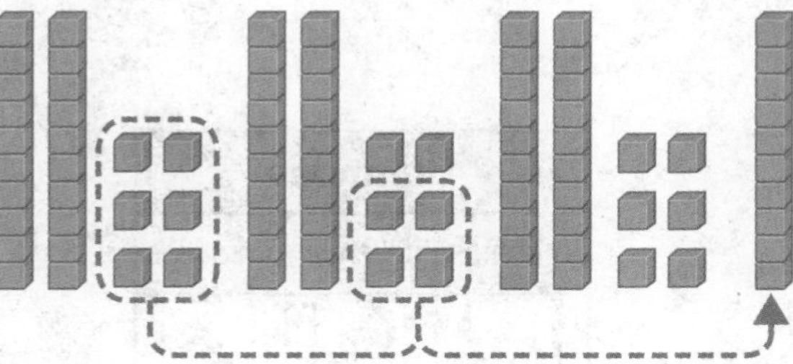

3 Halla las decenas.
Cuenta las decenas.
Completa la tabla de valor posicional.

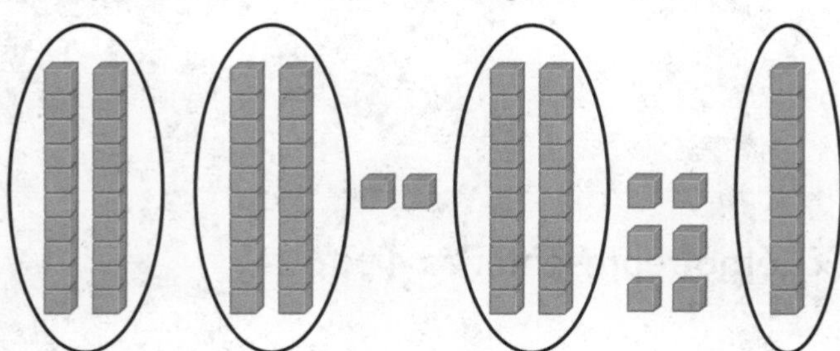

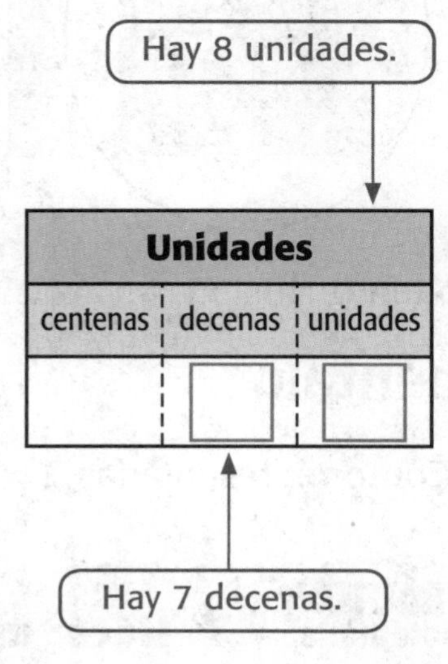


Por lo tanto, 3 × 26 = ______.

# Inténtalo

**Halla 4 × 31.**

1 Usa bloques de base diez para representar 4 × 31.
Halla las unidades. Cuenta las unidades. Hay _____ unidades.

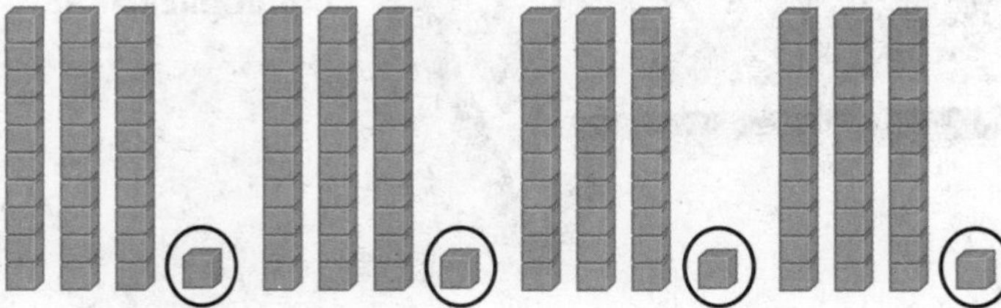

2 Halla las decenas. Hay 12 decenas.
Reagrupa en 1 centena y _____ decenas.

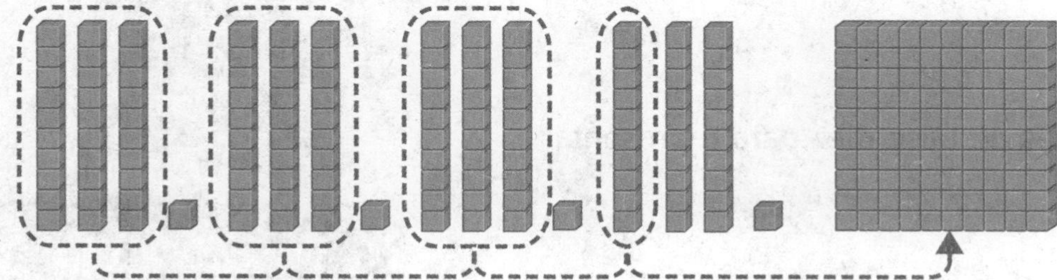

3 Halla las centenas. Cuenta las centenas.
Hay _____ centena. Completa la tabla de valor posicional.

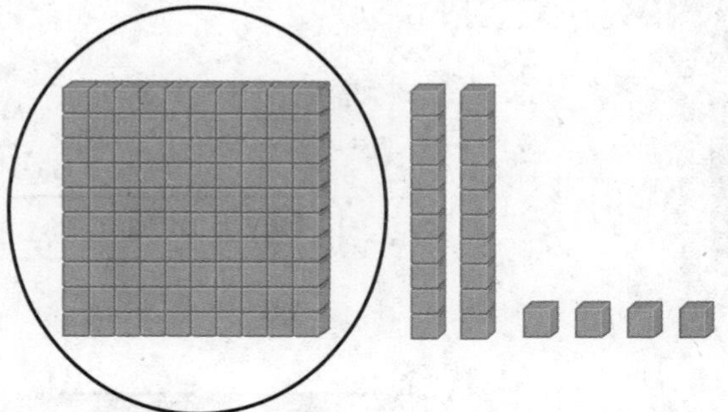

| Unidades | | |
|---|---|---|
| centenas | decenas | unidades |
| | | |

Por lo tanto, 4 × 31 = _____.

# Coméntalo

**1.** ¿Cómo representarías 2 × 38?

**2.** PRÁCTICA matemática 1 **Hacer un plan** ¿Cómo representarías 4 × 52?

Nombre

# Practícalo

**Usa modelos para multiplicar.**

**3.** 2 × 17 = ______

**4.** 4 × 32 = ______

**5.** 3 × 44 = ______

**6.** 4 × 54 = ______

**7.** 3 × 28 = ______

**8.** 4 × 63 = ______

**9.** 2 × 48 = ______

**10.** 6 × 24 = ______

**11.** 4 × 38 = ______

**12.** 5 × 27 = ______

# Aplícalo

**13.** Willow va a comprar una pelota de fútbol. ¿Cuál es el número $n$ de pelotas de fútbol en la estantería?

$n =$ _____ $\times$ _____

Hay _____ pelotas en la estantería.

**14.** Imagina que la tienda tiene 6 estanterías. ¿Cuál es el número $n$ de pelotas de fútbol que hay en total?

$n =$ _____ $\times$ _____

Hay _____ pelotas en 6 estanterías.

**15.** PRÁCTICA matemática 2 **Usar el álgebra** Cada caja tiene 35 pelotas de fútbol. ¿Cuál es el número $n$ de pelotas de fútbol en 4 cajas?

$n =$ _____ $\times$ _____

Hay _____ pelotas en 4 cajas.

**16.** PRÁCTICA matemática 2 **Razonar** Explica qué pasaría si cambiaras la cantidad de pelotas que hay en la estantería. ¿Cómo cambiaría el número de pelotas que hay en 6 estanterías?

______________________________

______________________________

______________________________

# Escríbelo

**17.** ¿En qué se parecen la reagrupación en la suma y la reagrupación en la multiplicación?

______________________________

______________________________

______________________________

Nombre ..........................................................



# Mi tarea

**Lección 6**

**Manos a la obra: Representar la reagrupación**

## Asistente de tareas

¿Necesitas ayuda? connectED.mcgraw-hill.com

**Halla 4 × 14.**

1 Usa bloques de base diez para representar 4 × 14.

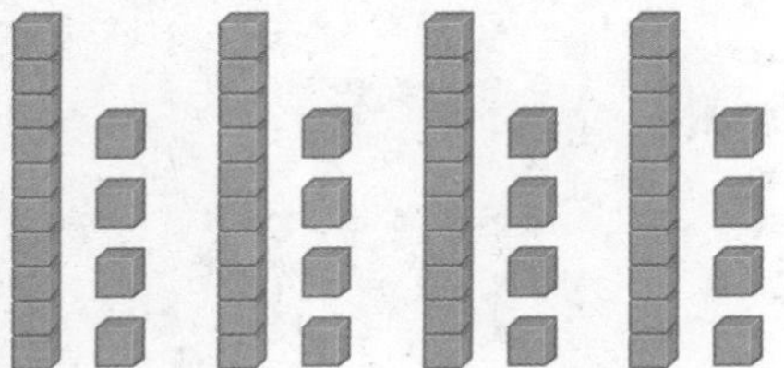

2 Halla las unidades. Hay 16 unidades. Reagrúpalas en 1 decena y 6 unidades.

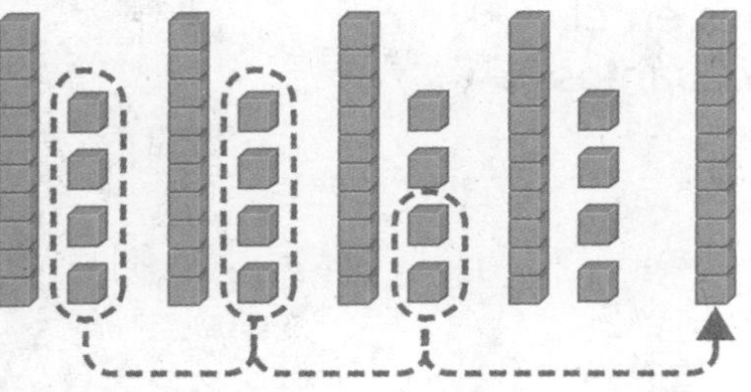

| Unidades | | |
|---|---|---|
| centenas | decenas | unidades |
| | | 6 |

3 Halla las decenas. Hay 5 decenas.

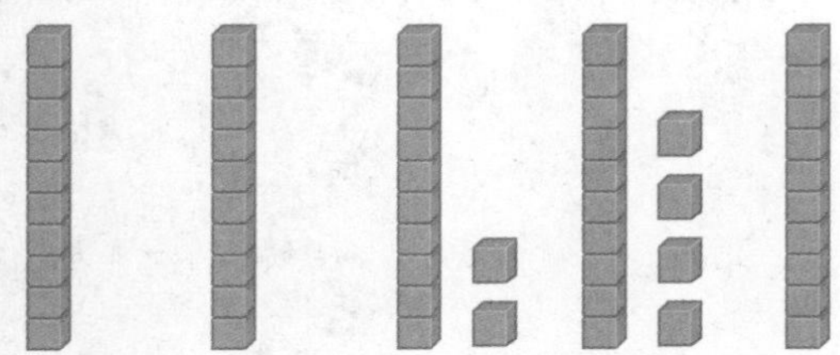

| Unidades | | |
|---|---|---|
| centenas | decenas | unidades |
| | 5 | 6 |

Por lo tanto, 4 × 14 = 56.

## Práctica

**1.** Multiplica. Dibuja modelos si es necesario. 2 × 46 = ______

**Multiplica. Dibuja modelos si es necesario.**

**2.** 3 × 38 = ________

**3.** 4 × 46 = ________

**4.** 5 × 23 = ________

**5.** 6 × 37 = ________

## Resolución de problemas

**6.** PRÁCTICA matemática 2 **Usar el álgebra** Marisa lava la ropa. Lava 16 prendas por cada integrante de su familia. La familia de Marisa tiene 6 integrantes. ¿Cuántas prendas lava Marisa?

________________________________

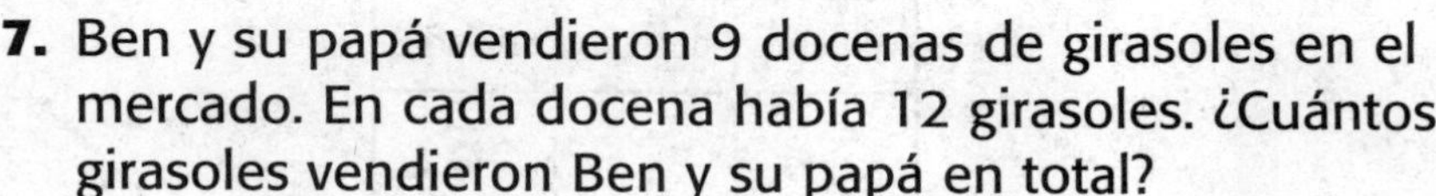

**7.** Ben y su papá vendieron 9 docenas de girasoles en el mercado. En cada docena había 12 girasoles. ¿Cuántos girasoles vendieron Ben y su papá en total?

________________________________

**8.** Luis recorre 26 millas por semana en bicicleta. ¿Cuántas millas recorrerá en total en 7 semanas?

________________________________

## Comprobación del vocabulario

**9.** Explica cómo reagrupar 43 unidades en decenas y unidades.

________________________________

Nombre



# La propiedad distributiva

**Lección 7**

**PREGUNTA IMPORTANTE**
**¿Cómo puedo expresar la multiplicación?**

La **propiedad distributiva** puede usarse para multiplicar números más grandes. Esta propiedad combina la suma y la multiplicación. Primero, los números se descomponen en partes. Luego, las partes se multiplican por separado y después se suman.

## Las mates y mi mundo

¡Qué rico!

### Ejemplo 1

**La cocinera Cora hierve seis docenas de huevos por día para preparar ensalada de huevo para los sándwiches del patio de comidas. ¿Cuántos huevos hierve por día?**

En una docena hay 12 huevos.

Halla 6 × 12.

Descompón 12 en 10 + 2.

Piensa en 6 × 12 como (6 × 10) + (6 × 2).

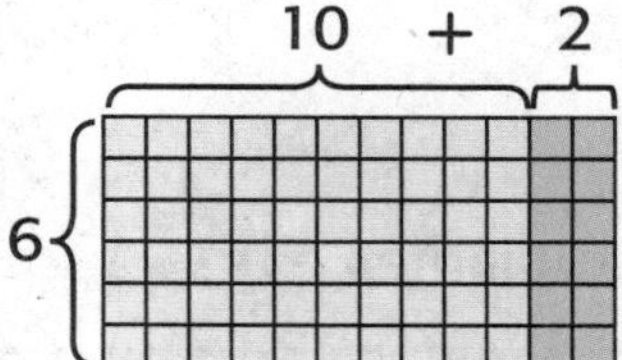


6 × 12 = (____ × ____) + (____ × ____)  Descompón 12 en 10 + 2.

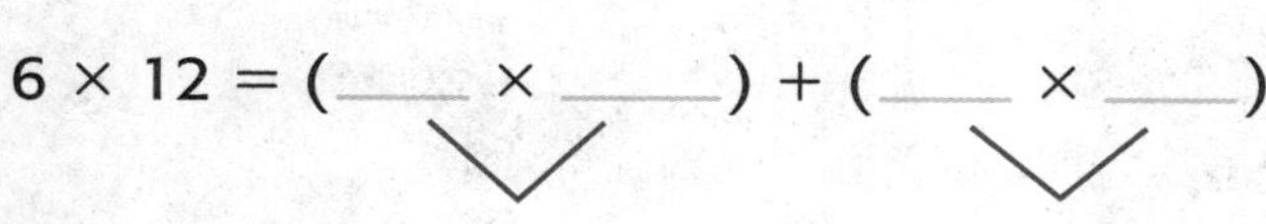

= ____ + ____  Halla los productos mentalmente.

= ____  Suma los productos.

Por lo tanto, la cocinera Cora hierve ____ huevos por día.

## Concepto clave Propiedad distributiva

| | |
|---|---|
| **Palabras** | La propiedad distributiva establece que puedes multiplicar los sumandos de un número y luego sumar los productos. |
| **Símbolos** | $6 \times 12 = (6 \times 10) + (6 \times 2)$ |

## Ejemplo 2 

**Veintisiete estudiantes asistirán a una obra de teatro infantil. Cada boleto cuesta $5. ¿Cuál es el costo total para los 27 estudiantes?**

La letra *c* representa el total.
Escribe una ecuación.

$c =$ ______ $\times 5$

Halla $27 \times 5$.

$27 \times 5 = (20 \times 5) + (7 \times 5)$

$=$ ______ $+$ ______

$=$ ______

Como $27 \times 5 =$ ______, $c =$ ______.

Por lo tanto, el costo total para 27 estudiantes es ______.

**Habla de las MATES**

¿Cómo puedes usar la propiedad distributiva o un modelo de área para hallar $3 \times 24$?

## Práctica guiada 

**Usa la propiedad distributiva para multiplicar. Dibuja un modelo de área.**

**1.** $12 \times 9 =$ ______

10 + 2

9 [ ] [ ]

**2.** $22 \times 6 =$ ______

Nombre ____________________

CCSS

## Práctica independiente

**Usa la propiedad distributiva para multiplicar. Dibuja un modelo de área.**

**3.** $\begin{array}{r} 32 \\ \times\ 7 \\ \hline \end{array}$

**4.** $\begin{array}{r} 15 \\ \times\ 8 \\ \hline \end{array}$

**5.** $\begin{array}{r} 11 \\ \times\ 8 \\ \hline \end{array}$

**6.** $\begin{array}{r} 63 \\ \times\ 4 \\ \hline \end{array}$

**7.** $\begin{array}{r} 55 \\ \times\ 6 \\ \hline \end{array}$

**8.** $\begin{array}{r} 49 \\ \times\ 9 \\ \hline \end{array}$

**Álgebra** **Halla los números desconocidos.**

**9.** $37 \times 5 = s$

$s =$ ______

**10.** $99 \times 9 = t$

$t =$ ______

**11.** $85 \times 5 = v$

$v =$ ______

**12.** Escribe una ecuación que represente el siguiente modelo de área.

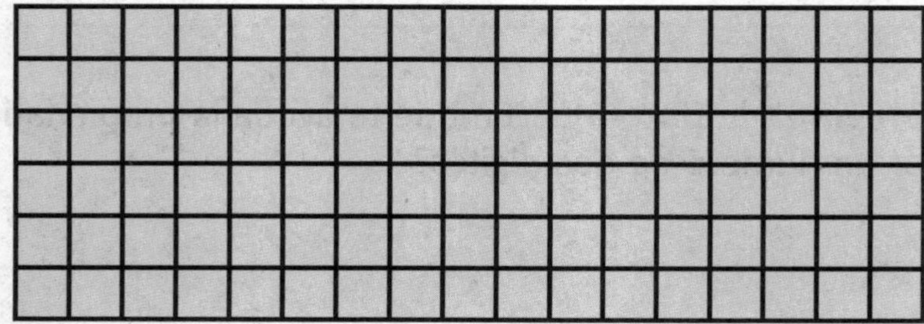

______ × ______ = ______

## Resolución de problemas

**13.** El señor Kline compró 4 planchas de estampillas. Cada plancha tenía 16 estampillas. ¿Cuántas estampillas compró el señor Kline en total? Escribe una ecuación para resolver.

$s =$ ______ $\times$ ______

$s =$ ______

El señor Kline compró ______ estampillas.

**14.** La tienda Mundo de Mapas exhibe los mapas en 3 estantes. Hay 26 planisferios en cada estante. ¿Cuántos planisferios tiene en venta la tienda? Escribe una ecuación para resolver.

$m =$ ______ $\times$ ______

$m =$ ______

La tienda tiene ______ planisferios en venta.

### Problemas S.O.S.

**15.** PRÁCTICA matemática 3 **Hallar el error** Candace quiere hallar 67 × 2. Ella cree que el producto es 124. Halla el error que cometió y corrígelo.

______________________________

______________________________

______________________________

**16.** **Profundización de la pregunta importante** ¿En qué te ayuda la propiedad distributiva al multiplicar por un número de dos dígitos?

______________________________

______________________________

______________________________

Nombre



# Mi tarea

**Lección 7**
**La propiedad distributiva**

## Asistente de tareas

¿Necesitas ayuda? connectED.mcgraw-hill.com

**Halla 8 × 16.**

Piensa en 8 × 16 como (8 × 10) + (8 × 6).

**Pista**
Con la propiedad distributiva, puedes multiplicar los sumandos de un número. Luego, suma los productos.

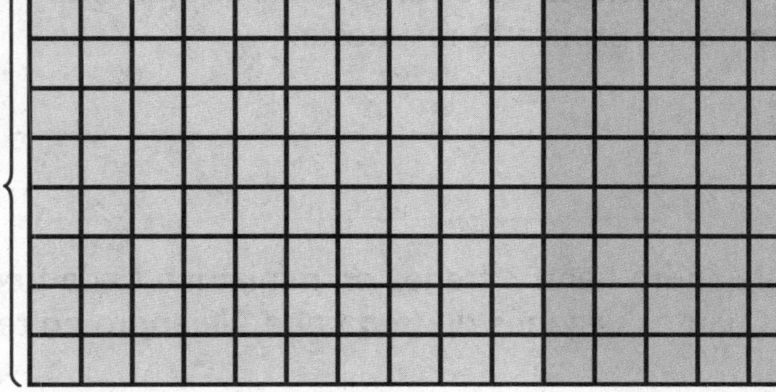


$8 \times 16 = (8 \times 10) + (8 \times 6)$

$= 80 + 48$

$= 128$

Por lo tanto, 8 × 16 = 128.

## Práctica

**Usa la propiedad distributiva para multiplicar. Dibuja un modelo de área.**

**1.** 28 × 4

**2.** 19 × 5

**3.** 41 × 6

**Multiplica. Usa la propiedad distributiva.**

**4.** $75 \times 6 =$ ______ **5.** $4 \times 52 =$ ______ **6.** $8 \times 38 =$ ______

**7.** $97 \times 2 =$ ______ **8.** $7 \times 63 =$ ______ **9.** $6 \times 33 =$ ______

El mundo real

## Resolución de problemas

**10.** PRÁCTICA matemática 3 **Justificar las conclusiones** Paula hace 14 brazaletes de cuentas en una hora. Tina hace 13 brazaletes en una hora. En una semana, Paula hizo brazaletes durante 6 horas y Tina hizo brazaletes durante 8 horas. ¿Quién hizo más brazaletes esa semana? Explica tu respuesta.

______

______

**11.** Alejandro tiene 3 trenes en miniatura. Cada tren tiene 18 vagones. ¿Cuántos vagones de tren tiene Alejandro en total?

______

## Comprobación del vocabulario

**Escribe *propiedad distributiva* o *descomponer* en los espacios en blanco.**

**12.** ______ un número significa separarlo en partes.

**13.** La ______ establece que se puede multiplicar los sumandos de un número y luego sumar los productos.

## Práctica para la prueba

**14.** ¿Qué expresión representa el modelo?

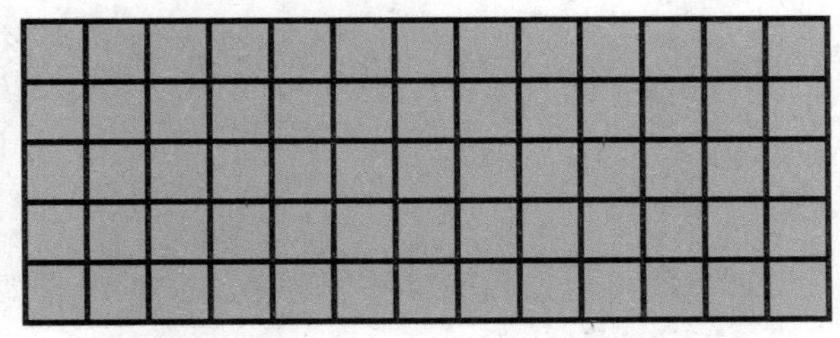

Ⓐ $(5 \times 10) \times (5 \times 3)$

Ⓑ $5 \times 5 \times 5 \times 3$

Ⓒ $(5 \times 10) + 3$

Ⓓ $(5 \times 10) + (5 \times 3)$

Nombre



# Multiplicar usando reagrupación

**Lección 8**

**PREGUNTA IMPORTANTE**
**¿Cómo puedo expresar la multiplicación?**

Se pueden usar bloques de base diez para multiplicar números de dos dígitos.

## Las mates y mi mundo

### Ejemplo 1

**Zach compró 13 paquetes de bombillas. En cada paquete hay 4 bombillas. ¿Cuántas bombillas hay en total?**

Halla $4 \times 13$.

Representa 4 grupos de 13.

Multiplica las unidades y reagrupa.

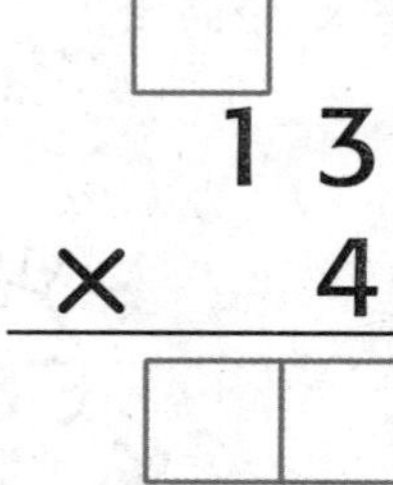


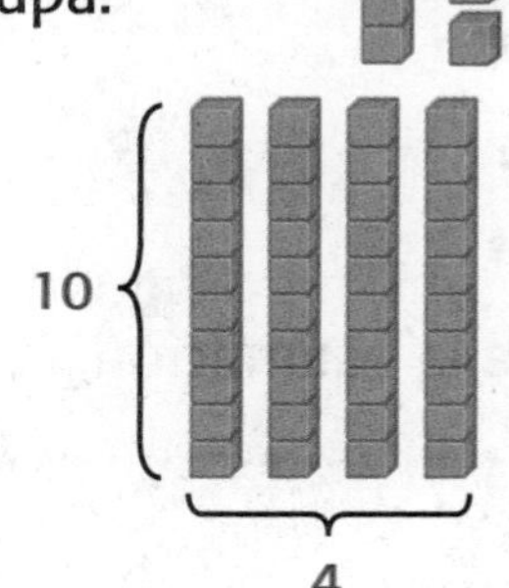


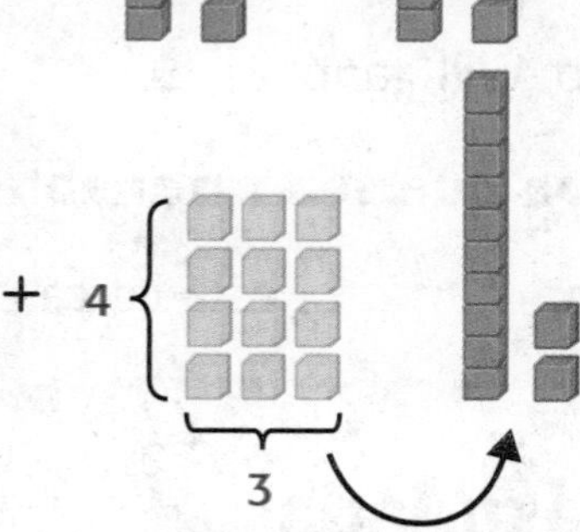


12 unidades = 1 decena, 2 unidades

Multiplica las decenas. Suma la decena reagrupada.

Por lo tanto, $4 \times 13 =$ ______.

**Comprueba** Usa la propiedad distributiva.

$4 \times 13 = (4 \times 10) + (4 \times 3)$

= ______ + ______ = ______

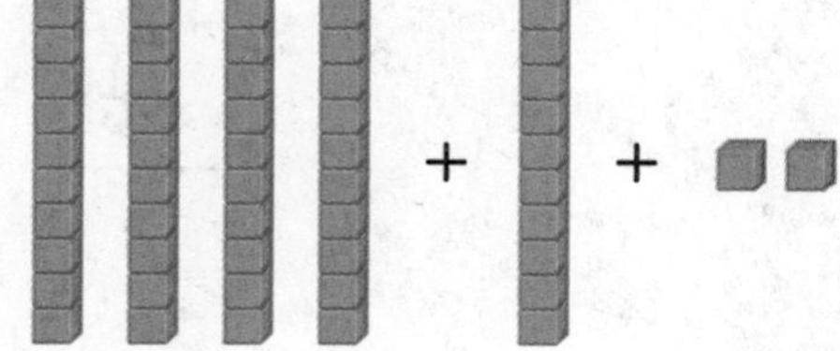


4 grupos de 10 1 decena 2 unidades

## Ejemplo 2

**Will gana $6 por hora bañando perros en una tienda de mascotas. El mes pasado, trabajó 38 horas. ¿Cuánto dinero ganó Will?**

Halla 38 × $6.

**Estima** 38 × 6 ⟶ _____ × _____ = _____

Multiplica las unidades.

6 × 8 = 48

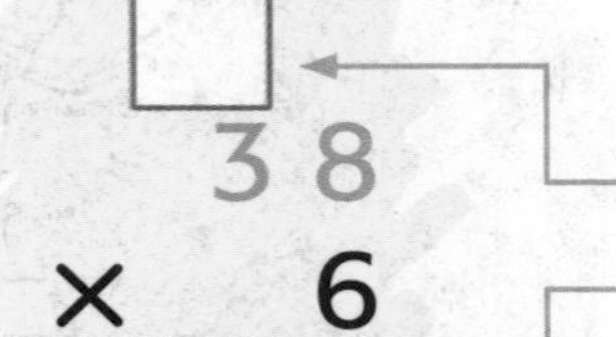

2 Reagrupa 48 unidades en:
4 decenas y
8 unidades.

Multiplica las decenas

6 × 3 = 18

Suma las decenas reagrupadas.

$$\begin{array}{r} 18 \\ +\ 4 \\ \hline 22 \end{array}$$

Explica cómo hallar 6 × 37.

Por lo tanto, Will ganó _____.

### Comprueba que sea razonable

El producto, _____, está cerca de la estimación, _____.

## Práctica guiada

**Multiplica. Comprueba que sea razonable.**

**1.** $\begin{array}{r} 23 \\ \times\ 4 \\ \hline \end{array}$

Estimación _____ × _____ = _____

**2.** $\begin{array}{r} 42 \\ \times\ 6 \\ \hline \end{array}$

Estimación _____ × _____ = _____

Nombre

## Práctica independiente

**Multiplica. Comprueba que sea razonable.**

**3.** $\begin{array}{r} 33 \\ \times\ 5 \\ \hline \end{array}$

Estimación:

**4.** $\begin{array}{r} \$24 \\ \times\ 4 \\ \hline \end{array}$

Estimación:

**5.** $\begin{array}{r} 13 \\ \times\ 7 \\ \hline \end{array}$

Estimación:

**6.** $29 \times 4 =$ ______

Estimación:

**7.** $5 \times 18 =$ ______

Estimación:

**8.** $7 \times \$36 =$ ______

Estimación:

**9.** $6 \times 52 =$ ______

Estimación:

**10.** $75 \times 8 =$ ______

Estimación:

**11.** $4 \times \$83 =$ ______

Estimación:

**Álgebra** **Halla el número desconocido en las ecuaciones.**

**12.** $5 \times 31 = x$

$x =$ ______

**13.** $63 \times 7 = m$

$m =$ ______

**14.** $49 \times 8 = w$

$w =$ ______

# Resolución de problemas

**En una cueva local, organizan excursiones. Las entradas para adultos cuestan $18. Las entradas para niños cuestan $15. Buscar piedras semipreciosas cuesta $12 por persona.**

**¡Mi trabajo!**

**15.** En la familia Díaz hay 2 adultos y 3 niños. ¿Cuánto le costará a la familia hacer una excursión?

**16.** PRÁCTICA matemática 2 **Razonar** ¿Puede la familia Díaz buscar piedras semipreciosas con $75? ¿Por qué?

**17.** Halla cuánto le costará en total a la familia Díaz hacer la excursión y buscar piedras semipreciosas.

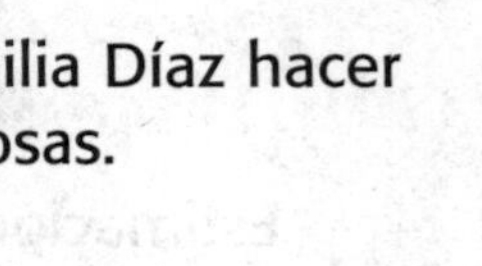

## Problemas S.O.S.

**18.** PRÁCTICA matemática 2 **Usar el sentido numérico** Escribe dos problemas de multiplicación cuyo producto sea 120.

**19.** PRÁCTICA matemática 3 **¿Cuál no pertenece?** Encierra en un círculo el problema de multiplicación que no pertenece al mismo grupo que los otros tres. Explica tu respuesta.

| 12 × 8 | 22 × 4 | 42 × 2 | 33 × 3 |
|---|---|---|---|

**20.** **Profundización de la pregunta importante** ¿Qué pasos puedes usar para multiplicar por un número de dos dígitos usando reagrupación?

# Mi tarea

## Lección 8
### Multiplicar usando reagrupación

## Asistente de tareas

¿Necesitas ayuda? connectED.mcgraw-hill.com

**Halla 5 × 37.**

**Estima** 5 × 40 = 200

Multiplica.

$$\begin{array}{r} {}^{3}\phantom{0} \\ 37 \\ \times\ \ 5 \\ \hline 185 \end{array}$$

1. Multiplica las unidades.
   5 × 7 = 35
   Reagrupa 35 unidades en 3 decenas y 5 unidades. Escribe el 5 en la posición de las unidades. Escribe el 3 sobre la posición de las decenas.

2. Multiplica las decenas.
   5 × 3 = 15
   Suma las decenas reagrupadas:
   15 + 3 = 18
   18 decenas es 1 centena y 8 decenas.

**Comprueba que sea razonable**

El producto, 185, está cerca de la estimación, 200.

También puedes usar la propiedad distributiva para comprobar:

(5 × 30) + (5 × 7) = 150 + 35 = 185

## Práctica

**Multiplica. Comprueba que sea razonable.**

**1.** $\begin{array}{r} 77 \\ \times\ \ 3 \\ \hline \end{array}$

Estimación:

**2.** $\begin{array}{r} \$54 \\ \times\ \ 6 \\ \hline \end{array}$

Estimación:

**3.** $\begin{array}{r} 35 \\ \times\ \ 4 \\ \hline \end{array}$

Estimación:

**Multiplica. Comprueba que sea razonable.**

**4.** 8 × \$46 = ______

Estimación:

**5.** 2 × 93 = ______

Estimación:

**6.** 7 × 68 = ______

Estimación:

**7.** 4 × 57 = ______

Estimación:

**8.** \$7 × 13 = ______

Estimación:

**9.** 5 × \$85 = ______

Estimación:

## Resolución de problemas

**10.** La señorita Sands dicta 6 clases por día en la escuela secundaria. En cada clase hay 36 estudiantes. ¿A cuántos estudiantes les enseña en total?

______

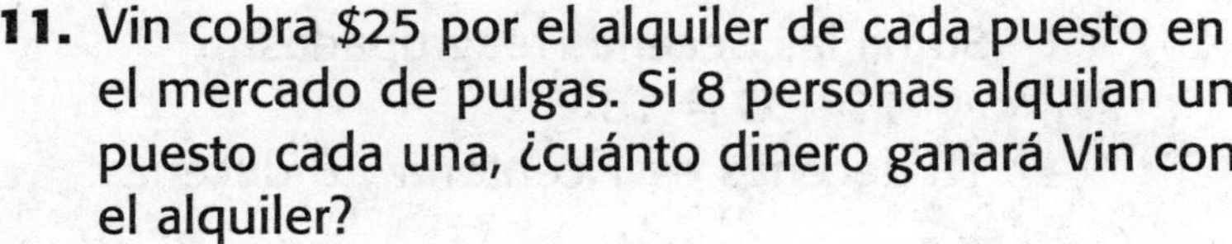

**11.** Vin cobra \$25 por el alquiler de cada puesto en el mercado de pulgas. Si 8 personas alquilan un puesto cada una, ¿cuánto dinero ganará Vin con el alquiler?

______

**12.** PRÁCTICA matemática 2 **Usar el sentido numérico** Becky trabaja 16 días por mes. ¿Cuántos días trabajará en 6 meses?

______

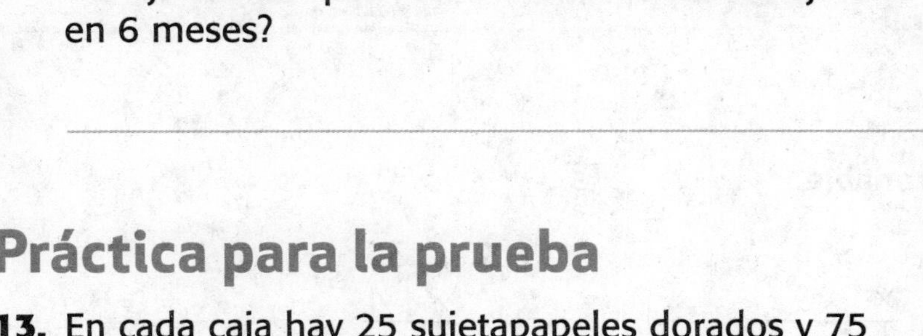

## Práctica para la prueba

**13.** En cada caja hay 25 sujetapapeles dorados y 75 sujetapapeles plateados. ¿Cuántos sujetapapeles plateados hay en 8 cajas?

Ⓐ 800
Ⓑ 640
Ⓒ 600
Ⓓ 200

Nombre ..............................................

# Multiplicar por un número de varios dígitos

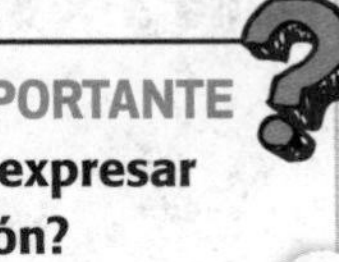

**Lección 9**

**PREGUNTA IMPORTANTE**
**¿Cómo puedo expresar la multiplicación?**

Puedes usar productos parciales para multiplicar por un número de varios dígitos.

## Las mates y mi mundo

### Ejemplo 1

**Hoy es el cumpleaños de Laura; tiene nueve años. A excepción de los años bisiestos, un año tiene 365 días. ¿Cuántos días tiene Laura?**

Halla 365 × 9.

**Estima** 9 × 365 ⟶ 9 × ______ = ______

$$\begin{array}{r} 365 \\ \times \quad 9 \\ \hline \end{array}$$

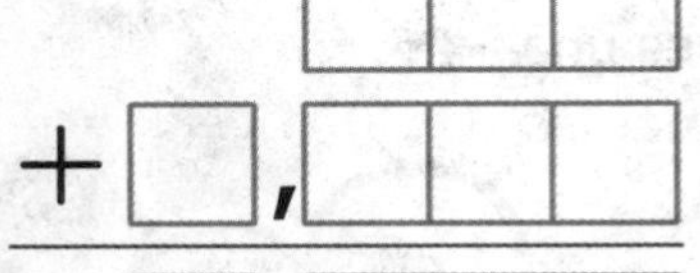

☐☐ Multiplica 9 × 5.

☐☐☐ Multiplica 9 × 60.

+ ☐,☐☐☐ Multiplica 9 × 300.

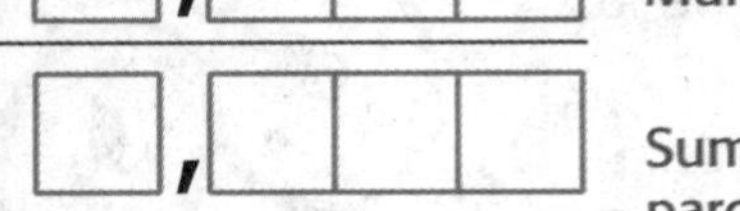

☐,☐☐☐ Suma los productos parciales.

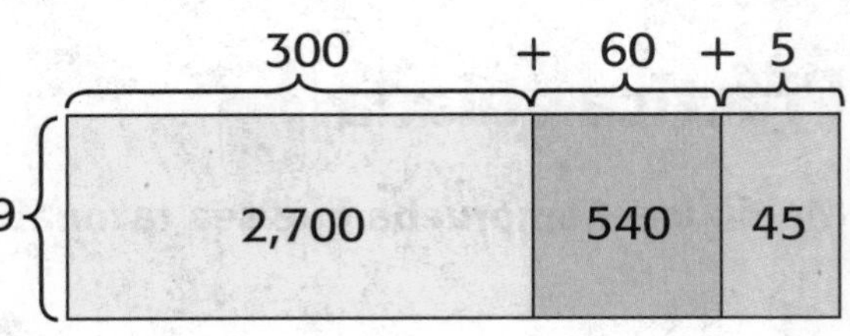


Por lo tanto, Laura tiene ______ días.

### Comprueba que sea razonable

El producto, ______, está cerca de la estimación, ______.

## Ejemplo 2 

**Halla 3 × $1,175.**

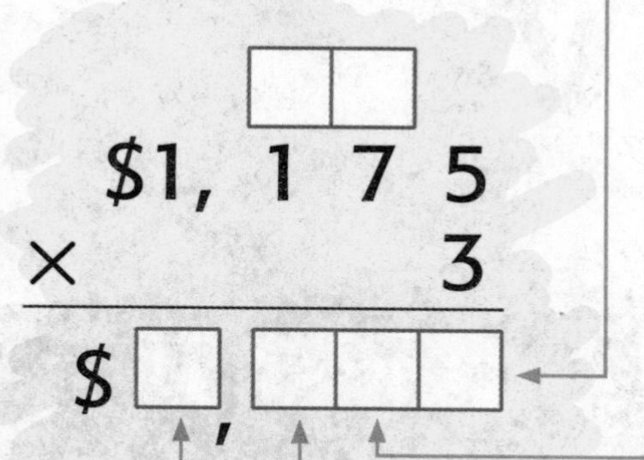

 **Multiplica las unidades.**

3 × 5 unidades = 15 unidades

Reagrupa 15 unidades en 1 decena y 5 unidades.

 **Multiplica las decenas.**

3 × 7 decenas = 21 decenas

Suma las decenas reagrupadas.

21 decenas + 1 decena = 22 decenas

Reagrupa 22 decenas en 2 centenas y 2 decenas.

 **Multiplica las centenas.**

3 × 1 centena = 3 centenas

Suma las centenas reagrupadas.

3 centenas + 2 centenas = 5 centenas

**4 Multiplica los millares.**

3 × 1 millar = 3 millares

**Habla de las MATES**

Explica por qué es una buena idea estimar las respuestas de los problemas de multiplicación.

## Práctica guiada 

**Multiplica. Comprueba que sea razonable.**

**1.** 135
× 2

**2.** 532
× 6

Nombre ..........

## Práctica independiente

**Multiplica. Comprueba que sea razonable.**

**3.** $\begin{array}{r} 313 \\ \times \ 3 \\ \hline \end{array}$

**4.** $\begin{array}{r} 819 \\ \times \ 5 \\ \hline \end{array}$

**5.** $\begin{array}{r} \$781 \\ \times \ 5 \\ \hline \end{array}$

**6.** $\begin{array}{r} 238 \\ \times \ 4 \\ \hline \end{array}$

**7.** 7 × $460 = ______

**8.** 7 × 561 = ______

**9.** 8 × 6,328 = ______

**10.** 9 × $5,679 = ______

**Álgebra** **Halla los números desconocidos.**

**11.** 8 × 7,338 = *x*

*x* = ______

**12.** 7 × 8,469 = *y*

*y* = ______

**13.** 9 × $9,927 = *t*

*t* = ______

**14.** 9 × 8,586 = *u*

*u* = ______

**Álgebra** **Halla los productos si *n* = 8.**

**15.** *n* × 295 = ______

**16.** 737 × *n* = ______

**17.** *n* × $2,735 = ______

**Compara. Usa >, < o =.**

**18.** 4 × 198 ◯ 3 × 248

**19.** 7 × 385 ◯ 6 × 457

## Resolución de problemas

**20.** El señor Gibbons compra 8 cajas de semillas en la venta de plantas de la escuela. Si hay 144 paquetes de semillas en cada caja, ¿cuántos paquetes de semillas compró?

¡Mi trabajo!

**21.** En promedio, en Estados Unidos cada persona usa 1,668 galones de agua por día. ¿Cuánta agua usa una persona en una semana?

**22.** Cada juego de muebles cuesta $2,419. ¿Cuánto costaría comprar 5 juegos de muebles?

### Problemas S.O.S.

**23.** PRÁCTICA matemática 1 **Seguir intentándolo** Completa la ecuación.

☐, 287 × 6 = 25, ☐ 2 ☐

**24.** PRÁCTICA matemática 7 **Identificar la estructura** Escribe un número de cuatro dígitos y un número de un dígito cuyo producto sea mayor que 6,000 y menor que 6,200.

**25.** **Profundización de la pregunta importante** ¿En qué se parece multiplicar por números de varios dígitos a multiplicar por números de dos dígitos?

Nombre ..............................



# Mi tarea

**Lección 9**
**Multiplicar por un número de varios dígitos**

## Asistente de tareas

¿Necesitas ayuda? connectED.mcgraw-hill.com

**Halla 3 × 2,763.**

Estima el producto: 3 × 3,000 = 9,000

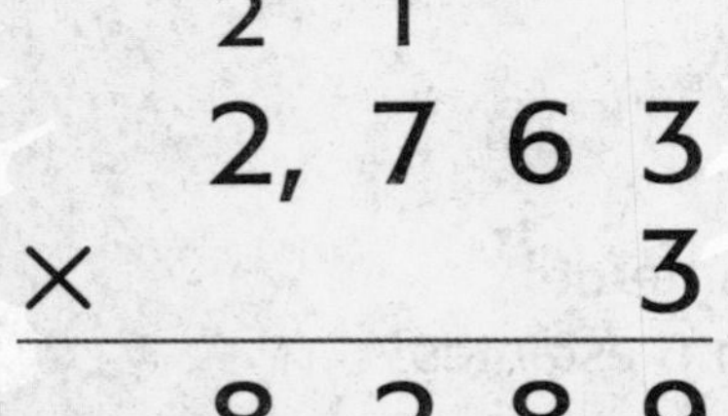


**1 Multiplica las unidades.**
3 × 3 = 9
Escribe el 9 en la posición de las unidades.

**2 Multiplica las decenas.**
3 × 6 = 18
Reagrupa 18 decenas en 1 centena y 8 decenas.
Escribe el 8 en la posición de las decenas.

**3 Multiplica las centenas.**
3 × 7 = 21
Suma la decena reagrupada.
21 + 1 = 22
Reagrupa 22 centenas en 2 millares y 2 centenas.
Escribe el 2 en la posición de las centenas.

**4 Multiplica los millares.**
3 × 2 = 6
Suma las centenas reagrupadas.
6 + 2 = 8
Escribe el 8 en la posición de los millares.

**Comprueba que sea razonable**

El producto, 8,289, está cerca de la estimación, 9,000.
Otra manera de comprobar es usar productos parciales.

Multiplica 3 × 3.
Multiplica 3 × 60.
Multiplica 3 × 700.
Multiplica 3 × 2,000.
Suma los productos parciales.

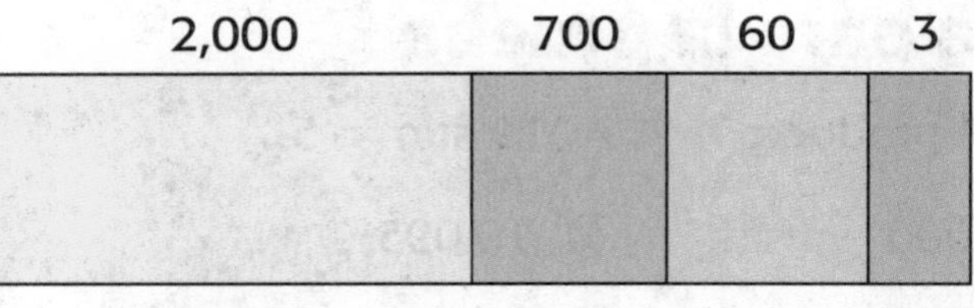

**Multiplica. Comprueba que sea razonable.**

**1.** $1{,}313 \times 9$ = ______

**2.** $\$547 \times 6$ = ______

**3.** $6{,}421 \times 3$ = ______

**4.** $\$4{,}512 \times 5$ = ______

**5.** $3{,}525 \times 6 =$ ______

**6.** $7 \times 7{,}441 =$ ______

**Álgebra Halla los productos.**

**7.** $n = 8$
$n \times \$685 =$ ______

**8.** $n = 3$
$n \times 5{,}266 =$ ______

## Resolución de problemas

**9.** PRÁCTICA matemática 2 **Usar el sentido numérico** En un estante del invernadero caben 467 plantas. ¿Cuántas plantas caben en 6 estantes?

______

**10.** Los padres de Samantha le compraron una cama nueva. Pagaron $136 por mes durante 9 meses. ¿Cuánto costó la cama?

______

**11.** En una sala de conciertos, hay lugar para 7,689 espectadores sentados. En junio hubo 8 conciertos y se vendió un boleto por cada asiento. ¿Cuántos boletos se vendieron en junio?

______

## Práctica para la prueba

**12.** Halla el producto $n \times 2{,}019$ si $n = 5$.

Ⓐ 10,000
Ⓑ 10,055
Ⓒ 10,095
Ⓓ 10,545

# Compruebo mi progreso

## Comprobación del vocabulario 

1. Encierra en un círculo el ejemplo que muestra correctamente cómo usar la **propiedad distributiva** para hallar el producto de 5 × 15.

   (5 × 10) + (5 × 5)

   (5 × 10) × (5 × 5)

   (5 × 10) × (5 × 15)

   (5 × 10) + (5 × 15)

2. Explica cómo usar **productos parciales** para multiplicar.

   ______________________________

   ______________________________

   ______________________________

3. Cuando usas el valor posicional para cambiar cantidades iguales al convertir un número, ¿qué haces?

   ______________________________

## Comprobación del concepto 

**Multiplica. Comprueba que sea razonable.**

**4.** $\begin{array}{r} 23 \\ \times\ 2 \\ \hline \end{array}$

**5.** $\begin{array}{r} 227 \\ \times\ 8 \\ \hline \end{array}$

**6.** $\begin{array}{r} 45 \\ \times\ 7 \\ \hline \end{array}$

**7.** $\begin{array}{r} 612 \\ \times\ 4 \\ \hline \end{array}$

## Resolución de problemas

**8.** En la tabla se muestran los precios de artículos de una tienda de electrónica.

| Tienda de electrónica | |
|---|---|
| **Artículo** | **Precio** |
| Paquete de pilas | $13 |
| Alambre de cobre | $22 |

¿Cuánto costaría comprar 3 paquetes de pilas y 3 alambres de cobre?

______________________

**9.** Cada campamento necesita la cantidad de faroles que se muestra abajo. ¿Cuántos faroles se necesitan para 48 campamentos?

______________________

**10.** En un día hay 1,440 minutos. ¿Cuántos minutos hay en 7 días?

______________________

¡Mi trabajo!

## Práctica para la prueba

**11.** Mohammed usó un modelo de área para representar 4 × 35.

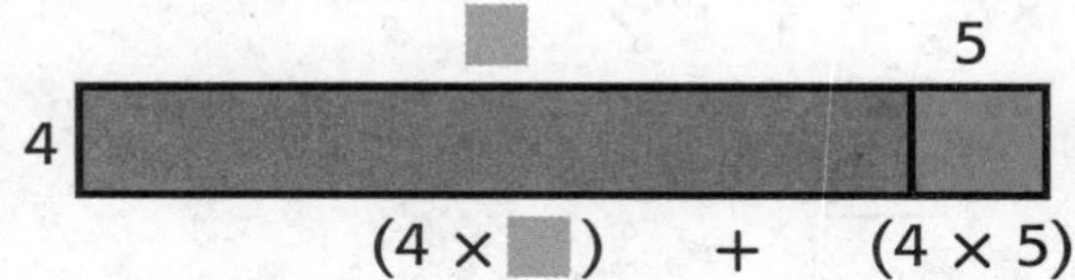


¿Cuál es el número que falta?

Ⓐ 3 Ⓒ 30

Ⓑ 5 Ⓓ 50

Nombre ..............................................................

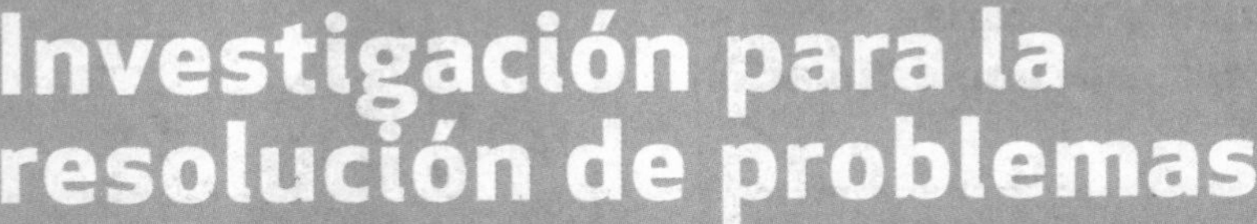

# Investigación para la resolución de problemas

## ESTRATEGIA: Estimación o respuesta exacta

**Lección 10**

**PREGUNTA IMPORTANTE**
**¿Cómo puedo expresar la multiplicación?**

## Aprende la estrategia

**En el grupo de exploradoras de Dina hay cinco niñas. Van a ir a un parque de diversiones. Las entradas para niños cuestan $22. ¿Cuál es el costo total para ingresar? ¿Se necesita una estimación o la respuesta exacta?**

### 1 Comprende

**¿Qué sabes?**

El precio de la entrada es ________ por niña. Hay ________ niñas.

**¿Qué debes hallar?**

el costo total para ingresar y si se necesita una estimación o la respuesta exacta

### 2 Planea

Las niñas necesitan saber exactamente cuánto tienen que pagar.

Por lo tanto, necesitan la ____________________. Halla ________ × ________.

### 3 Resuelve

$$\begin{array}{r} 22 \\ \times\ \ 5 \\ \hline \end{array}$$

Por lo tanto, el grupo necesita ________ para ir al parque de diversiones.

### 4 Comprueba

**¿Tiene sentido tu respuesta? ¿Por qué?**

______________________________________________

## Practica la estrategia

**En la tienda de monopatines, cada monopatín motorizado cuesta $75. Aproximadamente, ¿cuánto costarían 7 monopatines motorizados? ¿Se necesita una estimación o la respuesta exacta?**

### 1 Comprende

¿Qué sabes?

___

___

¿Qué debes hallar?

___

### 2 Planea

___

___

### 3 Resuelve

### 4 Comprueba

¿Tiene sentido tu respuesta? ¿Por qué?

___

Nombre

# Aplica la estrategia

**Determina si para los problemas se necesita una estimación o la respuesta exacta. Luego, resuélvelos.**

1. En una oficina deben comprar 6 computadoras y 6 impresoras. Cada computadora cuesta $384. Cada impresora cuesta $88. Gastarán aproximadamente $2,400 en computadoras. ¿Cómo debe formularse la pregunta?

2. Cada clase de cuarto grado lee durante 495 minutos en total por semana. Imagina que hay 4 clases de cuarto grado. ¿Cuántos minutos leen por semana?

3. Hay 12 adhesivos en cada hoja. En un paquete hay cuatro hojas. Aproximadamente, ¿cuántos adhesivos hay en un paquete?

4. **PRÁCTICA matemática 3 Sacar una conclusión** Determina si Tammy, Anessa y Jaleesa tienen más de 110 CD.

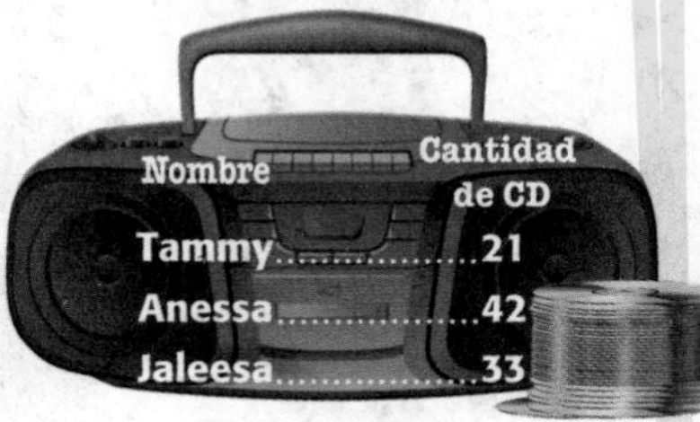

| Nombre | Cantidad de CD |
|---|---|
| Tammy | 21 |
| Anessa | 42 |
| Jaleesa | 33 |

# Repasa las estrategias

**Usa cualquier estrategia para resolver los problemas.**

- Usar el plan de cuatro pasos.
- Comprobar que sea razonable.
- Estimación o respuesta exacta.

**5.** Todos los días, Sparky come la cantidad de galletas para perro que se muestra. ¿Cuántas galletas come Sparky en un año? (*Pista*: Un año tiene 365 días).

Sparky come ________ galletas en un año.

¡Mi trabajo!

**6.** PRÁCTICA matemática 3 **Hallar el error** Cada clase de cuarto grado de la escuela primaria Tannon quiere reunir \$475 para un centro de caridad. Hay 5 clases de cuarto grado. Rianna dice que la meta total es \$2,055. Halla el error que cometió y corrígelo.

________________________________________

________________________________________

________________________________________

**7.** En una tienda de electrónica, venden dinosaurios a control remoto por \$395 cada uno. Aproximadamente, ¿cuánto cuestan 4 dinosaurios a control remoto?

________________________________________

________________________________________

**8.** En una carrera hay 63 corredores. Cada corredor paga la cantidad que se muestra para correr. ¿Cuánto pagan todos los corredores juntos?

$63 \times \$7 =$ ________

# Mi tarea

**Lección 10**
**Resolución de problemas: Estimación o respuesta exacta**

## Asistente de tareas

¿Necesitas ayuda? connectED.mcgraw-hill.com

**Tyrone quiere repartir volantes en todas las tiendas del vecindario. Piensa dejar 3 volantes en cada tienda y hay 38 tiendas. Aproximadamente, ¿cuántos volantes necesitará Tyrone? ¿Se necesita una estimación o la respuesta exacta?**

### 1 Comprende

**¿Qué sabes?**

Tyrone piensa dejar 3 volantes en cada tienda. Hay 38 tiendas.

**¿Qué debes hallar?**

cuántos volantes necesita Tyrone aproximadamente

### 2 Planea

Se pregunta cuántos volantes se necesitan *aproximadamente.* La palabra *aproximadamente* significa que no se necesita la respuesta exacta. La pregunta requiere una estimación. Voy a redondear 38 y multiplicar.

### 3 Resuelve

$$\begin{array}{r} 38 \\ \times\ 3 \\ \hline \end{array} \quad \text{se redondea a} \quad \begin{array}{r} 40 \\ \times\ 3 \\ \hline 120 \end{array}$$

Por lo tanto, Tyrone necesita aproximadamente 120 volantes.

### 4 Comprueba

Para comprobar, comparo la respuesta exacta con la estimación.

$38 \times 3 = (30 \times 3) + (8 \times 3) = 114$

114 está cerca de la estimación, 120; por lo tanto, la respuesta es razonable.

# Resolución de problemas

**Determina si los problemas requieren una estimación o la respuesta exacta. Luego, resuélvelos.**

1. Jeff va a ofrecer una cena. Tiene una mesa rectangular grande a la que pueden sentarse 10 personas de cada lado y 4 personas en los dos extremos. ¿Cuántas personas pueden sentarse a la mesa de Jeff?

2. Brittany retiró 3 películas de la biblioteca. Cada película dura casi 2 horas. Aproximadamente, ¿cuántas horas de películas tiene para mirar Brittany?

3. Matt está a cargo de la feria de diversión familiar en la escuela. Reunió aproximadamente $65 en donativos por mes durante los siete meses que planeó la feria. Aproximadamente, ¿cuánto dinero tiene Matt para gastar en la feria?

4. Fátima trabaja en una panadería. Coloca 5 trozos de chocolate en cada pastelito. Hoy preparará 4 docenas de pastelitos. ¿Cuántos trozos de chocolate pondrá Fátima hoy? (*Pista*: 1 docena = 12)

5. Kayla tarda 12 minutos en caminar desde su casa hasta la casa de sus abuelos. Camina ida y vuelta hasta la casa de sus abuelos dos veces por semana. Aproximadamente, ¿cuántos minutos por semana pasa Kayla caminando entre las dos casas?

6. **PRÁCTICA matemática 2** **Usar el sentido numérico** Un haiku es un poema que tiene exactamente 3 versos. Si cada uno de los 26 estudiantes de la clase del señor Kopp escribe un haiku, ¿cuántos versos escribirá la clase en total?

Nombre ..........



# Multiplicar números con ceros

**Lección 11**

**PREGUNTA IMPORTANTE**
**¿Cómo puedo expresar la multiplicación?**

Puedes usar la propiedad distributiva o productos parciales para multiplicar números con ceros.

## Las mates y mi mundo

### Ejemplo 1

**El dentista de Iván cobra por un tratamiento $108 por mes. ¿Cuánto pagarán los padres de Iván en 6 meses?**

Halla 6 × $108.

**Estima** 6 × $108 ⟶ 6 × ______ = ______

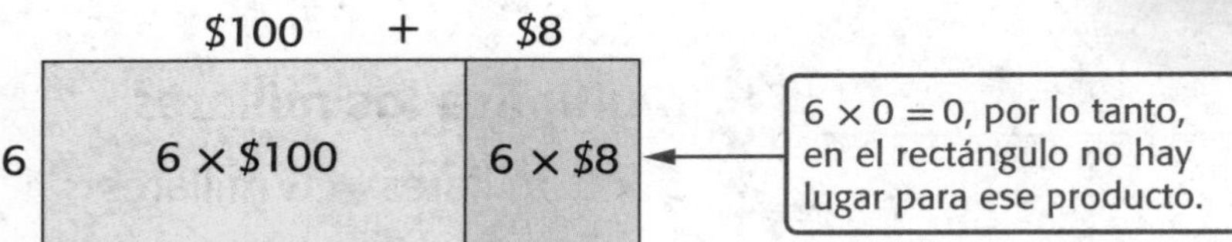


6 × 0 = 0, por lo tanto, en el rectángulo no hay lugar para ese producto.

**Una manera Propiedad distributiva**

6 × $108 = (6 × $100) + (6 × $8)

= ( ☐ ) + ( ☐ )

= ☐

**Otra manera Productos parciales**

| | | |
|---|---|---|
| $108 | | |
| × 6 | | |
| $ ☐☐ | 6 × $8 | |
| $ ☐ | 6 × $0 | |
| + $ ☐☐☐ | 6 × $100 | |
| $ ☐☐☐ | Suma los productos parciales. | |

Por lo tanto, los padres de Iván pagarán ______ en 6 meses.

**Comprueba que sea razonable**

La respuesta, ______, está cerca de la estimación, ______.

## Ejemplo 2

**Si tres árboles tienen 2,025 años cada uno, ¿cuántos años tienen los tres árboles en total?**

**Estima** $3 \times 2{,}025 \longrightarrow$ ______ $\times$ ______ $=$ ______

```
        [ ]
  2 , 0 2 5
×         3
-----------
[ ] , [ ][ ][ ]
```

**1 Multiplica las unidades.**

$3 \times 5$ unidades $= 15$ unidades
Reagrupa 15 unidades en 1 decena y 5 unidades.

**2 Multiplica las decenas.**

$3 \times 2$ decenas $= 6$ decenas
Suma las decenas reagrupadas.
6 decenas $+$ 1 decena $=$ 7 decenas

**3 Multiplica las centenas.**

$3 \times 0 = 0$ centenas

**4 Multiplica los millares.**

$3 \times 2$ millares $= 6$ millares

Por lo tanto, los árboles tienen ______ años en total.

### Comprueba que sea razonable

La respuesta, ______, está cerca de la estimación, ______.

## Práctica guiada

**Multiplica. Comprueba que sea razonable.**

**1.** $\begin{array}{r} 303 \\ \times \ 3 \\ \hline \end{array}$

Estimación:

$3 \times 300 =$ ______

**2.** $\begin{array}{r} \$507 \\ \times \ 6 \\ \hline \end{array}$

Estimación:

$6 \times \$500 =$ ______

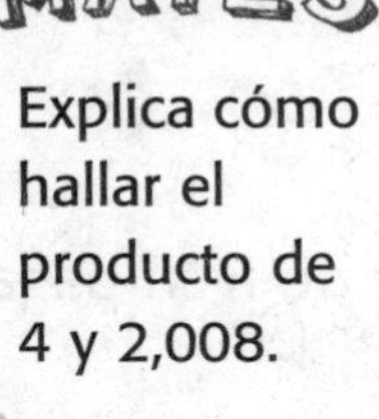

Explica cómo hallar el producto de 4 y 2,008.

Nombre ____________________

CCSS

## Práctica independiente

**Multiplica. Comprueba que sea razonable.**

**3.** 201 × 2

**4.** $402 × 3

**5.** 709 × 5

Estimación: ____ × ____ = ____

Estimación: ____ × ____ = ____

Estimación: ____ × ____ = ____

**6.** 904 × 9 = ____

**7.** 2 × $1,108 = ____

**8.** 4 × 6,037 = ____

Estimación:

Estimación:

Estimación:

**9.** 8,504 × 3 = ____

**10.** 6 × 6,007 = ____

**11.** 5 × $9,082 = ____

Estimación:

Estimación:

Estimación:

**Álgebra** **Halla el número desconocido.**

**12.** 6 × 4,005 = *s*

*s* = ____

**13.** 9,002 × 9 = *q*

*q* = ____

**14.** $8,009 × 7 = *r*

*r* = ____

## Resolución de problemas

15. PRÁCTICA matemática 2 **Hacer un alto y pensar** El equipo completo para una piscina grande cuesta $1,042. El equipo completo para una piscina pequeña cuesta $907. ¿Cuánto cuesta comprar 3 equipos completos para una piscina grande?

______

¿Cuánto más cuesta comprar 2 equipos completos para una piscina grande que 2 equipos completos para una piscina pequeña?

______

16. En la escuela primaria Diller se reúne dinero para donar a un centro de caridad. Cada mes reúnen $103. ¿Cuánto dinero tendrán para donar en 9 meses?

______

### Problemas S.O.S.

17. PRÁCTICA matemática 2 **Entender los símbolos** Completa el enunciado numérico.

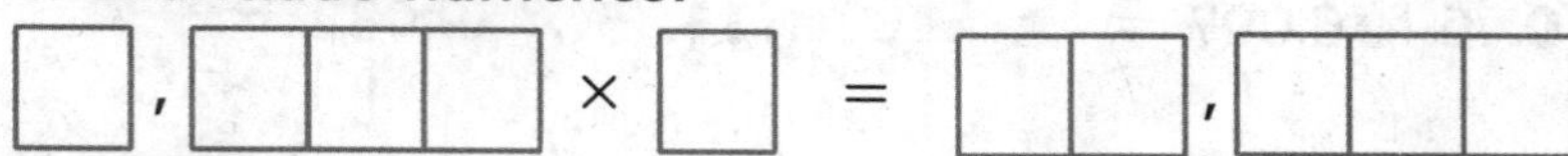

18. PRÁCTICA matemática 3 **¿Cuál no pertenece?** Encierra en un círculo la expresión que no pertenece al mismo grupo que las otras tres. Explica tu respuesta.

| 4,006 × 5 | 3,015 × 2 | 2,010 × 3 | 1,206 × 5 |
|---|---|---|---|

______

19. **Profundización de la pregunta importante** ¿Por qué los productos de números de varios dígitos con ceros y números de un dígito a veces tienen ceros y a veces no tienen ceros?

______

______

______

Nombre ..............................................................................



# Mi tarea

**Lección 11**
**Multiplicar números con ceros**

## Asistente de tareas

¿Necesitas ayuda? connectED.mcgraw-hill.com

**Halla 4 × 1,405.**

Estima el producto. 4 × 1,000 = 4,000

Multiplica.

$$\begin{array}{r} {}^{1}\ \ {}^{2}\ \\ 1,405 \\ \times\quad 4 \\ \hline 5,620 \end{array}$$

**1 Multiplica las unidades.**
4 × 5 = 20
Reagrupa 20 unidades en 2 decenas y 0 unidades.
Escribe el 0 en la posición de las unidades.

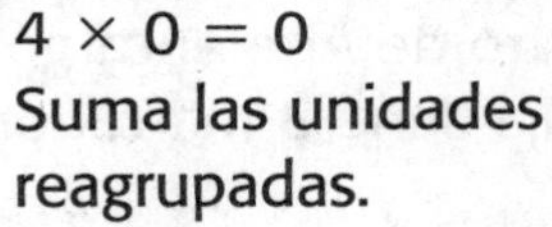

**2 Multiplica las decenas.**
4 × 0 = 0
Suma las unidades reagrupadas.
0 + 2 = 2
Escribe el 2 en la posición de las decenas.

**3 Multiplica las centenas.**
4 × 4 = 16
Reagrupa 16 centenas en 1 millar y 6 centenas.
Escribe el 6 en la posición de las centenas.

**4 Multiplica los millares.**
4 × 1 = 4
Suma las centenas reagrupadas.
4 + 1 = 5
Escribe el 5 en la posición de los millares.

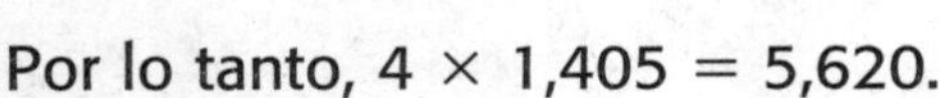

Por lo tanto, 4 × 1,405 = 5,620.

**Comprueba que sea razonable**
El producto, 5,620, está cerca de la estimación, 4,000.

## Práctica

**Multiplica. Comprueba que sea razonable.**

**1.** 709 × 6

**2.** 905 × 5

**3.** 5,079 × 8

**4.** 2,006 × 4

**Multiplica. Comprueba que sea razonable.**

**5.** $\begin{array}{r} 5{,}001 \\ \times \quad 9 \\ \hline \end{array}$

**6.** $\begin{array}{r} 4{,}807 \\ \times \quad 7 \\ \hline \end{array}$

**7.** $\begin{array}{r} 3{,}004 \\ \times \quad 3 \\ \hline \end{array}$

**8.** $\begin{array}{r} 8{,}060 \\ \times \quad 3 \\ \hline \end{array}$

**9.** 6,010 × 8 = ________

**10.** 9,012 × 6 = ________

**11.** 2 × 1,805 = ________

**12.** 4 × 1,009 = ________

## Resolución de problemas

**13.** El maestro de Arte encargó 201 cajas de marcadores para su salón de clases. Cada caja tiene 8 marcadores. ¿Cuántos marcadores encargó en total?

________________________________________

**14.** El sábado, Brent recorrió 4 millas en bicicleta. En una milla hay 1,760 yardas. ¿Cuántas yardas recorrió Brent el sábado?

________________________________________

**15.** PRÁCTICA matemática 2 **Usar el sentido numérico** Lorna pone 1,024 medias en cada caja grande en la fábrica de medias. ¿Cuál es la cantidad total de medias que hay en 7 cajas grandes?

________________________________________

## Práctica para la prueba

**16.** Un edificio de oficinas tiene 405 ventanas. Cada ventana tiene 9 cristales. ¿Cuántos cristales hay en total en las ventanas del edificio de oficinas?

Ⓐ 4,059
Ⓑ 3,645
Ⓒ 3,600
Ⓓ 4,009

# Repaso

**Capítulo 4**

**Multiplicar con números de un dígito**

## Comprobación del vocabulario

**Escoge la palabra o frase correcta para completar las oraciones.**
**Halla las palabras o frases en la sopa de letras.**

| S | E | L | A | I | C | R | A | P | S | O | T | C | U | D | O | R | P | L | L | R |
|---|---|---|---|---|---|---|---|---|---|---|---|---|---|---|---|---|---|---|---|---|
| A | F | M | P | O | Z | S | E | D | A | F | G | T | I | M | S | P | R | A | P | A |
| L | A | T | W | S | O | F | A | L | T | M | R | D | F | O | E | L | O | M | G | P |
| X | Q | H | A | M | A | T | M | P | J | T | U | R | X | B | V | K | D | R | T | U |
| C | D | M | B | C | H | S | Y | B | M | R | E | L | H | C | N | A | U | D | M | R |
| E | L | U | T | N | B | A | D | N | A | C | N | L | T | E | K | M | C | J | P | G |
| P | R | O | P | I | E | D | A | D | D | I | S | T | R | I | B | U | T | I | V | A |
| O | R | L | V | N | V | E | J | T | N | S | A | W | M | H | P | I | O | R | T | E |
| N | I | E | S | T | R | P | G | H | O | L | A | E | X | M | R | L | C | U | Z | R |
| R | M | E | E | S | T | I | M | A | C | I | O | N | B | N | P | A | O | F | S | Y |

**estimación**
**factor**
**múltiplo**
**producto**
**productos parciales**
**propiedad distributiva**
**reagrupar**

1. La respuesta o resultado de un problema de multiplicación se llama ________.

2. Un/Una ________ es un número que está cerca de un valor exacto.

3. Un/Una ________ de un número es el producto de ese número y cualquier número natural.

4. ________ es usar el valor posicional para cambiar cantidades iguales al convertir un número.

5. El/La ________ combina la multiplicación y la suma al multiplicar cada sumando por el número y sumar los productos.

6. Para usar ________, halla por separado el producto de las unidades, las decenas y así sucesivamente. Luego, súmalos.

7. Un número que divide a otro número natural en partes iguales se llama ________. También es un número que se multiplica por otro número.

## Comprobación del concepto

**Multiplica. Usa operaciones básicas y patrones.**

**8.** 4 × 90 = ________

**9.** 6 × 3,000 = ________

**Estima. Redondea al mayor valor posicional. Encierra en un círculo si la estimación es *mayor* o *menor* que el producto real.**

**10.** 1,478 × 4

________ × 4 = ________

mayor

menor

**11.** 5 × 6,225

5 × ________ = ________

mayor

menor

**Multiplica. Comprueba que sea razonable.**

**12.** $\begin{array}{r} 43 \\ \times\ 5 \\ \hline \end{array}$

**13.** $\begin{array}{r} 24 \\ \times\ 9 \\ \hline \end{array}$

**14.** $\begin{array}{r} 829 \\ \times\ 8 \\ \hline \end{array}$

**15.** $\begin{array}{r} 724 \\ \times\ 7 \\ \hline \end{array}$

**16.** $\begin{array}{r} 569 \\ \times\ 6 \\ \hline \end{array}$

**17.** $\begin{array}{r} 617 \\ \times\ 3 \\ \hline \end{array}$

Nombre

## Resolución de problemas

**18.** Marcia leyó 2 libros. Cada libro tiene 44 páginas. ¿Cuántas páginas leyó Marcia?

**19.** Tania tiene cuatro mazos de 52 cartas cada uno. ¿Cuántas cartas tiene Tania?

**20.** Cada pase para esquiar cuesta $109. ¿Cuánto cuestan cinco pases para esquiar?

**21.** Un canguro salta hasta 44 pies de un solo salto. ¿Qué distancia cubrirán tres saltos de ese largo?

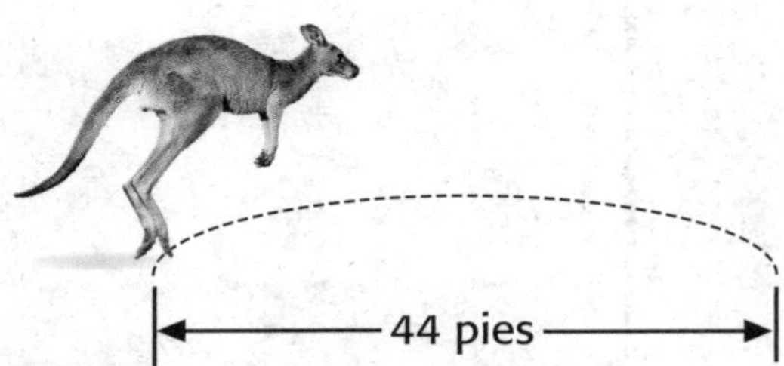


**22.** Hay 8 bolsitas de regalos. Cada bolsita contiene 12 artículos. ¿Es razonable decir que las bolsas tendrán 75 artículos en total? ¿Por qué?

## Práctica para la prueba

**23.** Un avión transporta 234 pasajeros. Si el avión hace 4 viajes por día, ¿cuántos pasajeros transporta por día?

Ⓐ 51 pasajeros
Ⓑ 800 pasajeros
Ⓒ 826 pasajeros
Ⓓ 936 pasajeros

# Pienso

Capítulo 4

Respuesta a la PREGUNTA IMPORTANTE

**Usa lo que aprendiste acerca de la multiplicación para completar el organizador gráfico.**

PREGUNTA IMPORTANTE

**¿Cómo puedo expresar la multiplicación?**

**Modelos**

**Productos parciales**

**Propiedad distributiva**

**Ejemplo**

**Piensa sobre la** PREGUNTA IMPORTANTE.  **Escribe tu respuesta.**

Capítulo

# 5 Multiplicar con números de dos dígitos

**PREGUNTA IMPORTANTE**

**¿Cómo puedo multiplicar por un número de dos dígitos?**

## Los animales y mi mundo

¡Mira el video!

Observa

# Mis estándares estatales

## Números y operaciones del sistema decimal

CCSS

**4.NBT.3** Usar la comprensión del valor posicional para redondear números naturales de varios dígitos a cualquier posición.

**4.NBT.4** Sumar y restar con fluidez números naturales de varios dígitos usando el algoritmo estándar.

**4.NBT.5** Multiplicar un número natural de hasta cuatro dígitos por un número natural de un dígito, y multiplicar dos números de dos dígitos usando estrategias basadas en el valor posicional y las propiedades de las operaciones. Ilustrar y explicar el cálculo usando ecuaciones, arreglos rectangulares o modelos de área.

**Operaciones y razonamiento algebraico** *Este capítulo también trata este estándar:*

**4.OA.3** Resolver problemas contextualizados de varios pasos planteados con números naturales, con respuestas en números naturales obtenidas mediante las cuatro operaciones, incluidos problemas en los que es necesario interpretar los residuos. Representar esos problemas mediante ecuaciones con una letra que represente la cantidad desconocida. Evaluar si las respuestas son razonables mediante cálculos mentales y estrategias de estimación que incluyan el redondeo.

Mmm, ¡me parece que esto no va a ser tan difícil!

### Estándares para las PRÁCTICAS matemáticas

1. Entender los problemas y perseverar en la búsqueda de una solución.
2. Razonar de manera abstracta y cuantitativa.
3. Construir argumentos viables y hacer un análisis del razonamiento de los demás.
4. Representar con matemáticas.
5. Usar estratégicamente las herramientas apropiadas.
6. Prestar atención a la precisión.
7. Buscar una estructura y usarla.
8. Buscar y expresar regularidad en el razonamiento repetido.

= Se trabaja en este capítulo.

Nombre ..............................

# Antes de seguir...

Conéctate para hacer la prueba de preparación.

**Redondea a la posición indicada.**

**1.** 85,888; decena de millar más cercana ________

**2.** 681,002; centena de millar más cercana ________

**3.** Los estudiantes reunieron $6,784 para un nuevo patio de recreo. Redondeado al millar más cercano, aproximadamente, ¿cuánto dinero reunieron los estudiantes?

________

**Suma.**

**4.** 759 + 307

**5.** 34,068 + 6,055

**6.** 242,607 + 480,196

**Escribe una ecuación de multiplicación que represente cada modelo.**

**7.** 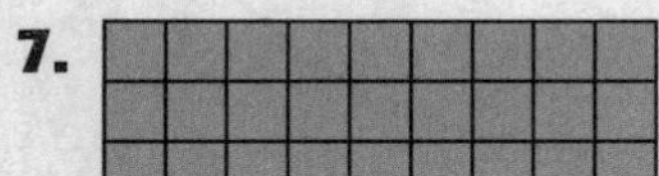

________ × ________ = ________

**8.** ☺ ☺ ☺ ☺ ☺ ☺ ☺ ☺ (5 filas de 8)

________ × ________ = ________

**Multiplica.**

**9.** 40 × 9 = ________

**10.** 36 × 7 = ________



**Sombrea las casillas para mostrar los problemas que respondiste correctamente.**

**¿Cómo me fue?**

| 1 | 2 | 3 | 4 | 5 | 6 | 7 | 8 | 9 | 10 |
|---|---|---|---|---|---|---|---|---|---|

Nombre ..........................................................................

# Las palabras de mis mates

## Repaso del vocabulario

descomponer     ecuación     factor     producto

**Haz conexiones**
Usa las palabras del repaso del vocabulario para completar las secciones de la red de conceptos. Escribe una oración o un ejemplo sobre cada palabra.

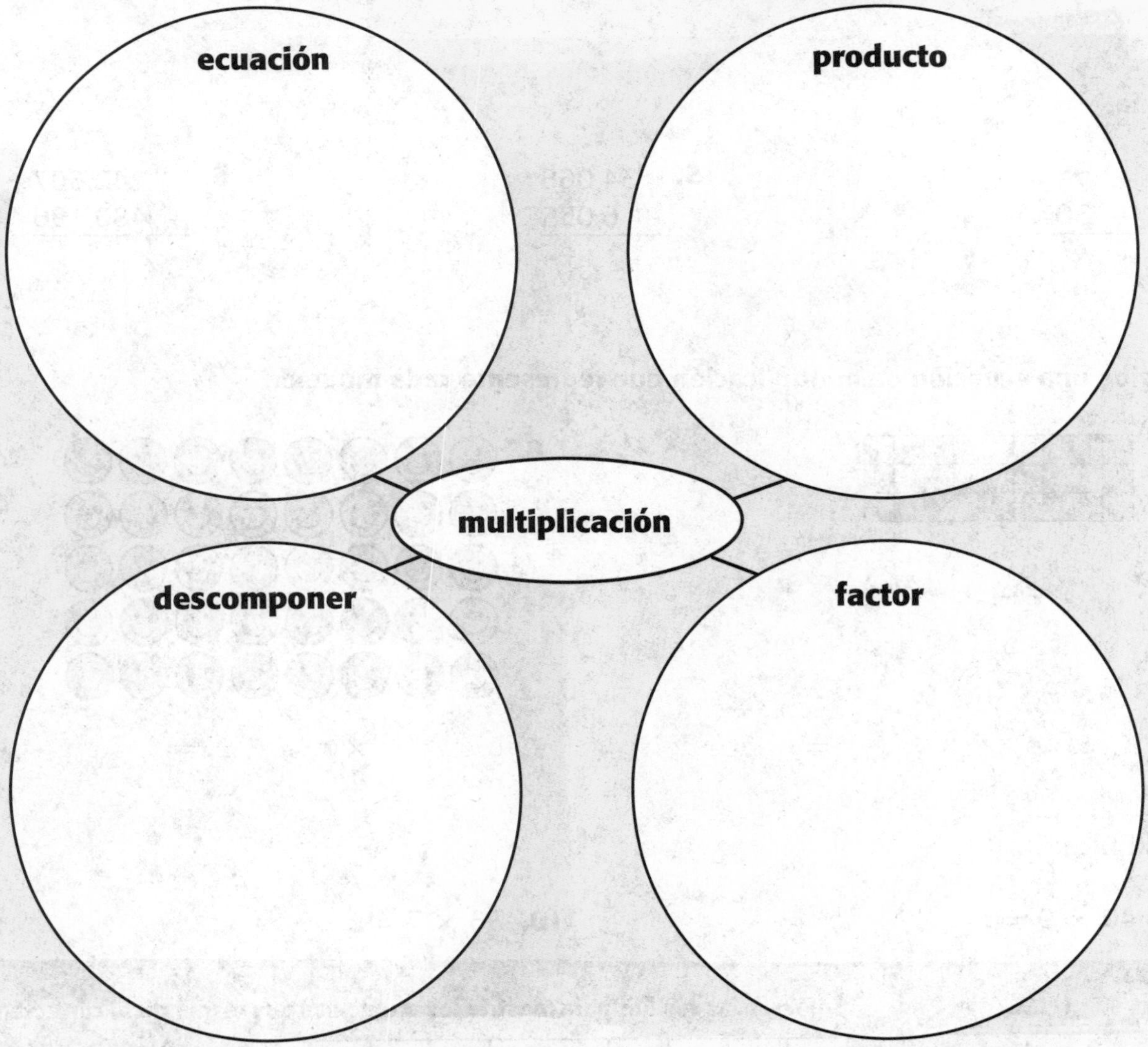

**ecuación**

**producto**

**multiplicación**

**descomponer**

**factor**

# Mis tarjetas de vocabulario

Lección 5–5

**operación**

| + | − |
|---|---|
| × | ÷ |

## Sugerencias

- Haz una marca de conteo en la tarjeta correspondiente cada vez que leas una de estas palabras en este capítulo o la uses al escribir. Ponte como meta hacer al menos 10 marcas de conteo en cada tarjeta.
- Usa las tarjetas en blanco para crear tus propias tarjetas de vocabulario.

Proceso matemático, como la suma, la resta, la multiplicación o la división.

¿Qué operaciones usarías en estas ecuaciones?

200 ◯ 4 = 800

874 ◯ 555 = 319

# Mi modelo de papel

FOLDABLES® Sigue los pasos que aparecen en el reverso para hacer tu modelo de papel.

ESTIMACIÓN

PRODUCTOS

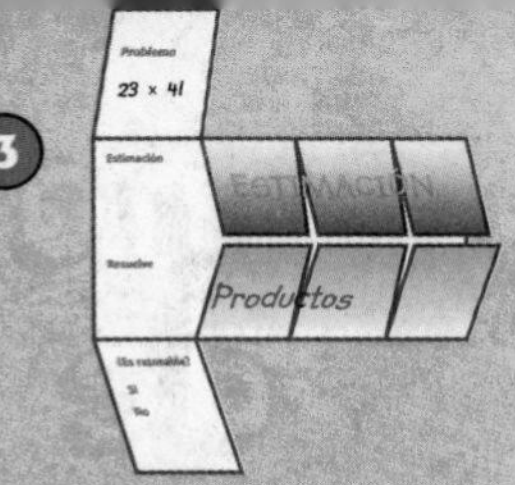


**Problema**

23 × 41

**Estimación**

**Resuelve**

**¿Es razonable?**

**Sí**

**No**

Nombre ..............................................



# Multiplicar por decenas

**Lección 1**

**PREGUNTA IMPORTANTE**
**¿Cómo puedo multiplicar por un número de dos dígitos?**

¡Asegúrate de que salga lindo!

## Las mates y mi mundo

### Ejemplo 1

**Una maestra sacó 20 fotos en el zoológico. Imprimió las fotos para que cada uno de sus 25 estudiantes tuviera una copia de cada una de las fotos. ¿Cuántas fotos imprimió la maestra?**

Halla $25 \times 20$.

El número 20 es un múltiplo de diez.

**Una manera Usa propiedades.**

Piensa en 20 como _______ × 10.

$25 \times 20 = 25 \times (\_\_\_\_ \times \_\_\_\_)$

$= (25 \times 2) \times 10$

$= 50 \times 10 =$ _______

Usaste la propiedad asociativa de la multiplicación.

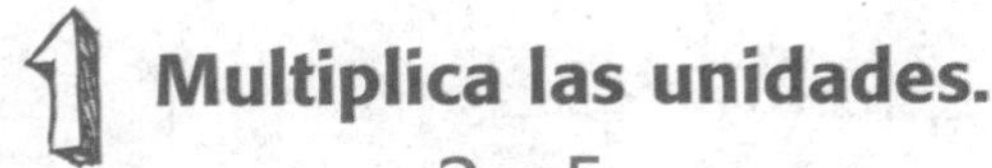

**Otra manera Usa lápiz y papel.**

**1 Multiplica las unidades.**

$$\begin{array}{r} 2\ 5 \\ \times\ 2\ 0 \\ \hline \square \end{array}$$

0 unidades × 25 = _______

**2 Multiplica las decenas.**

$$\begin{array}{r} 2\ 5 \\ \times\ 2\ 0 \\ \hline \square\ \square\ \square \end{array}$$

2 decenas × 25 = _______ decenas

Por lo tanto, la maestra imprimió _______ fotos.

## Ejemplo 2 

**En una tienda de electrónica hay 30 reproductores de audio digitales que cuestan $99 cada uno. ¿Cuál sería el costo de todos los reproductores de audio digitales?**

Debes hallar $99 × 30. El número 30 es un múltiplo de 10.

 **Multiplica las unidades.**

0 unidades × 99 = ______

$$\begin{array}{r} \$9\ 9 \\ \times\ 3\ 0 \\ \hline \square \end{array}$$

 **Multiplica las decenas.**

3 decenas × 99

= ______ decenas

$$\begin{array}{r} \$9\ 9 \\ \times\ 3\ 0 \\ \hline \square,\square\square\square \end{array}$$

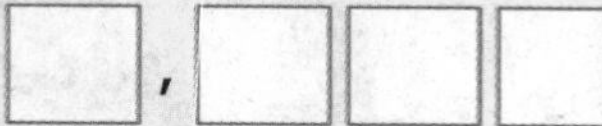

Por lo tanto, los reproductores de audio digitales costarían $______ en total.

**Pista**

Al multiplicar un número por un múltiplo de 10, el dígito en la posición de las unidades del resultado siempre es cero.

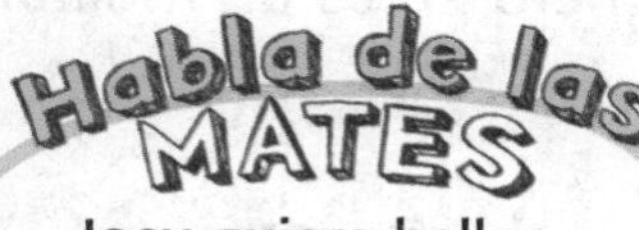



Joey quiere hallar 67 × 40. Explica por qué puede pensar en 67 × 40 como 67 × 4 × 10.

## Práctica guiada  

**Multiplica.**

**1.** $\begin{array}{r} 36 \\ \times\ 10 \\ \hline \end{array}$

**2.** $\begin{array}{r} 53 \\ \times\ 30 \\ \hline \end{array}$

**3.** $\begin{array}{r} 42 \\ \times\ 20 \\ \hline \end{array}$

**4.** $\begin{array}{r} 64 \\ \times\ 40 \\ \hline \end{array}$

Nombre

## Práctica independiente

**Multiplica**

**5.** $\begin{array}{r} 15 \\ \times\ 20 \\ \hline \end{array}$

**6.** $\begin{array}{r} 27 \\ \times\ 30 \\ \hline \end{array}$

**7.** $\begin{array}{r} 46 \\ \times\ 40 \\ \hline \end{array}$

**8.** $53 \times 60 =$ ______

**9.** $80 \times 80 =$ ______

**10.** $94 \times 90 =$ ______

**11.** $27 × 10 = ______

**12.** $31 × 30 = ______

**13.** $38 × 50 = ______

**14.** $45 × 50 = ______

**15.** $56 × 70 = ______

**16.** $69 × 80 = ______

**17.** Si $7 \times 29 = 203$, entonces, ¿cuánto es $70 \times 29$?

______

**18.** Si $3 \times 52 = 156$, entonces, ¿cuánto es $30 \times 52$?

______

**Álgebra** **Calcula mentalmente para hallar los números desconocidos.**

**19.** $22 \times y = 440$

$y =$ ______

**20.** $15 \times y = 450$

$y =$ ______

**21.** $25 \times z = 500$

$z =$ ______

## Resolución de problemas

**Los colibríes se alimentan cada 10 minutos. Vuelan aproximadamente 25 millas por hora y baten las alas entre 60 y 80 veces por segundo.**

**22.** ¿Cuál es la menor cantidad de veces que un colibrí batirá las alas en 15 segundos?

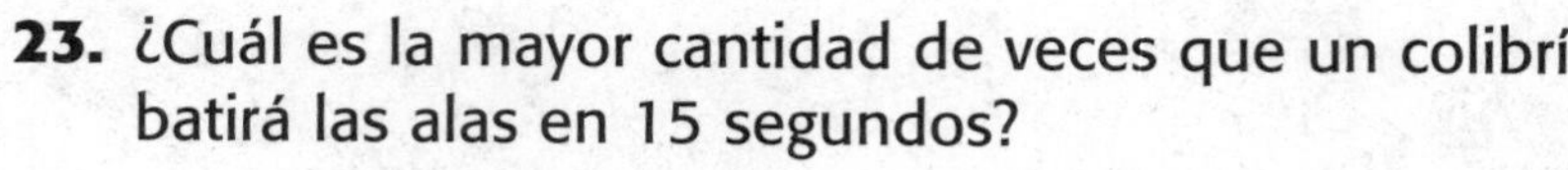

**23.** ¿Cuál es la mayor cantidad de veces que un colibrí batirá las alas en 15 segundos?

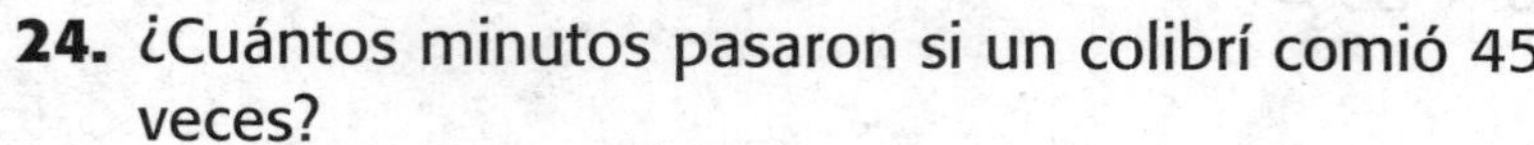

**24.** ¿Cuántos minutos pasaron si un colibrí comió 45 veces?

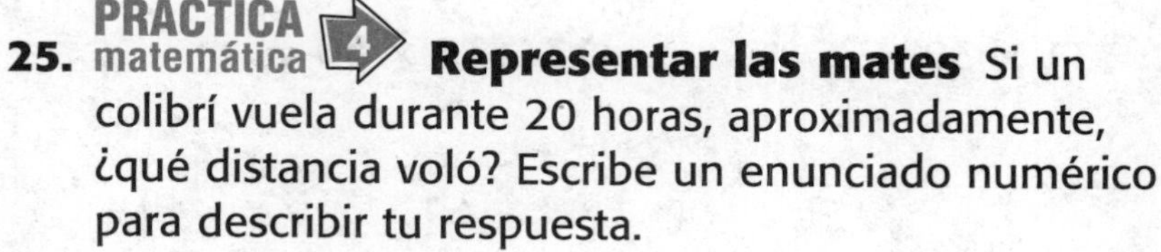

**25.** PRÁCTICA matemática 4 **Representar las mates** Si un colibrí vuela durante 20 horas, aproximadamente, ¿qué distancia voló? Escribe un enunciado numérico para describir tu respuesta.

### Problemas S.O.S.

**26.** PRÁCTICA matemática 3 **¿Cuál no pertenece?** Encierra en un círculo el problema de multiplicación que no pertenece al mismo grupo que los otros tres. Explica tu respuesta.

| 15 × 30 | 28 × 20 | 41 × 21 | 67 × 40 |
|---|---|---|---|

**27.** **Profundización de la pregunta importante** ¿Cómo te ayuda el valor posicional a multiplicar un número de dos dígitos por un múltiplo de diez?

Nombre ..............................................................



# Mi tarea

**Lección 1**

**Multiplicar por decenas**

## Asistente de tareas

¿Necesitas ayuda? connectED.mcgraw-hill.com

**Halla 63 × 20.**

**1 Multiplica las unidades.**

0 unidades × 63 = 0 →

$$\begin{array}{r} 63 \\ \times\ 20 \\ \hline 0 \end{array}$$

**2 Multiplica las decenas.**

2 decenas × 63 = 126 decenas →

$$\begin{array}{r} 63 \\ \times\ 20 \\ \hline 1{,}260 \end{array}$$

## Práctica

**Multiplica.**

**1.** $\begin{array}{r} 51 \\ \times\ 30 \\ \hline \end{array}$

**2.** $\begin{array}{r} 39 \\ \times\ 80 \\ \hline \end{array}$

**3.** $\begin{array}{r} 25 \\ \times\ 60 \\ \hline \end{array}$

**4.** $\begin{array}{r} 42 \\ \times\ 50 \\ \hline \end{array}$

**5.** $\begin{array}{r} 45 \\ \times\ 90 \\ \hline \end{array}$

**6.** $\begin{array}{r} 88 \\ \times\ 30 \\ \hline \end{array}$

**7.** 68 × 40 = ________

**8.** 11 × 70 = ________

**9.** 99 × 10 = ________

El mundo real

## Resolución de problemas

**10.** Hay 40 filas de casilleros. En cada fila, hay 12 casilleros. ¿Cuántos casilleros hay?

¡Mi trabajo!

**11.** Pablo halló que en cada salón de clases hay 34 pupitres. Hay 30 salones. ¿Cuántos pupitres hay en la escuela?

**12.** El ingreso al museo cuesta \$10 por persona. ¿Cuánto dinero cuesta el ingreso de 30 personas al museo?

**13.** PRÁCTICA matemática 6 **Responder con precisión** Usa la propiedad conmutativa para hallar la incógnita en la ecuación $35 \times 70 = m \times 35$.

**14.** **Álgebra** Calcula mentalmente para hallar la incógnita en la ecuación $12 \times b = 480$.

## Práctica para la prueba

**15.** Para recaudar dinero para un refugio de animales, 17 estudiantes corrieron una carrera. Cada estudiante recaudó \$30. ¿Cuánto dinero recaudaron todos los estudiantes juntos?

Ⓐ \$47
Ⓑ \$51
Ⓒ \$310
Ⓓ \$510

Nombre ..........................................



# Estimar productos

**Lección 2**

**PREGUNTA IMPORTANTE**
**¿Cómo puedo multiplicar por un número de dos dígitos?**

La palabra *aproximadamente* indica que debes estimar. Al estimar el producto de dos factores de 2 dígitos, es útil redondear los dos factores.

## Las mates y mi mundo

### Ejemplo 1

**Un hámster duerme 14 horas por día. Aproximadamente, ¿cuántas horas duerme un hámster en 3 semanas?**

En 3 semanas hay 21 días.

Por lo tanto, estima ______ × ______ .

**Redondea a la decena más cercana.**

$$\begin{array}{r} 21 \\ \times\ 14 \\ \hline \end{array} \quad \rightarrow \quad \begin{array}{r} \square\square \\ \times\ \square\square \\ \hline \square\square\square \end{array}$$

21 redondeado a la decena más cercana es ______.

14 redondeado a la decena más cercana es ______.

**2 Multiplica.**

Por lo tanto, un hámster duerme aproximadamente ______ horas en ______ días o 3 semanas.

Como los dos factores se redondearon hacia abajo, la estimación es menor que el producto real.

21
14 Producto real

20 1
10 Estimación
4

## Ejemplo 2

**Tanya pasa 35 minutos por día jugando en el parque. Aproximadamente, ¿cuántos minutos juega en el parque en 38 días?**

Debes estimar 38 × ________.

### Pista

Si un factor se redondea hacia arriba y el otro factor se redondea hacia abajo, no será evidente si la estimación es mayor o menor que el producto real.

**Redondea a la decena más cercana.**

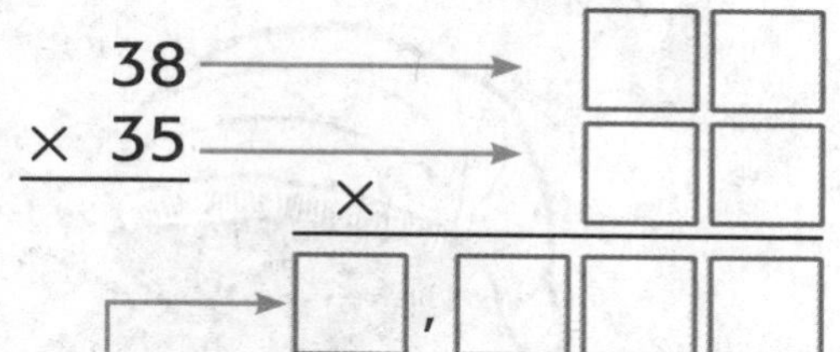


38 redondeado a la decena más cercana es ________.

35 redondeado a la decena más cercana es ________.

**Multiplica.**

Por lo tanto, Tanya pasa aproximadamente ____________ minutos jugando en el parque.

Como los dos factores se redondearon hacia arriba, la estimación es ____________ que el producto real.

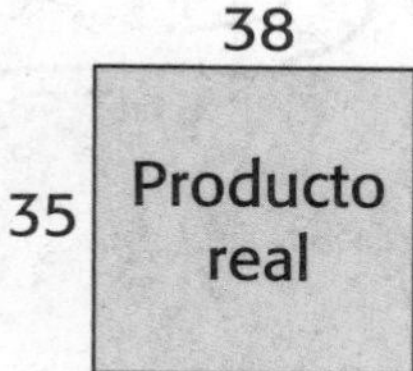


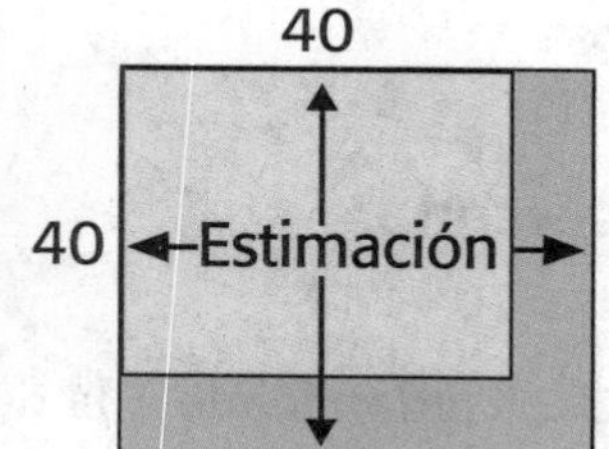


### Habla de las MATES

Explica cómo sabes si un producto estimado es mayor o menor que el producto real.

## Práctica guiada

**1.** Estima. Encierra en un círculo si la estimación es *mayor* o *menor* que el producto real.

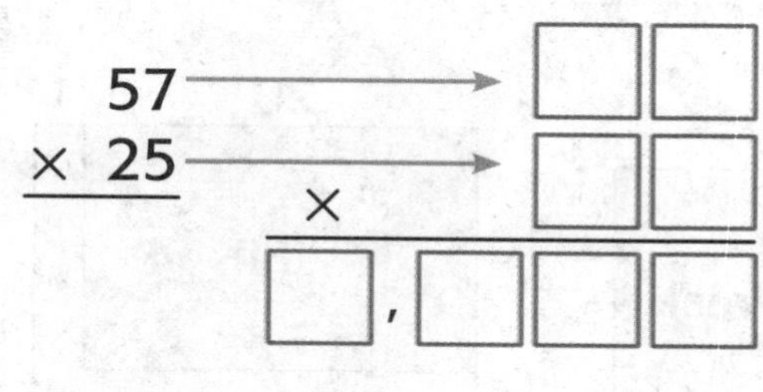


mayor

menor

Nombre ..............................................

## Práctica independiente

**Estima. Encierra en un círculo si la estimación es *mayor* o *menor* que el producto real.**

**2.** $\begin{array}{r} 28 \\ \times\ 25 \\ \hline \end{array}$ → $\times$ ______

mayor

menor

**3.** $\begin{array}{r} 43 \\ \times\ 14 \\ \hline \end{array}$ → $\times$ ______

mayor

menor

**4.** $\begin{array}{r} \$56 \\ \times\ 37 \\ \hline \end{array}$ → $\times$ ______

mayor

menor

**5.** $\begin{array}{r} 79 \\ \times\ 55 \\ \hline \end{array}$ → $\times$ ______

mayor

menor

**6.** $\begin{array}{r} \$91 \\ \times\ 64 \\ \hline \end{array}$ → $\times$ ______

mayor

menor

**7.** $\begin{array}{r} 94 \\ \times\ 82 \\ \hline \end{array}$ → $\times$ ______

mayor

menor

**Estima el producto.**

**8.** $23 \times 11 =$ ______

**9.** $35 \times 37 =$ ______

**10.** $48 \times 86 =$ ______

**11.** $53 \times 42 =$ ______

**12.** $67 \times 56 =$ ______

**13.** $73 \times 84 =$ ______

**Álgebra** **Calcula mentalmente para hallar el número desconocido.**

**14.** $20 \times a = 1{,}200$

$a =$ ______

**15.** $b \times 30 = 900$

$b =$ ______

**16.** $40 \times c = 2{,}400$

$c =$ ______

# Resolución de problemas

**En los ejercicios 17 y 18, usa la información de la tabla. Escribe una ecuación para resolver.**

| Datos sobre la libélula verde | |
|---|---|
| Longitud promedio de un adulto | 74 milímetros |
| Longitud máxima de una ninfa | 55 milímetros |

¡Mi trabajo!

**17.** PRÁCTICA matemática 4 **Representar las mates** Imagina que se colocan una detrás de la otra 18 ninfas de libélulas de la máxima longitud. Aproximadamente, ¿qué longitud tendrían?

_______ × _______ = _______ mm

**18.** Si se colocaran una detrás de la otra 32 libélulas adultas de longitud promedio, aproximadamente, ¿qué longitud tendrían?

_______ × _______ = _______ mm

**Álgebra** **Escribe una ecuación para resolver.**

**19.** El salón de arte tiene 15 estantes para poner latas de pintura. En cada estante hay 48 latas de pintura. Aproximadamente, ¿cuántas latas de pintura hay en total?

_______ × _______ = _______ latas de pintura

**20.** Hay 12 milpiés de 16 centímetros de largo cada uno. Aproximadamente, ¿cuánto medirían si los pusieras uno detrás del otro?

_______ × _______ = _______ cm

## Problemas S.O.S.

**21.** PRÁCTICA matemática 1 **Hacer un plan** Identifica dos factores que tengan un producto estimado de 2,000.

_______________________________________________

**22.** **Profundización de la pregunta importante** ¿Cómo se relaciona un producto estimado con el producto real? Explica tu respuesta.

_______________________________________________

_______________________________________________

_______________________________________________

Nombre ..............................................................



# Mi tarea

**Lección 2**
**Estimar productos**

## Asistente de tareas

¿Necesitas ayuda? **connectED.mcgraw-hill.com**

**Estima 88 × 65. Indica si la estimación es *mayor* o *menor* que el producto real.**

**1 Redondea los factores a la decena más cercana.**

$$\begin{array}{r} 88 \\ \times\ 65 \\ \hline \end{array} \longrightarrow \begin{array}{r} 90 \\ \times\ 70 \\ \hline \end{array}$$

88 se redondea a 90.
65 se redondea a 70.

**2 Multiplica.**

$$\begin{array}{r} 90 \\ \times\ 70 \\ \hline 6{,}300 \end{array}$$

0 unidades × 90 = 0
7 decenas × 90 = 630 decenas

La estimación de 88 × 65 es 6,300.

Como los dos factores se redondearon hacia arriba, la estimación es mayor que el producto real.

## Práctica

**Estima.**

**1.** 37 × 22 = ______ × ______ = ______

**2.** 87 × 41 = ______ × ______ = ______

**3.** 49 × 16 = ______ × ______ = ______

**4.** 25 × 12 = ______ × ______ = ______

# Resolución de problemas

**Estima. Indica si la estimación es *mayor* o *menor* que el producto real.**

5. PRÁCTICA matemática 4 **Representar las mates** El boleto para un concierto cuesta $23. Aproximadamente, ¿cuánto costarán los boletos para un grupo de 22 personas?

_______________

6. Los estudiantes pueden trabajar en el laboratorio de computación 32 veces por semana. Si 24 estudiantes pueden trabajar en el laboratorio de computación a la vez, aproximadamente, ¿cuántos estudiantes pueden trabajar en el laboratorio de computación por semana?

_______________

**Álgebra Escribe una ecuación para resolver.**

7. Ramona pinta 16 cuadros por mes. Aproximadamente, ¿cuántos cuadros pintará en 3 años?

_______ × _______ = _______ cuadros

8. Michael anota un promedio de 12 puntos por partido de básquetbol. Aproximadamente, ¿cuántos puntos anotará en 12 partidos?

_______ × _______ = _______ puntos

¡Mi trabajo!

## Práctica para la prueba

9. Cada boleto para el cine cuesta $48. Aproximadamente, ¿cuánto costarán los boletos para 35 personas?

   Ⓐ $2,000  Ⓒ $1,200
   Ⓑ $1,500  Ⓓ $200

# Compruebo mi progreso

## Comprobación del vocabulario

1. La **propiedad conmutativa de la multiplicación** establece que el orden en que se multiplican dos números no altera el producto. Escribe un ejemplo.

2. La **propiedad asociativa de la multiplicación** establece que la manera de agrupar los factores no altera el producto. Escribe un ejemplo.

3. Una **estimación** es una respuesta que está cerca de la respuesta exacta. Escribe un ejemplo.

## Comprobación del concepto

**Multiplica.**

4. $\begin{array}{r} 38 \\ \times\ 30 \\ \hline \end{array}$

5. $\begin{array}{r} 52 \\ \times\ 20 \\ \hline \end{array}$

6. $\begin{array}{r} 47 \\ \times\ 10 \\ \hline \end{array}$

**Estima.**

7. $\begin{array}{r} 15 \rightarrow \\ \times\ 28 \rightarrow \\ \hline \end{array}$

8. $\begin{array}{r} 71 \rightarrow \\ \times\ 51 \rightarrow \\ \hline \end{array}$

9. $\begin{array}{r} \$12 \rightarrow \\ \times\ 32 \rightarrow \\ \hline \end{array}$

El mundo real

## Resolución de problemas

**10.** John trota 30 millas por semana. Un año tiene 52 semanas. ¿Cuántas millas trota John en un año?

**11.** La señora Armstrong conduce 42 millas por día para ir y venir del trabajo. Aproximadamente, ¿cuántas millas conduce la señora Armstrong en 18 días de trabajo?

**12.** ¿Cuál es la longitud total de 30 caimanes recién nacidos colocados uno detrás del otro?

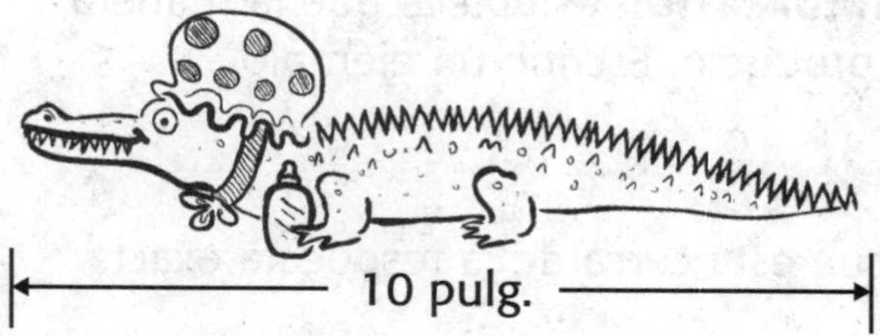


**13.** Cada persona envía un promedio de aproximadamente 25 correos electrónicos por mes. Aproximadamente, ¿cuántos correos electrónicos representa eso por año?

**14.** Mae quiere hallar el producto de $70 \times 40$. ¿Cuántos ceros tendrá el producto? ¿Por qué?

## Práctica para la prueba

**15.** Un canguro puede avanzar 30 pies por salto. ¿Qué distancia avanzará un canguro si salta 14 veces?

Ⓐ 420 pies
Ⓑ 320 pies
Ⓒ 52 pies
Ⓓ 42 pies

Nombre ..............................................

# Manos a la obra
## Usar la propiedad distributiva para multiplicar

**Lección 3**

**PREGUNTA IMPORTANTE**
**¿Cómo puedo multiplicar por un número de dos dígitos?**

Usaste la propiedad distributiva para hallar el producto de un número de dos dígitos y un número de un dígito.

$$3 \times 11 = 3 \times (10 + 1)$$
$$= (3 \times 10) + (3 \times 1)$$
$$= \_\_\_\_ + \_\_\_\_$$
$$= \_\_\_\_$$

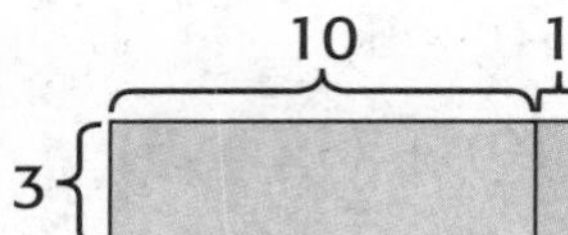


También puedes usar la propiedad distributiva para hallar el producto de un número de dos dígitos y otro número de dos dígitos.

## Dibújalo 

Herramientas

**Halla 12 × 15.**

 **Rotula 12 y 15 como las dimensiones del modelo de área.**

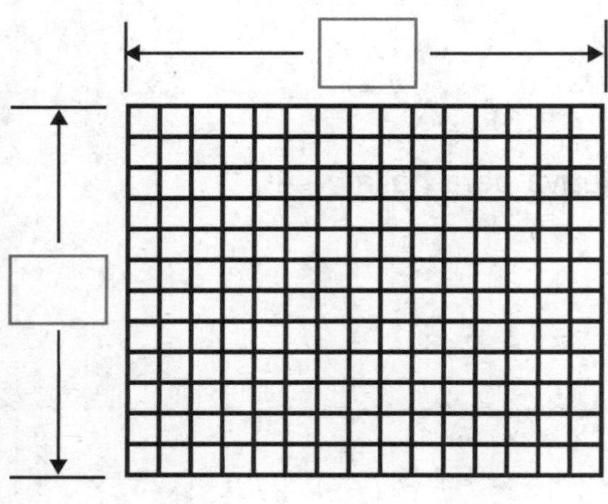

## 2 Separa las decenas y las unidades de un factor. Rotula las partes.

Escribe 15 como ________ y ________.

$12 \times 15 = 12 \times (10 + 5)$

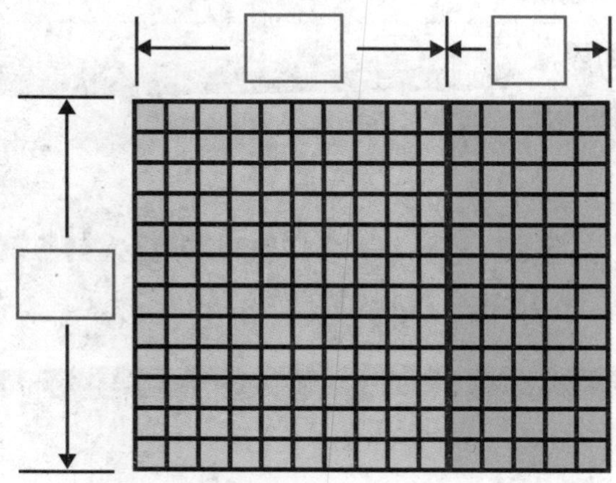

## 3 Halla los productos. Luego, suma.

$12 \times 15 = 12 \times (10 + 5)$

$= (12 \times 10) + (12 \times 5)$

$=$ ________ $+$ ________

$=$ ________

10 5

12 $12 \times 10 =$ ☐ $12 \times 5 =$ ☐

Por lo tanto, $12 \times 15 =$ ________.

# Coméntalo

1. **PRÁCTICA matemática 7** **Identificar la estructura** Explica cómo usarías la propiedad distributiva para hallar $12 \times 18$. Luego, halla el producto.

______________________________________________

______________________________________________

2. Explica cómo usarías la propiedad distributiva para hallar $14 \times 17$. Luego, halla el producto.

______________________________________________

______________________________________________

Nombre ____________________

# Practícalo

**Dibuja un modelo de área. Luego, usa la propiedad distributiva para hallar los productos.**

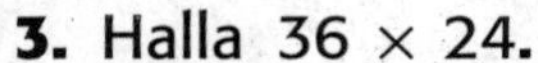

**3.** Halla $36 \times 24$.

| | 20 | 4 |
|---|---|---|
| 36 | 720 | 144 |

$36 \times 24 = 36 \times (20 + 4)$

$= (36 \times 20) + (36 \times 4)$

$=$ ______ $+$ ______

$=$ ______

**4.** Halla $47 \times 19$.

$47 \times 19 = 47 \times (10 + 9)$

$= (47 \times$ ______$) + (47 \times$ ______$)$

$=$ ______ $+$ ______

$=$ ______

**5.** Halla $52 \times 11$.

$52 \times 11 =$ ______ $\times$ (______ $+$ ______)

$=$ (______ $\times$ ______) $+$

(______ $\times$ ______)

$=$ ______ $+$ ______

$=$ ______

**6.** Halla $46 \times 22$.

$46 \times 22 =$ ______ $\times$ (______ $+$ ______)

$=$ (______ $\times$ ______) $+$

(______ $\times$ ______)

$=$ ______ $+$ ______

$=$ ______

## Aplícalo

**Usa la propiedad distributiva para resolver.**

¡Mi trabajo!

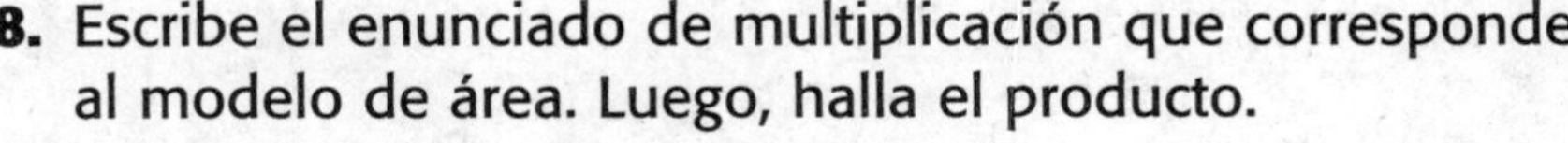

7. PRÁCTICA matemática 7 **Identificar la estructura** En cada sección del zoológico, hay 15 clases de animales. El zoológico tiene 12 secciones. ¿Cuántas clases de animales hay en total?

_______________

8. Escribe el enunciado de multiplicación que corresponde al modelo de área. Luego, halla el producto.

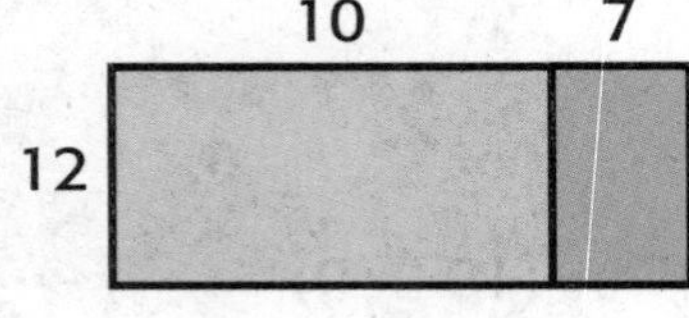


_____ × _____ = _____

9. PRÁCTICA matemática 3 **Hallar el error** Tim dibujó un modelo de área para hallar 11 × 25. Halla el error que cometió y corrígelo.

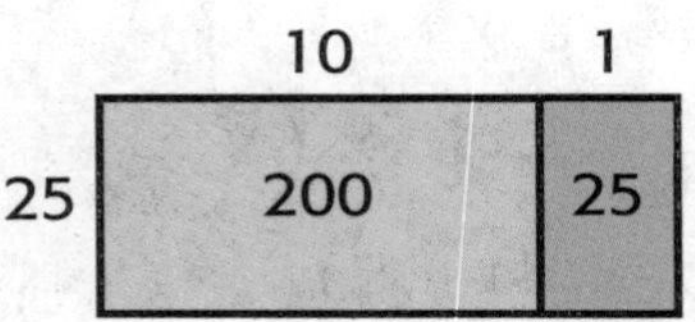


200 + 25 = 225

_______________

_______________

## Escríbelo

10. ¿Por qué la propiedad distributiva es apropiada para multiplicar números de dos dígitos? Explica tu respuesta.

_______________

_______________

_______________

Nombre ..........



# Mi tarea

**Lección 3**

**Manos a la obra: Usar la propiedad distributiva para multiplicar**

## Asistente de tareas

¿Necesitas ayuda? connectED.mcgraw-hill.com

**Halla 26 × 25.**

Se puede usar un modelo de área para representar los factores. Se separan las decenas y las unidades de un factor.

Halla los productos. Luego, suma.

$26 \times 25 = 26 \times (20 + 5)$
$= (26 \times 20) + (26 \times 5)$
$= 520 + 130$
$= 650$

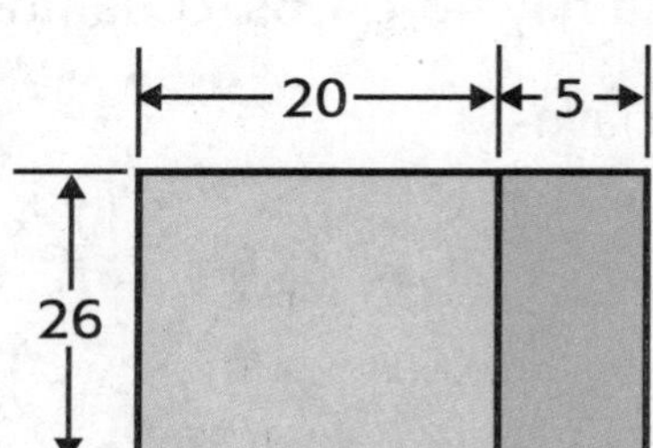


Por lo tanto, $26 \times 25 = 650$.

## Práctica

**Dibuja un modelo de área. Luego, usa la propiedad distributiva para hallar los productos.**

**1.** $73 \times 34 =$ ______

$73 \times 34 = 73 \times (30 + 4)$
$= (73 \times$ ______$) + (73 \times$ ______$)$
$=$ ______ $+$ ______
$=$ ______

**2.** $82 \times 22 =$ ______

$82 \times 22 = 82 \times (20 + 2)$
$= (82 \times$ ______$) + (82 \times$ ______$)$
$=$ ______ $+$ ______
$=$ ______

**Dibuja un modelo de área. Luego, usa la propiedad distributiva para hallar los productos.**

**3.** $18 \times 39 =$ ______  $18 \times 39 =$ ______ $\times$ (______ + ______)

= (______ $\times$ ______) +

(______ $\times$ ______)

= ______ + ______

= ______

## Resolución de problemas

**4.** En una caja hay 48 clavos. ¿Cuántos clavos hay en 17 cajas?

______ clavos

$17 \times 48 =$ ______ $\times$ (______ + ______)

= (______ $\times$ ______) +

(______ $\times$ ______)

= ______ + ______

= ______

**5.** Cada cuaderno tiene 64 páginas. ¿Cuántas páginas hay en total en 33 cuadernos?

______ páginas

$33 \times 64 =$ ______ $\times$ (______ + ______)

= (______ $\times$ ______) +

(______ $\times$ ______)

= ______ + ______

= ______

**6.** Cada frasco contiene 55 botones. En el estante hay 16 frascos. ¿Cuántos botones hay en total?

______ botones

Nombre ..............................................

# Multiplicar por un número de dos dígitos

**Lección 4**

**PREGUNTA IMPORTANTE**
**¿Cómo puedo multiplicar por un número de dos dígitos?**

## Las mates y mi mundo

¿Ya llegamos?

### Ejemplo 1

**Un coyote recorre 27 millas por hora.**
**¿Qué distancia recorre un coyote en 12 horas?**

Halla $27 \times 12$.

**Una manera Usa productos parciales.**

Dibuja un modelo de área. Separa los factores en decenas y unidades. Multiplica. Luego, suma los productos parciales.

| | 10 | 2 |
|---|---|---|
| 20 | 200 | 40 |
| 7 | 70 | 14 |

$200 + 40 + 70 + 14 =$ ______

**Otra manera Usa papel y lápiz.**

**1 Multiplica las unidades.**

$$\begin{array}{r} 27 \\ \times\ 2 \\ \hline 54 \end{array}$$

$7 \times 2 = 14$
Reagrupa las decenas.
2 decenas × 2 unidades = 4 decenas
4 decenas + 1 decena = 5 decenas

**2 Multiplica las decenas.**
27 × 1 decena = 27 decenas o 270

**3 Suma los productos.**
$54 + 270 = 324$

$$\begin{array}{r} 2\ \ 7 \\ \times\ 1\ \ 2 \\ \hline \square\ \square \\ +\ \square\ \square\ \square \\ \hline \square\ \square\ \square \end{array}$$

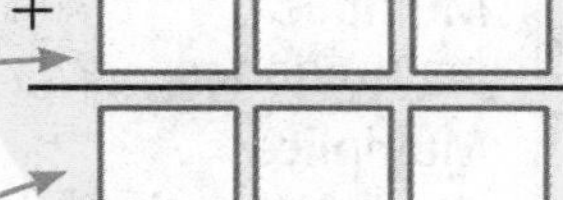

$27 \times 12 =$ ______

Por lo tanto, un coyote recorre ______ millas en 12 horas.

## Ejemplo 2 

**En la tabla se pueden ver las cuentas mensuales de Heidi. ¿Cuánto gasta en teléfono celular en 2 años?**

Escribe una ecuación como ayuda para resolver el problema.

$\$38 \times 12 \times 2 = m$

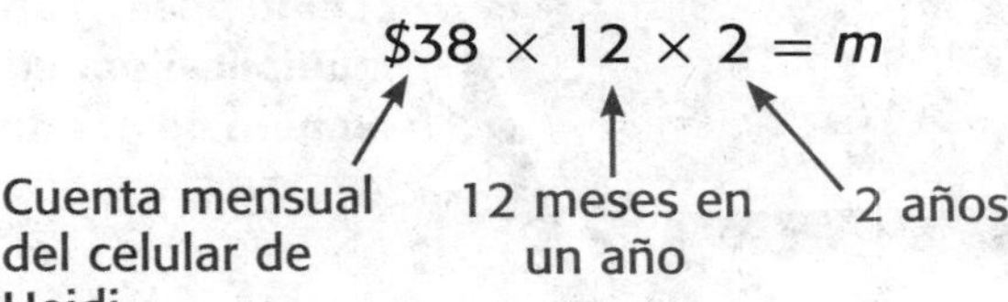


| Cuentas mensuales | |
|---|---|
| Cable | $55 |
| Teléfono celular | $38 |
| Videoclub | $21 |
| Agua | $93 |

Sabes que $12 \times 2 = 24$. Por lo tanto, debes hallar $\$38 \times 24$.

**Estima** ______ × ______ = ______

$$\begin{array}{r} \$\,3\ \ 8 \\ \times\,2\ \ 4 \\ \hline \end{array}$$

 **Multiplica las unidades.** 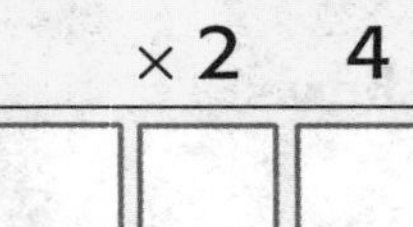

**Multiplica las decenas.** 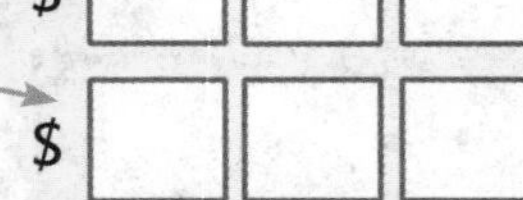

 **Suma los productos.** 

Por lo tanto, el costo del servicio de teléfono celular por 2 años es $______.

**Comprueba**

______ está cerca de la estimación de ______.

**Habla de las MATES**

Explica los pasos necesarios para hallar el producto de 56 y 23.

# Práctica guiada 

**Multiplica.**

**1.**

$$\begin{array}{r} 3\ \ 5 \\ \times\,2\ \ 4 \\ \hline \end{array}$$

Multiplica las unidades.

\+ Multiplica las decenas.

Suma.

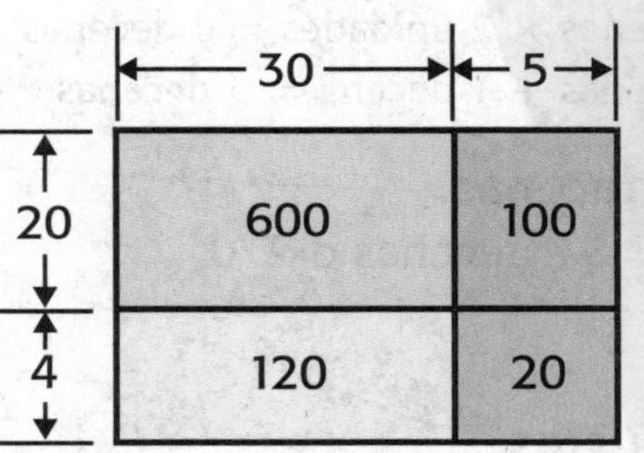


El modelo de área muestra que

$600 + 120 + 100 + 20 =$ ______.

Nombre ..............................................

CCSS

# Práctica independiente

**Multiplica. Usa el modelo de área para comprobar.**

**2.** 19
× 15

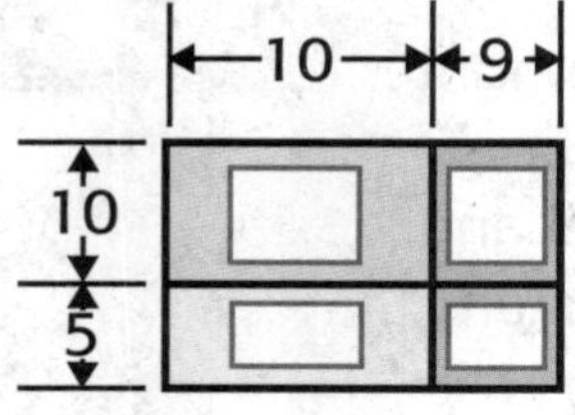


**3.** 42
× 38

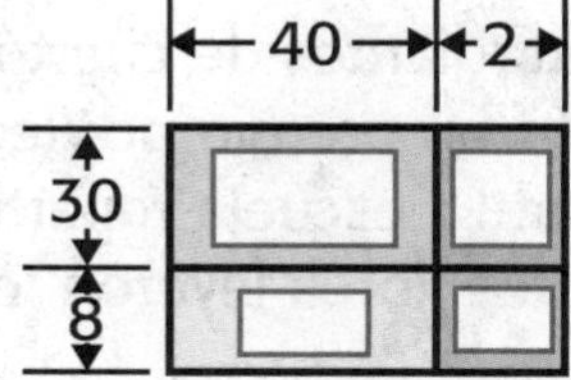


**4.** $54
× 51

50 4
50
1

**5.** $74
× 63

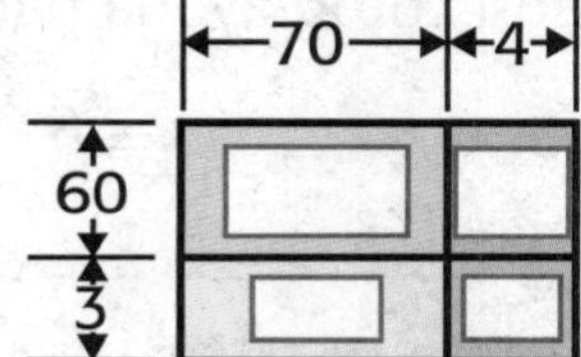


**Multiplica.**

**6.** 47
× 24

**7.** 64
× 46

**8.** 83 × 67 = ____________

**9.** 91 × 78 = ____________

# Resolución de problemas

**10.** Un perro de caza salta una distancia de 27 pies. ¿Cuántos pies avanzará un perro de caza si salta 12 veces?

**11.** Los estudiantes de cuarto grado de la escuela Tremont reciben un premio por leer 50 libros durante el año escolar. La escuela repartió 69 premios al final del año. ¿Cuántos libros leyeron los estudiantes premiados en total?

¡Mi trabajo!

**12.** PRÁCTICA matemática 2 **Usar símbolos** En Estados Unidos se recicla suficiente papel por día como para llenar 15 millas de vagones de tren. ¿Cuántas millas de vagones de tren podrían llenarse en 5 semanas? Completa la ecuación como ayuda para resolver el problema.

$15 \times 5 \times \_\_\_\_ = b$

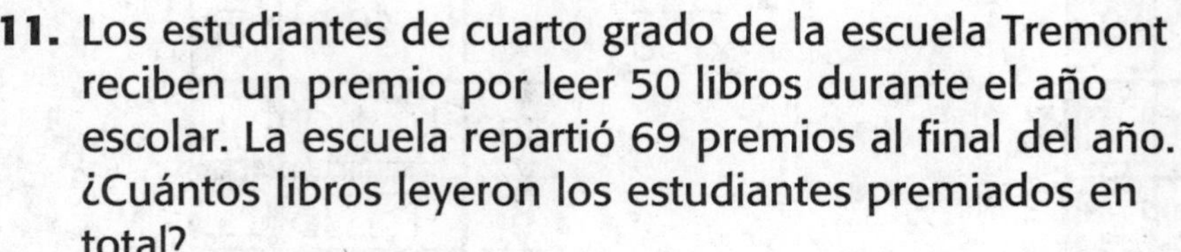

## Problemas S.O.S.

**13.** PRÁCTICA matemática 3 **¿Cuál no pertenece?** Encierra en un círculo el problema de multiplicación que no pertenece al mismo grupo que los otros tres. Explica tu respuesta.

| 22 × 15 | \$45 × 28 | 37 × 18 | \$66 × 25 |
|---|---|---|---|

**14.** **Profundización de la pregunta importante** ¿Por qué el producto de dos números de 2 dígitos nunca puede tener dos dígitos? Explica tu respuesta.

# Mi tarea

**Lección 4**

## Multiplicar por un número de dos dígitos

## Asistente de tareas

¿Necesitas ayuda? connectED.mcgraw-hill.com

**Halla 29 × 56.**

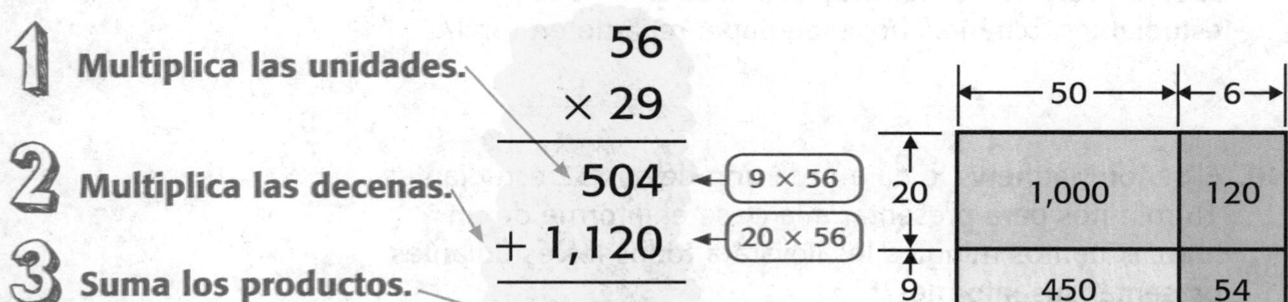


Por lo tanto, 29 × 56 = 1,624.

## Práctica

**Multiplica.**

**1.** 26 × 35

**2.** \$46 × 35

**3.** 79 × 73

**4.** 73 × 51

**5.** 59 × 47

**6.** 94 × 61

**Multiplica.**

**7.** $\begin{array}{r} 44 \\ \times\ 87 \\ \hline \end{array}$

**8.** $\begin{array}{r} 77 \\ \times\ 22 \\ \hline \end{array}$

¡Mi trabajo!

## Resolución de problemas

**9.** Al comienzo del año escolar, la señora Taylor repartió a cada estudiante 75 hojas de papel. Si en su clase hay 32 estudiantes, ¿cuántas hojas de papel repartió en total?

______________________________

**10.** El señor Matthews le da a cada uno de sus 32 estudiantes 15 minutos para presentar a la clase el informe de un libro. ¿Cuántos minutos les llevará a todos los estudiantes presentar sus informes?

______________________________

**11.** PRÁCTICA matemática 2 **Usar símbolos** George junta 25 tarjetas de béisbol por mes. ¿Cuántas tarjetas tendrá al cabo de un año? Completa la ecuación como ayuda para resolver el problema.

$25 \times$ ________ $= n$

______________________________

**12.** Un edificio de oficinas tiene 48 pisos. Cada piso tiene 36 ventanas. ¿Cuántas ventanas tiene el edificio en total?

______________________________

## Práctica para la prueba

**13.** En el gimnasio de la escuela hay 26 filas de tribunas. En el encuentro de motivación, había 17 estudiantes sentados en cada fila. ¿Cuántos estudiantes había en total?

Ⓐ 43 estudiantes　Ⓒ 208 estudiantes

Ⓑ 182 estudiantes　Ⓓ 442 estudiantes

Nombre ............................................................

# Resolver problemas de varios pasos

**Lección 5**

**PREGUNTA IMPORTANTE**
**¿Cómo puedo multiplicar por un número de dos dígitos?**

A veces, se necesita más de una operación para resolver un problema. Una **operación** es un proceso matemático, como la suma, la resta, la multiplicación o la división.

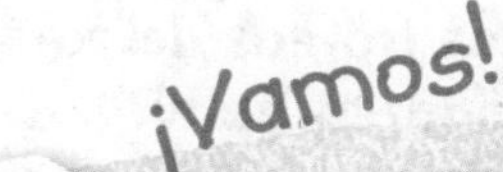

## Las mates y mi mundo

### Ejemplo 1

**Francis gana \$8 por semana paseando perros. Gasta \$3 por semana y ahorra el resto. Un año tiene 52 semanas. ¿Cuánto dinero tendrá ahorrado Francis al final del año?**

Debes hallar (\$8 − \$3) × 52. Las operaciones necesarias para este problema son la resta y la multiplicación.

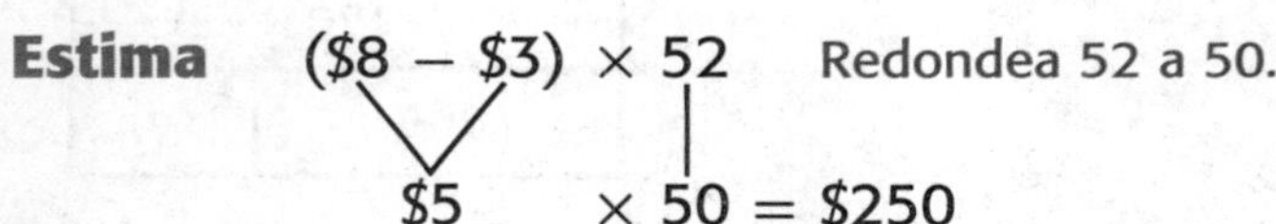

**Estima** (\$8 − \$3) × 52 Redondea 52 a 50.

\$5 × 50 = \$250

**Resta.** (\$8 − \$3) × 52

\$5 × 52

**Multiplica.**

$$\begin{array}{r} 5\ 2 \\ \times\ \ 5 \\ \hline \square\square\square \end{array}$$

Por lo tanto, Francis tendrá \$______.

**Comprueba**

\$______ está cerca de la estimación, \$250. Por lo tanto, la respuesta es correcta.

Puedes representar las cantidades desconocidas con una variable.

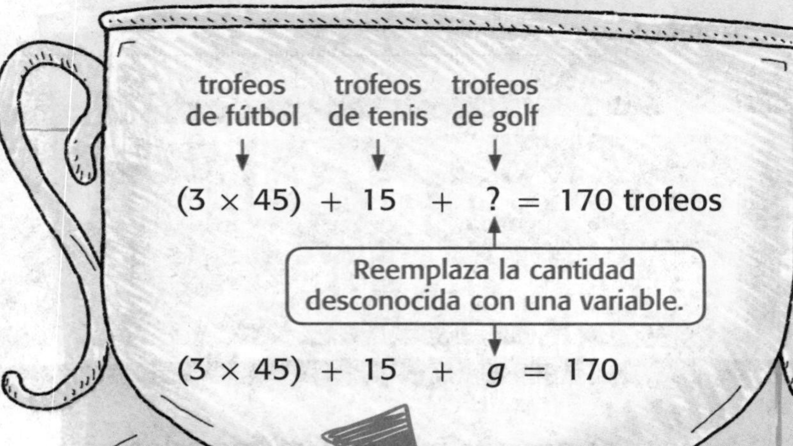


## Ejemplo 2

**El entrenador Murphy compró tres cajas de trofeos. Cada caja contiene 45 trofeos de fútbol. También compró 15 trofeos de tenis y algunos trofeos de golf. En total hay 170 trofeos. Escribe una ecuación que describa la cantidad de trofeos que compró el entrenador Murphy. ¿Cuántos trofeos de golf compró el entrenador Murphy?**

**Escribe una ecuación.**

**Resuelve para hallar la cantidad desconocida.**

**1 Multiplica.**

$(3 \times 45) + 15 + g = 170$

$\square + 15 + g = 170$

**2 Suma.**

$135 + 15 + g = 170$

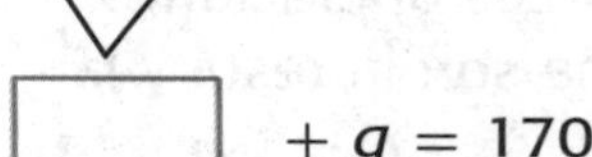

$\square + g = 170$

**3 Resta.**

$150 + g = 170$

Resta 150 de 170 para hallar el valor de $g$.

$170 - 150 =$ ______

| 170 | |
|---|---|
| **150** | ***g*** |

Por lo tanto, el entrenador Murphy compró ______ trofeos de golf.

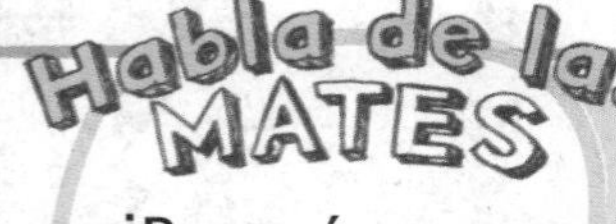


¿Por qué se usan variables?

## Práctica guiada

1. Karrie tiene 20 bolsas de premios. Cada bolsa contiene 4 premios. También tiene una bolsa roja con 13 premios y una bolsa azul donde está el resto de los premios. En total, tiene 100 premios. ¿Cuántos premios hay en la bolsa azul? Escribe una ecuación. Representa el número desconocido con una variable.

______

______

Nombre

# Práctica independiente

**Álgebra Escribe una ecuación para los problemas. Resuelve.**

**2.** Cada perro pequeño en una guardería pesa 35 libras. Cada perro grande pesa 60 libras. Hay 4 perros pequeños y 6 perros grandes. ¿Cuánto pesan los perros en total?

**3.** Suzie tiene práctica de atletismo durante 1 hora los martes y 2 horas los jueves. ¿Cuántas horas de práctica de atletismo tiene Suzie en 15 semanas?

**Álgebra Escribe una ecuación para los problemas. Representa el número desconocido con una variable. Resuelve.**

**4.** Warren, Lisa y Tina fueron a la feria. La tabla muestra la cantidad de puntos que ganó Warren en cada juego de la feria.

| Juego | Puntos |
|---|---|
| Jungla de bolos | 24 |
| Arrojar y atrapar | 16 |
| Carrera de conejos | 10 |

Lisa ganó la misma cantidad de puntos que Warren. En total, Warren, Lisa y Tina ganaron 225 puntos. ¿Cuántos puntos ganó Tina?

**5.** Mark compró 4 gorras de $8 cada una. También compró una camiseta de $14 y unos vaqueros. Gastó $68 en total. ¿Cuánto costaron los vaqueros?

## Resolución de problemas

**Usa un cubo numerado para completar los acertijos numéricos.**

6. PRÁCTICA matemática 1 **Seguir intentándolo** Lanza un cubo numerado cuatro veces.

Los números que salieron son: ______,

______, ______ y ______.

Escribe los números en las casillas. Usa cada número una vez. Trata de crear el mayor número posible.

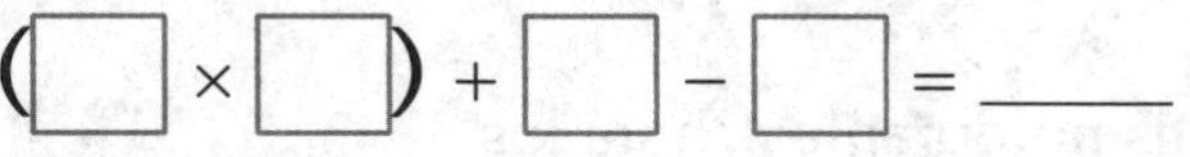

7. Lanza un cubo numerado cuatro veces.

Los números que salieron son: ______, ______, ______

y ______.

Escribe los números en las casillas. Usa cada número una vez. Trata de crear el mayor número posible.

$\square + (\square \times \square) - \square = \_\_\_\_$

### Problemas S.O.S.

8. PRÁCTICA matemática 1 **Entender los problemas** Un autobús tiene 15 filas de asientos. Cada fila tiene 4 asientos. En la primera parada, 25 personas suben al autobús. En la segunda parada, 3 personas bajan del autobús y suben 12 personas. ¿Cuántos asientos vacíos hay después de la segunda parada?

______

______

9. **Profundización de la pregunta importante** ¿Cómo puedo usar ecuaciones para representar problemas del mundo real?

______

______

______

Nombre ..........................................................................



# Mi tarea

**Lección 5**
**Resolver problemas de varios pasos**

## Asistente de tareas

¿Necesitas ayuda? connectED.mcgraw-hill.com

**En una tienda había 3 canastas. En cada canasta había 62 collares. Por la mañana, se vendieron 25 collares. Por la tarde, se devolvieron algunos collares. Al final del día, había 166 collares. ¿Cuántos collares se devolvieron?**

Escribe una ecuación para representar el problema.

| canastas de collares | − | collares vendidos | + | collares devueltos | = total |
|---|---|---|---|---|---|
| ↓ | | ↓ | | ↓ | ↓ |
| $(3 \times 62)$ | − | 25 | + | $c$ | = 166 |

Resuelve para hallar la cantidad desconocida.

**Multiplica.**

$(3 \times 62) - 25 + c = 166$

$\square - 25 + c = 166$

**Resta.**

$186 - 25 + c = 166$

$\square + c = 166$

**Calcula mentalmente.** $161 + c = 166$

$161 + 5 = 166$

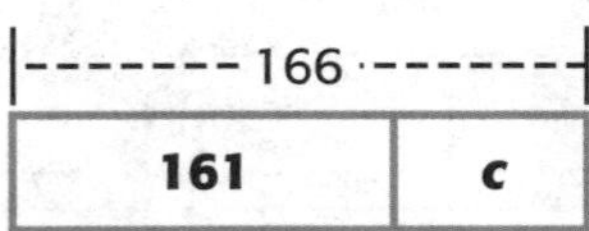


Por lo tanto, se devolvieron 5 collares.

## Práctica

1. Gina trabaja en un restaurante. Gana $6 por hora más propinas. En una semana, trabajó 37 horas y ganó $43 en propinas. ¿Cuánto dinero ganó en total? Escribe una ecuación. Representa la incógnita con una variable. Resuelve.

______________________________________________

# Resolución de problemas

**Escribe una ecuación para los problemas. Representa el número desconocido con una variable. Resuelve.**

2. PRÁCTICA matemática 2 **Usar el sentido numérico** Alquilar un auto cuesta \$45 por día. También hay una tarifa de \$12. ¿Cuánto cuesta alquilar un auto durante 5 días, con la tarifa incluida?

_______________

3. En un gimnasio con muro de escalada cobran \$10 por día para escalar. Un par de zapatos para escalar cuesta \$84. Comprar un pase de 6 días para escalar, un par de zapatos para escalar y un arnés cuesta \$169. ¿Cuánto cuesta un arnés?

_______________

4. En una agencia de turismo cobran \$64 cada boleto de autobús y \$82 cada boleto de tren. ¿Cuánto cuesta comprar 3 boletos de autobús y 4 boletos de tren?

_______________

## Comprobación del vocabulario

Vocabulario

5. Rotula las partes de la ecuación. Escribe *operación* o *variable*.

$$n - 100 + r = 54$$

_______ _______ _______

## Práctica para la prueba

6. Hay tres estantes. Cada estante tiene 28 libros. También hay una pila con algunos libros más. En total, hay 85 libros. ¿Qué ecuación representa esa situación?

Ⓐ $(3 \times 28) + l = 85$  Ⓒ $(3 \times 28) + 85 = l$

Ⓑ $(3 + 28) \times l = 85$  Ⓓ $(3 + 28) \times 85 = l$

El mundo real

# Investigación para la resolución de problemas

## ESTRATEGIA: Hacer una tabla

**Lección 6**

**PREGUNTA IMPORTANTE**
**¿Cómo puedo multiplicar por un número de dos dígitos?**

## Aprende la estrategia

Observa Tutor

**En cada carrito de la montaña rusa caben 18 personas. Se llena un nuevo carrito por minuto. Haz una tabla para hallar cuántas personas pueden subir a la montaña rusa en 60 minutos.**

### 1 Comprende

**¿Qué sabes?**

Caben ______ personas por carrito.

**¿Qué debes hallar?**

la cantidad de ______________ que pueden subir en ______ minutos

### 2 Planea

Puedes hacer una tabla para hallar la cantidad de personas que pueden subir en ______ minutos.

### 3 Resuelve

Empieza por hallar el producto de 18 y 10. $18 \times 10 = 180$

| Minutos | 10 | 20 | 30 | 40 | 50 | 60 |
|---|---|---|---|---|---|---|
| Pasajeros | 180 | | | | | |

Por lo tanto, ______ personas pueden subir a la montaña rusa en 60 minutos.

### 4 Comprueba

**¿Tiene sentido tu respuesta? ¿Por qué?**

Sí. ______ × ______ = ______

## Practica la estrategia

**Hay 20 elefantes marinos en un circo. Cada elefante hace malabares con 5 pelotas a la vez. ¿Cuántas pelotas se necesitarán si todos los elefantes marinos actúan al mismo tiempo?**

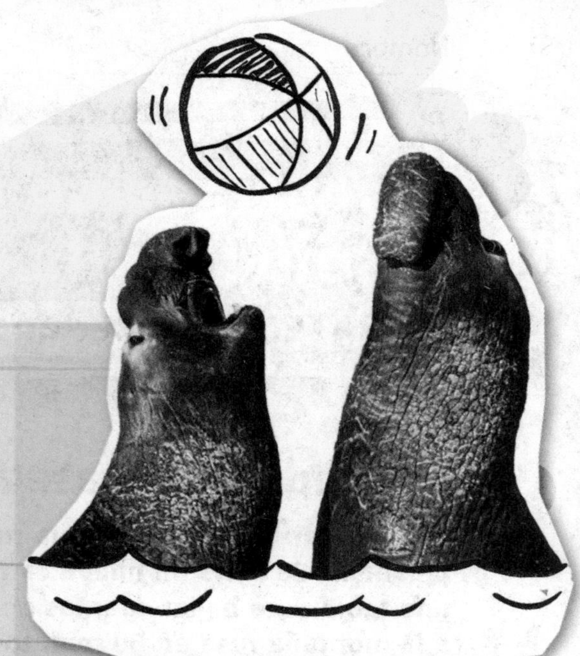

### 1 Comprende

**¿Qué sabes?**

**¿Qué debes hallar?**

### 2 Planea

### 3 Resuelve

### 4 Comprueba

**¿Tiene sentido tu respuesta? ¿Por qué?**

Nombre

# Aplica la estrategia

**Haz una tabla para resolver los problemas.**

**1.** Se muestra una página del álbum de Dana. Dana coloca la misma cantidad de adhesivos en cada página. Tiene 30 páginas de adhesivos. ¿Cuántos adhesivos tiene en total?

Dana tiene ______ adhesivos en total.

**2.** En la escuela West Glenn hay 23 estudiantes en cada clase. Hay 6 clases de cuarto grado. Aproximadamente, ¿cuántos estudiantes de cuarto grado hay en total?

Hay aproximadamente ______ estudiantes.
¿Cómo resolviste el problema?

______

______

______

**3.** PRÁCTICA matemática 3 **Sacar una conclusión**
Evita completó 30 problemas de su tarea de Matemáticas por noche. Tiene tarea de matemáticas cinco noches por semana. Escribe un problema del mundo real con esa información. Luego, resuélvelo.

______

______

______

**4.** Ling hace ejercicio durante 30 minutos 2 veces por día. Si hace esto durante 30 días, ¿cuántos minutos de ejercicio hará en total?

______

¡Mi trabajo!

CCSS

# Repasa las estrategias

**Usa cualquier estrategia para resolver los problemas.**

- Hacer una tabla.
- Hallar una estimación o la respuesta exacta.
- Hallar respuestas razonables.
- Dibujar un diagrama.

**5.** Corey y sus 2 amigos ganan $12 cada uno por trabajos de jardinería. ¿Cuánto dinero les pagarán en total si trabajan en 5 jardines? Haz una tabla.

3 amigos × $12 por jardín = $36

| 1 jardín | 2 jardines | | | |
|---|---|---|---|---|
| $36 | | | | |

¡Mi trabajo!

**6.** Un lémur duerme 16 horas por día. Un perezoso duerme 4 horas más por día que un lémur. ¿Cuántas horas duermen en total un lémur y un perezoso durante dos días?

**7.** Un lagarto come 6 grillos por día. ¿Cuántos grillos come en 13 semanas?

**8.** PRÁCTICA matemática 5 **Usar herramientas de las mates** Escribe un problema del mundo real en el que debas hacer una tabla para hallar la respuesta.

**9.** Pete pasa leyendo 30 minutos por noche. ¿Cuántas horas pasa leyendo en un mes de 30 días?

# Mi tarea

**Lección 6**
**Resolución de problemas: Hacer una tabla**

## Asistente de tareas

¿Necesitas ayuda? connectED.mcgraw-hill.com

**En la cafetería de la escuela sirven el desayuno para 48 estudiantes cada mañana. En una semana de 5 días de escuela, ¿cuántos desayunos van a servir?**

**Comprende**
Sé que les sirven el desayuno a 48 estudiantes cada mañana durante 5 días.

**2 Planea**
Puedo hacer una tabla para hallar $48 \times 5$.

**3 Resuelve**

| Día | 1 | 2 | 3 | 4 | 5 |
|---|---|---|---|---|---|
| Desayunos servidos | 48 | 96 | 144 | 192 | 240 |

Por lo tanto, en una semana sirven el desayuno 240 veces.

**Comprueba**
Multiplica $5 \times 48$.
$5 \times 48 = 240$

## Resolución de problemas

1. La clase de la señora Shelley está leyendo *El león, la bruja y el ropero*. Si leen 16 páginas por semana, ¿cuántas páginas pueden leer en 5 semanas? Haz una tabla para resolver el problema.

| Semana | | | | | |
|---|---|---|---|---|---|
| Páginas | | | | | |

**Haz una tabla para resolver los problemas.**

2. PRÁCTICA matemática 8 **Buscar un patrón**
Fiona encuentra un caracol el primer día que pasa en la playa. Cada día de esa semana, encuentra el doble de caracoles que el día anterior. ¿Cuántos caracoles encuentra Fiona el séptimo día?

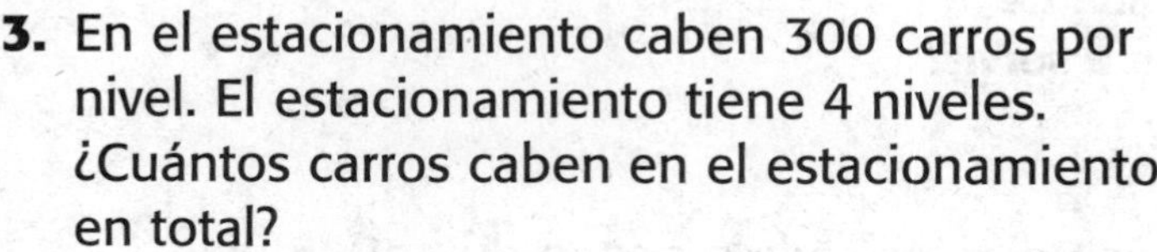


3. En el estacionamiento caben 300 carros por nivel. El estacionamiento tiene 4 niveles. ¿Cuántos carros caben en el estacionamiento en total?

4. Jonah pone la mesa para el desayuno y la cena todos los lunes, miércoles y viernes. ¿Cuántas veces pone la mesa en seis semanas?

5. Tony y su hermano deben escribir 20 tarjetas de agradecimiento entre los dos. Si cada uno escribe 2 tarjetas por día, ¿cuántos días tardarán en terminar?

6. En un recital de danza, cada bailarina actúa durante 13 minutos. Si deben actuar 6 bailarinas, ¿cuánto dura el recital?

| Bailarinas | | | | | | |
|---|---|---|---|---|---|---|
| Minutos | | | | | | |

# Repaso

**Capítulo 5**

**Multiplicar con números de dos dígitos**

## Comprobación del vocabulario

**Usa las palabras de la lista para escribir la palabra correcta en los espacios en blanco.**

**operación** **productos parciales** **propiedad asociativa**

**propiedad conmutativa** **propiedad distributiva**

**1.** Esta propiedad establece que el orden en que se multiplican dos números no altera el producto.

$23 \times 11 = 11 \times 23$

_______________

**2.** En la ecuación $32 \times 10 = 320$, el signo de multiplicación representa este proceso.

_______________

**3.**

$$\begin{array}{r} 18 \\ \times\ 27 \\ \hline 126 \\ +\ 360 \\ \hline 486 \end{array}$$

(126 y 360 →) _______________

**4.** Esta propiedad establece que la manera de agrupar los factores no altera el producto.

_______________

**5.** Esta propiedad establece que multiplicar una suma por un número es lo mismo que multiplicar cada sumando por el número y luego sumar los productos.

$$\begin{aligned} 2 \times 12 &= 2 \times (10 + 2) \\ &= (2 \times 10) + (2 \times 2) \\ &= 20 + 4 \\ &= 24 \end{aligned}$$

_______________

## Comprobación del concepto 

**Multiplica.**

**6.** $\begin{array}{r} 90 \\ \times\ 90 \\ \hline \end{array}$

**7.** $\begin{array}{r} 34 \\ \times\ 80 \\ \hline \end{array}$

**8.** $\begin{array}{r} \$28 \\ \times\ 40 \\ \hline \end{array}$

**9.** $\begin{array}{r} \$45 \\ \times\ 30 \\ \hline \end{array}$

**Estima. Encierra en un círculo si la estimación es *mayor* o *menor* que el producto real.**

**10.** $\begin{array}{r} \$24 \\ \times\ 31 \\ \hline \end{array}$ → × ____

mayor

menor

**11.** $\begin{array}{r} 48 \\ \times\ 89 \\ \hline \end{array}$ → × ____

mayor

menor

**12.** $\begin{array}{r} 37 \\ \times\ 66 \\ \hline \end{array}$ → × ____

mayor

menor

**13.** $\begin{array}{r} \$52 \\ \times\ 84 \\ \hline \end{array}$ → × ____

mayor

menor

**Multiplica.**

**14.** $\begin{array}{r} 63 \\ \times\ 46 \\ \hline \end{array}$

**15.** $\begin{array}{r} 26 \\ \times\ 34 \\ \hline \end{array}$

**16.** $\begin{array}{r} \$72 \\ \times\ 49 \\ \hline \end{array}$

**17.** $\begin{array}{r} \$55 \\ \times\ 41 \\ \hline \end{array}$

Nombre

## Resolución de problemas

**18.** Un entrenador de fútbol americano encarga 30 camisetas para su equipo de fútbol. Las camisetas cuestan $29 cada una. ¿Cuál es el costo total de las camisetas?

**19.** Julio anota 18 puntos en cada partido de básquetbol. Si en una temporada hay 14 partidos y Julio sigue anotando 18 puntos por partido, ¿cuántos puntos anotará Julio?

**20.** En cada clase hay 30 estudiantes. Hay 27 salones de clase. ¿Cuántos estudiantes hay en total?

**21.** Tamara gana $12 por hora. Esta semana trabajó 28 horas. Aproximadamente, ¿cuánto dinero ganará?

**22.** La mesada de Austin es $15 por semana. Gasta $4 por semana en tarjetas de béisbol. ¿Cuánto dinero tendrá Austin al cabo de 12 semanas?

¡Mi trabajo!

## Práctica para la prueba

**23.** Una lata gigante de vegetales contiene 36 porciones. ¿Cuántas porciones de vegetales contienen 18 latas?

Ⓐ 648 porciones Ⓒ 608 porciones

Ⓑ 324 porciones Ⓓ 54 porciones

# Pienso

**Capítulo 5**

**Respuesta a la**

PREGUNTA IMPORTANTE

**Usa lo que aprendiste acerca de la multiplicación con números de dos dígitos para completar el organizador gráfico.**

**Escribe el ejemplo**

**Problema del mundo real**

PREGUNTA IMPORTANTE

**¿Cómo puedo multiplicar por un número de dos dígitos?**

**Vocabulario**

**Estimación**

**Piensa sobre la** PREGUNTA IMPORTANTE.  **Escribe tu respuesta.**

Capítulo

# Dividir entre un número de un dígito

**PREGUNTA IMPORTANTE**

**¿Cómo afecta la división a los números?**

¡Vamos de viaje!

# Mis estándares estatales

## Números y operaciones del sistema decimal

**4.NBT.1** Reconocer que en un número natural de varios dígitos, un dígito ubicado en determinada posición representa diez veces lo que representa en la posición que se encuentra a su derecha.

**4.NBT.3** Usar la comprensión del valor posicional para redondear números naturales de varios dígitos a cualquier posición.

**4.NBT.6** Hallar cocientes y residuos que sean números naturales con dividendos de hasta cuatro dígitos y divisores de un dígito, usando estrategias basadas en el valor posicional, las propiedades de las operaciones o la relación entre la multiplicación y la división. Ilustrar y explicar el cálculo mediante ecuaciones, arreglos rectangulares o modelos de área.

**Operaciones y razonamiento algebraico** *Este capítulo también trata estos estándares:*

**4.OA.3** Resolver problemas contextualizados de varios pasos planteados con números naturales, con respuestas en números naturales obtenidas mediante las cuatro operaciones, incluidos problemas en los que es necesario interpretar los residuos. Representar esos problemas mediante ecuaciones con una letra que represente la cantidad desconocida. Evaluar si las respuestas son razonables mediante cálculos mentales y estrategias de estimación que incluyan el redondeo.

**4.OA.4** Hallar todos los pares de factores para un número natural entre el 1 y el 100. Reconocer que un número natural es un múltiplo de cada uno de sus factores. Determinar si un número natural dado entre el 1 y el 100 es múltiplo de un número dado de un dígito. Determinar si un número natural dado entre el 1 y el 100 es primo o compuesto.

### Estándares para las PRÁCTICAS matemáticas

1. Entender los problemas y perseverar en la búsqueda de una solución.
2. Razonar de manera abstracta y cuantitativa.
3. Construir argumentos viables y hacer un análisis del razonamiento de los demás.
4. Representar con matemáticas.
5. Usar estratégicamente las herramientas apropiadas.
6. Prestar atención a la precisión.
7. Buscar una estructura y usarla.
8. Buscar y expresar regularidad en el razonamiento repetido.

= Se trabaja en este capítulo.

¡Qué bien! ¡Saber esto va a ser muy útil!

Nombre ............................................................

# Antes de seguir...

Conéctate para hacer la prueba de preparación.

**Resta.**

**1.** 1,025 − 6

**2.** 2,642 − 8

**3.** 3,467 − 29

**4.** 7,024 − 15 = ______

**5.** 1,331 − 17 = ______

**6.** 6,050 − 23 = ______

**7.** El libro de Gerardo tiene 1,080 páginas. Gerardo leyó 1,038 páginas. ¿Cuántas páginas le quedan para leer?

______

**Divide.**

**8.** $2\overline{)16}$

**9.** $3\overline{)9}$

**10.** $3\overline{)24}$

**11.** 35 ÷ 5 = ______

**12.** 48 ÷ 8 = ______

**13.** 56 ÷ 7 = ______

**14.** Sharon tiene $32. Quiere comprar unos CD que cuestan $8 cada uno. ¿Cuántos CD puede comprar?

______



**Sombrea las casillas para mostrar los problemas que respondiste correctamente.**

**¿Cómo me fue?**

| 1 | 2 | 3 | 4 | 5 | 6 | 7 | 8 | 9 | 10 | 11 | 12 | 13 | 14 |
|---|---|---|---|---|---|---|---|---|---|---|---|---|---|

Nombre ..........................................................

# Las palabras de mis mates

## Repaso del vocabulario

cociente dividendo divisor

**Haz conexiones**

Lee el problema. Usa las palabras del repaso del vocabulario para describir qué representa cada número.

En un estanque local viven 36 gansos de Canadá. Los gansos viven en grupos. Cada grupo tiene 9 gansos. ¿Cuántos grupos de gansos de Canadá hay?

La cantidad total de gansos de Canadá es ________. Ese número representa el ________.

Hay ________ gansos de Canadá en cada grupo. Ese número representa el ________.

La cantidad de grupos que viven en el estanque representa el ________.

Escribe y resuelve un enunciado de división relacionado con el problema. Encierra en un círculo el cociente.

________________________________________

# Mis tarjetas de vocabulario

Lección 6-8

## cocientes parciales

```
4)624
 - 500    125 ← cociente parcial
   124
 - 100     25 ← cociente parcial
    24
  - 24      6 ← cociente parcial
```

125 + 25 + 6 = 156

Lección 6-2

## números compatibles

Estima 4,588 ÷ 9

4,500 ÷ 9

números compatibles

Lección 6-3

## residuo

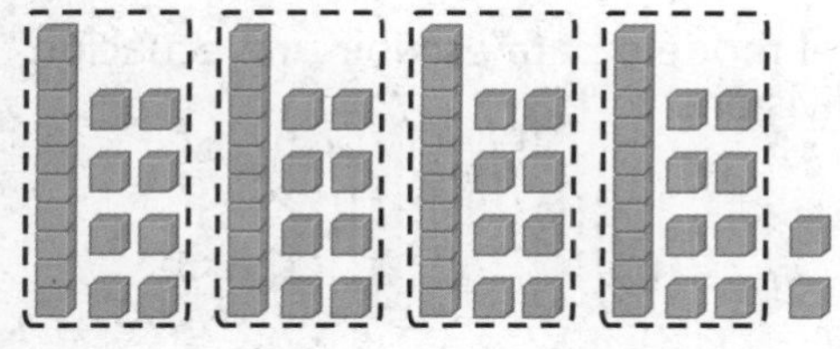

74 ÷ 4 = 18 R2

## Sugerencias

- Trabaja con un compañero o una compañera para identificar la categoría gramatical de cada palabra. Consulten un diccionario para comprobar las respuestas.
- Usa las tarjetas en blanco para crear tus propias tarjetas de vocabulario.

Números de un problema con los cuales es fácil trabajar mentalmente.

**¿Cómo puedes usar operaciones básicas para estimar un cociente?**

Método de división en el que el dividendo se separa en partes que son fáciles de dividir.

**¿Cómo te ayuda el significado de *parcial* a recordar esta palabra del vocabulario?**

Número que queda después de dividir un número natural entre otro.

**Usa el modelo para escribir una ecuación de división.**

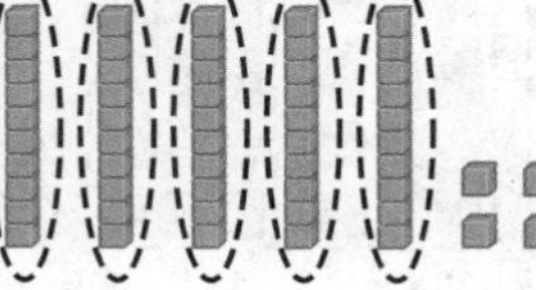

# Mi modelo de papel

**FOLDABLES®** Sigue los pasos que aparecen en el reverso para hacer tu modelo de papel.



**D**ivide.

$2\overline{)42}$ $2\overline{)37}$ R $3\overline{)38}$

**M**ultiplica.

**R**esta. Compara.

**B**aja. Empieza de nuevo.

¿Residuo?

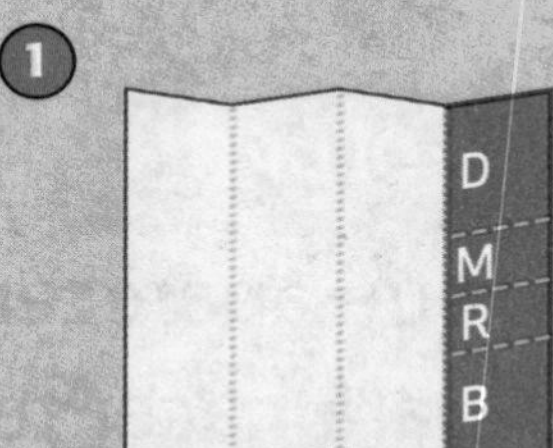


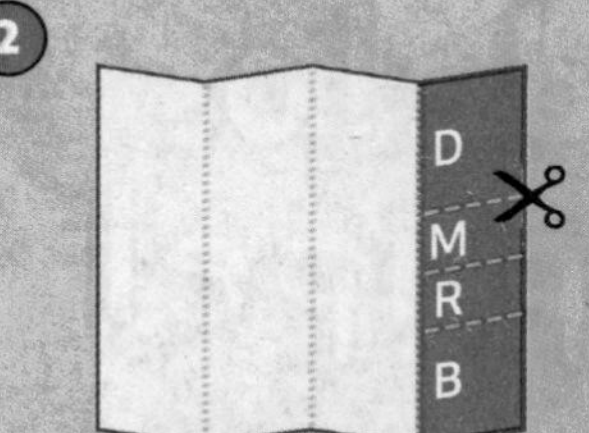


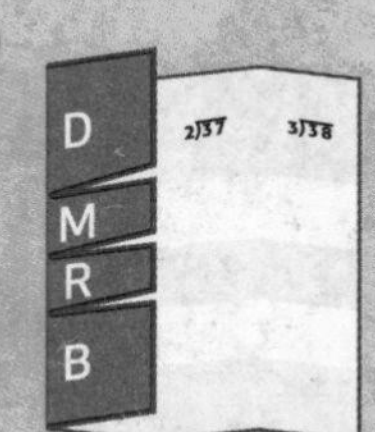


**D**ivide

**M**ucho y

**R**eparte

**B**ien

Nombre ..........................................................................



# Dividir múltiplos de 10, 100 y 1,000

**Lección 1**

**PREGUNTA IMPORTANTE**
**¿Cómo afecta la división a los números?**

Usas el valor posicional y patrones para dividir dividendos que son múltiplos de 10, 100 y 1,000.

## Las mates y mi mundo

### Ejemplo 1

**La familia de Anita fue de vacaciones a un parque de diversiones. El parque tiene 5 entradas. Por ellas pasaron 1,500 personas que se separaron en filas iguales. ¿Cuántas personas hay en cada fila?**

Divide 1,500 personas entre 5 grupos iguales.

**Una manera** **Usa un patrón de multiplicación.**

$5 \times 3 = 15$ ⟶ $15 \div 5 = 3$

$5 \times 30 = 150$ ⟶ $150 \div 5 = 30$

$5 \times 300 = 1{,}500$ ⟶ $1{,}500 \div 5 =$ ______

**Otra manera** **Usa una operación básica y el valor posicional.**

$15 \div 5 = 3$ ⟵ operación básica

$150 \div 5 = 30$ ⟵ 150 es 10 veces más que 15. Por lo tanto, el cociente, 30, es 10 veces más que 3.

$1{,}500 \div 5 =$ ______ ⟵ 1,500 es 100 veces más que 15. Por lo tanto, el cociente es 100 veces más que 3.

Por lo tanto, en cada fila hay ______ personas.

## Ejemplo 2

**Halla el cociente de 2,400 y 4.**

Halla 2,400 ÷ 4.

**Una manera** **Usa un patrón de multiplicación.**

$4 \times 6 = 24$ ⟶ $24 \div 4 = 6$

$4 \times 60 = 240$ ⟶ $240 \div 4 = 60$

$4 \times 600 = 2{,}400$ ⟶ $2{,}400 \div 4 =$ ______

**Otra manera** **Usa una operación básica y el valor posicional.**

$24 \div 4 = 6$ ⟵ operación básica

$240 \div 4 = 60$ ⟵ 240 = 10 × 24. Por lo tanto, 60 = 10 × 6.

$2{,}400 \div 4 =$ ______ ⟵ 2,400 = 100 × 24. Por lo tanto, el cociente es 100 veces más que 6.

Por lo tanto, $2{,}400 \div 4 =$ ______.

### Comprueba

Multiplica para comprobar la división.

$2{,}400 \div 4 =$ ______

______ $\times 4 = 2{,}400$

¿Qué operación básica te ayudará a hallar el cociente de 4,200 y 7?

## Práctica guiada 

**Completa los patrones.**

**1.** $12 \div 4 =$ ______

$120 \div 4 =$ ______

$1{,}200 \div 4 =$ ______

**2.** $36 \div 9 =$ ______

$360 \div 9 =$ ______

$3{,}600 \div 9 =$ ______

**Divide. Usa patrones y el valor posicional.**

**3.** $\$400 \div 2 =$ ______

**4.** $1{,}600 \div 4 =$ ______

Nombre ........................................



## Práctica independiente

**Completa los patrones.**

**5.** 12 ÷ 2 = ______

120 ÷ 2 = ______

1,200 ÷ 2 = ______

**6.** 54 ÷ 9 = ______

540 ÷ 9 = ______

5,400 ÷ 9 = ______

**7.** $36 ÷ 4 = ______

$360 ÷ 4 = ______

$3,600 ÷ 4 = ______

**8.** 42 ÷ 6 = ______

420 ÷ 6 = ______

4,200 ÷ 6 = ______

**9.** $28 ÷ 7 = ______

$280 ÷ 7 = ______

$2,800 ÷ 7 = ______

**10.** $72 ÷ 8 = ______

$720 ÷ 8 = ______

$7,200 ÷ 8 = ______

**Divide. Usa patrones y el valor posicional.**

**11.** 200 ÷ 5 = ______

**12.** $600 ÷ 3 = ______

**13.** 900 ÷ 3 = ______

**14.** 800 ÷ 2 = ______

**15.** $1,400 ÷ 7 = ______

**16.** 4,500 ÷ 5 = ______

**17.** $3,500 ÷ 5 = ______

**18.** 6,300 ÷ 9 = ______

**19.** $6,400 ÷ 8 = ______

**20.** 1,600 ÷ 8 = ______

**21.** 5,400 ÷ 6 = ______

**22.** $8,100 ÷ 9 = ______

# Resolución de problemas

Los animales migran debido a factores como el clima y la disponibilidad de alimentos. En la tabla se muestran algunas distancias de migración.

| Migración | |
|---|---|
| **Animales** | **Distancia (en millas)** |
| Caribú | 2,400 |
| Langosta del desierto | 2,800 |
| Tortuga verde | 1,400 |

¡Mi trabajo!

**23.** Imagina que un grupo de tortugas verdes recorre 7 millas por día. ¿Cuántos días tomará la migración?

______________________________

**24.** PRÁCTICA matemática 4 **Representar las mates** Una manada de caribús migró en 8 meses la distancia que se muestra. Si recorrieron la misma distancia todos los meses, ¿cuántas millas recorrieron por mes?

______________________________

## Problemas S.O.S.

**25.** PRÁCTICA matemática 5 **Calcular mentalmente** Calcula mentalmente para indicar qué operación tiene un mayor cociente: 1,500 ÷ 3 o 2,400 ÷ 6. Explica tu respuesta.

______________________________

______________________________

______________________________

**26.** PRÁCTICA matemática 1 **Planear la solución** Completa la ecuación.

☐,80☐ ÷ 6 = ☐☐☐

**27.** **Profundización de la pregunta importante** ¿Por qué se necesitan las operaciones básicas al dividir números grandes?

______________________________

______________________________

______________________________

Nombre ..............................................

# Mi tarea

**Lección 1**
**Dividir múltiplos de 10, 100 y 1,000**

## Asistente de tareas

¿Necesitas ayuda? connectED.mcgraw-hill.com

**Halla 2,700 ÷ 9.**

El dividendo, 2,700, es un múltiplo de 100. Puedes usar una operación básica y el valor posicional para resolver.

27 ÷ 9 = 3 ← Esta es la operación básica.

270 ÷ 9 = 30 ← Observa el patrón: 270 es 10 × 27, y 30 es 10 × 3.

2,700 ÷ 9 = 300 ← Continúa el patrón: 2,700 es 100 × 27, y 300 es 100 × 3.

Por lo tanto, 2,700 ÷ 9 = 300.

## Práctica

**Completa los patrones.**

**1.** 24 ÷ 3 = ______
240 ÷ 3 = ______
2,400 ÷ 3 = ______

**2.** 32 ÷ 8 = ______
320 ÷ 8 = ______
3,200 ÷ 8 = ______

**3.** 45 ÷ 5 = ______
450 ÷ 5 = ______
4,500 ÷ 5 = ______

**4.** 56 ÷ 8 = ______
560 ÷ 8 = ______
5,600 ÷ 8 = ______

**Divide. Usa patrones y el valor posicional.**

**5.** 1,000 ÷ 2 = ______

**6.** 500 ÷ 10 = ______

**7.** 300 ÷ 5 = ______

**8.** 2,100 ÷ 3 = ______

**9.** 7,200 ÷ 9 = ______

**10.** $2,000 ÷ 4 = ______

**11.** 4,200 ÷ 7 = ______

**12.** $2,400 ÷ 6 = ______

## Resolución de problemas

13. PRÁCTICA matemática 5 **Usar herramientas de las mates** En la tienda de electrónica, se vendieron 4 computadoras portátiles en un día. El costo total de las computadoras fue $3,600. Si cada computadora cuesta lo mismo, ¿cuánto costó cada computadora?

______________

14. La familia Thompson conducirá 1,500 millas para visitar a sus parientes. Planean conducir la misma distancia cada día. Si los Thompson completan el viaje en 3 días, ¿cuántas millas conducirán por día?

______________

Si completan el viaje en 5 días, ¿cuántas millas conducirán por día?

______________

15. Linus tiene 160 tarjetas de béisbol que quiere repartir entre sus 4 primos. Si divide las tarjetas en partes iguales, ¿cuántas tarjetas le dará a cada primo?

______________

16. El año pasado, Carlota ganó $1,200 cuidando niños. Carlota cobra $6 por hora. ¿Cuántas horas en total pasó Carlota cuidando niños el año pasado?

______________

## Práctica para la prueba

17. En un viaje a la Ciudad de Nueva York, 8 personas gastaron $2,400 en total en habitaciones de hotel. Si repartieron los costos en partes iguales, ¿cuánto gastó cada persona?

Ⓐ $400 Ⓒ $40

Ⓑ $300 Ⓓ $30

Nombre ..........................................

# Estimar cocientes

**Lección 2**

**PREGUNTA IMPORTANTE**
**¿Cómo afecta la división a los números?**

Hay diferentes maneras de estimar cocientes. Una manera es usar números compatibles. Los **números compatibles** son números con los que es fácil calcular mentalmente.

## Las mates y mi mundo

### Ejemplo 1

**Los circos existen desde hace más de 200 años. A veces se trasladan en tren. Imagina que un circo recorre 642 millas en 8 horas. Estima el cociente de 642 y 8 para hallar aproximadamente cuántas millas por hora recorre el tren.**

**Estima** $642 \div 8$.

$642 \div 8$

642 está cerca de 640.

640 y 8 son números compatibles porque es fácil dividirlos mentalmente.

$640 \div 8 =$ ______

**Pista**

64 y 8 son miembros de una familia de operaciones.

$8 \times 8 = 64$

$64 \div 8 = 8$

Por lo tanto, el tren recorre aproximadamente ______ millas por hora.

# Ejemplo 2 

**Isabella tiene 6 juegos de té en su colección. La colección vale $1,168. Cada juego de té vale la misma cantidad de dinero. Aproximadamente, ¿cuánto vale cada juego de té?**

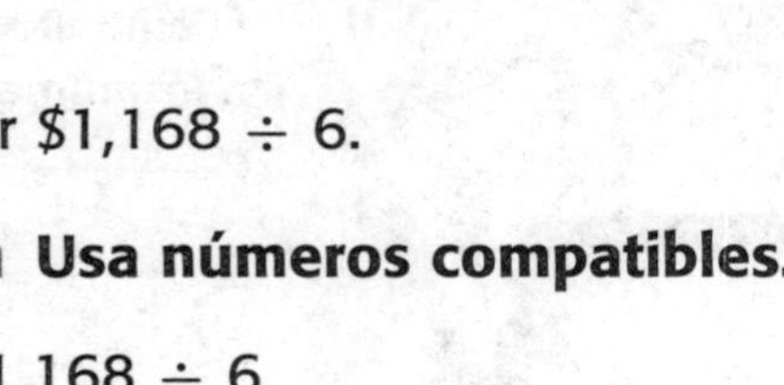

Debes estimar $1,168 ÷ 6.

**Una manera Usa números compatibles.**

$1,168 ÷ 6

1,168 está cerca de $1,200. $1,200 y 6 son números compatibles porque es fácil dividirlos mentalmente.

$1,200 ÷ 6 = $______

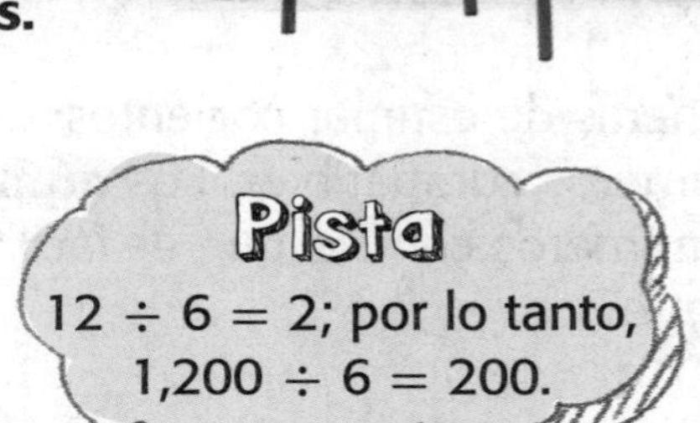

**Pista**
12 ÷ 6 = 2; por lo tanto, 1,200 ÷ 6 = 200.

**Otra manera Usa una operación básica y el valor posicional.**

$1,168 ÷ 6 ← ¿Qué operación básica de multiplicación está cerca de los números del problema?

6 × 2 = 12

6 × 20 = 120

6 × ______ = 1,200

Por lo tanto, cada juego de té vale aproximadamente ______.

**Comprueba**

Multiplica para comprobar la división.

1,200 ÷ 6 = ______

______ × 6 = 1,200

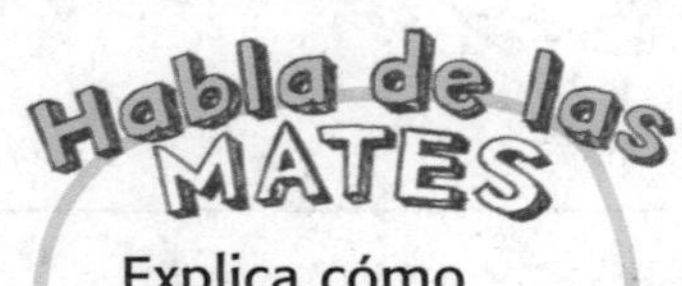


Explica cómo estimar $4,782 ÷ 6.

# Práctica guiada 

**1.** Estima. Multiplica para comprobar la estimación.

161 ÷ 4

______ ÷ ______ = ______

**Comprobación:** ______ × ______ = ______

Nombre

## Práctica independiente

**Estima. Multiplica para comprobar las estimaciones.**

**2.** 123 ÷ 3

**3.** \$244 ÷ 6

**4.** 162 ÷ 2

**5.** 345 ÷ 7

**6.** 538 ÷ 6

**7.** 415 ÷ 6

**8.** \$1,406 ÷ 7

**9.** 2,431 ÷ 8

**10.** \$2,719 ÷ 9

**Álgebra** **Calcula mentalmente para hallar una estimación del número desconocido.**

**11.** $4{,}187 \div 7 = f$

$f$ es aproximadamente ______.

**12.** $\$7{,}160 \div c = \$800$

$c$ es aproximadamente ______.

**13.** $8{,}052 \div 9 = t$

$t$ es aproximadamente ______.

# Resolución de problemas

**En los ejercicios 14 y 15, usa la siguiente información.** El senderismo por cabañas consiste en hacer senderismo y pasar la noche en cabañas.

**14.** El costo total para los 5 integrantes de la familia Valdez para hacer senderismo por cabañas durante 6 días es $2,475. Aproximadamente, ¿cuánto cuesta por cada integrante de la familia?

______________________

**15.** Ricardo debe escalar una colina de 361 pies para llegar a la próxima cabaña. Aproximadamente, ¿a cuántas yardas está de la próxima cabaña? (*Pista:* 3 pies = 1 yarda)

______________________

¡Mi trabajo!

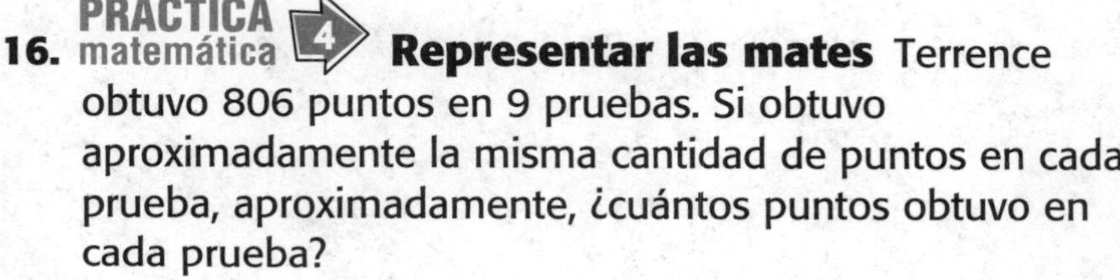

**16.** PRÁCTICA matemática 4 **Representar las mates** Terrence obtuvo 806 puntos en 9 pruebas. Si obtuvo aproximadamente la misma cantidad de puntos en cada prueba, aproximadamente, ¿cuántos puntos obtuvo en cada prueba?

______________________

**17.** En una granja hay 8 filas de plantas de frijol. En total hay 1,600 plantas de frijol. Cada fila tiene la misma cantidad de plantas. ¿Cuántas plantas hay en cada fila?

______________________

## Problemas S.O.S.

**18.** PRÁCTICA matemática 1 **Hacer un plan** El cociente estimado de un enunciado de división es 200. ¿Cuál podría ser el enunciado de división?

______________________

**19.** **Profundización de la pregunta importante** ¿Cómo puedes estimar cocientes?

______________________

______________________

______________________

Nombre



# Mi tarea

Lección 2
Estimar cocientes

## Asistente de tareas

¿Necesitas ayuda? connectED.mcgraw-hill.com

**Estima** $122 \div 3$.

Halla números compatibles, o números que sean fáciles de dividir mentalmente.
122 está cerca de 120. 120 y 3 son números compatibles porque son fáciles de dividir mentalmente.

Divide usando los números compatibles. $120 \div 3 = 40$

**Pista**
$12 \div 3 = 4$; por lo tanto, $120 \div 3 = 40$.

**Comprueba**
Usa la multiplicación. $3 \times 40 = 120$
Por lo tanto, una buena estimación de $122 \div 3$ es 40.

## Práctica

**Estima. Multiplica para comprobar las estimaciones.**

| | | |
|---|---|---|
| **1.** $184 \div 9$ | **2.** $\$149 \div 5$ | **3.** $241 \div 8$ |
| **4.** $\$422 \div 6$ | **5.** $637 \div 8$ | **6.** $\$3,611 \div 6$ |
| **7.** $1,175 \div 4$ | **8.** $5,421 \div 9$ | **9.** $\$2,782 \div 7$ |

**Álgebra Calcula mentalmente para hallar una estimación del número desconocido.**

**10.** $8{,}122 \div 9 = d$

$d$ es aproximadamente ____________.

**11.** $3{,}030 \div m = 600$

$m$ es aproximadamente ____________.

**12.** $4{,}883 \div 7 = h$

$h$ es aproximadamente ____________.

## Resolución de problemas

**Estima. Multiplica para comprobar las estimaciones.**

**13.** PRÁCTICA matemática 4 **Representar las mates** En agosto, 2,760 personas fueron a ver conciertos al estadio Cooper Arena. Aproximadamente la misma cantidad de personas fue a ver cada uno de los 5 conciertos. Aproximadamente, ¿cuántas personas asistieron a cada concierto?

____________________

**14.** Un patio está dividido en 6 secciones; cada sección contiene la misma cantidad de baldosas. El patio tiene 2,889 baldosas en total. Aproximadamente, ¿cuántas baldosas tiene cada sección?

____________________

**15.** El señor Morgan es dueño de una heladería. El fin de semana pasado, ganó $1,380. El señor Morgan cobra $2 por cada bola de helado. Aproximadamente, ¿cuántas bolas de helado vendió el fin de semana pasado?

____________________

## Comprobación del vocabulario

**16.** Encierra en un círculo los números compatibles que podrías usar para estimar $3{,}616 \div 9$.

$3{,}700 \div 9$ $3{,}600 \div 9$ $3{,}620 \div 9$

## Práctica para la prueba

**17.** La señora Scholl tomó 632 pruebas durante el año escolar. Tuvo 3 ayudantes que calificaron las pruebas. Aproximadamente, ¿cuántas pruebas calificó cada ayudante?

Ⓐ 315 pruebas
Ⓑ 310 pruebas
Ⓒ 210 pruebas
Ⓓ 200 pruebas

Nombre ..............................



# Manos a la obra
## Usar el valor posicional para dividir

**Lección 3**

**PREGUNTA IMPORTANTE**
**¿Cómo afecta la división a los números?**

## Construyelo

**Halla 39 ÷ 3.**

1. **Representa el dividendo, 39.**
   Usa bloques de base diez para mostrar 3 decenas y 9 unidades, que representan el 39.

2. **Divide las decenas.**
   El divisor es 3. Por lo tanto, divide las decenas entre 3 grupos iguales.

   Hay ____ decena en cada grupo.

3. **Divide las unidades.**
   Divide las unidades entre 3 grupos iguales.

   Hay ____ unidades en cada grupo.

   Haz un dibujo para mostrar los grupos iguales.

¡Mi dibujo!

Hay ____ decena y ____ unidades en cada grupo.

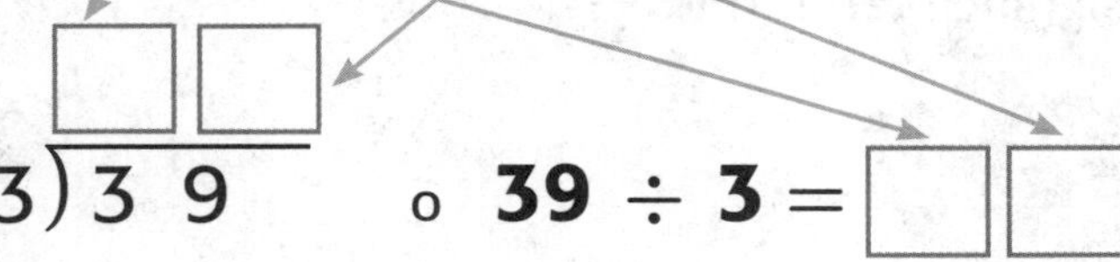

3)3 9   o   **39 ÷ 3 =** ☐☐

Por lo tanto, el cociente es ____.

## Inténtalo

Algunos números no se dividen en partes iguales. La cantidad que queda se llama **residuo**. Usa la letra R mayúscula para denotar el residuo.

**Usa bloques de base diez para hallar 68 ÷ 5.**

1. **Representa el dividendo.** Usa 6 decenas y 8 unidades para mostrar el 68.

2. **Divide las decenas.** Divide las decenas entre 5 grupos iguales. Hay ____ decena en cada grupo. Reagrupa la decena que queda en 10 unidades. Hay ____ unidades en total.

3. **Divide las unidades.** Divide las unidades entre 5 grupos iguales. Haz un dibujo para mostrar los grupos iguales.

Hay 1 decena y 3 unidades en cada grupo. Quedan 3 unidades.

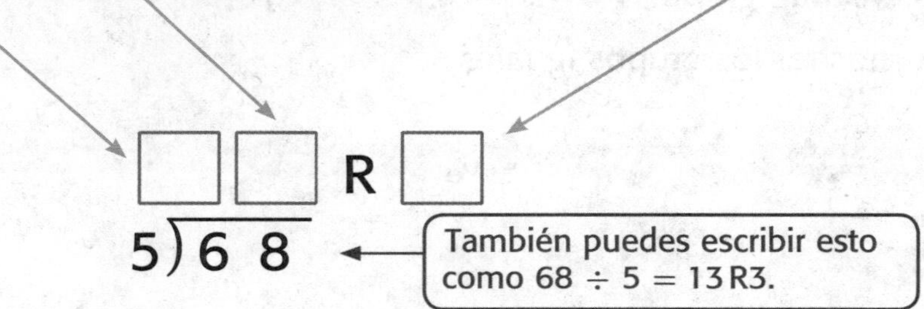


Las unidades que quedan son el residuo.

Por lo tanto, 68 ÷ 5 = ____ R ____.

## Coméntalo

1. PRÁCTICA matemática 2 **Razonar** Explica qué significa tener un residuo al dividir.

Nombre

CCSS

## Practícalo

**Escribe el enunciado de división que muestran los modelos.**

**2.**

______ ÷ ______ = ______

**3.** 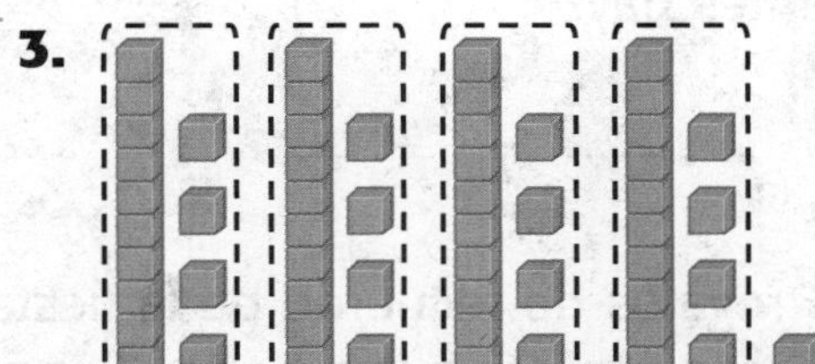

______ ÷ ______ = ______

**Usa modelos para hallar los cocientes. Dibuja los grupos iguales.**

**4.** 36 ÷ 2 = ______

Hay ______ decena y ______ unidades en cada grupo.

El residuo es ______.

**5.** 48 ÷ 3 = ______

Hay ______ decena y ______ unidades en cada grupo.

El residuo es ______.

**6.** 59 ÷ 4 = ______

Hay ______ decena y ______ unidades en cada grupo.

El residuo es ______.

# Aplícalo

**Usa modelos para resolver.**

**7.** Hay 64 adhesivos. Cada estudiante recibe 8 adhesivos. ¿Cuántos estudiantes hay?

**8.** Hay 73 regalos de recuerdo de la fiesta. En cada bolsa caben 9 regalos. ¿Cuántas bolsas llenas hay? ¿Cuántos regalos quedan?

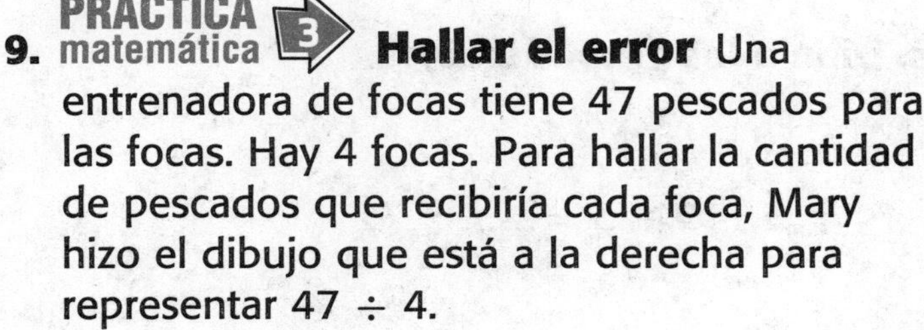

**9.** PRÁCTICA matemática 3 **Hallar el error** Una entrenadora de focas tiene 47 pescados para las focas. Hay 4 focas. Para hallar la cantidad de pescados que recibiría cada foca, Mary hizo el dibujo que está a la derecha para representar $47 \div 4$.

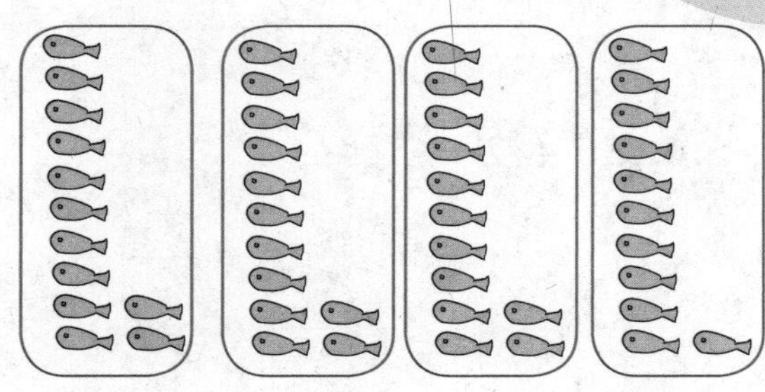

Observa el dibujo de Mary. Describe el error que cometió.

Haz un dibujo correcto para hallar $47 \div 4$.

Por lo tanto, cada foca recibirá _______ pescados.

¿Cuántos pescados quedan? _______

# Escríbelo

**10.** ¿Cómo te ayuda a dividir el valor posicional?

Nombre ..............................................................

# Mi tarea

**Lección 3**

**Manos a la obra: Usar el valor posicional para dividir**

## Asistente de tareas

¿Necesitas ayuda? connectED.mcgraw-hill.com

Algunos números no se dividen en partes iguales. En ese caso, hay un residuo.

**Halla 43 ÷ 3.**

1 Representa el dividendo, 43.

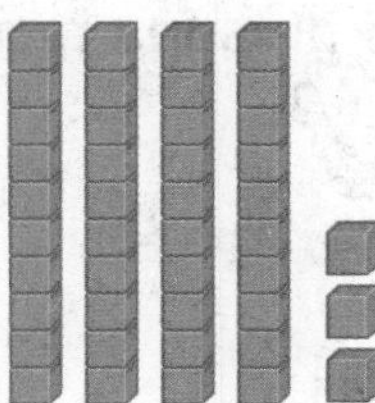

2 Divide las decenas. El divisor es 3. Por lo tanto, divide las decenas entre 3 grupos iguales.

3 Queda 1 decena. Reagrupa esa decena en 10 unidades.

4 10 unidades más las 3 unidades que ya tenías forman 13 unidades. Divide las 13 unidades entre tres grupos iguales.

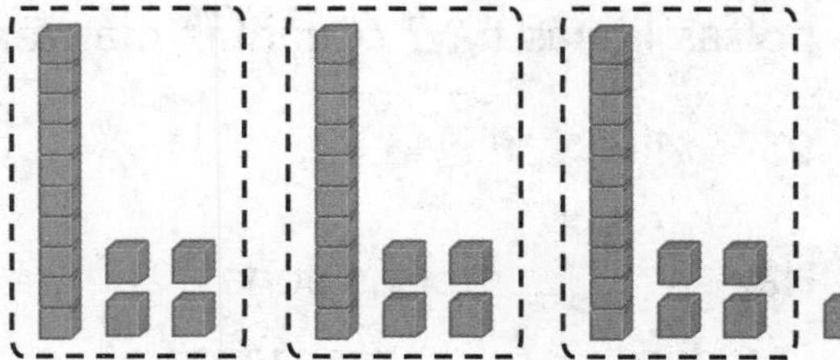

Hay 1 decena y 4 unidades en cada grupo. Queda 1 unidad. Las unidades que quedan se llaman residuo. Por lo tanto, el cociente es 14 R1.

## Práctica

**Escribe el enunciado de división que muestra el modelo.**

1. 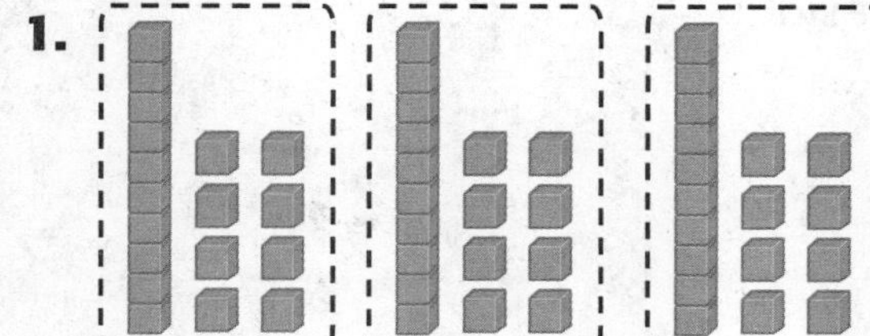

_______________

**Escribe el enunciado de división que muestra el modelo.**

**2.** 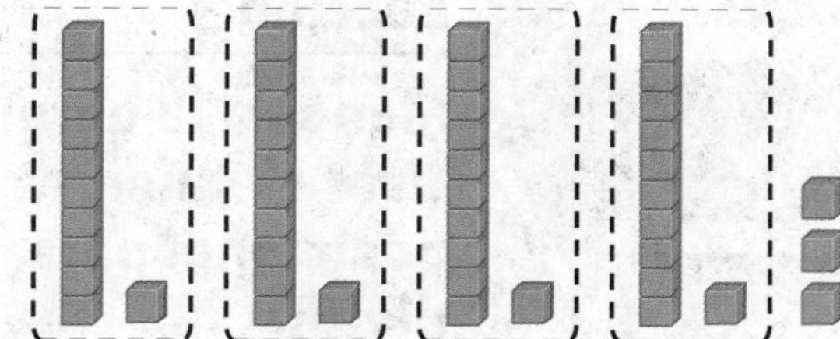 ______

## Resolución de problemas

**Usa modelos para hallar los cocientes. Dibuja los grupos iguales.**

**3.** Hay 70 tarjetas. Cada persona recibe 5 tarjetas. ¿Cuántas personas hay?

$70 \div 5 =$ ______

Hay ______ personas.

¡Mi dibujo!

**4.** PRÁCTICA matemática 2 **Razonar** Hay 83 manzanas. En cada bolsa caben 4 manzanas. ¿Cuántas bolsas llenas hay? ¿Cuántas manzanas quedan?

$83 \div 4 =$ ______

Hay ______ bolsas llenas.
Quedan ______ manzanas.

## Comprobación del vocabulario

**5.** Explica por qué en la división a veces hay un residuo.

______

______

Nombre ..............................................

# Investigación para la resolución de problemas

## ESTRATEGIA: Hacer un modelo

**Lección 4**

**PREGUNTA IMPORTANTE**
**¿Cómo afecta la división a los números?**

## Aprende la estrategia

Tutor

**La clase de Ann compró 4 cajas de duraznos en el huerto. Hay 128 duraznos en total. Cada caja contiene la misma cantidad de duraznos. ¿Cuántos duraznos hay en cada caja?**

### 1 Comprende

**¿Qué sabes?**

Hay ________ duraznos divididos en partes iguales entre ________ cajas.

**¿Qué debes hallar?**

la cantidad de ______________________________

### 2 Planea

Usa bloques de base diez para representar 128 ÷ 4.

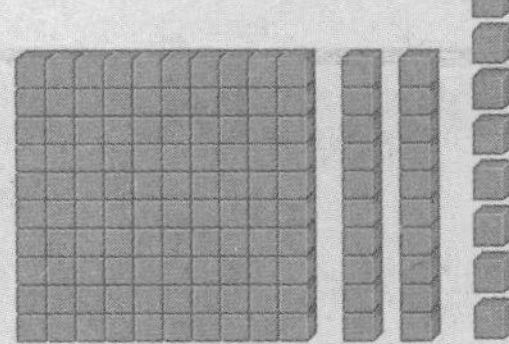

### 3 Resuelve

Representa 128. Divide las decenas entre cuatro grupos iguales. Luego, divide las unidades entre cuatro grupos iguales.

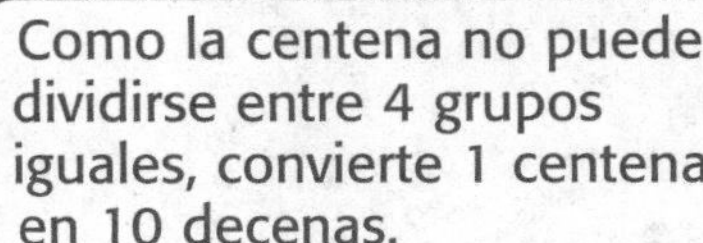


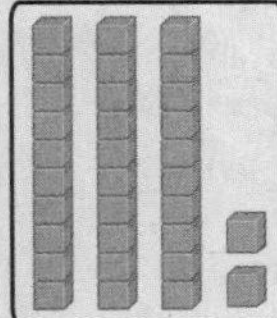 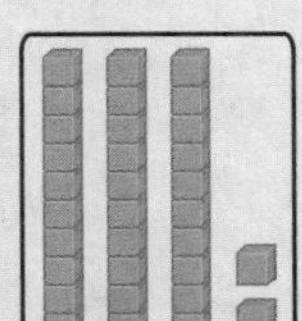 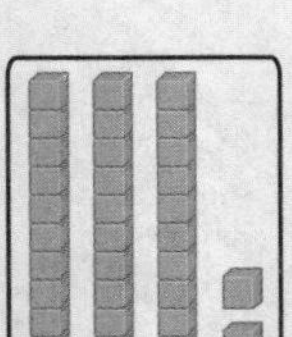 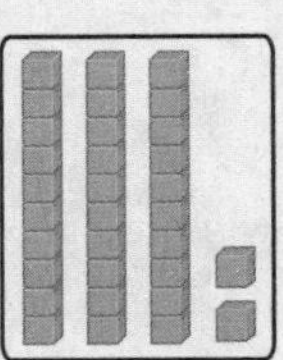

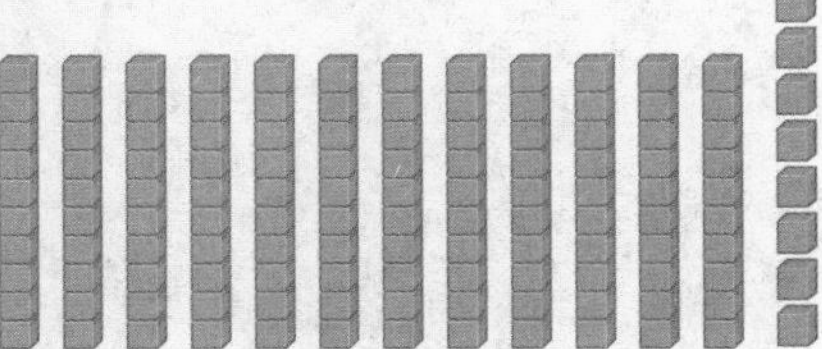

Por lo tanto, en cada caja hay ________ duraznos.

### 4 Comprueba

Puedes comprobar usando la suma repetida. 32 + 32 + 32 +32 = 128

Por lo tanto, sabes que la respuesta es razonable.

# Practica la estrategia

**La familia de Caleb gastó $420 en un viaje. El viaje duró 4 días. Si gastaron la misma cantidad de dinero por día, ¿cuánto dinero gastaron por día?**

## 1 Comprende

¿Qué sabes?

___

___

¿Qué debes hallar?

___

## 2 Planea

___

## 3 Resuelve

## 4 Comprueba

¿Tiene sentido tu respuesta? ¿Por qué?

___

Nombre ..............................................

# Aplica la estrategia

**Haz un modelo para resolver los problemas.**

**1.** La mamá de Casey es la entrenadora de béisbol del equipo de Casey. La mamá gastó $150 en pelotas de béisbol. Cada pelota cuesta $5. ¿Cuántas pelotas compró?

______________________________

¡Mi trabajo!

**2.** PRÁCTICA matemática 2 **Razonar** Cada maceta cuesta $7. ¿Cuántas macetas pueden comprarse con $285? Explica tu respuesta.

______________________________

______________________________

______________________________

**3.** Cindy gastó $6 en el almuerzo. Gastó $4 en un sándwich y el resto en un jugo. ¿Cuántos jugos podría comprar con $124?

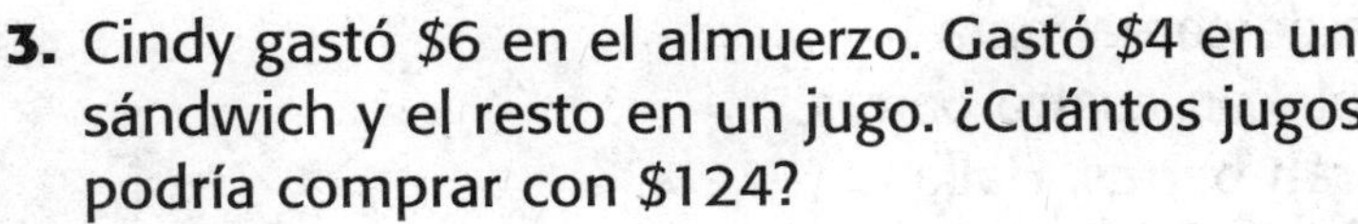

______________________________

**4.** PRÁCTICA matemática 5 **Usar herramientas de las mates** Usa modelos para hallar los números desconocidos.

254 ÷ ☐ = ☐ R4

**5.** Quincy encontró 120 caracoles durante cuatro días que pasó en la playa. Si Quincy encontró la misma cantidad de caracoles por día, ¿cuántos caracoles encontró por día?

______________________________

# Repasa las estrategias

**Usa cualquier estrategia para resolver los problemas.**

- Hacer una tabla.
- Escoger una operación.
- Representar.
- Hacer un dibujo.

**6.** El calendario muestra la cantidad de días que Carlota anda en bicicleta por mes. Cada vez que anda en bicicleta, recorre 10 millas. ¿Es razonable decir que Carlota recorrerá más de 500 millas en bicicleta en 6 meses? ¿Por qué?

| Septiembre | | | | | | |
|---|---|---|---|---|---|---|
| **Dom.** | **Lun.** | **Mar.** | **Mié.** | **Jue.** | **Vie.** | **Sáb.** |
| | | | | | 1 | 2 (B) |
| 3 (B) | 4 | 5 | 6 | 7 | 8 (B) | 9 |
| 10 (B) | 11 | 12 | 13 (B) | 14 | 15 | 16 (B) |
| 17 | 18 | 19 | 20 | 21 | 22 (B) | 23 |
| 24 (B) | 25 | 26 | 27 | 28 (B) | 29 | 30 (B) |

¡Mi trabajo!

**7.** PRÁCTICA matemática 2 **Razonar** Paz y su tropa de exploradoras preparan 325 barras de cereal para recaudar fondos. En cada bolsa colocan cuatro barras de cereal. Paz dice que no quedarán barras. Halla el error y corrígelo.

**8.** Un entrenador encargó 6 arcos de fútbol por $678. ¿Cuánto costó cada arco?

**9.** Gabriel tiene 268 trenes en miniatura. Los alinea en 2 filas iguales. ¿Cuántos trenes tiene cada fila?

Nombre ..........................................



# Mi tarea

**Lección 4**
**Resolución de problemas: Hacer un modelo**

## Asistente de tareas

¿Necesitas ayuda? connectED.mcgraw-hill.com

**Daphne le compró a su mamá un ramo de 12 flores. Dos de las flores son margaritas. Daphne divide las flores restantes entre dos grupos. Un grupo tiene tulipanes. ¿Cuántas flores son tulipanes?**

## 1 Comprende

### ¿Qué sabes?

Daphne compró 12 flores. Dos son margaritas. Daphne dividió las flores restantes entre dos grupos. Un grupo tiene tulipanes.

### ¿Qué debes hallar?

cuántas flores son tulipanes

## 2 Planea

Resta la cantidad de margaritas. Luego, divide la cantidad restante de flores entre 2.

## 3 Resuelve

12 flores − 2 margaritas = 10 flores

10 flores ÷ 2 = 5 tulipanes

Por lo tanto, hay 5 tulipanes.

## 4 Comprueba

Suma para comprobar.

5 tulipanes + 5 flores de otro tipo + 2 margaritas = 12 flores

Por lo tanto, la respuesta es correcta.

El mundo real

# Resolución de problemas

**Haz un modelo para resolver los problemas.**

¡Mi trabajo!

**1.** Hay dos grupos iguales de 8 libros en el estante. Un grupo tiene libros de lectura. En el otro grupo, 3 libros son de Matemáticas y el resto son de Ciencias. ¿Cuántos libros de Ciencias hay?

______________________________

**2.** **PRÁCTICA matemática 5** **Usar herramientas de las mates** Hay 364 árboles plantados en 2 filas iguales. Una fila tiene pinos. El resto son robles. ¿Cuántos robles hay?

______________________________

**3.** En un estanque hay 3 tipos de peces. En total, hay 162 peces. Hay una cantidad igual de cada tipo de pez. ¿Cuántos peces de cada tipo hay en el estanque?

______________________________

**4.** Mónica y sus padres gastaron $170 en trajes de baño nuevos. El traje de baño de Mónica costó $35. El traje de baño de la mamá costó el doble que el de Mónica. ¿Cuánto costó el traje de baño del papá?

______________________________

**5.** Joel dividió 68 CD en cantidades iguales entre 4 estantes de su dormitorio. Los CD están ordenados alfabéticamente y el primer estante incluye las letras A a E. Si hay 13 CD ordenados en las letras A a D, ¿cuántos CD hay en la letra E?

______________________________

Nombre ..........................................................



# Dividir con residuos

**Lección 5**

**PREGUNTA IMPORTANTE**
**¿Cómo afecta la división a los números?**

Usaste modelos y familias de operaciones para dividir. También puedes usar el valor posicional.

## Las mates y mi mundo

### Ejemplo 1

**Nolan y su familia fueron a un parque acuático durante las vacaciones. En cada asiento de un juego acuático entran 2 personas. Hay 39 personas. ¿Cuántos asientos se necesitan?**

Halla $39 \div 2$.

**1 Divide las decenas.**
¿Cuántos grupos de 2 hay en 3 decenas?
________ grupo

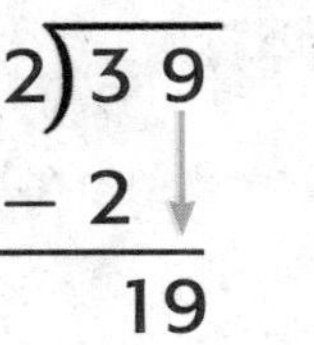

$$\begin{array}{r} 19\text{ R1} \\ 2\overline{)39} \\ -2\phantom{9} \\ \hline 19 \\ -18 \\ \hline 1 \end{array}$$

**2 Multiplica, resta y compara.**
Multiplica. $2 \times 1 =$ ________
Resta. $3 - 2 =$ ________
Compara. $1 < 2$

**3 Baja las unidades.**
Baja 9 unidades. Ahora hay ________ unidades.

**4 Divide las unidades.**
¿Cuántos grupos de 2 hay en 19? ________ grupos
Multiplica. $2 \times 9 =$ ________
Resta. $19 - 18 =$ ________
Compara. $1 < 2$

19 asientos están llenos. Un asiento más tiene 1 persona.

Por lo tanto, se necesitan ________ asientos.

**Comprueba** Usa modelos para comprobar.

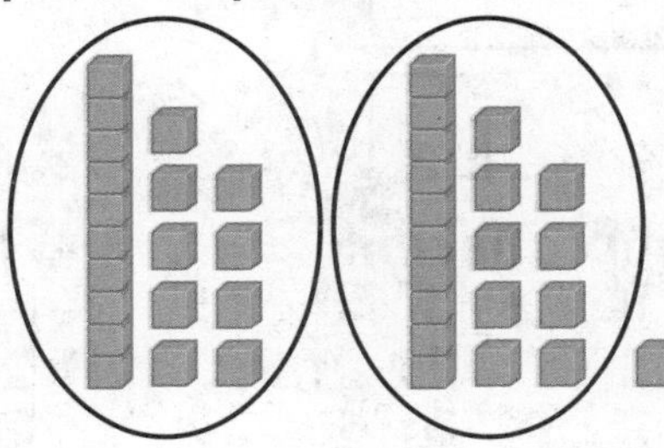

## Ejemplo 2

**Halla 85 ÷ 3.**

**Divide las decenas.**

**Divide** ¿Cuántos grupos de 3 hay en 8? 2 grupos

**Multiplica** $2 \times 3 = 6$

**Resta** $8 - 6 = 2$

Compara. $2 < 3$

**Baja** Baja el 5.

Por lo tanto, 85 ÷ 3 = ______.

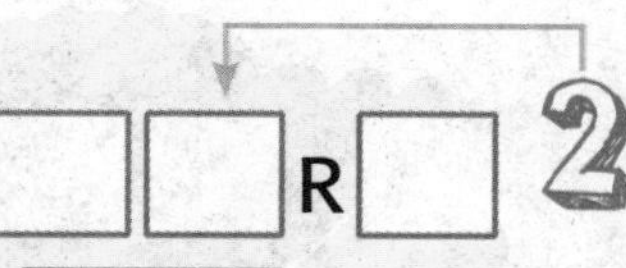

□□ R □
3)8 5
− □
□□
− □□
□

**2 Divide las unidades.**

**Divide** ¿Cuántos grupos de 3 hay en 25? 8 grupos

**Multiplica** $8 \times 3 = 24$

**Resta** $25 - 24 = 1$

Compara. $1 < 3$

**Baja** Como no hay números para bajar, 1 es el residuo.

**Comprueba**

85 ÷ 3 = □ R □

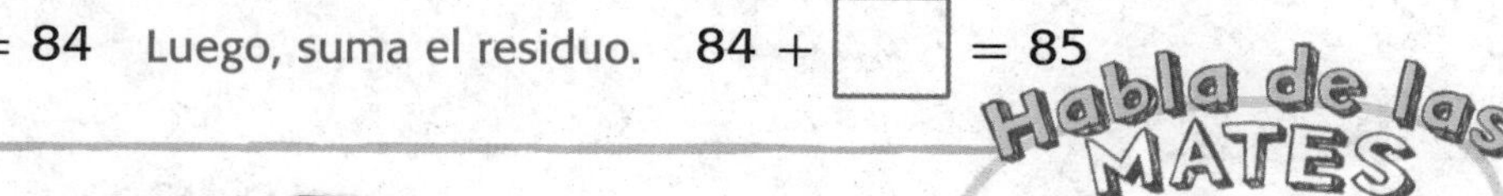

□ × 3 = 84 Luego, suma el residuo. 84 + □ = 85

## Práctica guiada

**Divide. Multiplica para comprobar.**

**1.**

1 □ R □
2)2 7
− □
□ 7
− □
□

**Comprobación:**

□ × 2 = □

□ + □ = □

**2.**

□□ R □
5)5 9
− □
□ 9
− □
□

**Comprobación:**

□ × 5 = □

□ + □ = □

Nombre ____________________

## Práctica independiente

**Divide. Multiplica para comprobar.**

**3.** $4\overline{)48}$ — cociente: 1☐; − ☐; ☐8; − ☐; ☐

**4.** $5\overline{)53}$ — cociente: 1☐ R ☐; − ☐; ☐3; − ☐; ☐

**5.** $6\overline{)67}$ — cociente: ☐☐ R ☐; − ☐; ☐7; − ☐; ☐

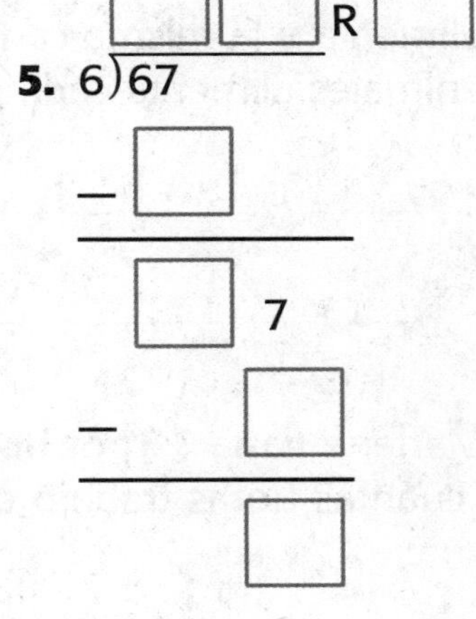

**6.** $3\overline{)33}$

**7.** $7\overline{)73}$

**8.** $9\overline{)96}$

**9.** $69 \div 3 =$ ______

**10.** $77 \div 3 =$ ______

**11.** $99 \div 4 =$ ______

**Álgebra** **Calcula mentalmente para hallar la incógnita.**

**12.** $x \div 2 = 12$

$x =$ ______

**13.** $48 \div 4 = y$

$y =$ ______

**14.** $75 \div 5 = s$

$s =$ ______

## Resolución de problemas

**15.** PRÁCTICA matemática 4 **Representar las mates** Hay ocho leones, cuatro tigres, cinco guepardos, seis jirafas, siete hipopótamos y 78 monos en el zoológico de la ciudad.

Si cada uno de los cuatro guardianes del zoológico alimenta a la misma cantidad de animales, ¿a cuántos animales alimenta cada guardián? Explica tu respuesta.

¡Mi trabajo!

**16.** Marlene gana $4 por hora como niñera. Si ganó $48, ¿cuántas horas trabajó como niñera?

**17.** Siete exploradores deben vender 75 cajas de galletas. Si cada explorador recibe la misma cantidad de cajas y las vende todas, ¿cuántas cajas quedarán por vender?

### Problemas S.O.S.

**18.** PRÁCTICA matemática 1 **Seguir intentándolo** Identifica un dividendo de dos dígitos que dé como resultado un cociente con un residuo de 1 si el divisor es 4.

**19.** **Profundización de la pregunta importante** ¿Por qué el residuo siempre es menor que el divisor? Explica tu respuesta.

Nombre



# Mi tarea

**Lección 5**
**Dividir con residuos**

## Asistente de tareas

¿Necesitas ayuda? connectED.mcgraw-hill.com

**Halla 62 ÷ 4.**

**1 Divide las decenas.**

$4\overline{)62}$ con 1 en el cociente

Divide. ¿Cuántos grupos de 4 hay en 6 decenas? 1 grupo.
Escribe el 1 en el cociente sobre el lugar de las decenas.

**2 Multiplica, resta y compara.**

$4\overline{)62}$, cociente 1; $-4$; 2

Multiplica. $4 \times 1 = 4$
Resta. $6 - 4 = 2$
Compara. $2 < 4$

**3 Baja las unidades.**

$4\overline{)62}$, cociente 1; $-4$; 22

Baja 2 unidades. Ahora hay 22 unidades en total.

**4 Divide las unidades.**

$4\overline{)62}$, cociente 15 R2; $-4$; 22; $-20$; 2

¿Cuántos grupos de 4 hay en 22? Hay 5 grupos.
Escribe el 5 en el cociente sobre el lugar de las unidades.

Multiplica. $4 \times 5 = 20$
Resta. $22 - 20 = 2$
Compara. $2 < 4$

Por lo tanto, $62 \div 4 = 15$ R2.

# Práctica

**Divide. Multiplica para comprobar.**

**1.** $5\overline{)76}$

**2.** $2\overline{)39}$

**3.** $4\overline{)95}$

**4.** $6\overline{)86}$

**5.** $8\overline{)99}$

**6.** $3\overline{)80}$

## Resolución de problemas

**7.** PRÁCTICA matemática 2 **Razonar** Mitzi tiene 38 monedas. Mitzi divide las monedas en partes iguales entre ella y sus tres hermanos. ¿Cuántas monedas recibe cada uno? ¿Quedan monedas?

______________________________

**8.** A una excursión irán 26 estudiantes de tercer grado y 32 estudiantes de cuarto grado. Cada camioneta transporta 10 estudiantes.

¿Cuántas camionetas se necesitan? ____________

¿Cuántos estudiantes habrá en cada camioneta?

______________________________

**9.** En el restaurante de Jonah, cada mesa tiene lugar para 4 personas. Jonah tiene 78 servilletas para colocar en las mesas.

¿En cuántas mesas puede Jonah colocar las servilletas que tiene? ____________

¿Cuántas servilletas necesitará Jonah para completar una mesa más? ____________

## Práctica para la prueba

**10.** Wes compró 62 canciones. Quiere grabar la misma cantidad de canciones en 5 discos. ¿Cuántas canciones quedarán?

Ⓐ 4 canciones
Ⓑ 3 canciones
Ⓒ 2 canciones
Ⓓ 1 canción

Nombre ..............................................

# Interpretar residuos

**Lección 6**

**PREGUNTA IMPORTANTE**
**¿Cómo afecta la división a los números?**

¿Qué se debe hacer cuando hay un residuo? Se lo puede interpretar de muchas maneras.

## Las mates y mi mundo

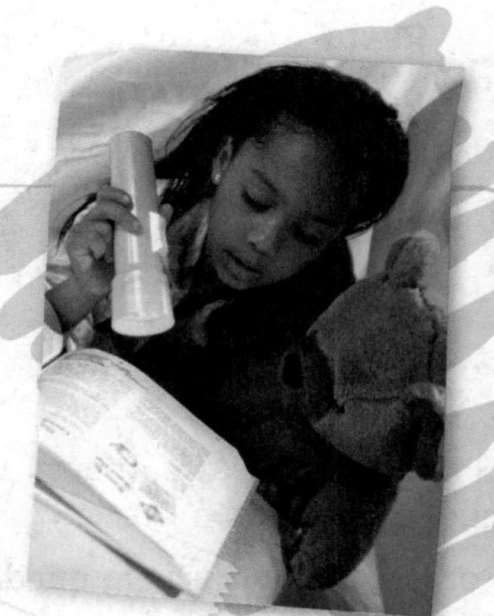

### Ejemplo 1

**Mandy quiere comprar 4 libros que cuestan lo mismo. Si el costo total es $74, ¿cuánto cuesta cada libro?**

Divide 74 entre 4.

**Divide las decenas.**

**Divide** Hay 1 grupo de 4 en 7.

**Multiplica** $4 \times 1 = 4$

**Resta** $7 - 4 = 3$

Compara. $3 < 4$

**Baja** Baja las unidades, 4.

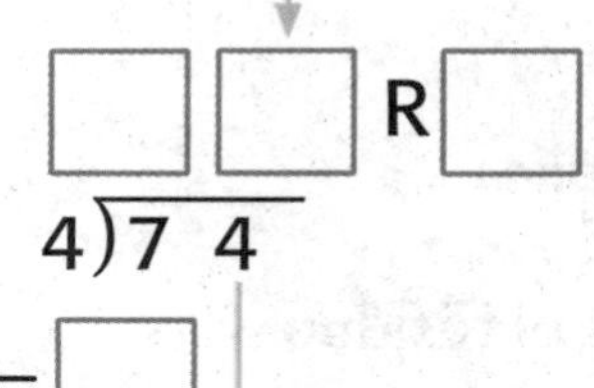


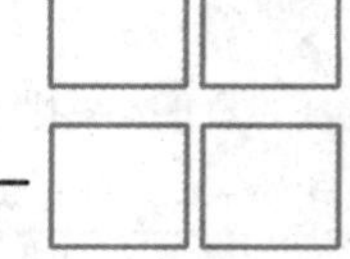

**2 Divide las unidades.**

**Divide** Hay 8 grupos de 4 en 34.

**Multiplica** $8 \times 4 = 32$

**Resta** $34 - 32 = 2$

Compara. $2 < 4$

**Baja** Como no hay números para bajar, el residuo es 2.

El residuo muestra que cada libro cuesta un poco más de ______.

## Ejemplo 2

**Gracie tiene 64 premios. Colocará 3 premios en cada bolsa. ¿Cuántas bolsas tendrá? Interpreta el residuo.**

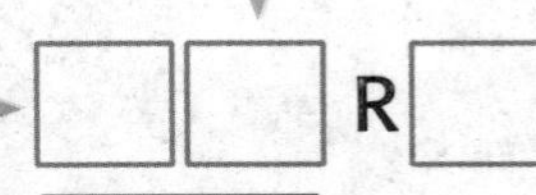

**Divide las decenas.**

**Divide** ¿Cuántos grupos de 3 hay en 6? 2 grupos

**Multiplica** $2 \times 3 = 6$

**Resta** $6 - 6 = 0$

Compara. $0 < 3$

**Baja** Baja el 4.

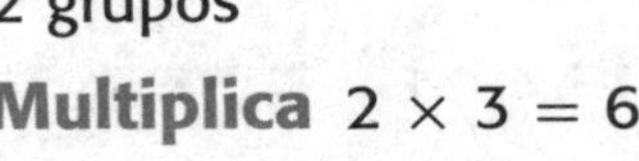

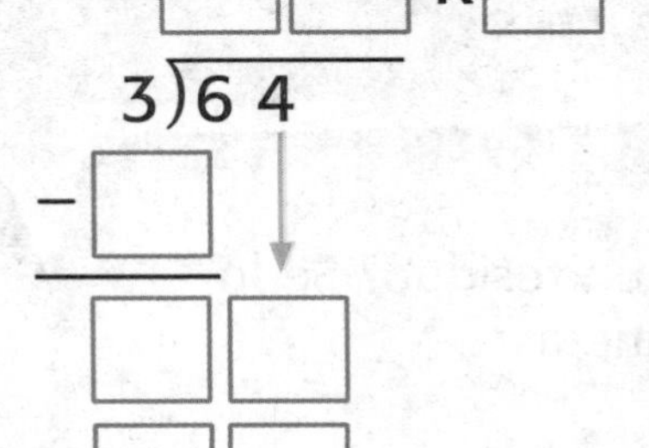

$3\overline{)6\ 4}$

**2 Divide las unidades.**

**Divide** ¿Cuántos grupos de 3 hay en 4? 1 grupo

**Multiplica** $1 \times 3 = 3$

**Resta** $4 - 3 = 1$

Compara. $1 < 3$

**Baja** Como no hay números para bajar, 1 es el residuo.

Por lo tanto, Gracie tendrá ______ bolsas. $64 \div 3 =$ ______ R______

El residuo, ______, muestra la cantidad de premios que le quedarán a Gracie.

Por lo tanto, a Gracie le quedará ______ premio.

### Comprueba

______ $\times 3 =$ ______ Multiplica.

______ $+ 1 =$ ______ Suma el residuo.

¿Qué información obtienes de un residuo?

## Práctica guiada

**1.** Hay 45 personas esperando un autobús. En cada asiento caben 2 personas. ¿Cuántos asientos se necesitarán? Divide. Interpreta el residuo.

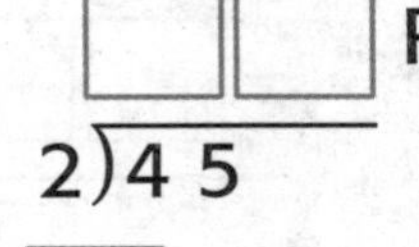

$2\overline{)4\ 5}$

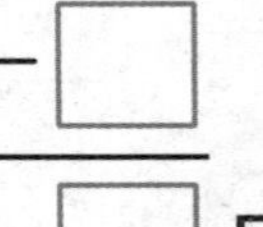

5

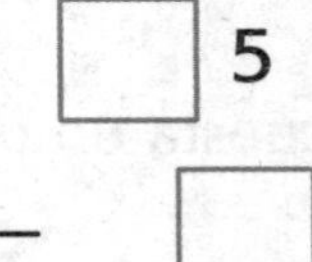

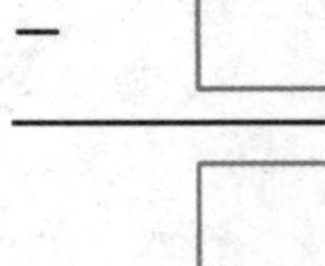

$45 \div 2 =$ ______ R______.

Por lo tanto, se necesitarán ______ asientos.

Nombre ..............................................

CCSS

## Práctica independiente

**Divide. Interpreta el residuo.**

**2.** Gianna está en la feria de la escuela. Tiene 58 boletos. Jugar al básquetbol cuesta 3 boletos. Si juega al básquetbol todas las veces posibles, ¿cuántos boletos le quedarán?

$3\overline{)58}$

$58 \div 3 =$ ______

Por lo tanto, le quedará ______ boleto.

**3.** Hay 75 personas esperando para subir a la montaña rusa. En cada carrito de la montaña rusa caben 6 personas. ¿Cuántos carritos se necesitarán?

$6\overline{)75}$

$75 \div 6 =$ ______

La respuesta es el siguiente número natural, ______.

Por lo tanto, se necesitarán ______ carritos.

**4.** En cada paquete hay 4 envases de jugo de naranja. Si hay 79 envases de jugo de naranja, ¿cuántos paquetes pueden llenarse?

$4\overline{)79}$

$79 \div 4 =$ ______

Por lo tanto, pueden llenarse ______ paquetes.

**5.** Las clases de cuarto grado irán de excursión. En total, hay 90 estudiantes. En cada camioneta entran 8 estudiantes. ¿Cuántas camionetas se necesitarán?

$8\overline{)90}$

$90 \div 8 =$ ______

La respuesta es el siguiente número natural, ______.

Por lo tanto, se necesitarán ______ camionetas.

# Resolución de problemas

**En los ejercicios 6 y 7, usa la siguiente información.**

Los padres llevarán a grupos de niños al centro de ciencias. En cada camioneta entran 5 niños. Hay 32 niños en total.

6. PRÁCTICA matemática 2 **Razonar** ¿Cuántas camionetas se necesitan?

7. Encierra en un círculo el enunciado verdadero acerca del residuo.

- No es necesario saber nada acerca del residuo para resolver este problema.
- El residuo indica que la respuesta es el siguiente número natural.
- El residuo es la respuesta a la pregunta.

## Problemas S.O.S.

8. PRÁCTICA matemática 3 **Hallar el error** Brody está organizando sus muñecos articulados en un estante. Quiere dividirlos en partes iguales entre 4 estantes. Hay 37 muñecos articulados. Brody dice que le quedarán 2 muñecos. Halla el error que cometió y corrígelo.

9. **Profundización de la pregunta importante** ¿Por qué es importante saber interpretar el residuo?

Nombre ..............................

# Mi tarea

**Lección 6**
**Interpretar residuos**

## Asistente de tareas

¿Necesitas ayuda? **connectED.mcgraw-hill.com**

**Miranda trabaja como voluntaria en el refugio de animales. Cada cachorro recibe 3 cucharadas de alimento por día. En la bolsa quedan 50 cucharadas de alimento. ¿A cuántos cachorros se podrá alimentar con esa cantidad en un día?**

### Divide las decenas.

$$3\overline{)50}\quad \text{cociente: } 1$$

¿Cuántos grupos de 3 hay en 5?

Hay 1 grupo.
Escribe el 1 en el cociente sobre el lugar de las decenas.

**Multiplica, resta y compara.**

$$\begin{array}{r} 1 \\ 3\overline{)50} \\ -3\downarrow \\ \hline 20 \end{array}$$

Multiplica. $3 \times 1 = 3$
Resta. $5 - 3 = 2$
Compara. $2 < 3$; por lo tanto, baja las unidades para formar 20.

### 2 Divide las unidades.

$$\begin{array}{r} 16\ \text{R}2 \\ 3\overline{)50} \\ -3 \\ \hline 20 \\ -18 \\ \hline 2 \end{array}$$

¿Cuántos grupos de 3 hay en 20?

Hay 6 grupos.
Escribe el 6 en el cociente sobre el lugar de las unidades.

Multiplica. $3 \times 6 = 18$

Resta. $20 - 18 = 2$

Compara. $2 < 3$

No hay más números para bajar.
El residuo es 2.

Por lo tanto, con 50 cucharadas de alimento se puede alimentar a 16 cachorros en un día.

El residuo muestra que quedarán 2 cucharadas de alimento.

# Práctica

**Divide. Interpreta el residuo.**

**1.** Tyler va a plantar 60 árboles en el huerto de manzanas. Plantará 8 árboles en cada fila. ¿Cuántas filas completas plantará Tyler?

$8\overline{)60}$

_______ filas

**2.** La señora Ling compró sombreros de fiesta para los 86 estudiantes de cuarto grado de la escuela. Los sombreros vienen en paquetes de 6. ¿Cuántos paquetes compró la señora Ling?

$6\overline{)86}$

_______ paquetes

## Resolución de problemas

**3.** Wezi tiene 68 billetes de $1. Lleva los billetes de $1 al banco para cambiarlos por billetes de $5. ¿Cuántos billetes de $5 le darán a Wezi?

_______________________________________________

**4.** PRÁCTICA matemática 2 **Razonar** Henry decora cada pastelito con 3 nueces. Si tiene 56 nueces, ¿tiene suficiente para decorar 2 docenas de pastelitos? Explica tu respuesta.

_______________________________________________

_______________________________________________

## Práctica para la prueba

**5.** Janice compró botellas de jugo para los 15 jugadores del equipo de fútbol. Las botellas de jugo vienen en cajas de 6. ¿Cuántas cajas compró Janice?

Ⓐ 5 cajas

Ⓑ 4 cajas

Ⓒ 3 cajas

Ⓓ 2 cajas

# Compruebo mi progreso

## Comprobación del vocabulario 

**En los ejercicios 1 y 2, describe las palabras del vocabulario con dibujos, palabras o números.**

**1. residuo**

**2. números compatibles**

## Comprobación del concepto 

**Completa los patrones.**

**3.** $36 \div 6 =$ ______

$360 \div 6 =$ ______

$3{,}600 \div 6 =$ ______

**4.** $21 \div 7 =$ ______

$210 \div 7 =$ ______

$2{,}100 \div 7 =$ ______

**Álgebra** **Calcula mentalmente para estimar el número desconocido.**

**5.** $2{,}369 \div 6 = t$

$t$ es aproximadamente ______.

**6.** $\$6{,}285 \div y = \$700$

$y$ es aproximadamente ______.

**7.** $4{,}022 \div 8 = r$

$r$ es aproximadamente ______.

**Divide. Multiplica para comprobar.**

**8.** $3\overline{)63}$

**9.** $8\overline{)43}$

**10.** $3\overline{)79}$

## Resolución de problemas

El mundo real

**11.** Una familia de 4 integrantes planea un viaje de fin de semana a un campamento. Si el costo total se divide en partes iguales, ¿cuánto costará el viaje por persona?

_______________

**Vacaciones familiares**

| Artículo | Costo total |
|---|---|
| Costo del alquiler de carpas | $50 |
| Artículos para acampar | $75 |
| Comida | $75 |

¡Mi trabajo!

**12.** Nora obtuvo 717 puntos en 9 pruebas. Si obtuvo aproximadamente la misma cantidad de puntos en cada prueba, aproximadamente, ¿cuántos puntos obtuvo en cada prueba?

_______________

_______________

**13.** Las clases de cuarto grado irán de excursión. En total, hay 85 estudiantes. En cada camioneta entran 8 estudiantes. ¿Cuántas camionetas se necesitarán?

$85 \div 8 =$ _______

La respuesta es el siguiente número natural,

_______.

Por lo tanto, se necesitarán _______ camionetas.

**14.** A Ruby le quedan 200 minutos en el plan de su teléfono celular para los próximos 5 días. Si usa la misma cantidad de minutos por día, ¿cuántos minutos puede hablar Ruby por celular por día?

_______________

## Práctica para la prueba

**15.** Hay 39 pinceles. En cada cubeta caben 6 pinceles. ¿Cuántas cubetas se necesitarán para todos los pinceles?

Ⓐ 3 cubetas

Ⓑ 5 cubetas

Ⓒ 7 cubetas

Ⓓ 9 cubetas

Nombre ..............................................................

# Ubicar el primer dígito

**Lección 7**

**PREGUNTA IMPORTANTE**
**¿Cómo afecta la división a los números?**

A veces, el primer dígito del dividendo es menor que el divisor. Tal vez no puedas ubicar el primer dígito del cociente sobre el primer dígito del dividendo.

## Las mates y mi mundo

### Ejemplo 1

**La familia de Adriana fue al Parque Nacional Yellowstone durante las vacaciones. Imagina que uno de los géiseres de Yellowstone hace erupción cada 7 minutos. ¿Cuántas veces hace erupción el géiser en 65 minutos?**

Halla $65 \div 7$.

**Estima** $65 \div 7 \longrightarrow 70 \div 7 =$ ______

**Divide las decenas.**

$7\overline{)65}$ **Divide** $6 \div 7$ Como $7 > 6$, no puedes dividir las decenas.

**Divide las unidades**

☐ R ☐
$7\overline{)6\ 5}$
$-\ 6\ 3$
☐

**Divide** Hay 9 grupos de 7 en 65.

**Multiplica** $7 \times 9 = 63$
**Resta** $65 - 63 = 2$

Compara. $2 < 7$
**Baja** Como no hay más números para bajar, el residuo es 2.

Por lo tanto, el géiser hará erupción 9 veces en 65 minutos.

**Comprueba**

9 está cerca de la estimación, 10. Por lo tanto, la respuesta es razonable.

## Ejemplo 2 Tutor

**Un instructor de tenis tiene 125 pelotas de tenis. En el equipo hay 4 integrantes. ¿Cuántas pelotas le tocan a cada jugador para practicar si cada uno recibe la misma cantidad de pelotas?**

Halla $125 \div 4$.

**Divide las centenas.**

**Divide** $1 \div 4$ Como $4 > 1$, no puedes dividir las centenas.

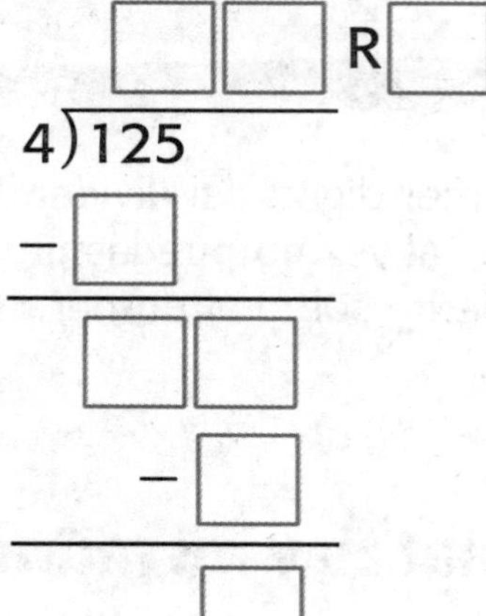

**Divide las decenas.**

**Divide** $12 \div 4 = 3$ Por lo tanto, escribe el 3 en el cociente sobre el lugar de las decenas.
**Multiplica** $3 \times 4 = 12$
**Resta** $12 - 12 = 0$
**Compara** $0 < 4$
**Baja** Baja el 5.

**Divide las unidades.**

**Divide** Hay 1 grupo de 4 en 5.
**Multiplica** $1 \times 4 = 4$
**Resta** $5 - 4 = 1$
**Compara** $1 < 4$
**Baja** Como no hay más números para bajar, el residuo es 1.

Por lo tanto, a cada integrante del equipo le tocan ______ pelotas.

Quedará ______ pelota.

La estimación es un método que puede usarse para comprobar la división. Identifica otro método.

## Práctica guiada Comprueba

**Encierra en un círculo el valor posicional correcto para mostrar dónde ubicar el primer dígito.**

1. $2\overline{)33}$
   decenas
   unidades

2. $3\overline{)179}$
   centenas
   decenas
   unidades

Nombre

CCSS

## Práctica independiente

**Divide. Estima para comprobar.**

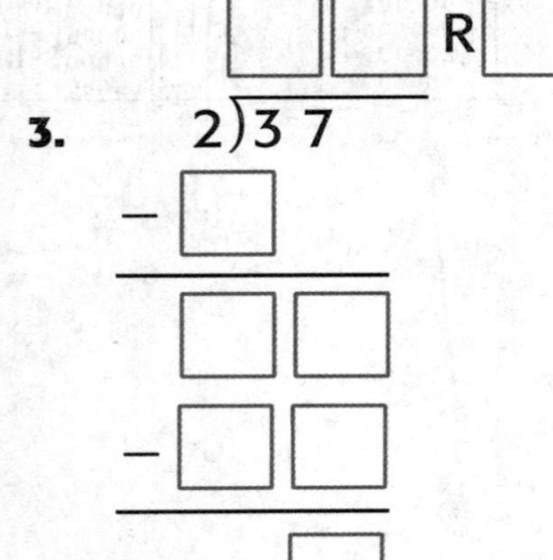

**3.** $2\overline{)37}$

**4.** $5\overline{)49}$ R

**5.** $6\overline{)91}$ R

Estimación:

Estimación:

Estimación:

**Divide. Multiplica para comprobar.**

**6.** $4\overline{)79}$ R

**7.** $2\overline{)151}$ R

**8.** $3\overline{)286}$ R

Comprobación:

___ × ___ = ___

___ + ___ = ___

Comprobación:

Comprobación:

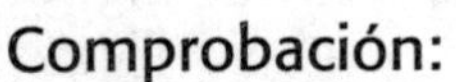

# Resolución de problemas

**Cada mes, los estadounidenses arrojan suficientes botellas y frascos como para llenar un rascacielos gigante. Todas esas botellas y frascos podrían reciclarse.**

¡Mi trabajo!

**9.** Cuando se recicla una lata de aluminio, se ahorra suficiente energía como para hacer funcionar un televisor durante 3 horas. ¿Cuántas latas es necesario reciclar para hacer funcionar un televisor durante 75 horas?

________________________________

**10.** PRÁCTICA matemática 2 **Razonar** La mayoría de los estadounidenses usan 7 árboles por año en productos fabricados a partir de los árboles. ¿Cuántos años tiene una persona que usó 65 árboles?

________________________________

## Problemas S.O.S.

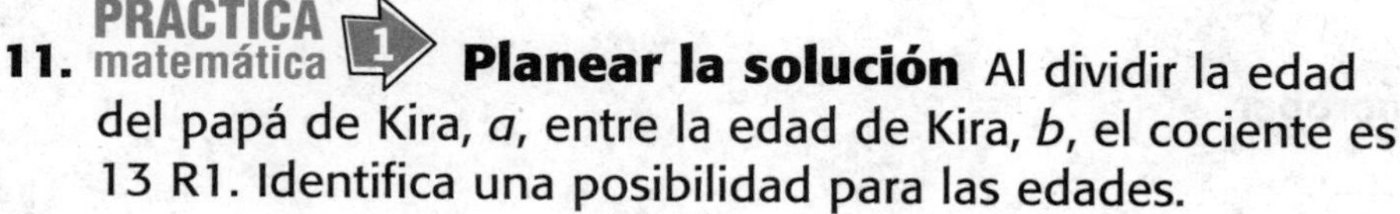

**11.** PRÁCTICA matemática 1 **Planear la solución** Al dividir la edad del papá de Kira, $a$, entre la edad de Kira, $b$, el cociente es 13 R1. Identifica una posibilidad para las edades.

$a =$ ____ $b =$ ____

**12.** PRÁCTICA matemática 3 **Hallar el error** Colton quiere hallar 53 ÷ 3. Halla el error y corrígelo.

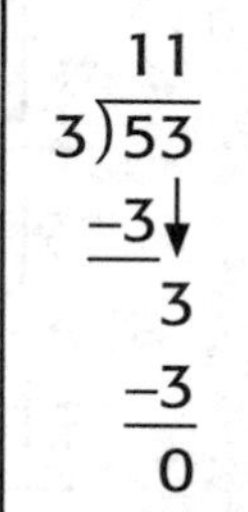

```
   11
3)53
 -3↓
   3
  -3
   0
```

________________________________

________________________________

**13.** **Profundización de la pregunta importante** ¿Cómo sabes dónde ubicar el primer dígito del cociente en un problema de división?

________________________________

________________________________

________________________________

Nombre ........................................

# Mi tarea

**Lección 7**
**Ubicar el primer dígito**

## Asistente de tareas

¿Necesitas ayuda? connectED.mcgraw-hill.com

**Halla 145 ÷ 3.**

### 1 Divide las centenas.

$3\overline{)145}$

A veces, no es posible dividir el primer dígito del dividendo entre el divisor. Como 3 es mayor que 1, no puedes dividir las centenas.

### 2 Divide las decenas.

$$\begin{array}{r} 4\phantom{5} \\ 3\overline{)145} \\ \underline{-12}\phantom{5} \\ 25 \end{array}$$

Divide. 14 ÷ 3 = 4
Multiplica. 3 × 4 = 12
Resta. 14 − 12 = 2
Compara. 2 < 3, por lo tanto, baja las unidades para formar 25.

### 3 Divide las unidades.

$$\begin{array}{r} 48 \text{ R1} \\ 3\overline{)145} \\ \underline{-12}\phantom{5} \\ 25 \\ \underline{-24} \\ 1 \end{array}$$

Divide. 25 ÷ 3 = 8
Multiplica. 3 × 8 = 24
Resta. 25 − 24 = 1
Compara. 1 < 3
No hay más números para bajar; el residuo es 1.

## Práctica

**Divide. Estima o multiplica para comprobar.**

**1.** $6\overline{)89}$ R

**2.** $2\overline{)73}$ R

**3.** $7\overline{)451}$ R

**Divide. Estima o multiplica para comprobar.**

**4.** $3\overline{)105}$

**5.** $4\overline{)219}$ R

**6.** $8\overline{)254}$ R

**7.** $7\overline{)688}$ R

**8.** $5\overline{)396}$ R

**9.** $6\overline{)372}$

## Resolución de problemas

**10.** PRÁCTICA matemática 5 **Usar herramientas de las mates** Chloe coloca 4 jabones y dos frascos de loción en cada canasta de regalos. Tiene 127 jabones y 85 frascos de loción. ¿Cuántas canastas de regalos puede completar Chloe?

______________________________

**11.** Dante pone una moneda de 1¢ por día en la alcancía. Ahora tiene 161 monedas de 1¢. ¿Cuántas semanas lleva Dante poniendo monedas de 1¢ en la alcancía?

______________________________

**12.** Nikki quiere comprar una casita para perro que cuesta $87. Gana $6 por semana haciendo tareas. ¿Cuántas semanas deberá hacer tareas Nikki para ganar suficiente dinero para pagar la casita para perro?

______________________________

## Práctica para la prueba

**13.** El grupo de exploradores de Ty recoge basura en el parque. En cada bolsa entran 8 libras de basura. El grupo de exploradores recogió 230 libras de basura en total. ¿Cuántas bolsas de basura usaron?

Ⓐ 28 Ⓒ 30

Ⓑ 29 Ⓓ 31

Nombre ..............................................

# Manos a la obra
## Propiedad distributiva y cocientes parciales

**Lección 8**

**PREGUNTA IMPORTANTE**
**¿Cómo afecta la división a los números?**

Ya usaste la propiedad distributiva para multiplicar. También puede ayudarte a dividir.

## Dibújalo

**Jake y sus tres hermanos se fueron de vacaciones por separado. En total, recorrieron 484 millas. Todos recorrieron la misma distancia. ¿Cuántas millas recorrió cada uno?**

Halla 484 ÷ 4.

**1 Representa 484 como (400 + 80 + 4).**

| 400 | 80 | 4 |
|---|---|---|

**2 Divide cada sección entre 4.** Escribe cada cociente sobre la barra.

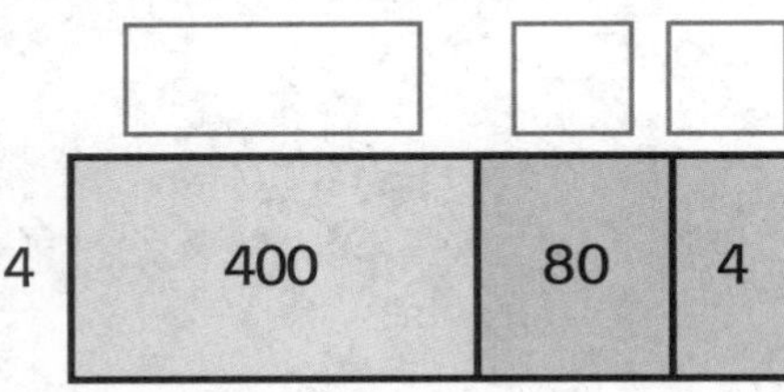


400 ÷ 4 = ______

80 ÷ 4 = ______

4 ÷ 4 = ______

**3 Suma los cocientes.** ______ + ______ + ______ = ______

484 ÷ 4 = ______.

Por lo tanto, cada uno recorrió ______ millas.

**Comprueba** Multiplica para comprobar un problema de división.

484 ÷ 4 = ______

______ × 4 = 484

Usar **cocientes parciales** es una manera de dividir en la cual se descompone el dividendo en partes que son fáciles de dividir.

## Inténtalo

**Hay 625 barras de jabón. Cada bolsa de regalos tendrá 5 barras de jabón. ¿Cuántas bolsas de regalos pueden armarse con los jabones?**

Halla 625 ÷ 5 usando cocientes parciales.

**Divide las centenas.**
500 está cerca de 625 y es compatible con 5.
Divide 500 entre 5.

_____ es un cociente parcial.

Resta 500 de 625.

**Divide las decenas.**
100 está cerca de 125 y es compatible con 5.
Divide 100 entre 5.

_____ es un cociente parcial.

Resta 100 de 125.

Cocientes parciales

| 5)625 | |
|---|---|
| − 500 | _____ |
| 125 | |
| − 100 | _____ |
| 25 | |
| − 25 | _____ |
| 0 | |

**Divide las unidades.**
Divide 25 entre 5.

_____ es un cociente parcial.

**Suma los cocientes parciales.**

_____ + _____ + _____ = _____

625 ÷ 5 = _____

Por lo tanto, pueden armarse _____ bolsas de regalo.

## Coméntalo

**1.** Dibuja un modelo de área que podría usarse para hallar 346 ÷ 2 aplicando la propiedad distributiva.

**2.** 

**Justificar las conclusiones**
¿En qué se parecen los cocientes parciales y los productos parciales?

_____

_____

_____

Nombre ..............................

CCSS

## Practícalo

**Divide. Usa la propiedad distributiva. Completa los modelos de área.**

**3.** 624 ÷ 2

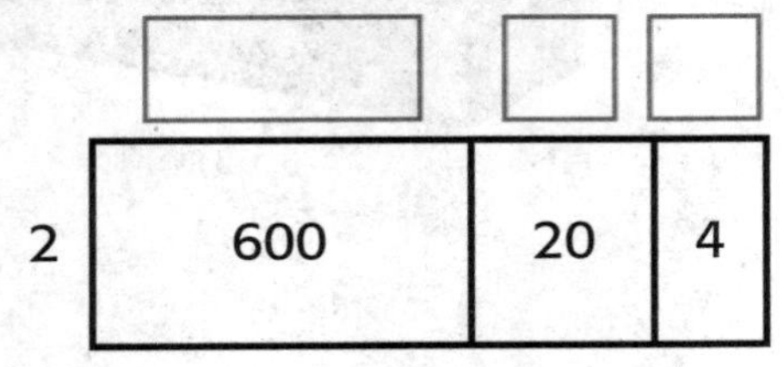


_____ + _____ + _____ = _____

624 ÷ 2 = _____

**4.** 848 ÷ 4

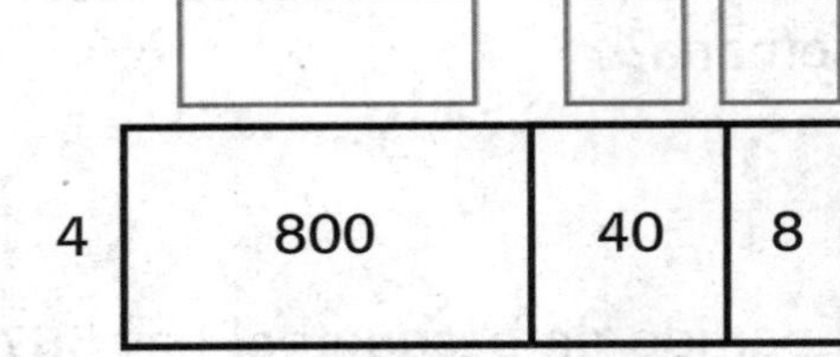


_____

848 ÷ 4 = _____

**Divide. Usa la propiedad distributiva. Dibuja modelos de área.**

**5.** 669 ÷ 3

_____

_____

**6.** 442 ÷ 2

_____

_____

**Divide. Usa la propiedad distributiva o cocientes parciales.**

**7.** $7\overline{)826}$

**8.** $4\overline{)924}$

El mundo real

## Aplícalo

¡Necesito vacaciones!

**Usa la propiedad distributiva o cocientes parciales para resolver los ejercicios 9 a 11.**

**9.** El papá de Blake necesita $165 para comprar una valija nueva. Si piensa ahorrar la misma cantidad de dinero durante 3 semanas, ¿cuánto ahorrará por semana?

¡Mi trabajo!

**10.** En el partido de básquetbol hay 567 personas. Las tribunas están divididas entre 9 secciones. Cada sección tiene la misma cantidad de personas. ¿Cuántas personas hay en cada sección?

**11.** PRÁCTICA matemática 5 **Usar herramientas de las mates** La señora Schmitt horneó 224 galletitas en la panadería. Las colocó en 2 filas en la vidriera. ¿Cuántas galletitas hay en cada fila?

**12.** En el ejercicio 10, ¿por qué no puede usarse la propiedad distributiva para resolver el problema?

**13.** PRÁCTICA matemática 6 **Explicarle a un amigo** Al hallar $180 \div 4$, ¿cuál es un cociente parcial más razonable: 40 o 60? Explica tu respuesta a un amigo o una amiga.

## Escríbelo

**14.** ¿Por qué la propiedad distributiva y los cocientes parciales son útiles al dividir?

Nombre ............................................................



# Mi tarea

**Lección 8**

**Manos a la obra: Propiedad distributiva y cocientes parciales**

## Asistente de tareas

¿Necesitas ayuda? connectED.mcgraw-hill.com

**Halla 375 ÷ 5.**

Puedes usar la propiedad distributiva y un modelo de área para dividir.

**Representa 375 como (300 + 70 + 5).**

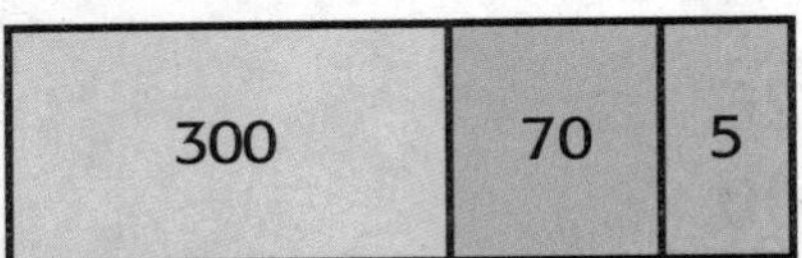

**Divide cada sección entre 5.**

60 14 1

5 | 300 | 70 | 5

**Suma los cocientes parciales.**

60 + 14 + 1 = 75

375 ÷ 5 = 75

Por lo tanto, 375 ÷ 5 = 75.

**Comprueba**

Multiplica para comprobar la respuesta.

5 × 75 = 375; por lo tanto, la respuesta es correcta.

## Práctica

**Divide. Usa la propiedad distributiva. Completa los modelos de área.**

**1.** 639 ÷ 3

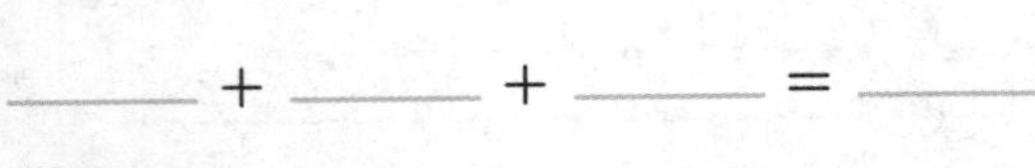

_____ + _____ + _____ = _____

639 ÷ 3 = _____

**2.** 336 ÷ 6

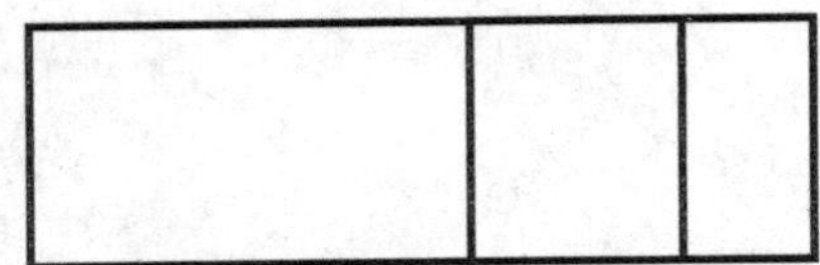

_____ + _____ + _____ = _____

336 ÷ 6 = _____

## Resolución de problemas

3. **PRÁCTICA matemática 5 Usar herramientas de las mates** En una tienda de jardinería hay 868 plantas. Están divididas en partes iguales entre dos grupos. ¿Cuántas plantas hay en cada grupo?

______

¡Mi trabajo!

**Divide. Usa la propiedad distributiva o cocientes parciales.**

4. $$\begin{array}{r} 3\overline{)762} \\ -600 \\ \hline 162 \\ -150 \\ \hline 12 \\ -12 \\ \hline 0 \end{array}$$

______ + ______ + ______ = ______

762 ÷ 3 = ______

5. $$\begin{array}{r} 2\overline{)426} \\ -400 \\ \hline 26 \\ -20 \\ \hline 6 \\ -6 \\ \hline 0 \end{array}$$

______ + ______ + ______ = ______

426 ÷ 2 = ______

## Comprobación del vocabulario

6. Explica por qué puede ser útil usar cocientes parciales al dividir.

______

______

______

Nombre ..............................................................

# Dividir números grandes

**Lección 9**

**PREGUNTA IMPORTANTE**
**¿Cómo afecta la división a los números?**

Dividir números de tres y cuatro dígitos es similar a dividir números de dos dígitos.

## Las mates y mi mundo

### Ejemplo 1

**Hay 678 personas haciendo la fila para subir a la montaña rusa. En cada carrito de la montaña rusa entran 6 personas. ¿Cuántos carritos se necesitan para que todos puedan subir una vez a la montaña rusa?**

Divide 678 entre 6.

**Divide las centenas.**
Divide. $6 \div 6 = 1$
Escribe el 1 en el lugar de las centenas.
Multiplica. $6 \times 1 = 6$
Resta. $6 - 6 = 0$
Compara. $0 < 6$
Baja las decenas.

$$\begin{array}{r} 1\phantom{78} \\ 6\overline{)678} \\ -\underline{6}\phantom{78} \\ 07\phantom{8} \end{array}$$

**2 Divide las decenas.**
Divide. Hay 1 grupo de 6 en 7.
Escribe el 1 en el lugar de las decenas.
Multiplica. $6 \times 1 = 6$
Resta. $7 - 6 = 1$
Compara. $1 < 6$
Baja las unidades.

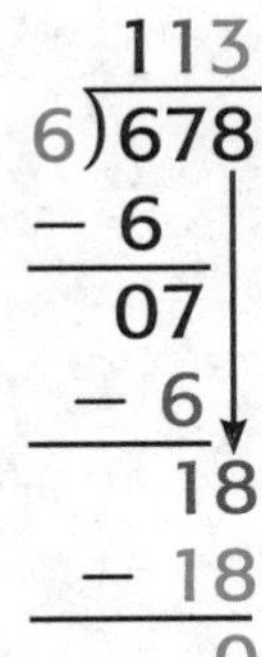

$$\begin{array}{r} 113 \\ 6\overline{)678} \\ -\underline{6}\phantom{78} \\ 07\phantom{8} \\ -\underline{6}\phantom{8} \\ 18 \\ -\underline{18} \\ 0 \end{array}$$

**Divide las unidades.**
Divide. $18 \div 6 = 3$
Escribe el 3 en el lugar de las unidades.
Multiplica. $6 \times 3 = 18$
Resta. $18 - 18 = 0$
Compara. $0 < 6$

$678 \div 6 =$ ______

Por lo tanto, se necesitan ______ carritos.

## Ejemplo 2 

**Los carritos de una montaña rusa tardan aproximadamente 4 minutos en recorrer 1,970 pies. ¿Cuántos pies recorren en un minuto?**

Divide 1,970 entre 4.

**Estima** 1,970 ÷ 4 ⟶ 2,000 ÷ 4 = ______

**1 Divide los millares.**
Como 1 < 4, no puedes dividir los millares.

**2 Divide las centenas.**
Divide. Hay 4 grupos de 4 en 19.
Multiplica. Resta. Compara. Baja.

**3 Divide las decenas.**
Divide. Hay 9 grupos de 4 en 37.
Multiplica. Resta. Compara. Baja.

**4 Divide las unidades.**
Divide. Hay 2 grupos de 4 en 10.
Multiplica. Resta. Compara. Baja.

```
      □□□ R□
   ________
 4)1, 9 7 0
  − 1 6
  -----
      3 7
    − 3 6
    -----
        1 0
      −   8
      -----
          2
```

**5 Halla el residuo.**

Por lo tanto, recorren un poco más de ______ pies por minuto.

**Comprueba** La respuesta, un poco más de ______, está cerca de la estimación de 500. Por lo tanto, la respuesta es razonable.

¿Cómo determinarías mentalmente la cantidad de dígitos del cociente de 795 ÷ 5?

## Práctica guiada 

**Divide. Estima para comprobar.**

**1.** 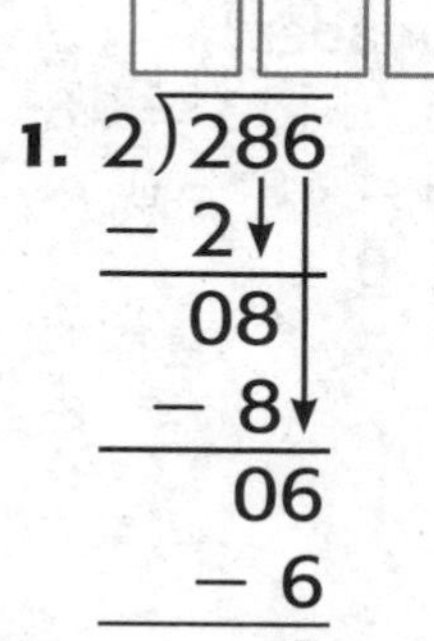


**2.** 2)745

Nombre

## Práctica independiente

**Divide. Estima para comprobar.**

**3.** $2\overline{)324}$

Estimación:

**4.** $3\overline{)585}$

Estimación:

**5.** $2\overline{)1,573}$

Estimación:

**Divide. Multiplica para comprobar.**

**6.** $3\overline{)787}$

Comprobación:

**7.** $2\overline{)849}$

Comprobación:

**8.** $4\overline{)994}$

Comprobación:

**9.** $3\overline{)1,863}$

Comprobación:

**10.** $4\overline{)3,974}$

Comprobación:

**11.** $4\overline{)2,611}$

Comprobación:

# Resolución de problemas

**En los ejercicios 12 y 13, usa la siguiente información.**

La Casa Blanca es la residencia oficial y el lugar de trabajo del Presidente de Estados Unidos. El presidente Theodore Roosevelt le dio ese nombre a la Casa Blanca por su color.

**12.** PRÁCTICA matemática 2 **Razonar** Se necesitan 570 galones de pintura para pintar el exterior de la Casa Blanca. Si la cantidad de galones usados para pintar cada uno de sus 4 lados es la misma, ¿cuántos galones de pintura se usarán para cada lado?

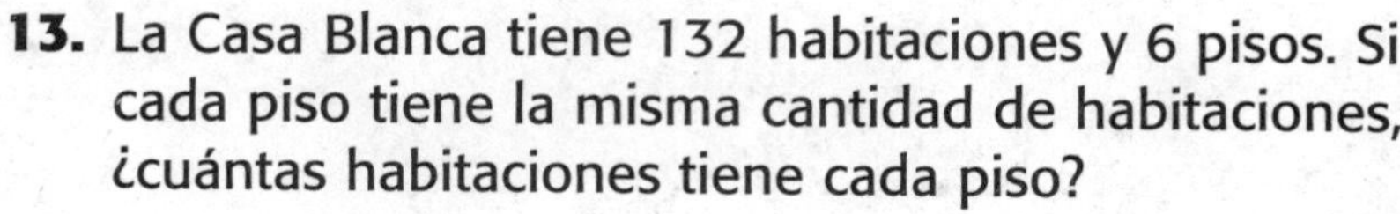

**13.** La Casa Blanca tiene 132 habitaciones y 6 pisos. Si cada piso tiene la misma cantidad de habitaciones, ¿cuántas habitaciones tiene cada piso?

**14.** Britney lee un libro en 9 días. Si el libro tiene 1,116 páginas y Britney lee la misma cantidad de páginas por día, ¿cuántas páginas lee por día?

## Problemas S.O.S.

**15.** PRÁCTICA matemática 1 **Hacer un plan** Escribe un problema de división que dé como resultado un cociente mayor que 200 y menor que 250.

**16.** ? **Profundización de la pregunta importante** ¿Los cocientes tienen siempre la misma cantidad de dígitos al dividir números de 3 dígitos entre números de 1 dígito?

Nombre ............................................................



# Mi tarea

**Lección 9**

**Dividir números grandes**

## Asistente de tareas

¿Necesitas ayuda? **connectED.mcgraw-hill.com**

**Halla 1,927 ÷ 4.**

**Estima** 1,927 está cerca de 2,000. 2,000 ÷ 4 = 500.

**1 Divide los millares.**

```
4)1,927
```

A veces, no es posible dividir el primer dígito del dividendo entre el divisor. Como 4 > 1, no se pueden dividir los millares.

**2 Divide las centenas.**

```
     4
4)1,927
 - 16
    32
```

Divide. 19 ÷ 4 = 4
Multiplica. 4 × 4 = 16
Resta. 19 − 16 = 3
Compara. 3 < 4
Baja el 2.

**3 Divide las decenas.**

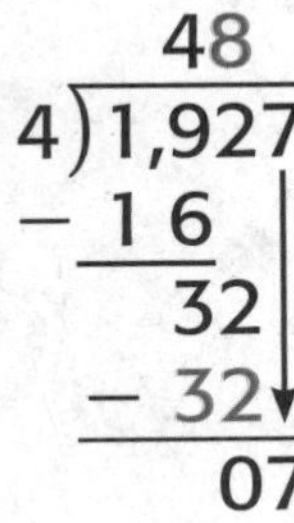

```
    48
4)1,927
 - 16
    32
  - 32
    07
```

Divide. 32 ÷ 4 = 8
Multiplica. 4 × 8 = 32
Resta. 32 − 32 = 0
Compara. 0 < 4
Baja el 7.

**4 Divide las unidades.**

```
    481 R3
4)1,927
 - 16
    32
  - 32
    07
   - 4
     3
```

Divide. Hay 1 grupo de 4 en 7.
Multiplica. 4 × 1 = 4
Resta. 7 − 4 = 3
Compara. 3 < 4
Como no hay más números para bajar, el residuo es 3.

1,927 ÷ 4 = 481 R3

**Comprueba**

481 R3 está cerca de la estimación, 500; por lo tanto, la respuesta es razonable.

# Práctica

**Divide. Estima o multiplica para comprobar.**

**1.** $3\overline{)534}$

**2.** $7\overline{)2,761}$

**3.** $4\overline{)850}$

**4.** $8\overline{)1,074}$

**5.** $5\overline{)3,344}$

**6.** $6\overline{)5,244}$

## Resolución de problemas

**7.** Ann debe leer 414 páginas en 3 días. ¿Cuántas páginas debe leer por día?

______________

**8.** PRÁCTICA matemática 5 **Usar herramientas de las mates** Marcel recibió un premio por su trabajo comunitario. El premio incluía un cheque por $2,265. Tres empresas aportaron la misma cantidad de dinero para el premio. ¿Cuánto aportó cada empresa?

______________

# Práctica para la prueba

**9.** Eric juntó 560 libros para donar al preescolar. Los libros se dividieron en partes iguales entre 5 salones. ¿Cuántos libros recibió cada salón?

Ⓐ 112 libros
Ⓑ 110 libros
Ⓒ 132 libros
Ⓓ 512 libros

# Compruebo mi progreso

## Comprobación del vocabulario

1. Encierra en un círculo el problema en el que se usan **cocientes parciales** para dividir 362 entre 2.

$$\begin{array}{r} 181 \\ 2\overline{)362} \\ -2\phantom{00} \\ \hline 16\phantom{0} \\ -16\phantom{0} \\ \hline 02 \\ -2 \\ \hline 0 \end{array}$$

$$\begin{array}{r|r} 181 & \\ 2\overline{)362} & 100 \\ -200 & \\ \hline 162 & 80 \\ -160 & \\ \hline 2 & +\ 1 \\ & \overline{181} \end{array}$$

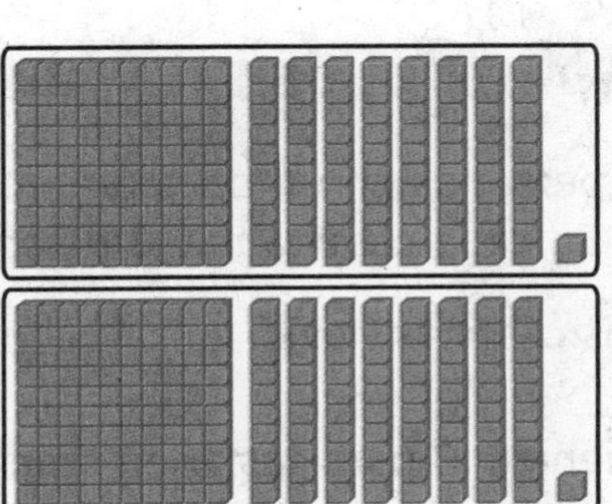

## Comprobación del concepto

**Divide. Estima para comprobar.**

**2.** $4\overline{)56}$

**3.** $5\overline{)71}$ R

Estimación:

_______ ÷ _______ = _______

Estimación:

_______ ÷ _______ = _______

**Divide. Multiplica para comprobar.**

**4.** $3\overline{)345}$

**5.** $3\overline{)679}$

**6.** 697 ÷ 7 = ______

**7.** 883 ÷ 9 = ______

**8.** 917 ÷ 4 = ______

**9.** 775 ÷ 5 = ______

## Resolución de problemas

**10.** Hay 78 personas en un campamento de verano. En cada cabaña hay 6 personas.

¿Cuántas cabañas hay? ______

**11.** Carlos tiene $46 para gastar en tarjetas de colección. Si cada paquete de tarjetas cuesta $3, ¿cuántos paquetes de tarjetas puede comprar?

______

**12.** Un grupo de personas pesa 774 libras en total. Los 6 pesan lo mismo ¿Cuánto pesa cada persona?

______

**13.** Un entrenador encargó 9 arcos de hockey por $4,050. ¿Cuánto costó cada arco?

______

## Práctica para la prueba

**14.** En una carrera hay 456 corredores. Hay 4 grupos de corredores. Cada grupo tiene la misma cantidad de corredores. ¿Cuántos corredores hay en cada grupo?

Ⓐ 111 corredores
Ⓒ 113 corredores
Ⓑ 112 corredores
Ⓓ 114 corredores

Nombre ..............................................................................................

# Cocientes con ceros

**Lección 10**

**PREGUNTA IMPORTANTE**
**¿Cómo afecta la división a los números?**

En la división, los cocientes a veces tienen ceros.

## Las mates y mi mundo

### Ejemplo 1

**En las vacaciones, la familia Ramos hará un recorrido turístico por una reserva natural en un parque. ¿Cuál será el costo del recorrido por cada integrante de la familia?**

¡Estoy lista para la foto!

| Costo del recorrido | |
|---|---|
| Cantidad de personas | Costo ($) |
| 3 | 327 |

Halla $\$327 \div 3$.

**Divide las centenas.**
$3 \div 3 = 1$
Multiplica. Resta. Compara. Baja.

**Divide las decenas.**
$2 < 3$
No hay suficientes decenas para dividir.
Escribe 0 en el lugar de las decenas.
Multiplica. Resta. Compara. Baja.

**Divide las unidades.**
$27 \div 3 = 9$
Multiplica. Resta. Compara.

$327 \div 3 =$ ______

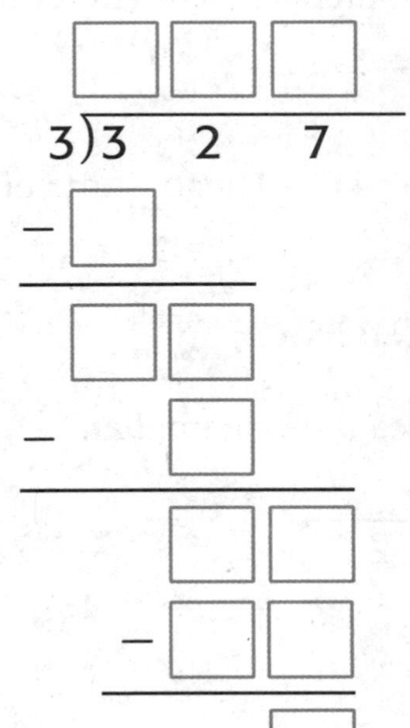


Por lo tanto, el costo por cada integrante de la familia será $ ______.

## Ejemplo 2

Tutor

**La familia Kincaid se irá de vacaciones. Deben conducir 415 millas ida y vuelta hasta Dolphin Cove. ¿A qué distancia está Dolphin Cove?**

Divide 415 entre 2.

**1 Divide las centenas.**
$4 \div 2 = 2$
Multiplica. Resta. Compara. Baja.

**2 Divide las decenas.**
$1 < 2$. No hay suficientes decenas para dividir.
Escribe 0 en el lugar de las decenas.
Multiplica. Resta. Compara. Baja.

**3 Divide las unidades.**
Hay 7 grupos de 2 en 15.
Multiplica. Resta. Compara.

**4 Halla el residuo.**
Un residuo de 1 te indica que el cociente es un poco más de 207.

```
  [ ][ ][ ] R[ ]
2)4  1  5
 -[ ]
  [ ][ ]
 -   [ ]
     [ ][ ]
    -[ ][ ]
        [ ]
```

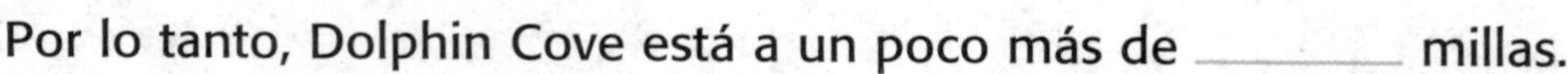

Por lo tanto, Dolphin Cove está a un poco más de _______ millas.

**Comprueba** Multiplica para comprobar un problema de división.

$415 \div 2 =$ _______ R _______

_______ $\times 2 = 414$ Luego, suma el residuo. $414 +$ _______ $= 415$

## Práctica guiada

Comprueba

**Divide. Multiplica para comprobar.**

1.
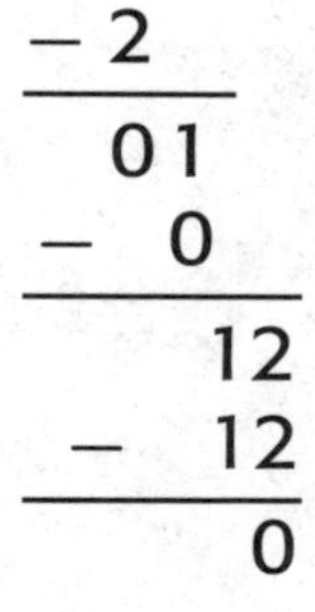

```
2)2 1 2
 -2
  01
 - 0
   12
 - 12
    0
```

2.
```
2)6 1 7
```

**Habla de las MATES**

Explica cómo hallar el cociente de $624 \div 3$.

Nombre

CCSS

## Práctica independiente

**Divide. Multiplica para comprobar.**

**3.** $2\overline{)214}$

**4.** $3\overline{)327}$

**5.** $5\overline{)\$545}$

**6.** \$613 ÷ 3 = ________

**7.** 837 ÷ 4 = ________

**8.** 1,819 ÷ 2 = ________

**Álgebra** **Halla la incógnita.**

**9.** 416 ÷ ■ = 208

■ = ________

**10.** 622 ÷ 3 = 207 R ■

■ = ________

**11.** \$2,429 ÷ 3 = \$■ R2

■ = ________

# Resolución de problemas

**En los ejercicios 12 y 13, usa la siguiente información.**

Geobúsqueda es un juego de búsqueda del tesoro en el que los participantes usan un sistema de posicionamiento global o GPS para esconder y buscar "tesoros" en todo el mundo. Por lo general, los "tesoros" son juguetes o chucherías.

**12.** Chad está ahorrando dinero para comprar un aparato de GPS para participar en una geobúsqueda. Tiene 2 meses para ahorrar $215. ¿Cuánto dinero debe ahorrar por mes?

**13.** PRÁCTICA matemática 2 **Razonar** Algunos de los tesoros están escondidos en montañas. Si el tesoro está a 325 pies de distancia, ¿a cuántas yardas está? (*Pista*: 3 pies = 1 yarda)

**14.** En una escuela hay 408 estudiantes, que tienen 4 turnos para almorzar. Si en cada período almuerza la misma cantidad de estudiantes, ¿cuántos estudiantes almuerzan en cada turno?

## Problemas S.O.S.

**15.** PRÁCTICA matemática 1 **Seguir intentándolo** Identifica un dividendo de 3 dígitos que dé como resultado un cociente de 3 dígitos que incluya un cero en el lugar de las decenas si el divisor es 6.

**16.** **Profundización de la pregunta importante** ¿Por qué a veces se usa un 0 en el cociente?

Nombre



# Mi tarea

**Lección 10**
**Cocientes con ceros**

## Asistente de tareas

¿Necesitas ayuda? connectED.mcgraw-hill.com

**Halla 614 ÷ 3.**

**1 Divide las centenas.**
6 ÷ 3 = 2.
Multiplica. Resta. Compara. Baja.

**2 Divide las decenas.**
1 < 3 No hay suficientes decenas para dividir.
Escribe 0 en el lugar de las decenas.
Multiplica. Resta. Compara. Baja.

**3 Divide las unidades.**
Hay 4 grupos de 3 en 14.
Multiplica. Resta. Compara.

**4 Halla el residuo.**

$$\begin{array}{r} 204\ \text{R2} \\ 3\overline{)614} \\ -6\phantom{14} \\ \hline 01\phantom{4} \\ -0\phantom{4} \\ \hline 14 \\ -12 \\ \hline 2 \end{array}$$

Por lo tanto, 614 ÷ 3 = 204 R2.

## Práctica

**Divide.**

**1.** $5\overline{)535}$

**2.** $4\overline{)826}$

**3.** $2\overline{)819}$

**Divide.**

**4.** $6\overline{)\$1{,}824}$ **5.** $7\overline{)3{,}517}$ **6.** $4\overline{)2{,}425}$

**7.** $3\overline{)626}$ **8.** $5\overline{)\$4{,}015}$ **9.** $8\overline{)1{,}613}$

## Resolución de problemas

**10.** En el parque acuático hubo 1,212 visitantes en total el viernes, el sábado y el domingo. Si la cantidad de personas que visitó el parque fue la misma cada día, ¿cuántos visitantes hubo el domingo?

________________

**11.** **PRÁCTICA matemática** 5 **Usar herramientas de las mates** En el club de campamento gastaron $420 en cuatro tiendas nuevas. Si todas las tiendas costaron lo mismo, ¿cuánto costó cada una?

________________

**12.** Mallory tiene 535 correos electrónicos en la bandeja de entrada. Los clasifica en cantidades iguales en carpetas rotuladas Familia, Amigos, Trabajo, Escuela y Recetas. ¿Cuántos mensajes coloca Mallory en cada carpeta?

________________

## Práctica para la prueba

**13.** El señor López juntó 1,425 estampillas. Las clasifica en 7 carpetas. ¿Qué respuesta muestra la cantidad de estampillas que hay en cada carpeta y cuántas quedan?

Ⓐ 204 R3 Ⓒ 220 R4

Ⓑ 229 R2 Ⓓ 203 R4

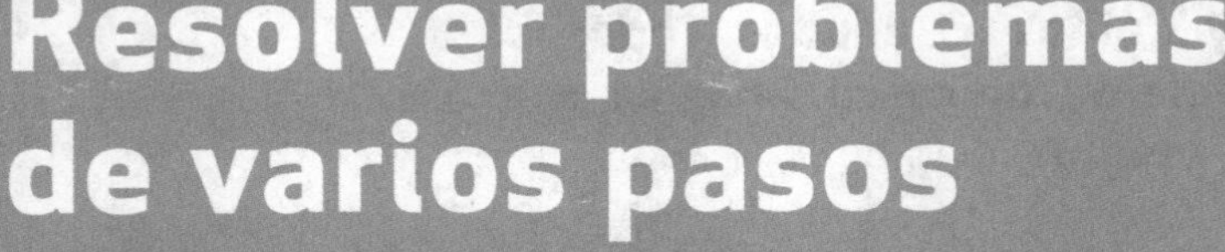

# Resolver problemas de varios pasos

**Lección 11**

**PREGUNTA IMPORTANTE**
**¿Cómo afecta la división a los números?**

Para resolver algunos problemas, se necesita más de una operación.

## Las mates y mi mundo

### Ejemplo 1

**La familia de Jada encargó carnés de socios para un año en el centro recreativo. Cuatro carnés normales cuestan \$532. Un carné de socio especial cuesta \$35 más. ¿Cuánto cuesta un carné de socio especial?**

Escribe una ecuación.

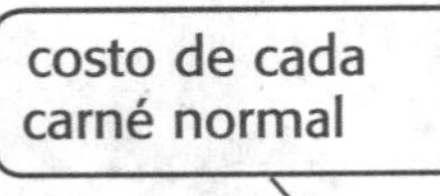


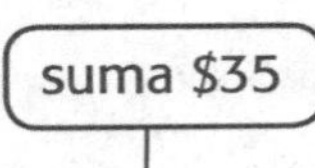


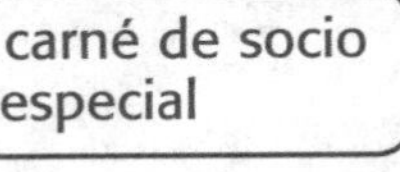


$(\$532 \div 4) + \$35 = \blacksquare$ ← incógnita

**1 Divide.**

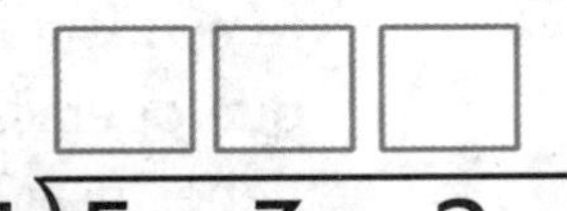

$4\overline{)5\quad 3\quad 2}$

−☐
☐☐
−☐☐
☐☐
−☐☐
☐

**2 Suma 35 al cociente.**

_______ + 35 = _______

La incógnita es \$_______.

**Pista**

Los paréntesis indican qué operaciones debes realizar primero.

Por lo tanto, un carné de socio especial cuesta \$ _______.

## Ejemplo 2

**La familia de Devin fue a esquiar. Los boletos de entrada a la pista cuestan $25 para los niños y $30 para los adultos. Los cascos cuestan $10 cada uno. En la familia de Devin, hay 3 niños y 2 adultos. Todos los integrantes de la familia compraron un boleto y un casco. Imagina que pagaron con $200. ¿Cuánto recibieron de vuelto?**

Escribe una ecuación. Puedes representar la incógnita con la variable *c*.

### Halla el costo total, *c*.

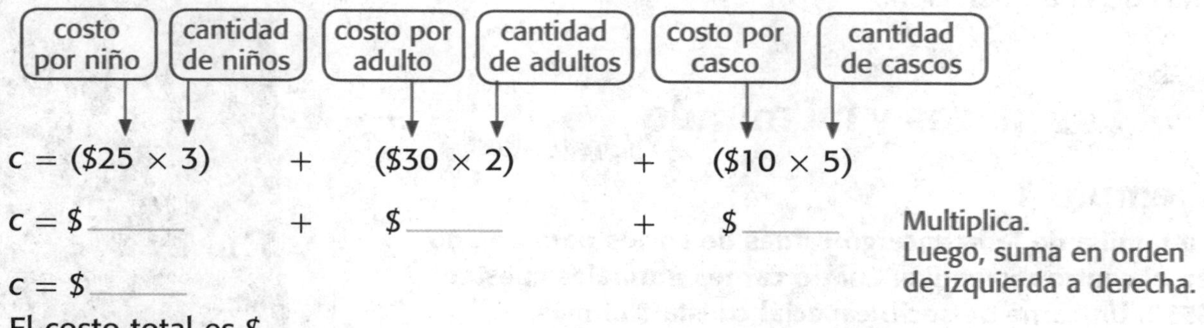


$c = (\$25 \times 3) \quad + \quad (\$30 \times 2) \quad + \quad (\$10 \times 5)$

$c = \$$ ______ + $ ______ + $ ______

$c = \$$ ______

El costo total es $ ______.

Multiplica.
Luego, suma en orden de izquierda a derecha.

### 2 Halla el vuelto.

$200 − $185 = $ ______.

Por lo tanto, la familia de Devin recibió

$ ______ de vuelto.

¿Qué palabras te ayudan a decidir qué operaciones debes usar?

## Práctica guiada

**1.** En la librería de libros en español vendieron 345 libros. En la librería de libros en inglés vendieron 3 veces esa cantidad de libros. ¿Cuántos libros se vendieron en total? Escribe una ecuación para resolver el problema. Representa la incógnita con una variable.

$345 + (3 \times 345) = l$

$345 +$ ______ $= l$

______ $= l$

Se vendieron ______ libros.

Nombre

# Práctica independiente

**Escribe una ecuación para resolver los problemas. Representa la incógnita con una variable.**

**2.** Ashlyn y sus amigos hacen casitas de jengibre y las decoran con golosinas. Tienen que dividir 28 paquetes de pastillas de goma entre 7 amigos. En cada paquete hay 25 pastillas de goma. ¿Cuántas pastillas de goma recibirá cada amigo?

Cada amigo recibirá ______ pastillas de goma.

**3.** Dominic compró 210 bolígrafos. Los dividió en partes iguales entre 10 amigos. Uno de sus amigos, Benjamín, ya tenía 27 bolígrafos. Luego, Benjamín le dio 13 bolígrafos a Peyton. ¿Cuántos bolígrafos tiene Benjamín?

Benjamín tiene ______ bolígrafos.

**4.** Shannon está juntando materiales de arte. Tiene 48 crayones, 24 marcadores y 16 adhesivos. Dividió los crayones en 8 grupos iguales, los marcadores entre 6 grupos iguales y los adhesivos entre 4 grupos iguales. Le prometió a su hermano que le daría un grupo de cada artículo. ¿Cuántos artículos recibirá su hermano?

El hermano de Shannon recibirá ______ artículos.

# Resolución de problemas

**Usa la siguiente información para resolver los ejercicios 5 y 6.**

**5.** PRÁCTICA matemática 4 **Representar las mates** Hunter compró 3 cajas de barras de cereal. Cada caja contiene 35 barras de cereal de fresa. También compró 20 barras de cereal de manzana y algunas barras de cereal de arándano. En total, hay 150 barras de cereal.

Escribe una ecuación para describir la cantidad de barras de cereal que compró Hunter. ¿Cuántas barras de cereal de arándano compró Hunter?

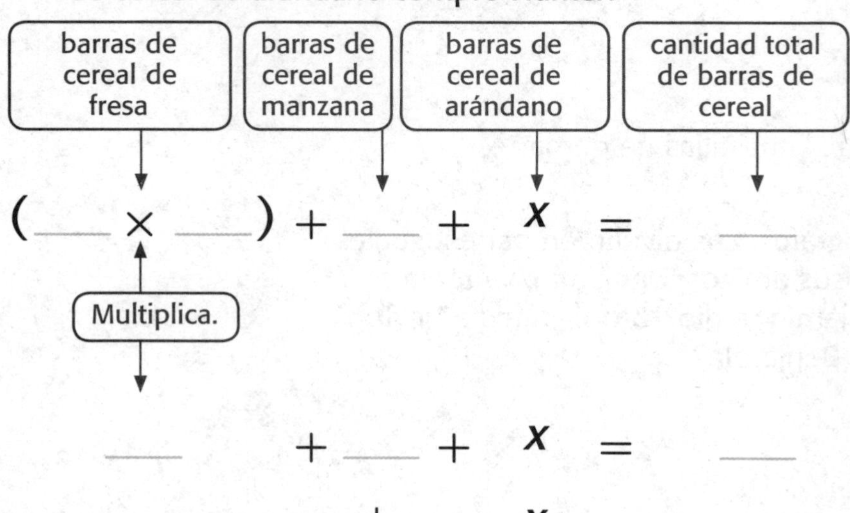


Por lo tanto, compró ___ barras de cereal de arándano.

¡Mi trabajo!

## Problemas S.O.S.

**6.** PRÁCTICA matemática 2 **Razonar** Hunter quiere repartir 150 barras de cereal en partes iguales entre 7 amigos. ¿Con cuántas barras de cereal se quedará Hunter?

___

**7.** **Profundización de la pregunta importante** ¿Cómo te ayuda escribir ecuaciones a resolver problemas de varios pasos?

___

___

Nombre ..........................................



# Mi tarea

**Lección 11**
**Resolver problemas de varios pasos**

## Asistente de tareas

¿Necesitas ayuda? connectED.mcgraw-hill.com

**Corinne ahorró $45 del dinero que le dan sus padres. Recibe $7 por semana. Corinne gasta $2 por semana en dulces y ahorra el resto. ¿Durante cuántas semanas ahorró Corinne?**

Debes hallar cuánto ahorra Corinne por semana y dividir $45 entre ese número.

 **Resta.**

| | |
|---|---|
| $7 | que recibe en total por semana |
| – $2 | cantidad gastada por semana |
| $5 | cantidad ahorrada |

 **Divide.**

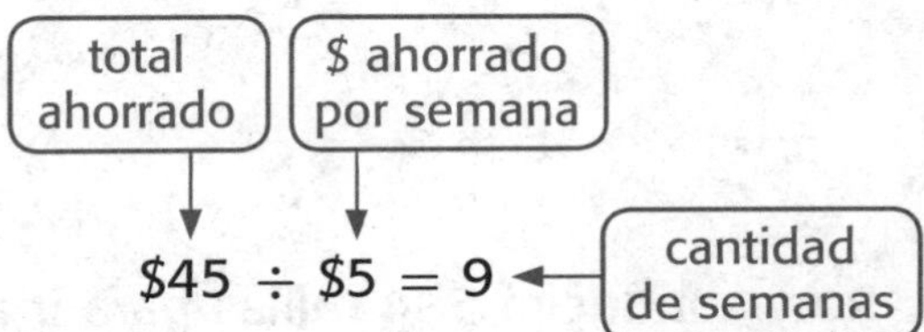


Por lo tanto, Corinne ahorró durante 9 semanas.

## Práctica

**1.** Zoe va a comprar cuentas para hacer joyas. Para cada arete, Zoe usa 3 cuentas azules pequeñas, 1 cuenta metálica pequeña y 2 cuentas verdes grandes. ¿Cuál es la cantidad total de cuentas que Zoe debe comprar para hacer 8 pares de aretes?

______________________

¡Mi trabajo!

## Resolución de problemas

¡Mi trabajo!

2. PRÁCTICA matemática 2 **Razonar** Lucas tiene 327 muñecos articulados y 4 cajas de zapatos para guardarlos. En cada caja caben 80 muñecos articulados. ¿Tiene Lucas suficientes cajas de zapatos? Si no es así, ¿cuántos muñecos quedarán sin guardar?

______________________________

______________________________

3. Kyle tiene un cuaderno para cada una de sus 5 clases. Coloca 6 adhesivos en cada cuaderno. En cada plancha vienen 10 adhesivos. ¿Cuántas planchas de adhesivos usará Kyle? Escribe una ecuación para resolver. Representa la incógnita con una variable.

______________________________

4. Rory conducirá 584 millas para ir a una reunión familiar. El primer día, conducirá 300 millas sola. El segundo día, Rory y su prima se turnarán para conducir la misma cantidad de millas. ¿Cuántas millas conducirá la prima de Rory? Escribe una ecuación para resolver. Representa la incógnita con una variable.

______________________________

## Práctica para la prueba

5. En el vecindario de Hannah hay 278 casas. Hannah recaudó $780 en total entre sus vecinos para donar a un centro de caridad. En cada casa que visitó, le dieron $5. ¿En cuántas casas Hannah *no* pidió dinero?

Ⓐ 156 casas

Ⓑ 122 casas

Ⓒ 55 casas

Ⓓ 125 casas

Nombre

# Práctica de fluidez

**Multiplica.**

**1.** $\begin{array}{r} 429 \\ \times \quad 5 \\ \hline \end{array}$

**2.** $\begin{array}{r} 357 \\ \times \quad 4 \\ \hline \end{array}$

**3.** $\begin{array}{r} 189 \\ \times \quad 6 \\ \hline \end{array}$

**4.** $\begin{array}{r} 672 \\ \times \quad 7 \\ \hline \end{array}$

**5.** $\begin{array}{r} 2{,}416 \\ \times \quad 3 \\ \hline \end{array}$

**6.** $\begin{array}{r} 7{,}515 \\ \times \quad 4 \\ \hline \end{array}$

**7.** $\begin{array}{r} 4{,}219 \\ \times \quad 6 \\ \hline \end{array}$

**8.** $\begin{array}{r} 5{,}413 \\ \times \quad 8 \\ \hline \end{array}$

**9.** $\begin{array}{r} 3{,}035 \\ \times \quad 2 \\ \hline \end{array}$

**10.** $\begin{array}{r} 8{,}107 \\ \times \quad 6 \\ \hline \end{array}$

**11.** $\begin{array}{r} 4{,}050 \\ \times \quad 9 \\ \hline \end{array}$

**12.** $\begin{array}{r} 8{,}063 \\ \times \quad 5 \\ \hline \end{array}$

**13.** $\begin{array}{r} 83 \\ \times 24 \\ \hline \end{array}$

**14.** $\begin{array}{r} 27 \\ \times 55 \\ \hline \end{array}$

**15.** $\begin{array}{r} 64 \\ \times 52 \\ \hline \end{array}$

**16.** $\begin{array}{r} 92 \\ \times 29 \\ \hline \end{array}$

Nombre ..........

# Práctica de fluidez

**Divide.**

**1.** $3\overline{)162}$ **2.** $5\overline{)261}$ **3.** $6\overline{)759}$ **4.** $4\overline{)529}$

**5.** $5\overline{)483}$ **6.** $4\overline{)244}$ **7.** $2\overline{)921}$ **8.** $8\overline{)327}$

**9.** $2\overline{)3,216}$ **10.** $6\overline{)4,842}$ **11.** $3\overline{)2,093}$ **12.** $5\overline{)3,526}$

**13.** $9\overline{)2,631}$ **14.** $3\overline{)5,111}$ **15.** $6\overline{)2,052}$ **16.** $4\overline{)1,729}$

# Repaso

**Capítulo 6**

**Dividir entre un número de un dígito**

## Comprobación del vocabulario

**Completa los espacios en blanco debajo de cada ejemplo con las palabras de la lista.**

| | | |
|---|---|---|
| **cocientes parciales** | **ecuación** | **números compatibles** |
| **residuo** | **variable** | |

**1.** $122 \div 6 \longrightarrow \underbrace{120 \div 6} = 20$

____________________

**2.**

```
     23 R4   ↑ ____________
  6)142
   −12
     22
   − 18
      4
```

**3.** $\underbrace{80 \div 5 = 15}$

____________________

**4.** $360 \div 9 = x$ ↑

____________________

**5.** ____________________

```
   125 R4
  6)754
   −600      100
    154
   −120       20
     34
    −30      + 5
      4      125
```

# Comprobación del concepto 

**Divide. Usa patrones y el valor posicional.**

**6.** 600 ÷ 2 = ______

**7.** 7,200 ÷ 9 = ______

**8.** 6,400 ÷ 8 = ______

**Estima.**

**9.** 715 ÷ 8

**10.** 2,660 ÷ 9

**11.** 8,099 ÷ 9

**Usa la propiedad distributiva o cocientes parciales para dividir.**

**12.** 448 ÷ 2 = ______

**13.** 200 ÷ 8 = ______

**Divide. Multiplica para comprobar.**

**14.** $2\overline{)64}$

**15.** $7\overline{)694}$

**16.** $8\overline{)783}$

**17.** $2\overline{)2,157}$

**18.** $8\overline{)487}$

**19.** $3\overline{)451}$

Nombre

## Resolución de problemas

**20.** La puntuación total de Clara en 3 juegos de bolos fue 312. Si Clara sacó los mismos puntos en cada juego, ¿cuál fue la puntuación por juego?

**21.** Hay 3,250 botones. Si se los divide entre grupos de 8, ¿cuántos grupos hay? Interpreta el residuo.

**22.** La familia Nair juntó 2,400 monedas de 1¢. Las monedas de 1¢ se repartirán en partes iguales entre los 4 niños. ¿Cuántos dólares recibirá cada niño?

**23.** El sábado, 1,164 personas vieron una película en el cine Upcity. En total, hubo 4 funciones con la misma cantidad de personas en el público. Aproximadamente, ¿cuántas personas vieron cada función?

**24.** Holden y Alma ganaron $32 cortando el césped en su vecindario. Se repartirán el dinero en partes iguales. ¿Cuánto dinero recibirá cada uno?

¡Mi trabajo!

## Práctica para la prueba

**25.** Casey y dos amigas ganaron $54 vendiendo limonada en el vecindario. Repartirán el dinero en partes iguales. ¿Cuánto dinero recibirá cada una?

Ⓐ $18  Ⓒ $27

Ⓑ $20  Ⓓ $54

# Pienso

**Capítulo 6**

**Respuesta a la**
PREGUNTA IMPORTANTE

**Usa lo que aprendiste acerca de la división para completar el organizador gráfico.**

PREGUNTA IMPORTANTE

**¿Cómo afecta la división a los números?**

**Ejemplos**

**Piensa sobre la** PREGUNTA IMPORTANTE.  **Escribe tu respuesta.**

Capítulo

# Patrones y secuencias

**PREGUNTA IMPORTANTE**

**¿Cómo se usan los patrones en matemáticas?**

Los patrones en nuestro mundo

Observa

¡Mira el video!

# Mis estándares estatales

## Operaciones y razonamiento algebraico

**4.OA.3** Resolver problemas contextualizados de varios pasos planteados con números naturales, con respuestas en números naturales obtenidas mediante las cuatro operaciones, incluidos problemas en los que es necesario interpretar los residuos. Representar esos problemas mediante ecuaciones con una letra que represente la cantidad desconocida. Evaluar si las respuestas son razonables mediante cálculos mentales y estrategias de estimación que incluyan el redondeo.

**4.OA.5** Generar un patrón numérico o de figuras que siga una regla dada. Identificar características aparentes del patrón que no estaban explícitas en la regla.

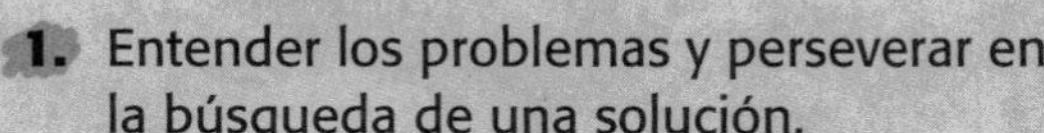


Estándares para las
## PRÁCTICAS matemáticas

1. Entender los problemas y perseverar en la búsqueda de una solución.
2. Razonar de manera abstracta y cuantitativa.
3. Construir argumentos viables y hacer un análisis del razonamiento de los demás.
4. Representar con matemáticas.
5. Usar estratégicamente las herramientas apropiadas.
6. Prestar atención a la precisión.
7. Buscar una estructura y usarla.
8. Buscar y expresar regularidad en el razonamiento repetido.

= Se trabaja en este capítulo.

Nombre ..............................................................

# Antes de seguir...

← Conéctate para hacer la prueba de preparación.

**Halla las incógnitas.**

**1.** 8 + ________ = 11 **2.** ________ + 5 = 9 **3.** 6 + ________ = 15

**4.** 13 − ________ = 7 **5.** ________ − 4 = 8 **6.** 18 − ________ = 16

**7.** Usa el enunciado numérico 12 + 15 + ■ = 36 para hallar cuántos libros leyó Tony en agosto.

____________________

| Club de lectura de verano | |
|---|---|
| **Mes** | **Cantidad de libros leídos** |
| Junio | 12 |
| Julio | 15 |
| Agosto | ■ |

**Halla los valores.**

**8.** 8 + 1 + 6 **9.** 7 + 2 − 3 **10.** 2 + 10 − 6

**11.** 11 + 6 − 6 **12.** 12 − 3 + 4 **13.** 16 + 4 − 10

**14.** Cada uniforme de béisbol lleva 3 botones. Completa la tabla para hallar cuántos botones se necesitan para 12 uniformes.

| **Uniformes** | 3 | 6 | 9 | 12 |
|---|---|---|---|---|
| **Botones** | 9 | 18 | 27 | |

____________________



**Sombrea las casillas para mostrar los problemas que respondiste correctamente.**

**¿Cómo me fue?**

| 1 | 2 | 3 | 4 | 5 | 6 | 7 | 8 | 9 | 10 | 11 | 12 | 13 | 14 |
|---|---|---|---|---|---|---|---|---|---|---|---|---|---|

Nombre ..........................................................

# Las palabras de mis mates

## Repaso del vocabulario

ecuación incógnita operaciones

**Haz conexiones**

Usa las palabras del repaso del vocabulario para describir cada conjunto de ejemplos. Luego, responde la pregunta.

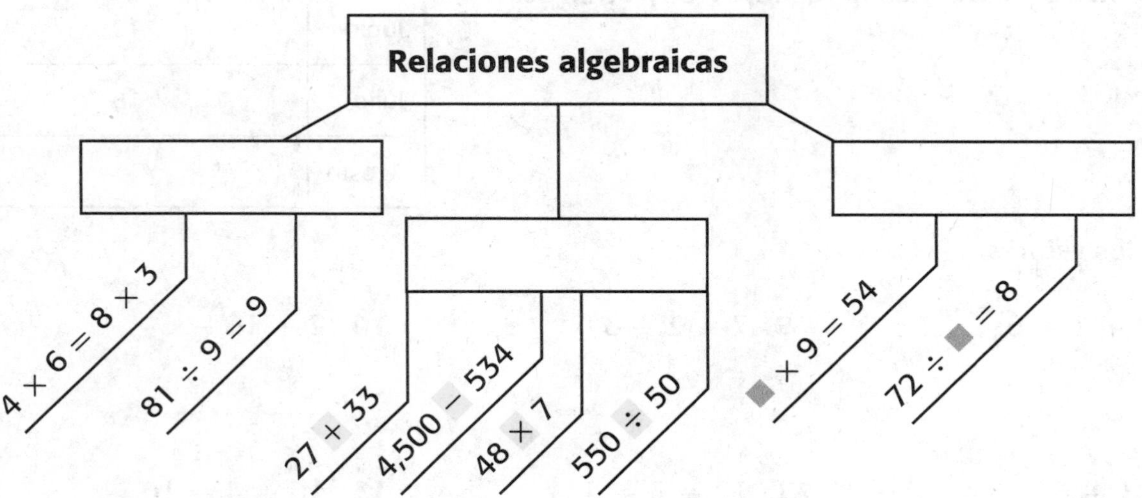


¿Cómo usaste patrones para clasificar cada conjunto de ejemplos?

_______________________________________________

_______________________________________________

_______________________________________________

_______________________________________________

_______________________________________________

# Mis tarjetas de vocabulario

Lección 7-5

## entrada

| Entrada ($x$) | Salida ($y$) |
|---|---|
| 2 | 9 |
| 4 | 11 |
| 6 | 13 |
| 8 | 15 |

$x + 7 = y$

Lección 7-1

## patrón

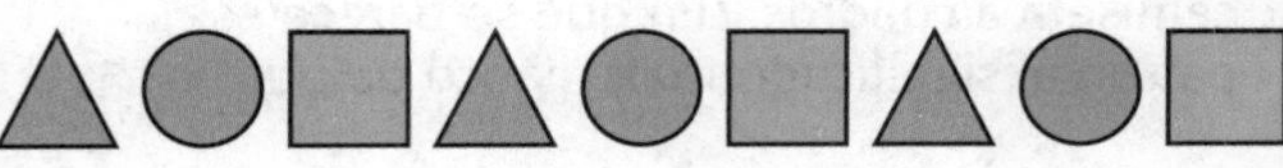

Lección 7-1

## patrón no numérico

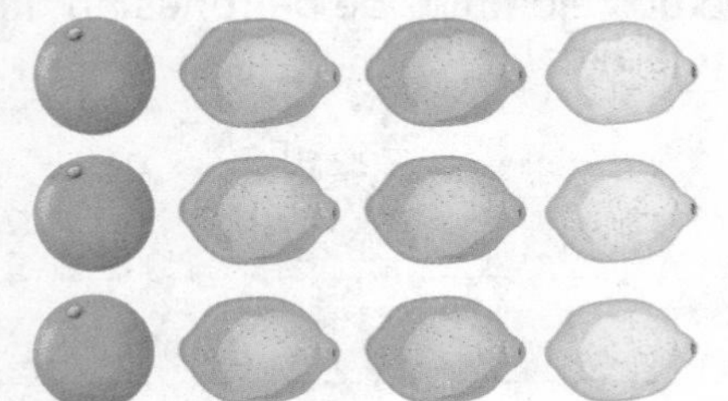

Lección 7-2

## patrón numérico

2, 4, 8, 16, 32, 64, 128

Lección 7-2

## regla

| Regla: Multiplicar por 4 | |
|---|---|
| Cantidad de cuadrados | Cantidad de palillos |
| 1 | 4 |
| 2 | 8 |
| 3 | 12 |

Lección 7-5

## salida

| Entrada ($x$) | Salida ($y$) |
|---|---|
| 2 | 9 |
| 4 | 11 |
| 6 | 13 |
| 8 | 15 |

$x + 7 = y$

Lección 7-3

## secuencia

2, 4, 8, 16, 32, 64, 128

secuencia

Lección 7-3

## término

2, 4, 8, 16, 32, 64, 128

término

## Sugerencias

- Ordena las tarjetas en pares. Explícale a un compañero o una compañera cómo las ordenaste.
- Haz una marca de conteo en la tarjeta correspondiente cada vez que leas una de estas palabras en este capítulo o la uses al escribir. Ponte como meta hacer al menos 5 marcas de conteo en cada tarjeta.

Lista de números, figuras o símbolos que siguen una regla.

Describe un patrón que hayas visto en una camiseta a cuadros. ¿En qué se parece ese patrón al significado matemático de *patrón*?

Cantidad que se cambia para obtener una cantidad de salida.

¿Cuál es el antónimo o la palabra opuesta de *entrada*?

Patrones que usan números.

Escribe una adivinanza para describir un patrón numérico. Pídele a un compañero o una compañera que la resuelva.

Patrones que no usan números.

Escribe dos ejemplos de patrones no numéricos del mundo real.

Resultado de una cantidad de entrada que cambia.

¿Cómo le explicarías la diferencia entre *entrada* y *salida* a otro estudiante?

Enunciado que describe una relación entre números u objetos.

*Regla* es una palabra de varios significados. Escribe una oración donde uses *regla* con otro significado.

Cada número de un patrón numérico.

*Término* es una palabra de varios significados. Escribe una oración donde uses *término* con otro significado.

Disposición ordenada de los términos que forman un patrón.

Explica la palabra *secuencia* con tus propias palabras.

# Mi modelo de papel

**FOLDABLES®** Sigue los pasos que aparecen en el reverso para hacer tu modelo de papel.

| Entrada | Sumar 10 | Restar 3 | Multiplicar por 3 | Dividir entre 2 Salida |
|---|---|---|---|---|
| 5 | 15 | 12 | 36 | 18 |
| 7 | 17 | 14 | 42 | ___ |
| 9 | 19 | ___ | ___ | ___ |
| 21 | 31 | 28 | ___ | ___ |
| 33 | ___ | ___ | ___ | ___ |
| ___ | ___ | ___ | ___ | ___ |

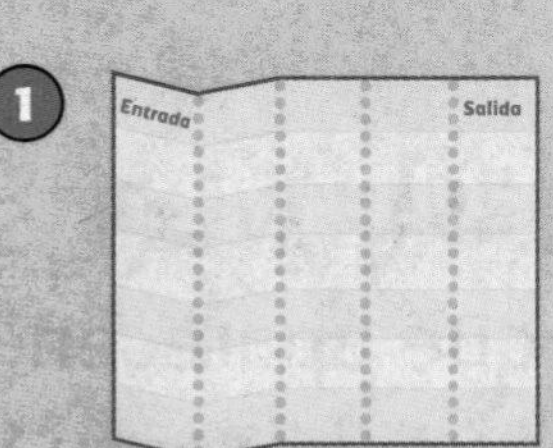


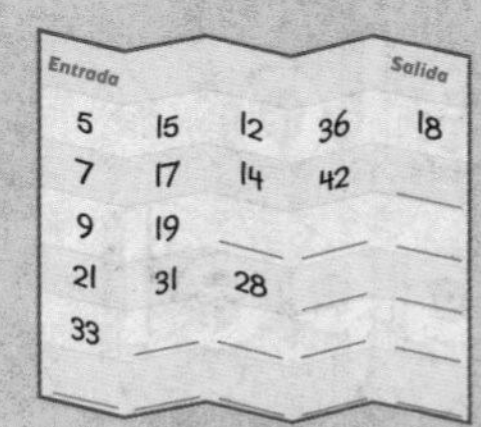


Salida

Entrada

Nombre ..............................

# Patrones no numéricos

**Lección 1**

**PREGUNTA IMPORTANTE**
**¿Cómo se usan los patrones en matemáticas?**

Un **patrón** es una lista de números, figuras o símbolos que siguen una regla.

En esta lección, usarás y describirás patrones en los que no se usan números. Esos patrones se llaman **patrones no numéricos**. Muchos patrones no numéricos son patrones de figuras.

## Las mates y mi mundo

### Ejemplo 1

**El dormitorio de Edgar tiene una guarda de estrellas y lunas. Las estrellas y las lunas muestran un patrón repetitivo. ¿Cuántas figuras tiene cada unidad del patrón? Copia el patrón y continúalo una vez.**

**Halla la unidad del patrón.**

1 estrella, 2 lunas ← unidad del patrón

Cada unidad del patrón tiene ______ estrella y ______ lunas.
La unidad del patrón se repite.

**2 Continúa el patrón.**
Copia el patrón que se muestra arriba. Luego, dibuja otra estrella y dos lunas.

Por lo tanto, cada unidad del patrón tiene ______ figuras.

Los patrones también pueden ser crecientes o decrecientes.

## Ejemplo 2

**Luis usa bolas de billar para mostrar un patrón creciente. Usa fichas para representar y describir el patrón. Luego, haz una observación sobre el patrón.**

Usa fichas para representar el patrón.
Empieza con una ficha.

En cada fila se agrega una bola más de billar.
Por lo tanto, coloca _______ fichas en la segunda fila y _______ fichas en la tercera fila.

Sigue agregando fichas hasta que tengas 5 filas.

El patrón es sumar _______.

La cantidad de bolas de billar de cada fila alterna entre impar y _______.

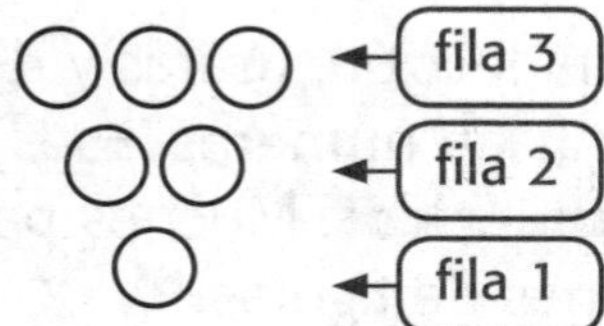


| Fila | 1 | 2 | 3 | 4 | 5 |
|---|---|---|---|---|---|
| Cantidad de bolas de billar | 1 | 2 | 3 | 4 | 5 |

## Práctica guiada

**Continúa los patrones. Dibuja las figuras en los espacios.**

**1.**  _______ _______

**2.**  ___ ___ ___ ___ ___ ___

Habla de las MATES

Haz otra observación sobre el patrón del ejemplo 2.

Nombre



## Práctica independiente

**Continúa los patrones. Dibuja las figuras en los espacios.**

3. ______ ______

4. ______ ______

5. ______ ______ ______

6. ______ ______ ______

**Dibuja huevos en el último envase para continuar los patrones.**

7.

8.

# Resolución de problemas

9. **PRÁCTICA matemática 8** **Buscar el patrón** Daniela observa un patrón en su libro de recortes. Las hojas de árbol pegadas en la primera página son verdes. La segunda página tiene hojas amarillas. La tercera página tiene hojas verdes. La siguiente página tiene hojas amarillas. ¿Se trata de un patrón repetitivo o un patrón creciente? ¿Por qué?

¡Mi trabajo!

## Problemas S.O.S.

10. **PRÁCTICA matemática 3** **¿Cuál no pertenece?** A la derecha se muestra un patrón creciente. ¿Cuál de las figuras de abajo no estaría en el patrón? ¿Por qué?

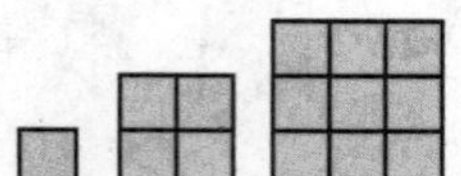

**Figura 1**

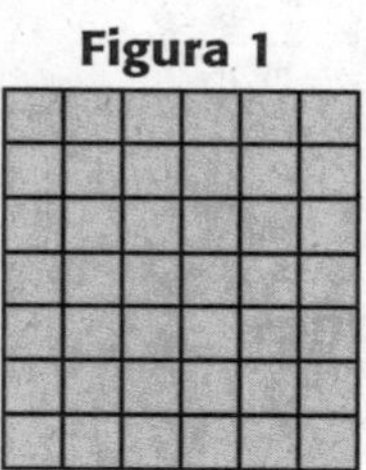

**Figura 2**

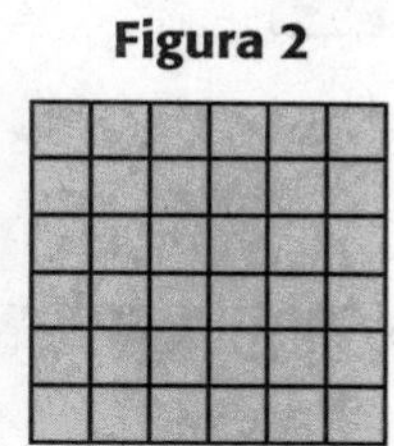

**Figura 3**

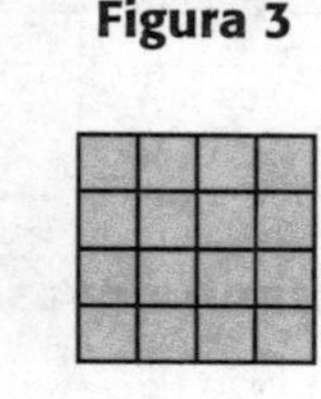

11. **Profundización de la pregunta importante** Explica la diferencia entre un patrón no numérico creciente y un patrón no numérico repetitivo.

Nombre ..............................................................

# Mi tarea

**Lección 1**
**Patrones no numéricos**

## Asistente de tareas

¿Necesitas ayuda? connectED.mcgraw-hill.com

**Continúa el patrón.**

1 **Halla la unidad del patrón.**
Cada unidad del patrón tiene 1 pino azul, 1 pino rojo y 1 pino amarillo. Este es un patrón repetitivo de 3 colores.

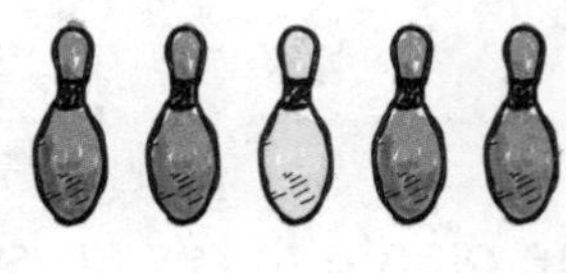

2 **Continúa el patrón.**
Copia el patrón que se muestra arriba. Luego, dibuja otro pino amarillo.

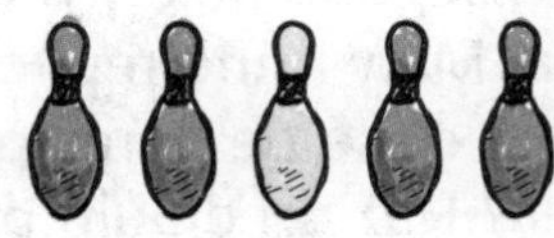

## Práctica

**Continúa los patrones. Dibuja las figuras en los espacios.**

1.  ____________

2. 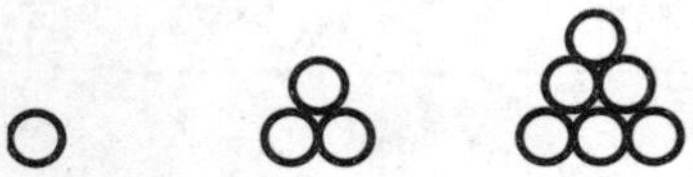 ○ ○○○ ○○○○○○ ____________

3. ____________

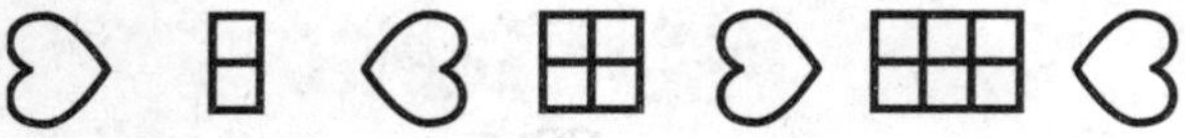

# Resolución de problemas

**Identifica o completa los patrones.**

**4.** PRÁCTICA matemática 4 **Representar las mates** La clase de cuarto grado de la señora Arthur tiene Arte todos los lunes. Todos los martes y jueves, los estudiantes tienen Computación. Además, la clase de la señora Arthur tiene Música los miércoles y Gimnasia los viernes. Haz un dibujo para mostrar el calendario de clases de 2 semanas.

_______________________

**5.** Mary Anne planta flores en su jardín. Planta tulipanes en la primera fila. Planta rosas en la segunda fila y margaritas en la tercera fila. Mary Anne repite ese patrón 4 veces. ¿Qué clase de flores planta en la décima fila? Haz un dibujo para mostrar el jardín de Mary Anne.

_______________________

## Comprobación del vocabulario

**Completa las oraciones con un término del vocabulario.**

patrones    patrones no numéricos

**6.** Los _______________ son listas de números, figuras o símbolos que siguen una regla.

**7.** Las figuras o símbolos presentados en diseños crecientes o repetitivos son _______________.

## Práctica para la prueba

**8.** ¿Qué sigue en el patrón?

Nombre .......................................................

# Patrones numéricos

**Lección 2**

**PREGUNTA IMPORTANTE**
**¿Cómo se usan los patrones en matemáticas?**

Los **patrones numéricos** son patrones que usan números.

Un patrón es una lista de números, figuras o símbolos que siguen una **regla**. Una regla es un enunciado que describe una relación entre números u objetos. Puedes hallar y continuar un patrón siguiendo una regla.

## Las mates y mi mundo

### Ejemplo 1

**Carla vende 3 marcos para fotografías por $15 y 4 marcos por $20. El patrón del precio de los marcos es el mismo. ¿Cuánto dinero ganará Carla si vende 6 marcos?**

Identifica y describe el patrón dividiendo el costo total entre la cantidad de marcos.

Carla vende 3 marcos por $15 y 4 marcos por $20.

$\$15 \div 3 = \$5$

$\$20 \div 4 = \$5$

Por lo tanto, un marco cuesta $5. La regla es multiplicar la cantidad de marcos por $5.

Usa la regla para continuar el patrón.

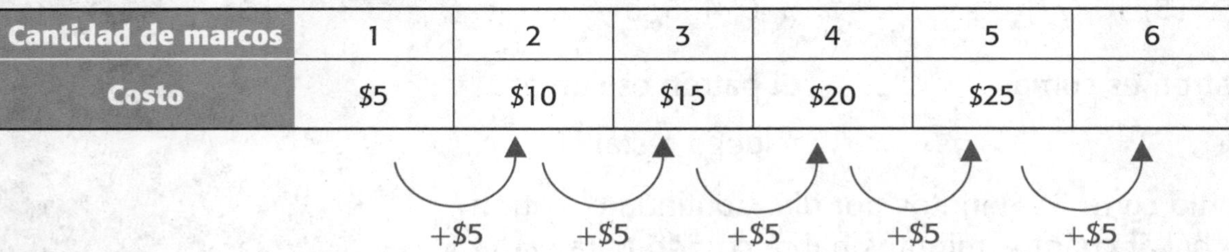

| Cantidad de marcos | 1 | 2 | 3 | 4 | 5 | 6 |
|---|---|---|---|---|---|---|
| Costo | $5 | $10 | $15 | $20 | $25 | |



Por lo tanto, Carla ganará $6 \times \$5$, o ________, si vende 6 marcos.

## Ejemplo 2 

**Los capítulos del libro de Daniel siguen un patrón. Los capítulos pares tienen 12 páginas. Los capítulos impares tienen 16 páginas. El primer número de página del capítulo 1 es 1. Continúa el patrón para hallar el número de página de la última página del capítulo 6.**

| Libro de Daniel | |
|---|---|
| **Capítulo** | **Final** |
| 1 | 16 |
| 2 | 28 |
| 3 | 44 |
| 4 | |
| 5 | |
| 6 | |

+12, +16, +12, +16, +12

Continúa el patrón.

44 + 12 = ☐

☐ + 16 = ☐

☐ + 12 = ☐

Por lo tanto, el número de la última página del capítulo 6 del libro es ______.

Describe otro patrón que veas en esta tabla.

______________________________

______________________________

**Habla de las MATES**

Describe un ejemplo del mundo real de patrón numérico creciente.

## Práctica guiada 

**Identifica, describe y continúa los patrones.**

**1.** 9, 12, 15, 18, 21, ______

El patrón es sumar ______.

**2.** 5, 6, 4, 5, 3, ______

El patrón es sumar ______, y luego restar ______.

**3.** Antonio corre 30 minutos por día. Continúa el patrón para hallar cuántos minutos habrá corrido para el día 5.

| Cronograma | | | | | |
|---|---|---|---|---|---|
| **Día** | 1 | 2 | 3 | 4 | 5 |
| **Tiempo (min)** | 30 | | | | |

Nombre

CCSS

## Práctica independiente

**Identifica, describe y continúa los patrones.**

**4.** 3, 5, 7, 9, 11, ______

El patrón es ______.

**5.** 26, 30, 34, 38, 42, ______

El patrón es ______.

**6.** 8, 8, 6, 6, 4, ______

El patrón es ______

______.

**7.** 28, 24, 28, 24, 28, ______

El patrón es ______

______.

**8.** 10, 20, 30, 40, 50, ______

El patrón es ______.

**9.** 3, 6, 12, 15, 21, ______

El patrón es ______.

**Halla la regla y continúa los patrones.**

**10.** La tabla muestra la cantidad de títeres vendidos en una juguetería. Si el patrón continúa, ¿cuántos títeres se venderán el día 5?

| Títeres vendidos | | | | | |
|---|---|---|---|---|---|
| Día | 1 | 2 | 3 | 4 | 5 |
| Títeres vendidos | 7 | 5 | 9 | 7 | |

El patrón es ______

______.

Por lo tanto, el día 5 se venderán ______ títeres.

**11.** María usa bloques para construir modelos de torres. La tabla muestra cuántos bloques necesita para armar torres de distintos tamaños. ¿Cuántos bloques necesitará para construir una torre de 7 pies?

| Torres | |
|---|---|
| Altura de la torre (pies) | Bloques necesarios |
| 4 | 128 |
| 5 | 160 |
| 6 | 192 |
| 7 | |

______ bloques

**Álgebra** **Halla la incógnita de los patrones.**

**12.** 24, 29, ______ , 39

**13.** 63, ______ , 47, 39

**14.** ______ , 17, 21, 25

**15.** ______ , 86, 82, 84, 80, 82, 78

# Resolución de problemas

**16.** Se recomienda que las personas beban 64 onzas líquidas de agua por día. El patrón muestra cuántos días se tardaría en beber 448 onzas líquidas. Explica cómo se podría usar otra regla para hallar la misma respuesta.

| Cantidad de agua recomendada por semana | | | | | | | |
|---|---|---|---|---|---|---|---|
| Día | 1 | 2 | 3 | 4 | 5 | 6 | 7 |
| Cantidad (oz líq) | 64 | 128 | 192 | 256 | 320 | 384 | 448 |

+64 +64 +64 +64 +64 +64

**17.** PRÁCTICA matemática 8 **Buscar el patrón** La tabla de la derecha muestra cuánto dinero tiene Russell cada día.

| Presupuesto de Russell | |
|---|---|
| Día | Dinero de Russell |
| Lunes | $35 |
| Martes | $31 |
| Miércoles | $27 |
| Jueves | $32 |
| Viernes | $28 |
| Sábado | $24 |
| Domingo | $29 |

Describe la regla del patrón que se muestra.

En general, ¿Russell gasta o gana más dinero?

## Problemas S.O.S.

**18.** PRÁCTICA matemática 6 **Explicarle a un amigo** Crea un patrón numérico que incluya dos operaciones. Explícale el patrón a un compañero o una compañera.

**19.** **Profundización de la pregunta importante** ¿Por qué es importante observar más que los dos primeros números de un patrón para decidir cuál es la regla del patrón?

Nombre ..............................................

# Mi tarea

Lección 2
Patrones numéricos

## Asistente de tareas

¿Necesitas ayuda? connectED.mcgraw-hill.com

**Identifica, describe y continúa el patrón.**

**12, 7, 14, 9, 16, 11**

Halla el patrón observando cómo cambian los números. Para llegar de 12 a 7, resta 5. Luego, para llegar de 7 a 14, suma 7. Observa si la regla es verdadera para el resto de los números.

−5 +7 −5 +7 −5

12, 7, 14, 9, 16, 11

La regla "restar 5, sumar 7" es verdadera. Ahora, continúa el patrón.

+7 −5 +7 −5

12, 7, 14, 9, 16, 11, 18, 13, 20, 15

## Práctica

**Identifica, describe y continúa los patrones.**

**1.** 39, 40, 36, 37, 33, 34, ______

El patrón es ____________________.

**2.** 64, 55, 46, 37, 28, 19, ______

El patrón es ______________.

**3.** 53, 49, 52, 48, 51, 47, ______

El patrón es ____________________.

## Resolución de problemas

**Halla la regla y continúa los patrones.**

4. **PRÁCTICA matemática 2** **Usar el sentido numérico** Duane y Mick están ahorrando dinero para construir una casita de árbol. Duane suma $5 a la alcancía semana por medio. Mick suma $2 por semana. Hasta ahora, ahorraron $45. ¿Cuántas semanas llevan ahorrando dinero?

_______________

5. Janelle practica básquetbol todas las tardes en la entrada de su garaje. Cada día, su meta es encestar 4 canastas más que el día anterior. Si el primer día encesta la pelota 10 veces y cumple su meta durante 2 semanas, ¿cuántas veces encestará la pelota Janelle el día 14?

_______________

6. Por cada 5 monedas que Carmen recibe, le da 2 a su hermano Frankie y ahorra el resto. Si ahora Carmen tiene ahorradas 9 monedas, ¿cuántas monedas tiene Frankie?

_______________

7. Kelli llama a su abuela todos los meses. Mes por medio, Kelli también llama a su primo. Si Kelli llama a su primo en enero, ¿cuántas llamadas habrá hecho Kelli a su abuela y a su primo al finalizar agosto?

_______________

## Comprobación del vocabulario

**Traza una línea para relacionar los términos con su ejemplo.**

8. regla • 3, 7, 5, 9, 7, 11, 9

9. patrón numérico • sumar 4, restar 2

## Práctica para la prueba

10. ¿Qué patrón sigue la regla "restar 3, sumar 6"?

Ⓐ 18, 15, 21, 18, 24  Ⓒ 18, 15, 21, 18, 15

Ⓑ 18, 21, 15, 18, 12  Ⓓ 18, 24, 21, 27, 24

# Secuencias

**Lección 3**

**PREGUNTA IMPORTANTE**
**¿Cómo se usan los patrones en matemáticas?**

Los patrones siguen una regla. Cada número de un patrón numérico se llama **término**. La disposición ordenada de los términos que forman un patrón se llama **secuencia**.

## Las mates y mi mundo

### Ejemplo 1

**Crystal empieza a leer un libro el lunes. Lee 25 páginas el primer día. Cada día, lee 25 páginas. ¿Cuántas páginas habrá leído en total el martes, miércoles, jueves y viernes?**

El primer término de la secuencia es 25.

La regla es sumar 25.

Continúa el patrón.

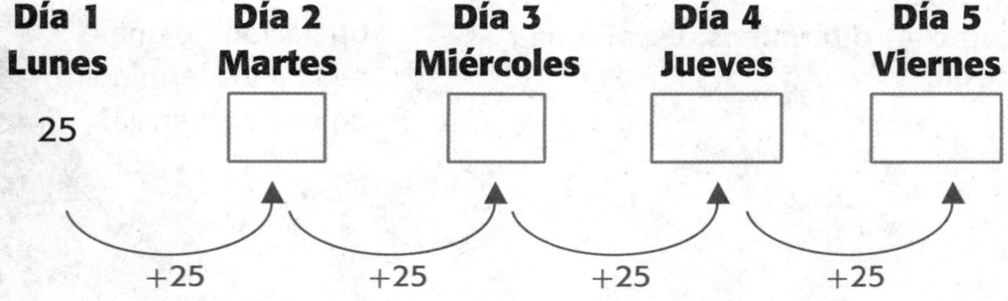


Por lo tanto, Crystal habrá leído ______ páginas el martes, ______ páginas el miércoles, ______ páginas el jueves y ______ páginas el viernes.

## Ejemplo 2

**El primer término de una secuencia es 65. La regla de la secuencia es restar 4. Halla los siguientes cuatro términos de la secuencia. Luego, haz observaciones sobre el patrón.**

### Halla los siguientes cuatro términos.

| **Término:** | Término 1 | Término 2 | Término 3 | Término 4 | Término 5 |
|---|---|---|---|---|---|
| **Secuencia:** | 65 | ☐ | ☐ | ☐ | ☐ |
| | | −4 | −4 | −4 | −4 |

Los siguientes cuatro términos de la secuencia son ____, ____, ____ y ____.

### Haz observaciones sobre el patrón.

Encierra en un círculo si los términos son pares o impares. impares pares

Encierra en un círculo si los términos aumentan o disminuyen. aumentan disminuyen

Continúa el patrón hasta completar 10 términos.

65, ____, ____, ____, ____, ____, ____, ____, ____, ____

Haz otra observación sobre el patrón.

Los dígitos de las unidades repiten el patrón 5, 1, ____, ____ y ____.

## Práctica guiada

**Continúa los patrones con cuatro términos. Escribe una observación sobre el patrón.**

**1.** Regla: sumar 7

Patrón: 8, ____, ____, ____, ____

Observación: ______________________________

______________________________

**2.** Regla: restar 10

Patrón: 90, ____, ____, ____, ____

Observación: ______________________________

______________________________

**Habla de las MATES**

¿Cómo afecta la operación de una regla a los términos de una secuencia?

Nombre

## Práctica independiente

**Continúa los patrones con cuatro términos.**
**Escribe una observación sobre el patrón.**

**3.** Regla: sumar 9

Patrón: 7, ____, ____, ____, ____

Observación: ________________

**4.** Regla: sumar 12

Patrón: 2, ____, ____, ____, ____

Observación: ________________

**5.** Regla: restar 9

Patrón: 87, ____, ____, ____, ____

Observación: ________________

**6.** Regla: restar 5

Patrón: 86, ____, ____, ____, ____

Observación: ________________

**7.** Regla: multiplicar por 3

Patrón: 2, ____, ____, ____, ____

Observación: ________________

**8.** Regla: multiplicar por 4

Patrón: 5, ____, ____, ____, ____

Observación: ________________

**9.** Regla: dividir entre 2

Patrón: 64, ____, ____, ____, ____

Observación: ________________

**10.** Regla: dividir entre 5

Patrón: 625, ____, ____, ____, ____

Observación: ________________

**11.** Observa la secuencia 11, 16, 21, 26, 31, 36. Explica por qué los términos de la secuencia seguirán alternándose entre números pares e impares.

## Resolución de problemas

**12.** Cada calabaza cuesta $8. Jaime ya compró calabazas por $24. Imagina que compra 5 calabazas más. ¿Cuánto llevará gastado en total después de comprar cada calabaza? Escribe una secuencia.

______________________________

**13.** PRÁCTICA matemática 3 **Sacar una conclusión** La regla de un patrón es multiplicar por 3. El primer término es 7. ¿Cuáles son los siguientes cinco términos de la secuencia?

______________________________

Escribe dos observaciones sobre el patrón.

______________________________

______________________________

### Problemas S.O.S.

**14.** PRÁCTICA matemática 2 **Usar el sentido numérico** Escribe una secuencia que tenga al menos 5 términos que formen un patrón. Identifica la regla.

______________________________

______________________________

**15.** PRÁCTICA matemática 2 **Razonar** El primer término de una secuencia es un número impar. La regla es multiplicar por 2. Explica por qué los demás términos de la secuencia serán números pares.

______________________________

______________________________

**16.** **Profundización de la pregunta importante** ¿Cómo puedes hallar patrones?

______________________________

______________________________

# Mi tarea

**Lección 3**
## Secuencias

## Asistente de tareas

¿Necesitas ayuda? connectED.mcgraw-hill.com

**Continúa el patrón descrito a continuación con cuatro términos. Luego, haz dos observaciones sobre el patrón.**

Usa la resta repetida para continuar el patrón.

**Primer término: 46**

**Regla: restar 7**

$$\begin{array}{r}46\\-\ 7\\\hline 39\end{array}\quad\begin{array}{r}39\\-\ 7\\\hline 32\end{array}\quad\begin{array}{r}32\\-\ 7\\\hline 25\end{array}\quad\begin{array}{r}25\\-\ 7\\\hline 18\end{array}$$

Por lo tanto, la secuencia es 46, 39, 32, 25 y 18.
Los términos de la secuencia disminuyen. Los términos de la secuencia también alternan entre números pares e impares.

## Práctica

**Continúa los patrones con cuatro términos. Escribe una observación sobre el patrón.**

**1.** Regla: sumar 8

Patrón: 5, ____, ____, ____, ____

Observación: ________________________________

**2.** Regla: multiplicar por 2

Patrón: 3, ____, ____, ____, ____

Observación: ________________________________

**3.** Regla: restar 20

Patrón: 175, ____, ____, ____, ____

Observación: ________________________________

**4.** Continúa el siguiente patrón con cuatro términos. Escribe una observación sobre el patrón.

Regla: multiplicar por 10

Patrón: 26, ______, ______, ______, ______

Observación: ______________________________

______________________________

## Resolución de problemas

**5.** PRÁCTICA matemática 8 **Buscar el patrón** Brad coloca la misma cantidad de dinero en su cuenta de ahorro una vez al mes. Comenzó con $25. Al mes siguiente, tenía $35 en su cuenta. Dos meses después, tenía $55 en la cuenta. ¿Cuánto dinero tendrá Brad en su cuenta después de 6 meses? Describe la regla. Luego, resuelve.

______________________________

**6.** El lunes, en la juguetería vendieron 4 autos de carrera. El martes, vendieron 8 autos de carrera. El miércoles, vendieron 16 autos de carrera. Imagina que el patrón continúa. ¿Cuántos autos de carrera habrán vendido el viernes? Escribe la regla. Luego, resuelve.

______________________________

## Comprobación del vocabulario

**Completa las oraciones con una palabra del vocabulario.**

secuencia    término

**7.** Cada número de un patrón numérico es un/una ______________.

**8.** Un/Una ______________ es la disposición ordenada de los términos que forman un patrón.

## Práctica para la prueba

**9.** Identifica el siguiente término de la secuencia. 171, 141, 111, 81, ______

Ⓐ 61    Ⓑ 51    Ⓒ 41    Ⓓ 31

Nombre ..............................

El mundo real

# Investigación para la resolución de problemas

**ESTRATEGIA: Buscar un patrón**

**Lección 4**

PREGUNTA IMPORTANTE
**¿Cómo se usan los patrones en matemáticas?**

## Aprende la estrategia

**Daniel se está entrenando para una caminata. La primera semana, caminó 5 millas. La segunda semana, caminó 7 millas. La tercera semana, caminó 9 millas. Según este patrón, ¿cuántas millas caminará la cuarta semana?**

### 1 Comprende

**¿Qué sabes?**

Daniel caminó ________ millas la primera semana, ________ millas la segunda semana y ________ millas la tercera semana.

**¿Qué debes hallar?**

la cantidad de millas que Daniel caminará la ________ semana

### 2 Planea

Busca un patrón para resolver el problema.

### 3 Resuelve

La secuencia del patrón es: 5, 7, 9.

La regla del patrón es ________.

Según la regla, el siguiente término de la secuencia es ________.

Por lo tanto, Daniel caminará ________ millas la cuarta semana.

### 4 Comprueba

**¿Tiene sentido tu respuesta? ¿Por qué?**

______________________________

## Practica la estrategia

**Taryn hizo el lunes 15 listones para el cabello, 21 listones el martes y 27 listones el miércoles. Según el patrón, ¿cuántos listones hará el jueves?**

### 1 Comprende

**¿Qué sabes?**

**¿Qué debes hallar?**

### 2 Planea

### 3 Resuelve

### 4 Comprueba

**¿Tiene sentido tu respuesta? ¿Por qué?**

Nombre

# Aplica la estrategia

**Busca un patrón para resolver los problemas.**

¡Mi trabajo!

1. **PRÁCTICA matemática 8** **Buscar el patrón** En una tienda, en agosto, se vendieron 48 aeroplanos en miniatura, 58 aeroplanos en septiembre y 68 aeroplanos en octubre. Imagina que el patrón continúa. ¿Cuántos aeroplanos en miniatura se venderán en diciembre?

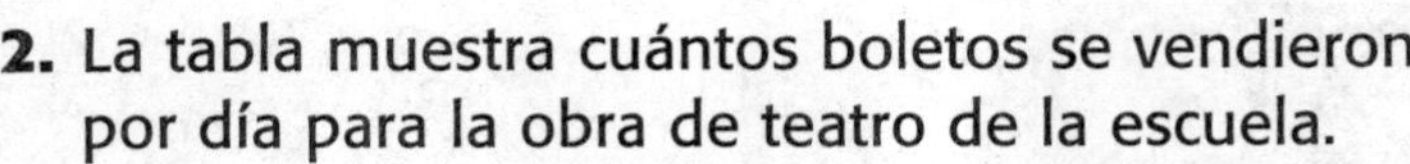

2. La tabla muestra cuántos boletos se vendieron por día para la obra de teatro de la escuela.

| Día | Cantidad de boletos |
|---|---|
| Lunes | 312 |
| Martes | 316 |
| Miércoles | 320 |
| Jueves | 324 |

Según el patrón, ¿cuántos boletos se venderán el viernes?

3. En el parque hay 80 mesas de picnic. El primer fin de semana del verano, había 40 mesas libres. El segundo fin de semana, había 20 mesas libres. El tercer fin de semana, había 10 mesas libres. Según el patrón, ¿cuántas mesas de picnic habrá libres el cuarto fin de semana del verano?

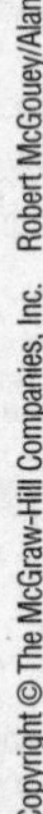

# Repasa las estrategias

**Usa cualquier estrategia para resolver los problemas.**

- Comprobar que sea razonable.
- Hacer una tabla.
- Hacer un modelo.
- Buscar un patrón.

¡Mi trabajo!

4. PRÁCTICA matemática 2 **Usar símbolos** Un teatro tiene capacidad para 200 personas. Dos grupos alquilaron el teatro. En el primer grupo hay 92 personas y en el otro grupo hay 107 personas. ¿Hay suficientes asientos para todos? Usa símbolos para explicar.

5. En una hora, Frank gana la cantidad de dinero que se muestra. ¿Cuánto gana en 7 semanas si trabaja 3 horas por semana?

6. ¿Cuál es el número que sigue en el patrón 2, 5, 11, 23, ■?

7. Katie vendió 153 bolsos en una feria de artesanías. ¿Cuánto dinero ganó si cada bolso cuesta la cantidad que se muestra?

Nombre ..........................................

# Mi tarea

**Lección 4**
**Resolución de problemas: Buscar un patrón**

## Asistente de tareas

¿Necesitas ayuda? connectED.mcgraw-hill.com

**Busca un patrón para resolver el problema.**

**En la tienda Superprecios, los clientes reciben un cupón de $3 si gastan $20, un cupón de $6 si gastan $40 y un cupón de $9 si gastan $60. Si un cliente gasta $80, ¿cuántos dólares recibirá en cupones si el patrón continúa?**

### 1 Comprende

**¿Qué sabes?**

Los clientes reciben un cupón de $3 por cada $20 que gastan.

**¿Qué debes hallar?**

cuántos dólares en cupones recibirá un cliente si gasta $80

### 2 Planea

Busca un patrón para resolver el problema.

### 3 Resuelve

La secuencia del patrón de los cupones es $3, $6 y $9.

La regla del patrón es +$3.

Según la regla, el siguiente término de la secuencia es $12.

Por lo tanto; los clientes reciben un cupón de $12 si gastan $80.

### 4 Comprueba

**¿Tiene sentido la respuesta?**

$9 + $3 = $12, por lo tanto, la respuesta tiene sentido.

# Resolución de problemas

**Busca un patrón para resolver los problemas.**

1. **PRÁCTICA matemática 1** **Planear la solución** Ángela abrió una panadería. Recibió pedidos de 2 pasteles la primera semana, 4 pasteles la segunda semana y 8 pasteles la tercera semana. Si el patrón continúa, ¿cuántos pedidos de pasteles recibirá Ángela la cuarta semana?

_______________

2. Manuel vio los siguientes pájaros esta semana: 2 urracas el lunes, 5 cardenales el martes, 4 urracas el miércoles, 7 cardenales el jueves y 6 urracas el viernes. Si el patrón continúa, ¿cuántos pájaros y de qué tipo verá Manuel el sábado?

_______________

3. Los números de las casas del lado norte de la calle Flynn son pares. En una cuadra, los números de las primeras casas son 1022, 1032, 1042, 1052. ¿Cuál puede ser el número de la siguiente casa?

_______________

4. Jessica vota por los bailarines de un concurso. Vota 5 veces por el primer participante, 9 veces por el segundo y 13 veces por el tercero. Si continúa este patrón, ¿cuántas veces votará Jessica por el cuarto participante?

_______________

5. Una toalla tiene un patrón repetitivo formado por 2 rayas verdes, 3 rayas azules y 1 raya amarilla. Si la toalla tiene 20 rayas en total, ¿cuántas rayas azules hay?

_______________

# Compruebo mi progreso

## Comprobación del vocabulario

**Identifica si cada patrón es un patrón no numérico o un patrón numérico.**

1. ▲ ⬭ ▲ ⬭ ▲ ⬭

   ____________________

2. 43, 46, 47, 50, 51, 54, 55

   ____________________

3. 98, 88, 78, 68, 58, 48

   ____________________

4. ▢ ▢▢ ▢▢▢

   ____________________

**En los ejercicios 5 a 7, usa el siguiente patrón.**

2, 6, 18, 54, 162

5. Encierra en un círculo un **término** del patrón.
6. Subraya la **secuencia**.
7. Escribe la **regla** de este patrón. ____________________

## Comprobación del concepto

8. Continúa el patrón. Dibuja las figuras en los espacios.

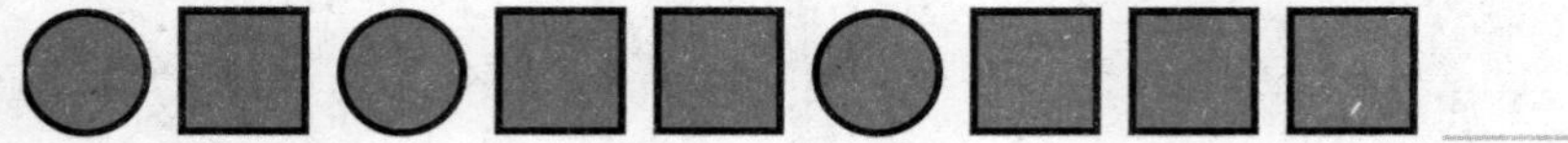

___ ___

9. Identifica, describe y continúa el patrón.

   3, 8, 13, 18, 23, ________ El patrón es ____________________.

**10.** Continúa el siguiente patrón con los cuatro términos que siguen. Escribe una observación sobre el patrón.
Regla: restar 6

Patrón: 76, ____, ____, ____, ____

Observación:

______________________________

______________________________

## Resolución de problemas

**11.** Los lunes, miércoles y viernes, Luke lleva su almuerzo de la casa. Los martes y jueves, lo compra en la escuela. Dibuja un patrón no numérico que muestre el patrón del almuerzo de Luke durante dos semanas.

**12.** Bobby nada 10 vueltas los días pares. Los días impares, nada 15 vueltas. ¿Cuántas vueltas habrá completado al sexto día del mes?

______________________________

## Práctica para la prueba

**13.** A continuación se muestra un patrón no numérico.

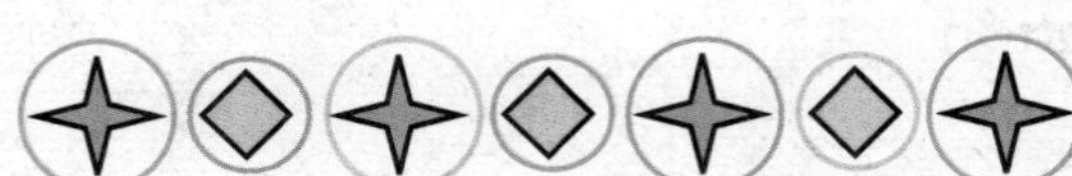

¿Cuál de las opciones muestra los siguientes tres objetos del patrón?

Ⓐ 

Ⓑ 

Ⓒ 

Ⓓ 

Nombre ..............................................................

# Reglas de suma y resta

**Lección 5**

**PREGUNTA IMPORTANTE**
**¿Cómo se usan los patrones en matemáticas?**

Puedes usar una regla para escribir una ecuación que describa un patrón entre números de **entrada** y de **salida**. Pueden usarse tablas para mostrar cómo los números de entrada cambian de la misma manera cada vez y crean así un nuevo número de salida.

## Las mates y mi mundo

### Ejemplo 1

**El señor Mathis está creando una tabla para mostrar cómo cambian los números de entrada. Escribe una ecuación que describa el patrón de la tabla. Completa la tabla.**

Patrón: $2 + \_\_\_ = 9$

$4 + \_\_\_ = 11$

$6 + \_\_\_ = 13$

Regla: sumar ___

Ecuación: $x + \_\_\_ = y$

Entrada    Salida

| Entrada ($x$) | Salida ($y$) |
|---|---|
| 2 | 9 |
| 4 | 11 |
| 6 | 13 |
| 8 | |
| 10 | |
| 12 | |

Usa la regla para completar la tabla.

Por lo tanto, la ecuación que describe el patrón es ________.

## Ejemplo 2 Tutor

**En una pizzería ofrecen \$3 de descuento con los pedidos de más de \$10. Usa la regla y una ecuación para hallar los cuatro números de salida siguientes.**

| Entrada ($c$) | Salida ($d$) |
|---|---|
| \$11 | \$8 |
| \$12 | |
| \$14 | |
| \$16 | |
| \$18 | |

Regla: restar 3

Ecuación: $c - \$3 = d$

(Entrada → $c$) (Salida → $d$)

Halla los siguientes cuatro números cuando la entrada $c$ es \$12, \$14, \$16 y \$18.

$c - \$3 = d$ | $c - \$3 = d$ | $c - \$3 = d$ | $c - \$3 = d$

$\$12 - \$3 = \$\square$ | $\$14 - \$3 = \$\square$ | $\$16 - \$3 = \$\square$ | $\$18 - \$3 = \$\square$

Por lo tanto, las siguientes cuatro cantidades son ______________.

Describe otro patrón que veas en esta tabla.

______________________________________________

______________________________________________

Explica qué debes hacer si pruebas un número en una ecuación y no es adecuado.

## Práctica guiada

**1.** Escribe una ecuación que describa el patrón. Luego, usa la ecuación para hallar los tres números de salida siguientes.

| Entrada ($a$) | 5 | 9 | 13 | 17 | 21 | 25 |
|---|---|---|---|---|---|---|
| Salida ($b$) | 9 | 13 | 17 | | | |

______________

Nombre

CCSS

## Práctica independiente

**Escribe una ecuación que describa el patrón. Luego, usa la ecuación para hallar los dos números de salida siguientes.**

**2.**

| **Entrada (*m*)** | 11 | 16 | 21 | 26 | 31 |
|---|---|---|---|---|---|
| **Salida (*n*)** | 2 | 7 | 12 | | |

Ecuación: ____________

**3.**

| **Entrada (*s*)** | 2 | 6 | 10 | 14 | 18 |
|---|---|---|---|---|---|
| **Salida (*t*)** | 15 | 19 | 23 | | |

Ecuación: ____________

**Usa la regla para hallar los cuatro números de salida siguientes.**

**4.**

| **Regla: $f + 3 = h$** | |
|---|---|
| **Entrada (*f*)** | **Salida (*h*)** |
| 3 | 6 |
| 6 | |
| 9 | |
| 12 | |
| 15 | |

**5.**

| **Regla: $v - 11 = w$** | |
|---|---|
| **Entrada (*v*)** | **Salida (*w*)** |
| 16 | 5 |
| 22 | |
| 28 | |
| 34 | |
| 40 | |

**6.**

| **Regla: $g - 5 = h$** | |
|---|---|
| **Entrada (*g*)** | **Salida (*h*)** |
| 14 | 9 |
| 19 | |
| 24 | |
| 29 | |
| 34 | |

**Crea una tabla de entrada/salida para las ecuaciones.**

**7.** $y + 4 = z$

**8.** $a - 7 = c$

**9.** Describe un patrón que veas en el ejercicio 2.

____________

# Resolución de problemas

**La tabla muestra cuánto cobra una empresa de taxis en dólares, *c*, por cada milla, *m*, recorrida.**

| Tarifas de taxi | |
|---|---|
| Entrada ($m$) | Salida ($c$) |
| 10 | $12 |
| 15 | $17 |
| 20 | $22 |
| 25 | ■ |
| 30 | ■ |

**10.** PRÁCTICA matemática 2 **Usar el álgebra** Usa la tabla para escribir una ecuación para esta situación.

**11.** Halla el costo de un viaje de 25 millas y de un viaje de 30 millas.

**12.** Usa la ecuación que escribiste en el ejercicio 10 para hallar el costo de un viaje de 60 millas.

**13.** Otra empresa de taxis usa la ecuación $c = m + \$4$ para determinar los precios. Halla el costo de un viaje de 15 millas.

## Problemas S.O.S.

**14.** PRÁCTICA matemática 4 **Representar las mates** Escribe una situación del mundo real que pueda representarse con la tabla.

| Entrada ($h$) | 1 | 2 | 3 | 4 | 5 |
|---|---|---|---|---|---|
| Salida ($m$) | $10 | $20 | $30 | ■ | ■ |

**15.** **Profundización de la pregunta importante** ¿Cómo puedes hallar la regla de un patrón?

# Mi tarea

**Lección 5**
**Reglas de suma y resta**

## Asistente de tareas

¿Necesitas ayuda? connectED.mcgraw-hill.com

**Escribe una ecuación que describa el patrón de la tabla. Luego, usa la ecuación para hallar los tres números de salida siguientes.**

| **Entrada (*d*)** | 12 | 15 | 18 | 21 | 24 | 27 |
|---|---|---|---|---|---|---|
| **Salida (*f*)** | 19 | 22 | 25 | ■ | ■ | ■ |

La regla es sumar 7. La letra *d* representa el número de entrada y la letra *f* representa el número de salida. Por lo tanto, la ecuación es $d + 7 = f$.

Usa la ecuación para hallar los tres números de salida siguientes:

$21 + 7 = 28$
$24 + 7 = 31$
$27 + 7 = 34$

Por lo tanto, la tabla completada se ve así:

| **Entrada (*d*)** | 12 | 15 | 18 | 21 | 24 | 27 |
|---|---|---|---|---|---|---|
| **Salida (*f*)** | 19 | 22 | 25 | 28 | 31 | 34 |

## Práctica

**Escribe una ecuación que describa el patrón. Luego, usa la ecuación para hallar los tres números de salida siguientes.**

**1.**

| Entrada (*a*) | Salida (*b*) |
|---|---|
| $2 | $27 |
| $4 | $29 |
| $6 | |
| $8 | |
| $10 | |

Ecuación: ______________

**2.**

| Entrada (*s*) | Salida (*t*) |
|---|---|
| 87 | 76 |
| 80 | 69 |
| 73 | |
| 66 | |
| 59 | |

Ecuación: ______________

**Escribe una ecuación que describa el patrón. Luego, usa la ecuación para hallar los tres números de salida siguientes.**

**3.**

| Entrada ($x$) | Salida ($y$) |
|---|---|
| 22 | 17 |
| 26 | 21 |
| 30 | |
| 34 | |
| 38 | |

Ecuación: ______________

**4.**

| Entrada ($c$) | Salida ($d$) |
|---|---|
| 0 | 8 |
| 5 | 13 |
| 10 | |
| 15 | |
| 20 | |

Ecuación: ______________

## Resolución de problemas

La clase de Jeremy irá de excursión. La escuela llevará a todos los estudiantes que estén presentes ese día más 4 acompañantes.

**5.** Escribe una ecuación para esa situación.

______________________________

**6.** PRÁCTICA matemática 5 **Usar herramientas de las mates** Completa la tabla para mostrar cuántas personas irán si hay 25, 27, 29, 31 o 33 estudiantes.

| Entrada ($s$) | Salida ($p$) |
|---|---|
| | |
| | |
| | |
| | |
| | |

## Comprobación del vocabulario

**Traza una línea para relacionar las palabras con su significado.**

**7.** entrada • un número antes de realizar una operación

**8.** salida • un número que es el resultado de una operación

## Práctica para la prueba

**9.** Observa la ecuación $a - 6 = b$. Si $a = 45$, ¿cuál es el valor de $b$?

Ⓐ 16

Ⓑ 39

Ⓒ 51

Ⓓ 60

Nombre ..............................................................

# Reglas de multiplicación y división

**Lección 6**

**PREGUNTA IMPORTANTE**
**¿Cómo se usan los patrones en matemáticas?**

Puedes escribir una ecuación de multiplicación o división para continuar un patrón.

## Las mates y mi mundo

### Ejemplo 1

**Charles lava carros para ganar dinero. Si lava 2 carros, gana $12. Si lava 6 carros, gana $36. Escribe una ecuación que describa el patrón. Luego, usa la ecuación para hallar cuánto dinero ganará Charles si lava 8, 10 y 12 carros.**

Completa la tabla. Luego, busca el patrón que describe una regla.

Patrón: $2 \times$ _____ $= 12$

$4 \times$ _____ $= 24$

$6 \times$ _____ $= 36$

Regla: multiplicar por _____

Ecuación: $a \times$ _____ $= b$

Entrada ↑ (a)    Salida ↑ (b)

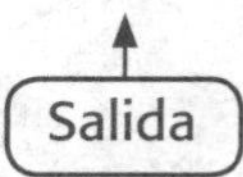

| Autos lavados | Cantidad ganada ($) |
|---|---|
| Entrada ($a$) | Salida ($b$) |
| 2 | 12 |
| 4 | 24 |
| 6 | 36 |
| 8 | |
| 10 | |
| 12 | |

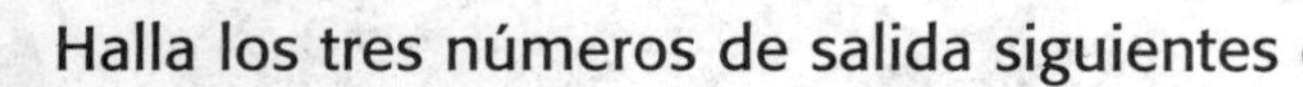

Halla los tres números de salida siguientes cuando la entrada, $a$, es 8, 10 y 12.

$a \times 6 = b$    $a \times 6 = b$    $a \times 6 = b$

$8 \times 6 =$ _____    $10 \times 6 =$ _____    $12 \times 6 =$ _____

Por lo tanto, Charles ganará $ _____, $ _____ y $ _____.

## Ejemplo 2 

**Cada caja de galletas cuesta $4. La ecuación se muestra abajo. Usa la ecuación para completar la tabla.**

| Costo total($) | Cajas de galletas |
|---|---|
| Entrada ($g$) | Salida ($h$) |
| 4 | 1 |
| 8 | |
| 12 | |
| 16 | |
| 20 | |
| 24 | |

Regla: dividir entre 4

Ecuación: $g \div 4 = h$

Entrada Salida

Halla los cinco números de salida siguientes cuando la entrada, $g$, es 8, 12, 16, 20 y 24.

$g \div 4 = h$    $g \div 4 = h$    $g \div 4 = h$    $g \div 4 = h$    $g \div 4 = h$

$8 \div 4 =$ _____    $12 \div 4 =$ _____    $16 \div 4 =$ _____    $20 \div 4 =$ _____    $24 \div 4 =$ _____

Por lo tanto, los cinco números de salida siguientes son ____________________.

Describe otro patrón que veas en esta tabla.

________________________________________

________________________________________

¿En qué se parecen y en qué se diferencian una regla y una ecuación?

## Práctica guiada 

**1.** Escribe una ecuación que describa el patrón. Luego, usa la ecuación para hallar los tres números de salida siguientes.

| Entrada ($w$) | 2 | 4 | 6 | 8 | 10 | 12 |
|---|---|---|---|---|---|---|
| Salida ($v$) | 12 | 24 | 36 | | | |

Ecuación: ________________

Describe un patrón que veas en esta tabla.

______________________________

______________________________

Nombre

## Práctica independiente

**Escribe una ecuación que describa el patrón. Luego, usa la ecuación para hallar los tres números de salida siguientes.**

**2.**

| Entrada (*m*) | 1 | 3 | 5 | 7 | 9 | 11 |
|---|---|---|---|---|---|---|
| Salida (*n*) | 5 | 15 | 25 | | | |

Ecuación: ______________

**3.**

| Entrada (*b*) | 2 | 4 | 6 | 8 | 10 | 12 |
|---|---|---|---|---|---|---|
| Salida (*c*) | 14 | 28 | 42 | | | |

Ecuación: ______________

**4.**

| Entrada (*j*) | 4 | 8 | 12 | 16 | 20 | 24 |
|---|---|---|---|---|---|---|
| Salida (*k*) | 1 | 2 | 3 | | | |

Ecuación: ______________

**5.**

| Entrada (*e*) | 10 | 20 | 30 | 40 | 50 | 60 |
|---|---|---|---|---|---|---|
| Salida (*f*) | 2 | 4 | 6 | | | |

Ecuación: ______________

**6.**

| Entrada (*x*) | 16 | 24 | 32 | 40 | 48 | 56 |
|---|---|---|---|---|---|---|
| Salida (*y*) | 2 | 3 | 4 | | | |

Ecuación: ______________

**7.**

| Entrada (*t*) | 12 | 10 | 8 | 6 | 4 | 2 |
|---|---|---|---|---|---|---|
| Salida (*v*) | 24 | 20 | 16 | | | |

Ecuación: ______________

**Crea una tabla de entrada/salida para las ecuaciones.**

**8.** $a \times 5 = b$

**9.** $c \div 6 = d$

**10.** Describe un patrón que veas en el ejercicio 6.

______________________________________________

______________________________________________

# Resolución de problemas

**Sari hace collares de cuentas. La tabla muestra la cantidad de cuentas azules y verdes que usa Sari.**

| Cuentas azules | Cuentas verdes |
|---|---|
| Entrada ($j$) | Salida ($k$) |
| 3 | 1 |
| 9 | 3 |
| 15 | 5 |
| 21 | ■ |
| 27 | ■ |
| 33 | ■ |

**11.** PRÁCTICA matemática 2 **Usar el álgebra** Escribe una ecuación que describa la relación entre las cuentas verdes y las cuentas azules.

______________________________

**12.** ¿Cuántas cuentas verdes necesita Sari si usa 36 cuentas azules?

______________________________

**13.** ¿Cuántas cuentas tiene Sari en total si tiene 9 cuentas verdes?

______________________________

¡Mi trabajo!

## Problemas S.O.S.

**14.** PRÁCTICA matemática 2 **Razonar** Encierra en un círculo la operación que puede usarse para escribir una ecuación para la tabla de entrada/salida de la derecha. Explica tu respuesta.

| Entrada ($m$) | Salida ($n$) |
|---|---|
| 1 | 2 |
| 2 | 4 |
| 3 | 6 |

suma resta multiplicación división

______________________________

______________________________

**15.** **Profundización de la pregunta importante** ¿Cómo te ayuda una tabla de entrada/salida a resolver un problema del mundo real?

______________________________

______________________________

Nombre ..............................................................

# Mi tarea

## Lección 6
### Reglas de multiplicación y división

## Asistente de tareas

¿Necesitas ayuda? connectED.mcgraw-hill.com

**Escribe una ecuación que describa el patrón de la siguiente tabla. Luego, usa la ecuación para hallar los tres números de salida siguientes.**

| Entrada ($k$) | 2 | 4 | 6 | 8 | 10 | 12 |
|---|---|---|---|---|---|---|
| Salida ($m$) | 6 | 12 | 18 | ■ | ■ | ■ |

La regla es multiplicar por 3. La letra $k$ representa la entrada y la letra $m$ representa la salida. Por lo tanto, la ecuación es $k \times 3 = m$.

Usa la ecuación para hallar los tres números de salida siguientes:

$8 \times 3 = 24$
$10 \times 3 = 30$
$12 \times 3 = 36$

Por lo tanto, la tabla completada se ve así:

| Entrada ($k$) | 2 | 4 | 6 | 8 | 10 | 12 |
|---|---|---|---|---|---|---|
| Salida ($m$) | 6 | 12 | 18 | 24 | 30 | 36 |

## Práctica

**Escribe una ecuación que describa el patrón. Luego, usa la ecuación para hallar los tres números de salida siguientes.**

**1.**

| Entrada ($a$) | Salida ($b$) |
|---|---|
| 7 | 1 |
| 14 | 2 |
| 21 | |
| 28 | |
| 35 | |

Ecuación: ____________

**2.**

| Entrada ($s$) | Salida ($t$) |
|---|---|
| 99 | 33 |
| 84 | 28 |
| 69 | |
| 54 | |
| 39 | |

Ecuación: ____________

**Escribe una ecuación que describa el patrón. Luego, usa la ecuación para hallar los tres números de salida siguientes.**

**3.**

| Entrada ($x$) | Salida ($y$) |
|---|---|
| $5 | $40 |
| $6 | $48 |
| $7 | |
| $8 | |
| $9 | |

Ecuación: ______________

**4.**

| Entrada ($c$) | Salida ($d$) |
|---|---|
| 50 | 10 |
| 45 | 9 |
| 40 | |
| 35 | |
| 30 | |

Ecuación: ______________

¡Mi trabajo!

## Resolución de problemas

**Shawna halló que hay 4 lápices amarillos por cada lápiz azul.**

**5.** PRÁCTICA matemática 2 **Usar el álgebra**
Escribe una ecuación para esa situación.

______________________________

**6.** Completa la tabla para mostrar cuántos lápices amarillos habrá si hay 5, 7, 9, 11 o 13 lápices azules.

| Entrada ($s$) | Salida ($p$) |
|---|---|
| | |
| | |
| | |
| | |
| | |

## Práctica para la prueba

**7.** Consulta la ecuación $a \times 9 = b$. Si $a = 3$, ¿cuál es el valor de $b$?

Ⓐ 3 Ⓑ 12 Ⓒ 18 Ⓓ 27

Nombre ..........................................................



# Orden de las operaciones

**Lección 7**

**PREGUNTA IMPORTANTE**
**¿Cómo se usan los patrones en matemáticas?**

Una expresión es una combinación de números, variables y por lo menos una operación.

Cuando una expresión tiene más de una operación, el orden de las operaciones indica cuál debe resolverse primero para que siempre se obtenga el mismo resultado. Los paréntesis () son símbolos que indican cómo agrupar las operaciones.

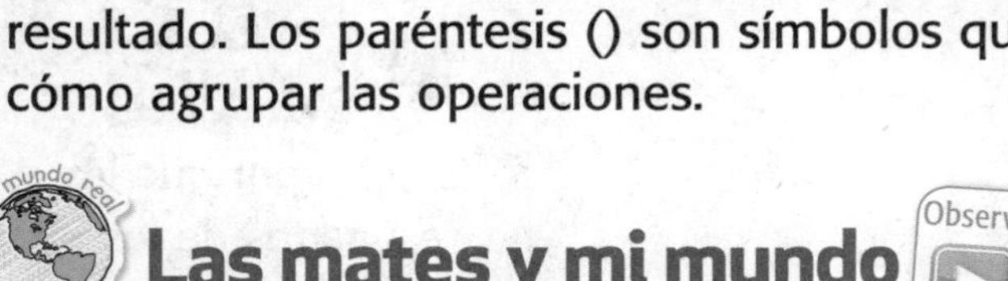


## Las mates y mi mundo

### Ejemplo 1

**La tabla muestra cuánto cuestan los boletos de cine. ¿Cuánto costará comprar 3 boletos para adultos y 5 boletos para niños?**

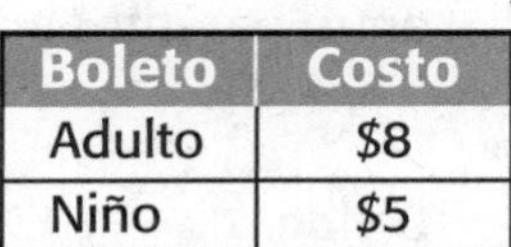

| Boleto | Costo |
|---|---|
| Adulto | $8 |
| Niño | $5 |

costo = 3 boletos para adultos + 5 boletos para niños

$c = 3 \times \$8 \quad + \quad 5 \times \$5$

$c = \$\square + \$\square$ Primero multiplica 3 por $8 y 5 por $5.

$c = \quad \$\square$ Suma los productos para hallar el costo total.

Por lo tanto, el costo total es $______.

## Concepto clave Orden de las operaciones

1. Resuelve las operaciones que están entre paréntesis.
2. Multiplica y divide en orden de izquierda a derecha.
3. Suma y resta en orden de izquierda a derecha.

Recuerda que una expresión es una combinación de números, variables y por lo menos una operación.

## Ejemplo 2 

**Halla el valor de la expresión $3 \times (4 + 6)$.**

$3 \times (4 + 6)$

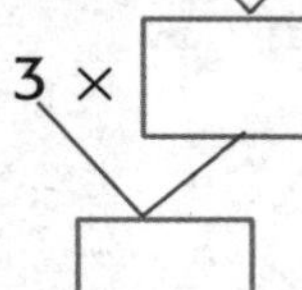

$3 \times \square$ Primero resuelve la operación que está entre paréntesis.

$\square$ Multiplica.

Por lo tanto, $3 \times (4 + 6) =$ ______.

## Ejemplo 3

**Halla el valor de la expresión $(7 - 3) \div (2 + 2)$.**

$(7 - 3) \div (2 + 2)$

$\square \div \square$ Primero resuelve las operaciones que están entre paréntesis.

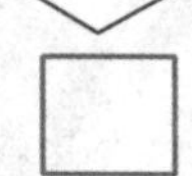

$\square$ Divide.

Por lo tanto, $(7 - 3) \div (2 + 2) =$ ______.

**Habla de las MATES**

Explica por qué los resultados de los ejercicios 2 y 3 son diferentes aunque los números son los mismos.

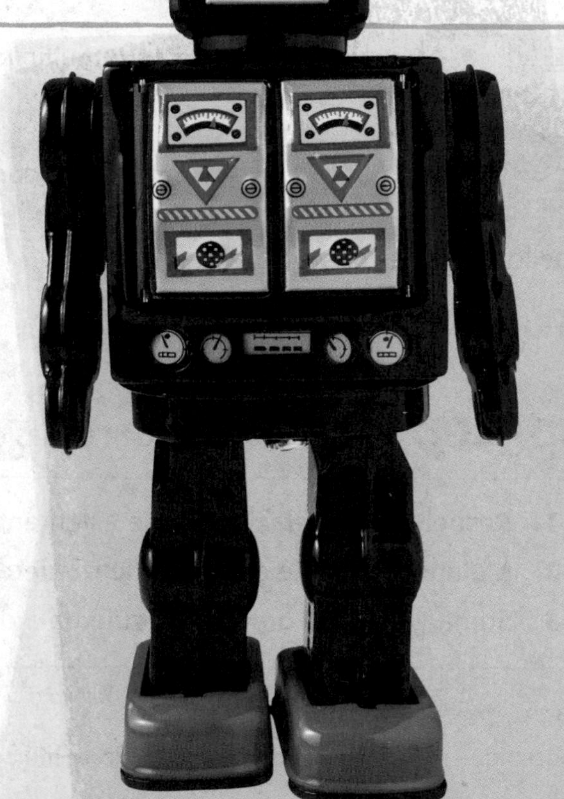

## Práctica guiada 

**Halla el valor de las expresiones.**

**1.** $12 - 1 \times 3 =$ ______

**2.** $15 - 4 \times 2 =$ ______

**3.** $(15 - 4) \times 2 =$ ______

Nombre ............

CCSS

## Práctica independiente

**Halla el valor de las expresiones.**

**4.** $8 + 5 \times 2 =$ ______

**5.** $10 - 1 \times 5 =$ ______

**6.** $4 + 6 \div 2 =$ ______

**7.** $9 \times 2 - 6 =$ ______

**8.** $(16 + 2) \div 3 =$ ______

**9.** $6 \times (6 - 2) =$ ______

**10.** $(12 - 4) \div 4 =$ ______

**11.** $12 - (4 \div 4) =$ ______

**12.** $(3 + 6) \div (3 \times 1) =$ ______

**13.** $3 + (6 \div 3) \times 1 =$ ______

**Álgebra Usa el orden de las operaciones para hallar la incógnita de las ecuaciones.**

**14.** $5 \times 4 - ■ = 13$

La incógnita es ______.

**15.** $■ \times (8 + 6) = 42$

La incógnita es ______.

**16.** $(2 + 1) \times (9 - ■) = 12$

La incógnita es ______.

**17.** $(10 \div 2) + (■ + 3) = 40$

La incógnita es ______.

## Resolución de problemas

18. Cada bolsa de manzanas secas contiene 5 porciones. Cada bolsa de damascos secos contiene 3 porciones. ¿Cuántas porciones de frutas secas hay en 6 bolsas de manzanas secas y 2 bolsas de damascos secos juntas?

¡Mi trabajo!

19. Cada libro cuesta $4. ¿Cuánto cuesta comprar 3 libros y una revista que vale $5?

20. PRÁCTICA matemática 2 **Usar el sentido numérico** Un sándwich cuesta $6 y una bebida cuesta $3. ¿Cuánto cuesta en total comprar 4 sándwiches y 4 bebidas?

### Problemas S.O.S.

21. PRÁCTICA matemática 1 **Seguir intentándolo** En la siguiente ecuación, usa los números 1, 2, 3 y 4 solamente una vez para que la ecuación sea verdadera.

$(\square \times \square) + (\square \div \square) = 10$

22. PRÁCTICA matemática 1 **Hacer un plan** Halla posibles valores desconocidos para que la ecuación sea verdadera.

$(\square \times \square) + (\square \div 2) = 15$

23. **Profundización de la pregunta importante** ¿Por qué es importante conocer el orden de las operaciones?

Nombre ..........................................

# Mi tarea

**Lección 7**

**Orden de las operaciones**

## Asistente de tareas

¿Necesitas ayuda? connectED.mcgraw-hill.com

**Halla el valor de las expresiones.**

**$8 \times 7 - (9 \div 3) = ?$**

$8 \times 7 - (9 \div 3)$

$8 \times 7 - 3$ — Primero resuelve las operaciones que están entre paréntesis.

$56 - 3$ — Multiplica.

$53$ — Resta.

Por lo tanto, $8 \times 7 - (9 \div 3) = 53$.

---

**$24 - 2 + 6 \times 3 = ?$**

$24 - 2 + 6 \times 3$

$24 - 2 + 18$ — Multiplica.

$22 + 18$ — Resta.

$40$ — Suma.

Por lo tanto, $24 - 2 + 6 \times 3 = 40$.

## Práctica

**Halla el valor de las expresiones.**

**1.** $5 + 9 \div 3 =$ ______

**2.** $46 - (6 \times 5) =$ ______

**Halla el valor de las expresiones.**

**3.** $(3 + 1) + 27 \div 9 =$ ______

**4.** $5 \times 5 - 8 =$ ______

**5.** $(4 + 20) \div 2 + 6 =$ ______

**6.** $2 \times 9 + 14 \div 2 =$ ______

## Resolución de problemas

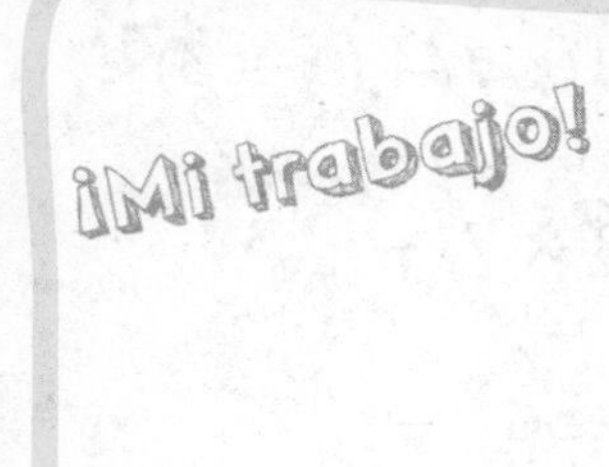


**7.** PRÁCTICA matemática 4 **Representar las mates** Tami compra dos libros que cuestan $14 cada uno. Paga $2 más de impuestos. ¿Cuánto paga Tami en total?

______

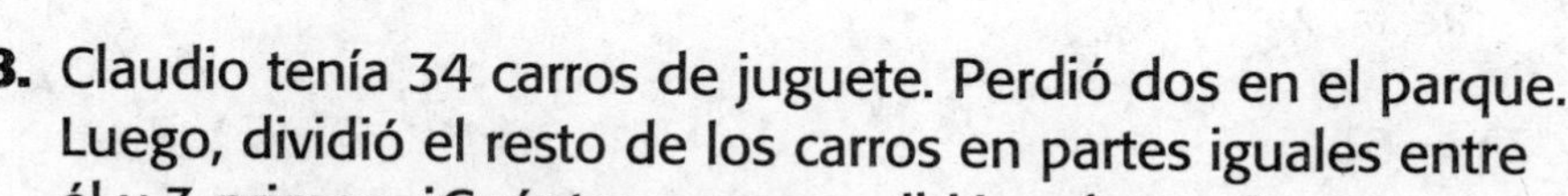

**8.** Claudio tenía 34 carros de juguete. Perdió dos en el parque. Luego, dividió el resto de los carros en partes iguales entre él y 3 primos. ¿Cuántos carros recibió cada uno?

______

**9.** La semana pasada, Jean hizo dos abdominales el lunes y tres abdominales el miércoles. Esta semana, Jean hizo tres veces más abdominales que la semana pasada. ¿Cuántos abdominales hizo Jean esta semana?

______

## Práctica para la prueba

**10.** ¿Cuál de estas expresiones tiene un valor de 20?

Ⓐ $2 \times 5 + 5$

Ⓑ $3 \times (5 + 5)$

Ⓒ $3 \times 7 - 1$

Ⓓ $40 \div 5 - 3$

# Compruebo mi progreso

## Comprobación del vocabulario

**Usa las palabras de la lista para completar las oraciones.**

| | | |
|---|---|---|
| **ecuación** | **entrada** | **incógnita** |
| **operación** | **salida** | |

1. En la ecuación $4 + x = 7$, la variable $x$ es una ________.

2. En la tabla de la derecha, la letra $m$ representa la ________. La letra $n$ representa la ________.

| $m + 5 = n$ | |
|---|---|
| $m$ | $n$ |
| 2 | 7 |
| 3 | 8 |

3. Una ________________ es un enunciado que contiene un signo igual (=), que muestra que dos expresiones son iguales.

4. La suma es un ejemplo de una ________________.

## Comprobación del concepto

**Escribe una ecuación que describa el patrón. Luego, usa la ecuación para hallar los tres números de salida siguientes.**

5.

| **Entrada ($a$)** | 4 | 5 | 6 | 7 | 8 | 9 |
|---|---|---|---|---|---|---|
| **Salida ($b$)** | 9 | 10 | 11 | | | |

Ecuación: ________________

6.

| **Entrada ($c$)** | 6 | 8 | 10 | 12 | 14 | 16 |
|---|---|---|---|---|---|---|
| **Salida ($d$)** | 12 | 16 | 20 | | | |

Ecuación: ________________

**Halla el valor de las expresiones.**

**7.** $(7 + 5) \div 3 =$ ______

**8.** $11 - 2 \times 5 =$ ______

## Resolución de problemas

**9.** A la derecha se muestra la cantidad de dólares, $c$, que una empresa de autobuses les cobra a los estudiantes, $e$, que van a una excursión. Escribe una ecuación que describa el patrón. Luego, completa la tabla para mostrar cuánto costaría una excursión para 40 o 50 estudiantes.

| Estudiantes | Costo ($) |
|---|---|
| 10 | 60 |
| 20 | 70 |
| 30 | 80 |
| 40 | |
| 50 | |

______

**10.** Un equipo deportivo local vende 6 boletos de $3, 8 boletos de $4 y 10 boletos de $5. Escribe una regla y una ecuación para hallar el costo de 20 boletos.

______

**11.** Cada pastelito de vainilla cuesta $2. Cada pastelito de chocolate cuesta $3. ¿Cuánto cuesta comprar 6 pastelitos de vainilla y 8 pastelitos de chocolate juntos? Escribe una ecuación.

______

## Práctica para la prueba

**12.** ¿Cuál es el valor de $m$ en la ecuación de la derecha si $n = 6$?

$9 \times n = m$

Ⓐ 15 Ⓒ 54

Ⓑ 27 Ⓓ 81

Nombre ..........................................................

# Manos a la obra
## Ecuaciones con dos operaciones

**Lección 8**

**PREGUNTA IMPORTANTE**
**¿Cómo se usan los patrones en matemáticas?**

A veces una ecuación tiene más de una operación.

## Construyelo

**Representa la ecuación $(n \times 3) + 5 = y$.**

1. **Crea una máquina de ecuaciones.**
Representa las variables con platos de cartón, los paréntesis con bandas elásticas, el signo igual con sujetapapeles, y usa tarjetas para mostrar los números y operaciones.

2. **Usa fichas como entrada para hallar $y$.**
Imagina que $n$ es igual a 1. Coloca una ficha en el plato rotulado $n$. Mueve las fichas por la máquina siguiendo las operaciones dadas. Usa el orden de las operaciones.

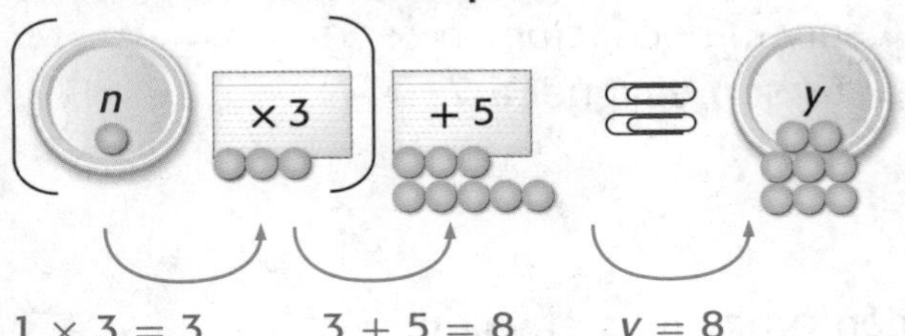


3. **Registra la ecuación.**
Dobla un papel por la mitad y rotúlalo como se muestra.

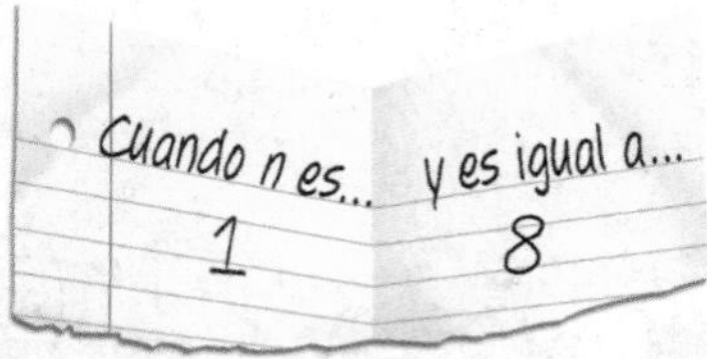


Por lo tanto, cuando $n = 1$, $y =$ ______.

# Inténtalo

**Ingresa más valores de entrada para la ecuación $(n \times 3) + 5 = y$. Halla nuevos valores de entrada y salida.**

Imagina que $n$ es igual a 2. Halla el valor de $y$.

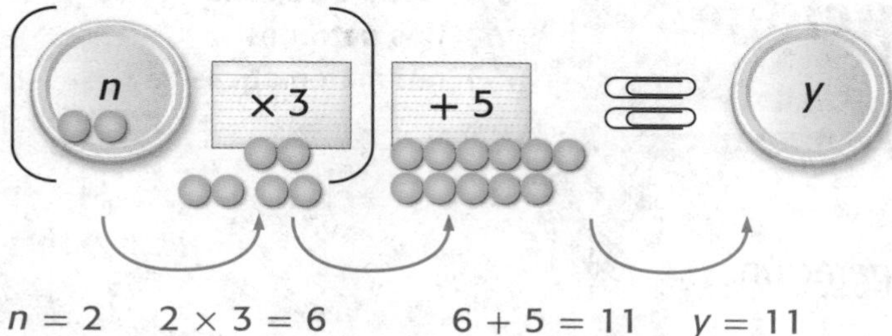


$n = 2$ $2 \times 3 = 6$ $6 + 5 = 11$ $y = 11$

Por lo tanto, cuando $n = 2$, $y =$ ______.

Repite el proceso con los valores de entrada 3, 4 y 5.

Registra los valores de entrada ($n$) y salida ($y$).

| Cuando *n* es... | *y* es igual a... |
|---|---|
| 1 | 8 |
| 2 | |
| 3 | |
| 4 | |
| 5 | |

# Coméntalo

1. **PRÁCTICA matemática 2** **Usar el álgebra** Observa la ecuación $(n \times 3) + 5 = y$. ¿Cuál es el valor de $y$ si $n$ es igual a 6? ¿Y si $n$ es igual a 7?

2. Dada la ecuación $(n + 7) \times 3 = y$, ¿cómo hallarías el valor de $y$ si $n$ es igual a 3?

Nombre

# Practícalo

**Usa las ecuaciones para hallar las incógnitas. Usa modelos si es necesario.**

**3.** $(t + 8) \times 2 = s$

Cuando $t = 4$, $s =$ ______.

**4.** $(m \times 6) + 4 = d$

Cuando $m = 3$, $d =$ ______.

**5.** $8 + (z \times 2) = w$

Cuando $z = 5$, $w =$ ______.

**6.** $(a \div 6) + 5 = b$

Cuando $a = 18$, $b =$ ______.

**7.** $12 - (e \times 4) = f$

Cuando $e = 2$, $f =$ ______.

**8.** $(r + 8) \times 6 = s$

Cuando $r = 3$, $s =$ ______.

**9.** $(g - 4) \times 7 = h$

Cuando $g = 12$, $h =$ ______.

**10.** $64 \div (p + 4) = q$

Cuando $p = 4$, $q =$ ______.

## Aplícalo

**11.** Crea una máquina de ecuaciones para mostrar $(x + 4) \div 3 = y$. Halla el valor de $y$ cuando $x = 8$, $x = 11$, y $x = 20$.

Cuando $x = 8$, $y =$ ________.

Cuando $x = 11$, $y =$ ________.

Cuando $x = 20$, $y =$ ________.

**12.** PRÁCTICA matemática 3 **Hallar el error** Robert halla los valores de salida de la ecuación $a + 7 \times 3 = b$. Escribió algunos enunciados sobre los valores de entrada y salida.

Cuando $a = 3$, $b = 30$.

Cuando $a = 4$, $b = 33$.

Cuando $a = 5$, $b = 36$.

¿Cuál es el error de Robert?

_______________________________________________

_______________________________________________

Usa la ecuación correctamente para hallar los valores de salida.

Cuando $a = 3$, $b =$ ________.

Cuando $a = 4$, $b =$ ________.

Cuando $a = 5$, $b =$ ________.

Reescribe la ecuación para que los valores de Robert sean correctos.

_______________________________________________

## Escríbelo

**13.** ¿Cómo afectan los paréntesis el valor de las expresiones?

_______________________________________________

_______________________________________________

_______________________________________________

Nombre ..........................................................

# Mi tarea

**Lección 8**

**Manos a la obra: Ecuaciones con dos operaciones**

## Asistente de tareas

¿Necesitas ayuda? connectED.mcgraw-hill.com

**Usa la ecuación $(t \times 3) + 5 = w$ para hallar $w$ cuando $t = 4$.**

$(t \times 3) + 5 = w$

$(4 \times 3) + 5 = w$ $t = 4$

$12 + 5 = w$ Primero resuelve la operación que está entre paréntesis.

$17 = w$ Suma.

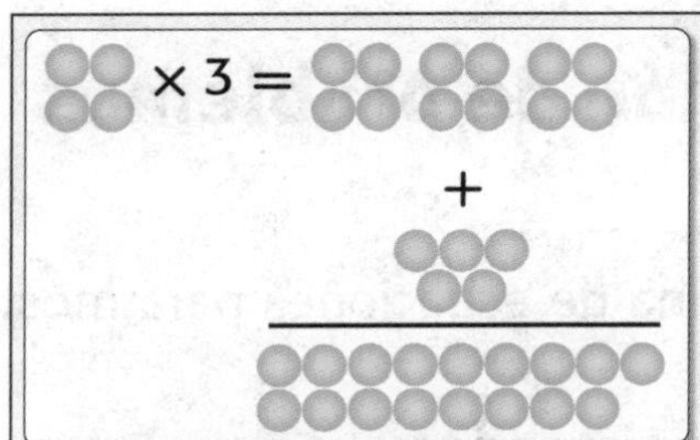


Cuando $t = 4$, $w = 17$.

Las fichas de la derecha representan esta ecuación.

## Práctica

**Usa las ecuaciones para hallar las incógnitas. Dibuja modelos si es necesario.**

**1.** $(z + 3) \times 2 = y$

Cuando $z = 2$, $y =$ ________.

**2.** $4 + (g \times 3) = m$

Cuando $g = 3$, $m =$ ________.

**Usa las ecuaciones para hallar las incógnitas. Dibuja modelos si es necesario.**

**3.** $2 + (n \times 7) = p$

Cuando $n = 1$, $p =$ ________.

**4.** $(r \times 2) + 6 = v$

Cuando $r = 4$, $v =$ ________.

**5.** $6 + (a \times 3) = b$

Cuando $a = 5$, $b =$ ________.

**6.** $(j \div 4) + 8 = k$

Cuando $j = 16$, $k =$ ________.

## Resolución de problemas

**7.** Crea una máquina de ecuaciones para mostrar $(x + 2) \times 5 = y$.

Halla el valor de $y$ cuando $x = 5$, $x = 8$, y $x = 12$.

Cuando $x = 5$, $y =$ ________.

Cuando $x = 8$, $y =$ ________.

Cuando $x = 12$, $y =$ ________.

**8.** PRÁCTICA matemática 2 **Entender los símbolos** Bryan inventó un juego. Cada equipo empieza con siete puntos. Cada vez que un equipo responde una pregunta correctamente, gana cinco puntos. La ecuación usada para hallar la cantidad total de puntos es $7 + (5 \times p) = t$. Halla la cantidad total de puntos ($t$) cuando un equipo responde seis preguntas ($p$) correctamente.

________

Nombre ..........................................



# Ecuaciones con varias operaciones

**Lección 9**

**PREGUNTA IMPORTANTE**
**¿Cómo se usan los patrones en matemáticas?**

Usaste tablas para mostrar ecuaciones con una operación. Una tabla también puede ayudarte a mostrar ecuaciones con dos operaciones.

## Las mates y mi mundo

### Ejemplo 1

**Sam gana $7 cada vez que barre las hojas del jardín de su vecino. También gana $5 por semana por hacer tareas en su casa. Sam quiere hallar cuánto ganará en una semana si hace las tareas de su casa y barre hojas 1, 2 o 3 veces.**

**1 Escribe una ecuación.**

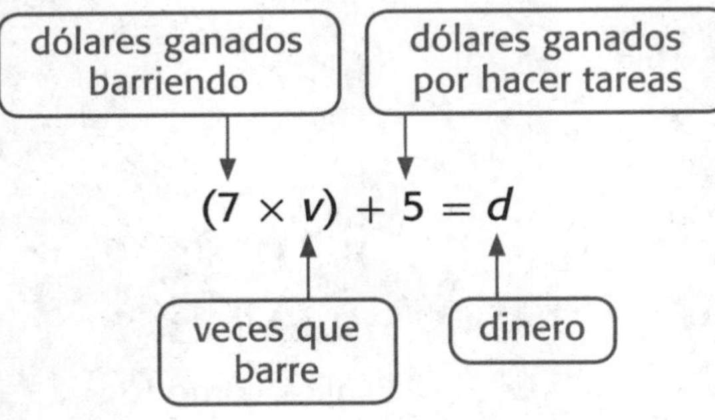


**2 Completa la tabla.**

| Dinero de Sam | | |
|---|---|---|
| Entrada ($v$) | $(7 \times v) + 5 = d$ | Salida ($d$) |
| 1 | $(7 \times 1) + 5 = 12$ | 12 |
| 2 | $(7 \times 2) + 5 = 19$ | |
| 3 | $(7 \times 3) + 5 =$ | |

Por lo tanto, durante una semana, si Sam barre hojas una vez, ganará $ ________. Si barre hojas dos veces, ganará $ ________.

Si barre hojas tres veces, ganará $ ________.

Las ecuaciones pueden tener varias operaciones.

## Ejemplo 2

**Completa la tabla para hallar los números de salida cuando $x = 2, 3, 4$ y $5$.**

**Pista**

Primero resuelve las operaciones que están entre paréntesis.

| $2 \times (9 - x) + 3 = y$ | |
|---|---|
| **Entrada ($x$)** | **Salida ($y$)** |
| 1 | 19 |
| 2 | |
| 3 | |
| 4 | |
| 5 | |

Halla el valor de $y$ cuando $x = 2$.

$2 \times (9 - 2) + 3 = y$

$2 \times 7 + 3 = y$

$14 + 3 = y$

$17 = y$

Repite el proceso cuando $x = 3, 4$ y $5$.

Cuando $x = 3$, $y =$ ______.

Cuando $x = 4$, $y =$ ______.

Cuando $x = 5$, $y =$ ______.

Describe patrones que veas en la tabla.

______________________________

______________________________

______________________________

Explica cómo te ayudan las tablas a resolver un problema.

## Práctica guiada

**1.** Completa la tabla.

| $(5 + x) \times 4 = y$ | |
|---|---|
| **Entrada ($x$)** | **Salida ($y$)** |
| 1 | 24 |
| 2 | |
| 3 | |
| 4 | |

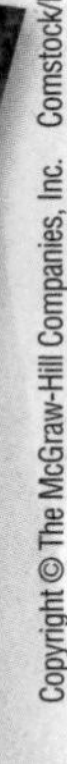

Nombre

## Práctica independiente

**Completa las tablas.**

**2.**

| $(7 - x) \times 7 = y$ | |
|---|---|
| Entrada ($x$) | Salida ($y$) |
| 1 | 42 |
| 2 | |
| 3 | |
| 4 | |

**3.**

| $(2 + x) \times 6 = y$ | |
|---|---|
| Entrada ($x$) | Salida ($y$) |
| 1 | 18 |
| 2 | |
| 3 | |
| 4 | |

**4.**

| $(4 \times x) - 3 = y$ | |
|---|---|
| Entrada ($x$) | Salida ($y$) |
| 1 | 1 |
| 2 | |
| 3 | |
| 4 | |

**5.**

| $(9 - x) + 2 = y$ | |
|---|---|
| Entrada ($x$) | Salida ($y$) |
| 1 | 10 |
| 2 | |
| 3 | |
| 4 | |

**6.**

| $(12 \div x) + 5 = y$ | |
|---|---|
| Entrada ($x$) | Salida ($y$) |
| 1 | 17 |
| 2 | |
| 3 | |
| 4 | |

**7.**

| $(14 - x) \div 2 = y$ | |
|---|---|
| Entrada ($x$) | Salida ($y$) |
| 2 | 6 |
| 4 | |
| 6 | |
| 8 | |

**8.**

| $(5 \times x) \div 5 + 1 = y$ | |
|---|---|
| Entrada ($x$) | Salida ($y$) |
| 1 | 2 |
| 2 | |
| 3 | |
| 4 | |

**9.**

| $3 \times (10 - x) + 4 = y$ | |
|---|---|
| Entrada ($x$) | Salida ($y$) |
| 1 | 31 |
| 3 | |
| 5 | |
| 7 | |

# Resolución de problemas

¡Mi trabajo!

10. PRÁCTICA matemática 5 **Usar herramientas de las mates** Estacionar en la feria cuesta $3. Los boletos cuestan $6 cada uno. ¿Cuánto le costará a una familia de 4 integrantes ir a la feria? Completa la tabla para resolver.

| $(\$6 \times x) + \$3 = y$ | |
|---|---|
| Entrada ($x$) | Salida ($y$) |
| 1 | $9 |
| 2 | |
| 3 | |
| 4 | |

11. Tam camina 2 millas hasta la escuela todos los días. Durante la clase de Gimnasia, ella corre tres veces más que Dante. ¿Cuántas millas caminará y correrá Tam si Dante corre 1 milla?

## Problemas S.O.S.

12. PRÁCTICA matemática 3 **Hallar el error** Ashley completó la tabla que se muestra. Halla el error que cometió y corrígelo.

| $(10 - x) \times 2 = y$ | |
|---|---|
| Entrada ($x$) | Salida ($y$) |
| 1 | 11 |
| 2 | 10 |
| 3 | 9 |

13. **Profundización de la pregunta importante** Describe una situación del mundo real en la que podrías usar una tabla con dos operaciones.

Nombre ..................................................



# Mi tarea

**Lección 9**
**Ecuaciones con varias operaciones**

## Asistente de tareas

¿Necesitas ayuda? connectED.mcgraw-hill.com

**La receta que prepara Laura pide 2 veces más tazas de harina que de azúcar. Laura siempre agrega 1 taza de avena. Si usa 2, 3 o 4 tazas de azúcar, ¿cuántas tazas de harina y avena usará?**

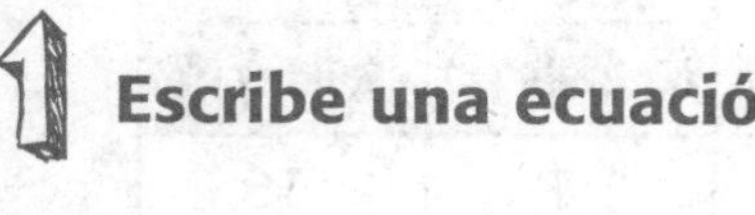


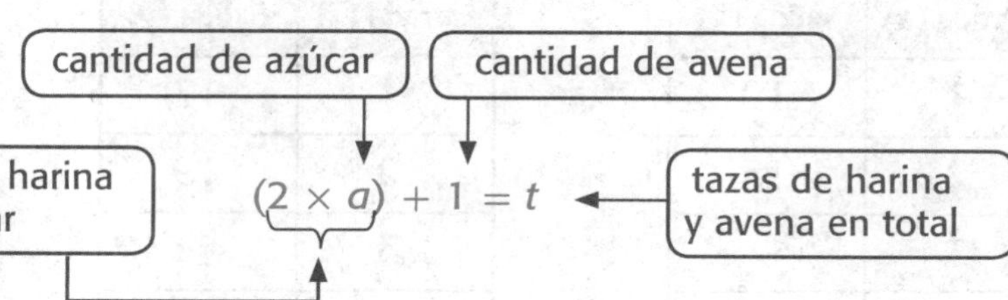


**2 Haz una tabla.**

| $(2 \times a) + 1 = t$ | |
|---|---|
| **Entrada** | **Salida** |
| 2 | 5 |
| 3 | 7 |
| 4 | 9 |

$(2 \times 2) + 1 = 5$
$(2 \times 3) + 1 = 7$
$(2 \times 4) + 1 = 9$

Si usa 2 tazas de azúcar, usará 5 tazas de harina y avena.
Si usa 3 tazas de azúcar, usará 7 tazas de harina y avena.
Si usa 4 tazas de azúcar, usará 9 tazas de harina y avena.

## Práctica

**1.** Completa la tabla.

| $(3 \times x) + 2 = y$ | |
|---|---|
| **Entrada ($x$)** | **Salida ($y$)** |
| 1 | 5 |
| 2 | 8 |
| 3 | |
| 4 | |

**Completa las tablas.**

**2.**

| $(12 \div x) + 3 = y$ | |
|---|---|
| Entrada ($x$) | Salida ($y$) |
| 1 | 15 |
| 2 | 9 |
| 3 | |
| 4 | |

**3.**

| $(4 + x) \times 6 = y$ | |
|---|---|
| Entrada ($x$) | Salida ($y$) |
| 1 | 30 |
| 2 | 36 |
| 3 | |
| 4 | |

**4.**

| $(10 - x) \times 7 = y$ | |
|---|---|
| Entrada ($x$) | Salida ($y$) |
| 1 | 63 |
| 2 | 56 |
| 3 | |
| 4 | |

**5.**

| $(5 \times x) + 5 = y$ | |
|---|---|
| Entrada ($x$) | Salida ($y$) |
| 1 | 10 |
| 2 | 15 |
| 3 | |
| 4 | |

**6.**

| $(6 + x) \times 2 + 3 = y$ | |
|---|---|
| Entrada ($x$) | Salida ($y$) |
| 1 | 17 |
| 2 | 19 |
| 3 | |
| 4 | |

**7.**

| $2 \times (24 \div x) - 2 = y$ | |
|---|---|
| Entrada ($x$) | Salida ($y$) |
| 1 | 46 |
| 2 | 22 |
| 3 | |
| 4 | |

## Resolución de problemas

**8.** PRÁCTICA matemática 1 **Entender los problemas** Mauricio batea una pelota de béisbol por partido con una frecuencia 4 veces mayor que Tony. También batea 20 pelotas de béisbol todos los lunes durante la práctica. ¿Cuántas pelotas bateará Mauricio esta semana si Tony batea 4 pelotas en el partido del sábado?

**9.** A Carola le encantan las flores. Recoge 4 tulipanes por cada margarita que recoge. La mamá de Carola también le dio 6 tulipanes de su jardín esta semana. ¿Cuántos tulipanes tendrá Carola esta semana si recogió 3 margaritas?

## Práctica para la prueba

**10.** Observa la ecuación $(x \times 3) - 2 = y$. Si $x = 7$, ¿cuál es el valor de $y$?

Ⓐ $y = 27$ Ⓑ $y = 23$ Ⓒ $y = 21$ Ⓓ $y = 19$

# Repaso

**Capítulo 7**

**Patrones y secuencias**

## Comprobación del vocabulario

**Escribe la letra de la definición junto a la palabra correcta.**

1. **ecuación** ______
2. **entrada** ______
3. **patrón no numérico** ______
4. **patrón numérico** ______
5. **operación** ______
6. **salida** ______
7. **patrón** ______
8. **regla** ______
9. **secuencia** ______
10. **término** ______
11. **incógnita** ______

**A.** Enunciado que describe una relación entre números u objetos.

**B.** Patrón que usa números.

**C.** Enunciado que contiene un signo igual (=), que muestra que dos expresiones son iguales.

**D.** Cantidad que no se conoce.

**E.** Proceso matemático, como suma, resta, multiplicación o división.

**F.** Grupo de términos que muestran un patrón.

**G.** Secuencia que muestra una relación entre términos que no son números.

**H.** Cada número de una secuencia.

**I.** Resultado de una cantidad de entrada que se cambia mediante una función.

**J.** Secuencia de términos que siguen cierto orden.

**K.** Cantidad que cambia mediante una función para obtener un valor de salida.

# Comprobación del concepto 

**12.** Continúa el patrón. Dibuja la figura en el espacio en blanco.

   ______

**Identifica, describe y continúa los patrones.**

**13.** 4, 20, 100, 500, ______

El patrón es ______________________

______________________

**14.** 44, 22, 20, 10, 8, ______

El patrón es ______________________

______________________

**Continúa los patrones con cuatro términos. Escribe una observación sobre el patrón.**

**15.** Regla: sumar 6
Patrón: 3, ____, ____, ____, ____
Observación:

______________________

______________________

**16.** Regla: multiplicar por 2
Patrón: 4, ____, ____, ____, ____
Observación:

______________________

______________________

**Escribe una ecuación que describa el patrón. Luego, usa la ecuación para hallar los dos números de salida siguientes.**

**17.**

| Entrada ($j$) | 25 | 35 | 45 | 55 | 65 |
|---|---|---|---|---|---|
| Salida ($k$) | 21 | 31 | 41 | | |

Ecuación: ______________________

**18.**

| Entrada ($g$) | 1 | 2 | 3 | 4 | 5 |
|---|---|---|---|---|---|
| Salida ($h$) | 3 | 6 | 9 | | |

Ecuación: ______________________

**Halla el valor de las expresiones.**

**19.** $7 + 3 \times 6 =$ ______

**20.** $(6 - 4) \times 9 =$ ______

**Halla la incógnita.**

**21.** $(f + 5) \times 3 = g$

Cuando $f = 4$, $g =$ ______.

**22.** $(x \times 4) + 7 = y$

Cuando $x = 8$, $y =$ ______.

Nombre

## Resolución de problemas

**23.** Kenneth muestra sus fotografías en marcos siguiendo el patrón que se muestra. Marco por medio, coloca una fotografía de sus amigos; el resto son de su familia. Si la primera fotografía es de su familia, ¿qué fotografía habrá en el tercer marco cuadrado?

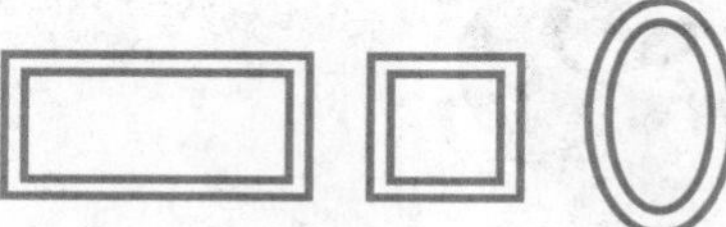

**24.** La entrada a un museo de arte cuesta $5 por persona. Completa la tabla para hallar cuánto costaría la entrada al museo para 2, 3, 4, 5 y 6 personas.

| Personas | Costo |
|---|---|
| 2 | |
| 3 | |
| 4 | |
| 5 | |
| 6 | |

**25.** La clase de la señora Brown puede tener 5 minutos más de recreo por cada canica que la señora Brown coloca en un frasco. La clase tiene 15 minutos de recreo cada mañana. Crea una tabla de entrada/salida para hallar cuántos minutos de recreo en total tendrá la clase si ella coloca 3 canicas en el frasco.

## Práctica para la prueba

**26.** Halla el valor de la expresión $(5 + 2) \times 7$.

Ⓐ 14

Ⓑ 19

Ⓒ 21

Ⓓ 49

# Pienso

**Capítulo 7**

**Respuesta a la PREGUNTA IMPORTANTE**

**Usa lo que aprendiste acerca de los patrones para completar el organizador gráfico.**

**PREGUNTA IMPORTANTE**

**¿Cómo se usan los patrones en matemáticas?**

| Vocabulario | Patrones no numéricos | Patrones numéricos |
|---|---|---|
| | | |

**Piensa sobre la PREGUNTA IMPORTANTE.**  **Escribe tu respuesta.**

# Glosario/Glossary

← Conéctate para consultar el Glosario en línea.

*Visita el **Glosario en línea** para saber más sobre estas palabras en los siguientes 13 idiomas:*

Árabe • Bengalí • Cantonés • Coreano • Criollo haitiano • Español
Hmong • Inglés • Portugués brasileño • Ruso • Tagalo • Urdu • Vietnamita

## Español

**álgebra** Rama de las matemáticas en la que se usan símbolos, generalmente letras, para explorar relaciones entre cantidades.

**ángulo** Figura formada por dos *semirrectas* con el mismo *extremo*.

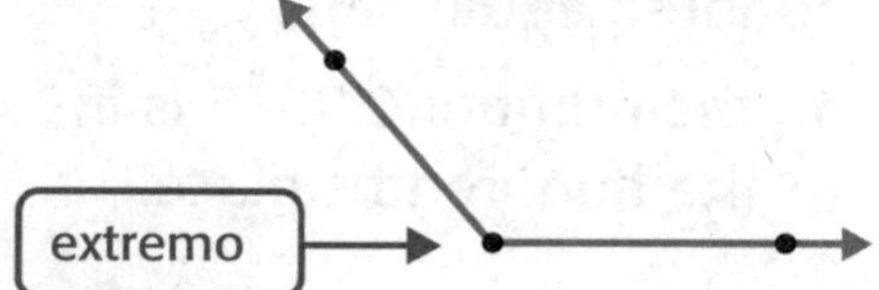


**ángulo agudo** *Ángulo* que mide más de 0° y menos de 90°.

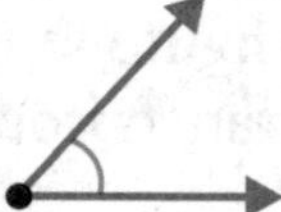

**ángulo de un grado** *Ángulo* que abarca $\frac{1}{360}$ de un círculo.

**ángulo obtuso** *Ángulo* que mide más de 90° pero menos de 180°.

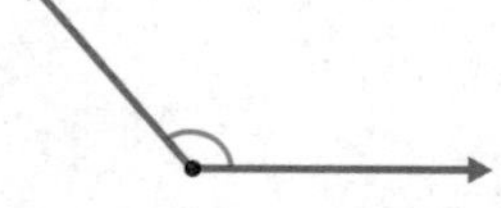

## Inglés/English

**algebra** A branch of mathematics that uses symbols, usually letters, to explore relationships between quantities.

**angle** A figure that is formed by two *rays* with the same *endpoint*.

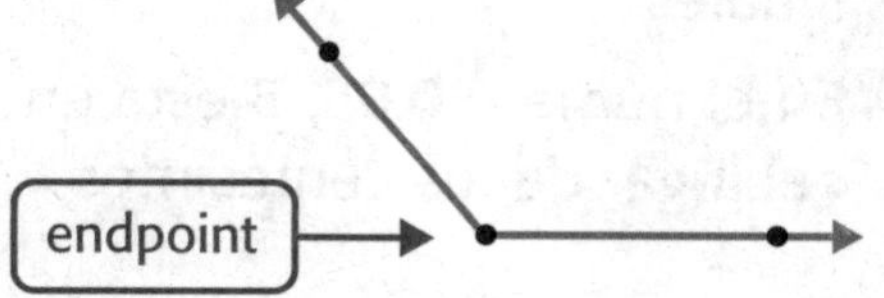


**acute angle** An *angle* with a measure greater than 0° and less than 90°.

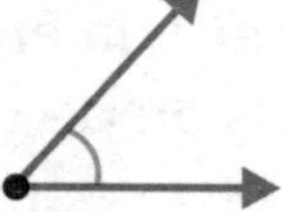

**one-degree angle** An *angle* that turns through $\frac{1}{360}$ of a circle.

**obtuse angle** An *angle* that measures greater than 90° but less than 180°.

## Aa

**ángulo recto** *Ángulo* que mide 90°.

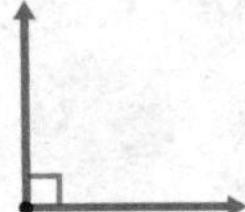

**right angle** An *angle* with a measure of 90°.

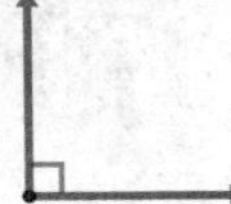

**área** Cantidad de *unidades cuadradas* necesarias para cubrir una figura sin que haya superposición.

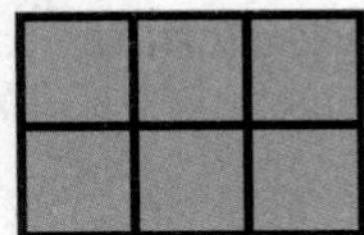

**área = 6 unidades cuadradas**

**area** The number of *square units* needed to cover a figure without any overlap.

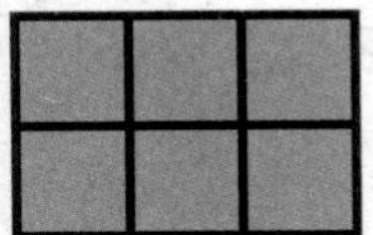

**area = 6 square units**

## Cc

**capacidad** Cantidad que puede contener un recipiente.

**capacity** The amount of liquid a container can hold.

**centésimo** *Valor posicional.* Una de cien partes iguales.

En el número 0.05, 5 está en el lugar de los centésimos.

**hundredth** A *place-value* position. One of one hundred equal parts.

In the number 0.05, 5 is in the hundredths place.

**centímetro (cm)** Unidad *métrica* para medir la *longitud*.

**100 centímetros = 1 metro**

**centimeter (cm)** A *metric* unit for measuring *length*.

**100 centimeters = 1 meter**

**círculo** Figura cerrada en la cual todos los puntos equidistan de un punto fijo llamado centro.

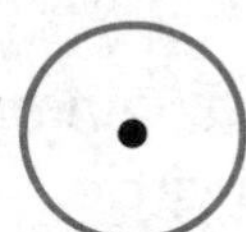

**circle** A closed figure in which all points are the same distance from a fixed point, called the center.

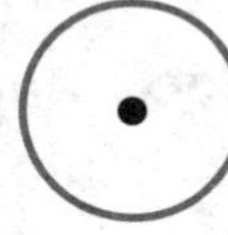

**cociente** Resultado de un problema de *división*.

**quotient** The result of a *division* problem.

**cocientes parciales** Método de división en el que el dividendo se separa en partes que son fáciles de dividir.

**convertir** Cambiar de una unidad a otra.

**cuadrado** *Rectángulo* que tiene cuatro lados *congruentes*.

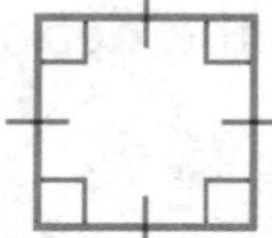

**cuadrado unitario** Cuadrado cuyos lados tienen una longitud de una unidad.

**cuadrilátero** Figura que tiene 4 *lados* y cuatro *ángulos*.

*cuadrado, rectángulo* y *paralelogramo*

**cuarto (ct)** Unidad *usual* para medir la *capacidad*.

**1 cuarto = 4 tazas**

**partial quotients** A dividing method in which the dividend is separated into sections that are easy to divide.

**convert** To change one unit to another.

**square** A *rectangle* with four *congruent* sides.

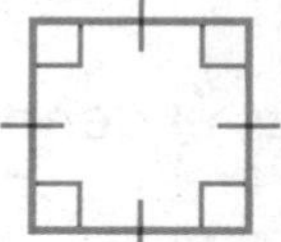

**unit square** A square with a side length of one unit.

**quadrilateral** A shape that has four *sides* and four *angles*.

*square, rectangle,* and *parallelogram*

**quart (qt)** A *customary* unit for measuring *capacity*.

**1 quart = 4 cups**

**datos** Números o símbolos que muestran información, algunas veces recopilados a partir de una *encuesta* o un experimento.

**decimal** Número con uno o más dígitos a la derecha del *punto decimal*, como 8.37 o 0.05.

**data** Numbers or symbols, sometimes collected from a *survey* or experiment, to show information. *Datum* is singular; *data* is plural.

**decimal** A number with one or more digits to the right of the *decimal point*, such as 8.37 or 0.05.

**decimales equivalentes** Decimales que representan el mismo número.

0.3 y 0.30

**décimo** Una de diez partes iguales o $\frac{1}{10}$.

**denominador** Número que se encuentra en la parte inferior de una *fracción*.

En $\frac{5}{6}$, 6 es el denominador.

**descomponer** Separar un número en diferentes partes.

**diagrama de Venn** Diagrama con *círculos* para mostrar elementos de diferentes conjuntos. Los *círculos* superpuestos indican elementos comunes.

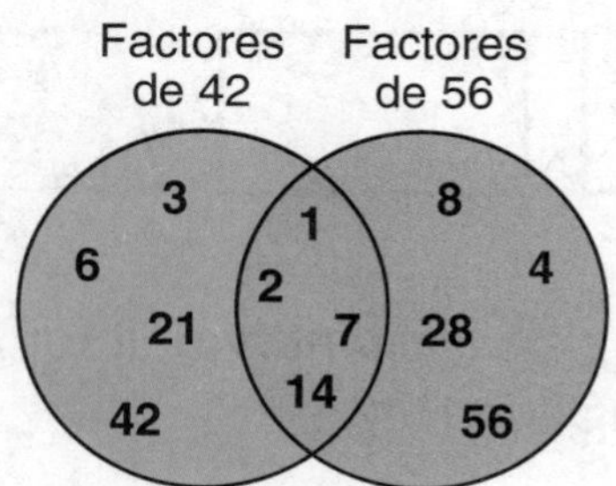


**diagrama lineal** Gráfica que tiene columnas de X sobre una *recta numérica* para representar la frecuencia de los *datos*.

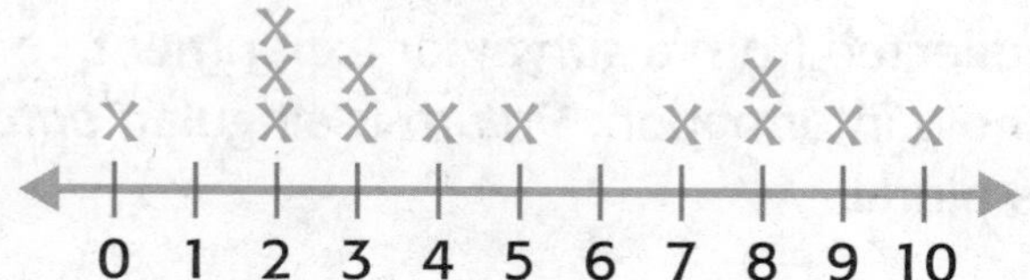


**dígito** Símbolo que se usa para escribir un número natural. Los diez dígitos son 0, 1, 2, 3, 4, 5, 6, 7, 8 y 9.

**decimal equivalents** Decimals that represent the same number.

0.3 and 0.30

**tenth** One of ten equal parts, or $\frac{1}{10}$.

**denominator** The bottom number in a *fraction*.

In $\frac{5}{6}$, 6 is the denominator.

**decompose** To break a number into different parts.

**Venn diagram** A diagram that uses *circles* to display elements of different sets. Overlapping *circles* show common elements.

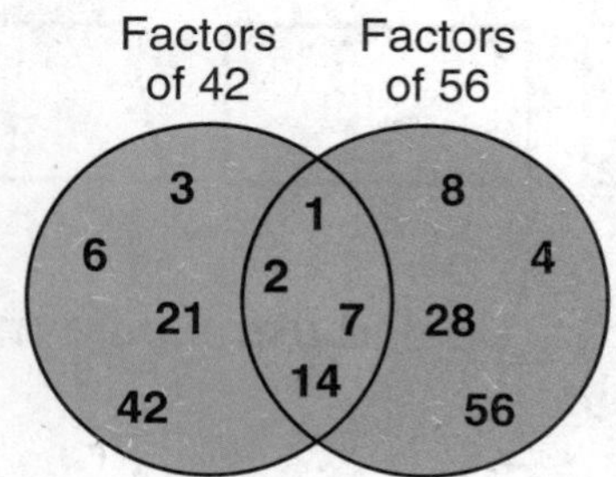


**line plot** A graph that uses columns of Xs above a *number line* to show frequency of *data*.

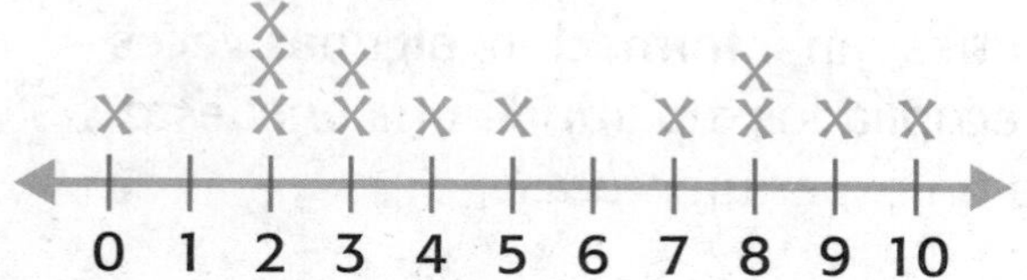


**digit** A symbol used to write numbers. The ten digits are 0, 1, 2, 3, 4, 5, 6, 7, 8, and 9.

**dividendo** Número que es *dividido.*

**$3\overline{)19}$ 19 es el dividendo.**

**división (dividir)** *Operación* entre dos números en la que el primer número se separa en tantos grupos iguales como indica el segundo número.

**divisor** Número que *divide* al *dividendo.*

**$3\overline{)19}$ 3 es el divisor.**

**dividend** A number that is being *divided.*

**$3\overline{)19}$ 19 is the dividend.**

**division (divide)** An *operation* on two numbers in which the first number is split into the same number of equal groups as the second number.

**divisor** The number by which the *dividend* is being *divided.*

**$3\overline{)19}$ 3 is the divisor.**

## Ee

**ecuación** Enunciado que contiene el signo igual (=) y que muestra que dos *expresiones* son iguales.

**eje de simetría** *Recta* sobre la cual se puede doblar una figura de manera que sus mitades sean idénticas.

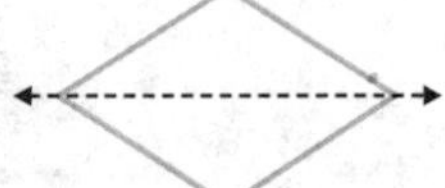

**encuesta** Método para recopilar *datos.*

**entrada** Cantidad que se cambia para obtener una cantidad de salida.

**es igual a (=)** Que tiene el mismo valor que otro elemento. Con el signo = se muestra que dos números o *expresiones* son iguales.

**es mayor que (>)** Relación de desigualdad en la que el número de la izquierda es más grande que el número de la derecha.

**$5 > 3$ 5 es mayor que 3.**

**equation** A sentence that contains an equals sign (=), showing that two *expressions* are equal.

**line of symmetry** A *line* on which a figure can be folded so that its two halves match exactly.

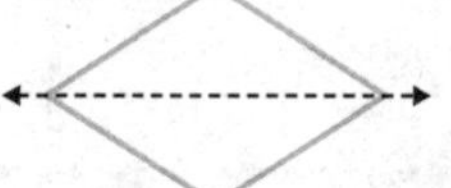

**survey** A method of collecting *data.*

**input** A quantity that is changed to produce an output.

**is equal to (=)** Having the same value. The = sign is used to show two numbers or *expressions* are equal.

**is greater than (>)** An inequality relationship showing that the number on the left of the symbol is greater than the number on the right.

**$5 > 3$ 5 is greater than 3.**

## Ee

**es menor que ($<$)** Relación de desigualdad en la que el número de la izquierda es menor que el número de la derecha.

**$4 < 7$ 4 es menor que 7.**

**estimación** Número cercano a un valor exacto. Una estimación indica una cantidad aproximada.

47 + 22 es aproximadamente 50 + 20, o 70.

**expresión** Combinación de números, *variables* y por lo menos una *operación*.

**extremo** Punto donde termina cada lado de un *segmento de recta* o punto al principio de una *semirrecta*.

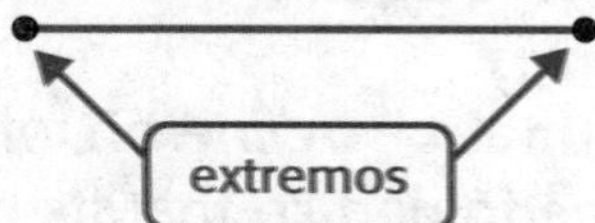


**is less than ($<$)** An inequality relationship showing that the number on the left side of the symbol is less than the number on the right side.

**$4 < 7$ 4 is less than 7.**

**estimate** A number close to an exact value. An estimate indicates *about* how much.

47 + 22 is about 50 + 20 or 70.

**expression** A combination of numbers, *variables*, and at least one *operation*.

**endpoint** The point at either end of a *line segment* or the point at the beginning of a *ray*.

endpoints

## Ff

**factor** Número entre el que se *divide* otro número natural sin dejar residuo. También es cada uno de los números en una *multiplicación*.

**familia de operaciones** Grupo de operaciones relacionadas que usan los mismos números.

| | |
|---|---|
| **$5 + 3 = 8$** | **$5 \times 3 = 15$** |
| **$3 + 5 = 8$** | **$3 \times 5 = 15$** |
| **$8 - 3 = 5$** | **$15 \div 3 = 5$** |
| **$8 - 5 = 3$** | **$15 \div 5 = 3$** |

**figura bidimensional** Figura que puede representarse en un plano.

**factor** A number that *divides* a whole number evenly. Also a number that is *multiplied* by another number.

**fact family** A group of related facts using the same numbers.

| | |
|---|---|
| **$5 + 3 = 8$** | **$5 \times 3 = 15$** |
| **$3 + 5 = 8$** | **$3 \times 5 = 15$** |
| **$8 - 3 = 5$** | **$15 \div 3 = 5$** |
| **$8 - 5 = 3$** | **$15 \div 5 = 3$** |

**two-dimensional figure** A figure that lies entirely within one plane.

**figura tridimensional** Figura sólida que tiene tres dimensiones: *longitud*, ancho y altura.

**three-dimensional figure** A solid figure has three dimensions: *length*, width, and height.

**figuras congruentes** Dos figuras con la misma forma y el mismo tamaño.

**congruent figures** Two figures having the same size and the same shape.

**forma desarrollada/notación desarrollada** Representación de un número como la *suma* del valor de cada dígito.

536 puede escribirse como 500 + 30 + 6.

**expanded form/expanded notation** The representation of a number as a *sum* that shows the value of each digit.

536 is written as 500 + 30 + 6.

**forma estándar/notación estándar** Manera habitual de escribir un número, usando solo *dígitos* en lugar de palabras.

537 89 1,642

**standard form/standard notation** The usual way of writing a number that shows only its *digits*, no words.

537 89 1,642

**forma verbal/notación verbal** Manera de expresar un número usando palabras.

**word form/word notation** The form of a number that uses written words.

**fórmula** *Ecuación* que muestra la relación entre dos o más cantidades.

**formula** An *equation* that shows the relationship between two or more quantities.

**fracción** Número que representa una parte de un todo o una parte de un conjunto.

$\frac{1}{2}, \frac{1}{3}, \frac{1}{4}, \frac{3}{4}$

**fraction** A number that represents part of a whole or part of a set.

$\frac{1}{2}, \frac{1}{3}, \frac{1}{4}, \frac{3}{4}$

**fracción impropia** *Fracción* cuyo *numerador* es mayor o igual al *denominador*.

$\frac{17}{3}$ o $\frac{5}{5}$

**improper fraction** A *fraction* with a *numerator* that is greater than or equal to the *denominator*.

$\frac{17}{3}$ or $\frac{5}{5}$

**fracciones de referencia** *Fracciones* comunes que se usan para estimar.

**benchmark fractions** Common *fractions* that are used for estimation.

## Ff

**fracciones equivalentes** *Fracciones* que representan el mismo número.

$$\frac{3}{4} = \frac{6}{8}$$

**equivalent fractions** *Fractions* that represent the same number.

$$\frac{3}{4} = \frac{6}{8}$$

**fracciones semejantes** *Fracciones* que tienen el mismo *denominador*.

$$\frac{1}{5} \text{ y } \frac{2}{5}$$

**like fractions** *Fractions* that have the same *denominator*.

$$\frac{1}{5} \text{ and } \frac{2}{5}$$

## Gg

**galón (gal)** Unidad *usual* para medir la *capacidad* de líquidos.

**1 galón = 4 cuartos**

**gallon (gal)** A *customary* unit for measuring *capacity* for liquids.

**1 gallon = 4 quarts**

**grado (°)** **a.** Unidad que se usa para medir ángulos. **b.** Unidad de medida que se usa para describir la temperatura.

**degree (°)** **a.** A unit for measuring angles. **b.** A unit of measure used to describe temperature.

**gráfica de barras** Gráfica en la que se comparan los *datos* usando barras de distintas *longitudes* o alturas para mostrar los valores.

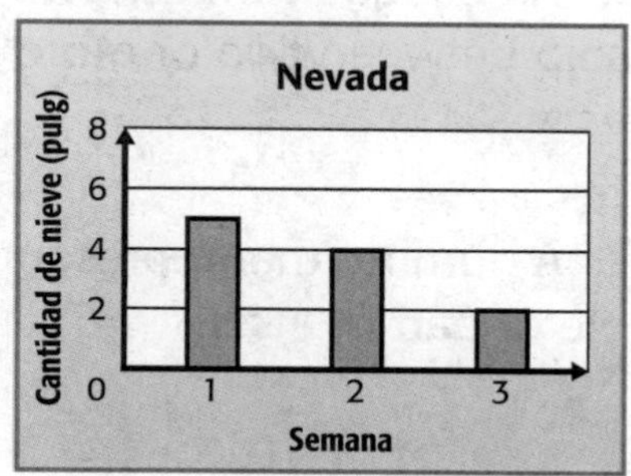


**bar graph** A graph that compares *data* by using bars of different *lengths* or heights to show the values.

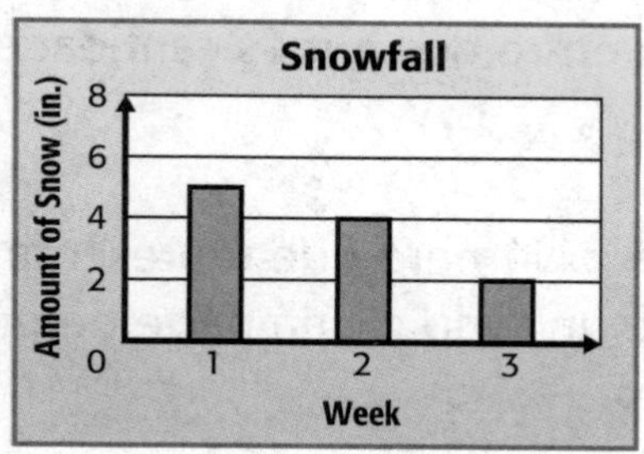


**gramo (g)** Unidad *métrica* para medir la *masa*.

**gram (g)** A *metric* unit for measuring *mass*.

## Hh

**hexágono** *Polígono* que tiene seis *lados* y seis *ángulos.*

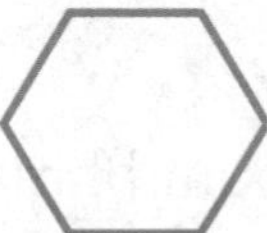

**hexagon** A *polygon* with six *sides* and six *angles.*

## Ii

**incógnita** Cantidad que no se ha identificado.

**unknown** The amount that has not been identified.

## Kk

**kilogramo (kg)** Unidad *métrica* para medir la *masa*.

**kilogram (kg)** A *metric* unit for measuring *mass*.

**kilómetro (km)** Unidad *métrica* para medir la *longitud*.

**kilometer (km)** A *metric* unit for measuring *length*.

## Ll

**libra (lb)** Unidad *usual* para medir el *peso* o la *masa*.

**1 libra = 16 onzas**

**pound (lb)** A *customary* unit to measure *weight* or *mass*.

**1 pound = 16 ounces**

**litro (L)** Unidad *métrica* para medir el *volumen* o la *capacidad*.

**1 litro = 1,000 mililitros**

**liter (L)** A *metric* unit for measuring *volume* or *capacity*.

**1 liter = 1,000 milliliters**

**longitud** Medida de la distancia entre dos puntos.

**length** The measurement of a *line* between two points.

## Mm

**marca de conteo** Marca que se hace para llevar un registro y representar *datos* recopilados en una *encuesta*.

**tally mark(s)** A mark made to keep track of and display *data* recorded from a *survey*.

**masa** Cantidad de materia en un cuerpo. El gramo y el kilogramo son dos ejemplos de unidades que se usan para medir la masa.

**mass** The amount of matter in an object. Two examples of units of measure would be gram and kilogram.

**máximo común divisor (M.C.D.)** El mayor de los divisores que dos o más números tienen en común.

El máximo común divisor de 12, 18 y 30 es 6.

**Greatest Common Factor (GCF)** The greatest of the common *factors* of two or more numbers.

The greatest common factor of 12, 18, and 30 is 6.

**metro (m)** Unidad *métrica* para medir la *longitud*.

**meter (m)** A *metric* unit for measuring *length*.

**milésimo** Una de mil partes iguales, o $\frac{1}{1000}$. También se refiere a un *valor posicional* en un número *decimal*. En el *decimal* 0.789, el 9 está en el lugar de los milésimos.

**thousandth(s)** One of a thousand equal parts, or $\frac{1}{1000}$. Also refers to a *place value* in a *decimal* number. In the *decimal* 0.789, the 9 is in the thousandths place.

**mililitro (mL)** Unidad *métrica* para medir la *capacidad*.

**1,000 mililitros = 1 litro**

**milliliter (mL)** A *metric* unit for measuring *capacity*.

**1,000 milliliters = 1 liter**

**milímetro (mm)** Unidad *métrica* para medir la *longitud*.

**1,000 milímetros = 1 metro**

**millimeter (mm)** A *metric* unit for measuring *length*.

**1,000 millimeters = 1 meter**

**milla (mi)** Unidad *usual* para medir la *longitud*.

**1 milla = 5,280 pies**

**mile (mi)** A *customary* unit of measure for *length*.

**1 mile = 5,280 feet**

**mínima expresión** *Fracción* en la que el *numerador* y el *denominador* no tienen ningún *factor* común mayor que 1.

$\frac{3}{5}$ es la mínima expresión de $\frac{6}{10}$.

**simplest form** A *fraction* in which the *numerator* and the *denominator* have no common *factor* greater than 1.

$\frac{3}{5}$ is the simplest form of $\frac{6}{10}$.

**mínimo común múltiplo (m.c.m.)** El menor múltiplo mayor que 0 que dos o más números tienen en común.

**Least Common Multiple (LCM)** The least multiple greater than 0 that is a common multiple of each of two or more numbers.

**minuendo** El primer número en un enunciado de *resta*, del que se restará otro número.

| **8** | – | **3** | = | **5** |
|---|---|---|---|---|
| ↑ minuendo | | ↑ sustraendo | | ↑ diferencia |

**minuend** The first number in a *subtraction* sentence from which a second number is to be subtracted.

| **8** | – | **3** | = | **5** |
|---|---|---|---|---|
| ↑ minuend | | ↑ subtrahend | | ↑ difference |

**multiplicación (multiplicar)** *Operación* entre dos números para hallar su *producto*. También se puede interpretar como una *suma* repetida.

**multiplication (multiply)** An *operation* on two numbers to find their *product*. It can be thought of as repeated *addition*.

**múltiplo** Un múltiplo de un número es el *producto* de ese número y otro número natural.

15 es múltiplo de 5 porque $3 \times 5 = 15$.

**multiple** A multiple of a number is the *product* of that number and any whole number.

15 is a multiple of 5 because $3 \times 5 = 15$.

## Nn

**numerador** Número que se encuentra en la parte superior de una *fracción*. Indica cuántas partes iguales se están usando.

**numerator** The number above the bar in a *fraction*; the part of the fraction that tells how many of the equal parts are being used.

## Nn

**número compuesto** Número natural que tiene más de dos *factores*.

12 tiene los factores 1, 2, 3, 4, 6 y 12.

**composite number** A whole number that has more than two *factors*.

12 has the factors 1, 2, 3, 4, 6, and 12.

**número mixto** Número formado por un *número natural* y una parte *fraccionaria*.

$6\frac{3}{4}$

**mixed number** A number that has a *whole number* part and a *fraction* part.

$6\frac{3}{4}$

**número primo** Número natural que tiene únicamente dos *factores:* 1 y él mismo.

**7, 13 y 19**

**prime number** A whole number with exactly two *factors*, 1 and itself.

**7, 13, and 19**

**números compatibles** Números de un problema o números relacionados con los cuales es fácil trabajar mentalmente.

720 ÷ 90 es una división que usa números compatibles porque 72 ÷ 9 = 8.

**compatible numbers** Numbers in a problem or related numbers that are easy to work with mentally.

720 and 90 are compatible numbers for *division* because 72 ÷ 9 = 8.

## Oo

**octágono** *Polígono* que tiene ocho *lados* y ocho *ángulos*.

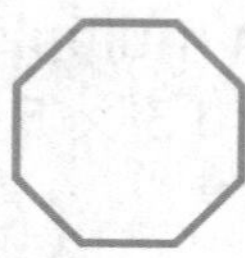

**octagon** A *polygon* with eight *sides* and eight *angles*.

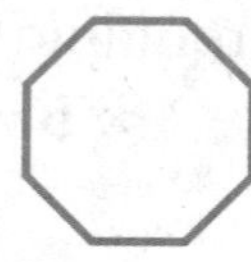

**onza (oz)** Unidad *usual* para medir el *peso* o la *capacidad*.

**ounce (oz)** A *customary* unit to measure *weight* or *capacity*.

**onza líquida (oz líq)** Unidad *usual* para medir la *capacidad*.

**fluid ounce (fl oz)** A *customary* unit of *capacity*.

**operación** Proceso matemático como la *suma* (+), la *resta* (−), la *multiplicación* (×) o la *división* (÷).

**operation** A mathematical process such as *addition* (+), *subtraction* (−), *multiplication* (×), or *division* (÷).

**orden de las operaciones** Reglas que indican qué orden seguir cuando se evalúa una *expresión:*
(1) Resuelve primero las *operaciones* dentro de los *paréntesis.*
(2) *Multiplica* o *divide* en orden de izquierda a derecha.
(3) *Suma* o *resta* en orden de izquierda a derecha.

**order of operations** Rules that tell what order to follow when evaluating an *expression:*
(1) Do the *operations* in *parentheses* first.
(2) *Multiply* and *divide* in order from left to right.
(3) *Add* and *subtract* in order from left to right.

## Pp

**paralelogramo** *Cuadrilátero* cuyos lados opuestos son *paralelos* y tienen la misma *longitud*.

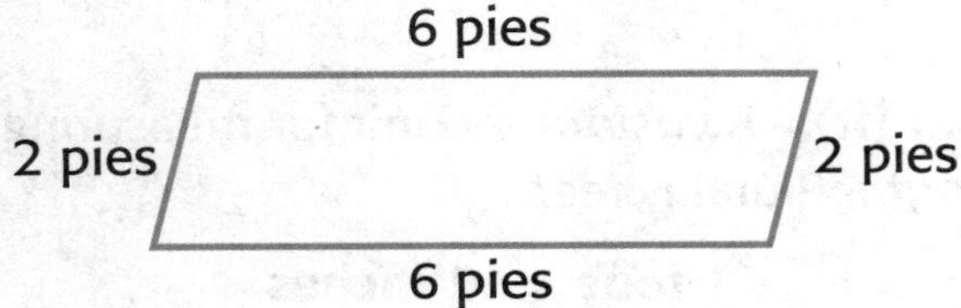


**parallelogram** A *quadrilateral* in which each pair of opposite sides are *parallel* and equal in *length*.

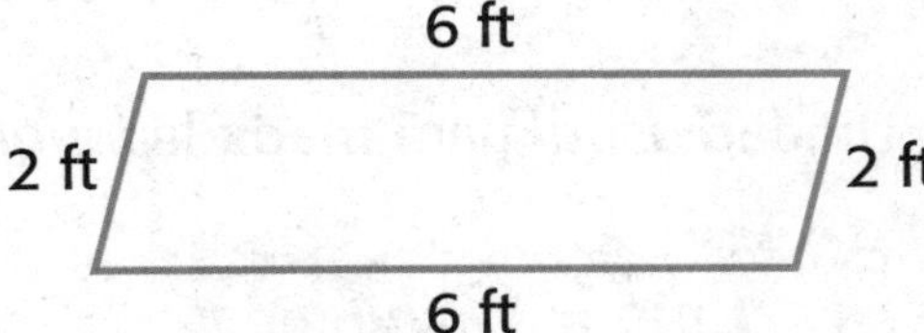


**paréntesis** Signos ( ) con los que se encierran los términos, para indicar que cuando están adentro, forman una unidad.

**parentheses** The enclosing symbols ( ), which indicate that the terms within are a unit.

**pares de factores** Dos factores que se multiplican para hallar un producto.

**factor pairs** The two factors that are multiplied to find a product.

**patrón** Secuencia de números, figuras o símbolos que siguen una regla o un diseño.

2, 4, 6, 8, 10

**pattern** A sequence of numbers, figures, or symbols that follows a rule or design.

2, 4, 6, 8, 10

**patrón no numérico** *Patrón* que no usa números.

**nonnumeric pattern** *Pattern* that does not use numbers.

**patrón numérico** *Patrón* que usa números.

**numeric pattern** *Pattern* that uses numbers.

**pentágono** *Polígono* que tiene cinco *lados* y cinco *ángulos.*

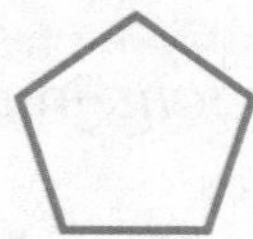

**pentagon** A *polygon* with five *sides* and five *angles.*

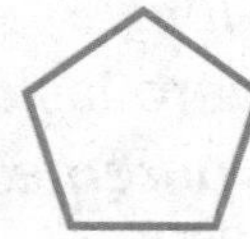

**perímetro** Distancia alrededor de una figura cerrada.

**perimeter** The distance around a shape or region.

**período** Cada uno de los grupos de tres dígitos que hay en una tabla de valor posicional.

**period** Each group of three digits on a place-value chart.

**peso** Medición que indica lo pesado que es un objeto.

**weight** A measurement that tells how heavy an object is.

**pie** Unidad *usual* para medir la *longitud*.

**1 pie = 12 pulgadas**

**foot (ft)** A *customary* unit for measuring *length*. Plural is *feet.*

**1 foot = 12 inches**

**pinta (pt)** Unidad *usual* para medir la *capacidad*.

**1 pinta = 2 tazas**

**pint (pt)** A *customary* unit for measuring *capacity*.

**1 pint = 2 cups**

**polígono** Figura plana cerrada formada por *segmentos de recta* que solo se unen en sus *extremos*.

**polygon** A closed plane figure formed using *line segments* that meet only at their *endpoints*.

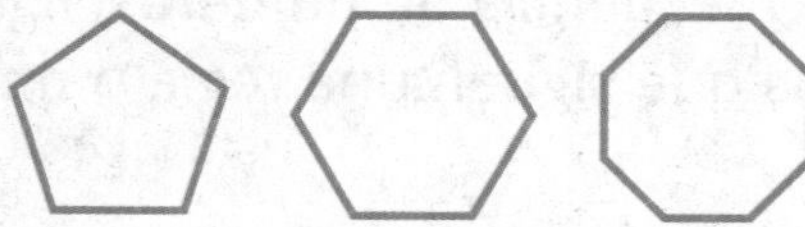

**porcentaje** Razón que compara un número con el 100.

**percent** A ratio that compares a number to 100.

**producto** Resultado de un problema de *multiplicación*. Además, un número puede expresarse como el *producto* de sus *factores*.

**product** The answer or result of a *multiplication* problem. It also refers to expressing a number as the *product* of its *factors*.

**productos parciales** Método de multiplicación por el cual los *productos* de cada *valor posicional* se hallan por separado y luego se suman.

**partial products** A multiplication method in which the *products* of each *place value* are found separately, and then added together.

**propiedad asociativa de la multiplicación** Propiedad que establece que la manera de agrupar los *factores* no altera el *producto*.

$$3 \times (6 \times 2) = (3 \times 6) \times 2$$

**Associative Property of Multiplication** The property that states that the grouping of the *factors* does not change the *product*.

$$3 \times (6 \times 2) = (3 \times 6) \times 2$$

**propiedad asociativa de la suma** Propiedad que establece que la manera de agrupar los *sumandos* no altera la *suma*.

$$(4 + 5) + 2 = 4 + (5 + 2)$$

**Associative Property of Addition** The property that states that the grouping of the *addends* does not change the *sum*.

$$(4 + 5) + 2 = 4 + (5 + 2)$$

**propiedad conmutativa de la multiplicación** Propiedad que establece que el orden en el que se *multiplican* dos o más números no altera el *producto*.

$$7 \times 2 = 2 \times 7$$

**Commutative Property of Multiplication** The property that states that the order in which two numbers are *multiplied* does not change the *product*.

$$7 \times 2 = 2 \times 7$$

**propiedad conmutativa de la suma** Propiedad que establece que el orden en el que se *suman* dos números no altera la *suma*.

$$12 + 15 = 15 + 12$$

**Commutative Property of Addition** The property that states that the order in which two numbers are *added* does not change the *sum*.

$$12 + 15 = 15 + 12$$

**propiedad de identidad de la multiplicación** Si se *multiplica* cualquier número por 1, el *producto* es ese mismo número.

$$8 \times 1 = 8 = 1 \times 8$$

**Identity Property of Multiplication** If you *multiply* a number by 1, the *product* is the same as the given number.

$$8 \times 1 = 8 = 1 \times 8$$

**propiedad de identidad de la suma** Con cualquier número, cero más el número es ese mismo número.

$$3 + 0 = 3 \text{ o } 0 + 3 = 3$$

**Identity Property of Addition** For any number, zero plus that number is the number.

$$3 + 0 = 3 \text{ or } 0 + 3 = 3$$

## Pp

**propiedad del cero de la multiplicación** Propiedad que establece que si se *multiplica* cualquier número por cero, el producto es cero.

$0 \times 5 = 0$ $5 \times 0 = 0$

**Zero Property of Multiplication** The property that states any number *multiplied* by zero is zero.

$0 \times 5 = 0$ $5 \times 0 = 0$

**propiedad distributiva** Para *multiplicar* una *suma* por un número, se multiplican los *sumandos* por el número y luego se suman los *productos*.

$4 \times (1 + 3) = (4 \times 1) + (4 \times 3)$

**Distributive Property** To *multiply* a *sum* by a number, multiply each *addend* by the number and add the products.

$4 \times (1 + 3) = (4 \times 1) + (4 \times 3)$

**punto** Ubicación exacta en el espacio que se representa con una marca específica.

**point** An exact location in space that is represented by a dot.

**punto decimal** Punto que separa las unidades de los *décimos* en un número decimal.

0.8 o $3.77

**decimal point** A period separating the ones and the *tenths* in a decimal number.

0.8 or $3.77

**reagrupar** Usar el valor posicional para cambiar cantidades iguales al convertir un número.

**regroup** To use place value to exchange equal amounts when renaming a number.

**recta** Conjunto de puntos sucesivos que se extienden indefinidamente, sin curvas ni ángulos, en direcciones opuestas.

**line** A straight set of points that extend in opposite directions without ending.

**recta numérica** *Recta* que contiene números ordenados en intervalos regulares.

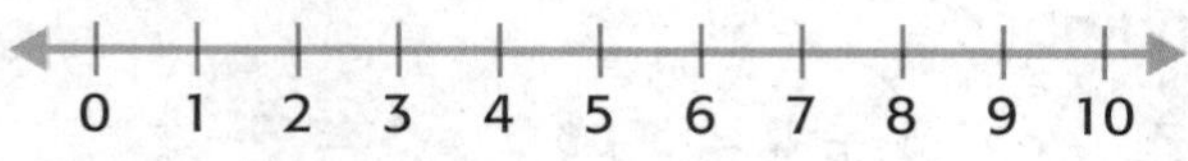


**number line** A *line* with numbers on it in order at regular intervals.

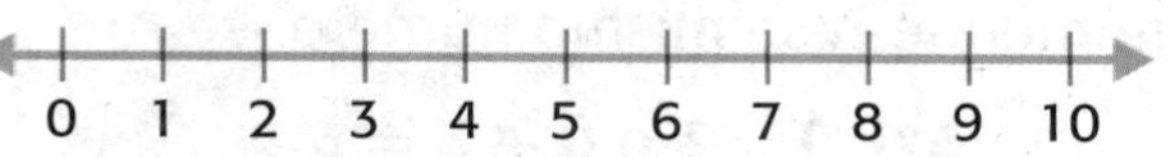

**rectángulo** *Cuadrilátero* que tiene cuatro *ángulos rectos*; los lados opuestos son *paralelos* y tienen la misma longitud.

**rectangle** A *quadrilateral* with four *right angles*; opposite sides are equal and *parallel*.

**rectas paralelas** *Rectas* separadas por la misma distancia en cualquier punto. Las rectas paralelas no se intersecan.

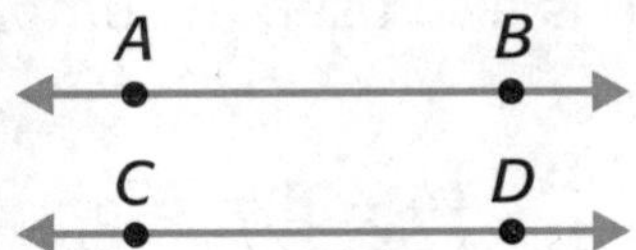


**parallel lines** *Lines* that are the same distance apart. Parallel lines do not meet.

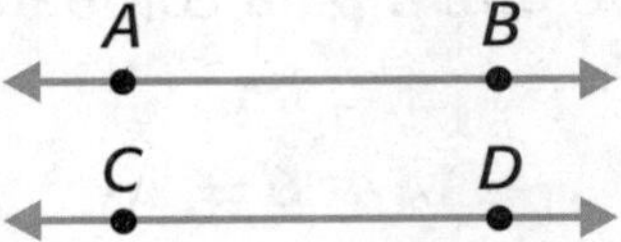


**rectas perpendiculares** *Rectas* que se intersecan o se cruzan en un punto formando *ángulos rectos*

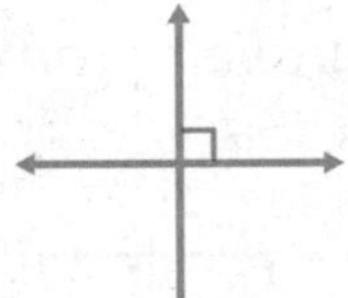

**perpendicular lines** *Lines* that meet or cross each other to form *right angles*.

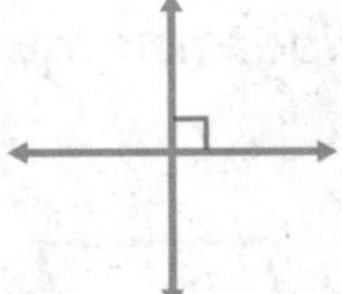

**rectas secantes** *Rectas* que se intersecan o se cruzan en un punto.

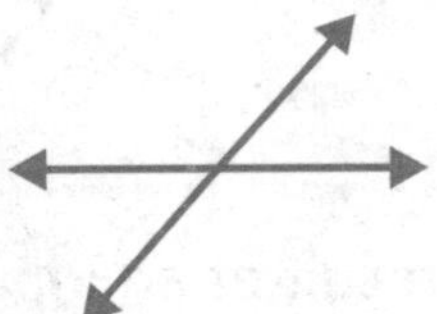

**intersecting lines** *Lines* that meet or cross at a point.

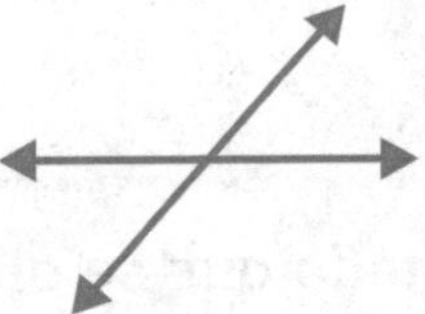

**redondear** Cambiar el valor de un número a uno con el cual es más fácil trabajar. Hallar el valor más cercano a un número basándose en un *valor posicional* dado.

**round** To change the value of a number to one that is easier to work with. To find the nearest value of a number based on a given *place value*.

**regla** Enunciado que describe una relación entre números u objetos.

**rule** A statement that describes a relationship between numbers or objects.

**residuo** Número que queda después de *dividir* un número natural entre otro.

**remainder** The number that is left after one whole number is *divided* by another.

**resolver** Despejar una *variable* y reemplazarla por un valor que haga que la ecuación sea verdadera.

**solve** To replace a *variable* with a value that results in a true sentence.

**resta (restar)** *Operación* con dos números que indica la *diferencia* entre ellos. Puede usarse para quitar una cantidad de otra o para comparar dos números.

**14 − 8 = 6**

**subtraction (subtract)** An *operation* on two numbers that tells the *difference*, when some or all are taken away. Subtraction is also used to compare two numbers.

**14 − 8 = 6**

**resta repetida** Procedimiento por el que se resta un número una y otra vez hasta llegar a 0.

**repeated subtraction** To subtract the same number over and over until you reach 0.

**rombo** *Paralelogramo* que tiene cuatro lados *congruentes*.

**rhombus** A *parallelogram* with four *congruent* sides.

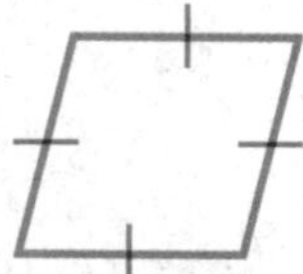

## Ss

**salida** Resultado que se obtiene al cambiar una cantidad de entrada.

**output** The result of an input quantity being changed.

**secuencia** Disposición ordenada de los términos que forman un *patrón*.

**sequence** The ordered arrangement of terms that make up a *pattern*.

**segmento** Parte de una *recta* entre dos *extremos*. La *longitud* de un segmento de recta se puede medir.

**line segment** A part of a *line* between two *endpoints*. The *length* of the line segment can be measured.

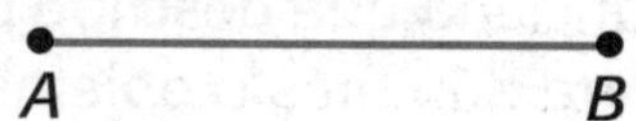


**segundo** Unidad de tiempo.
60 segundos = 1 minuto

**second** A unit of time.
60 seconds = 1 minute

**semirrecta** Parte de una *recta* que tiene un *extremo* y se extiende indefinidamente en una dirección.

**ray** A part of a *line* that has one *endpoint* and extends in one direction without ending.

**simetría axial** Una figura tiene *simetría axial* si puede plegarse por una línea de forma que las dos mitades de la figura coincidan de manera exacta, o sean *congruentes*.

**line symmetry** A figure has *line symmetry* if it can be folded so that the two parts of the figure match, or are *congruent*.

**sistema métrico (SI)** Sistema decimal de medidas que se basa en potencias de 10 y que incluye unidades como el *metro*, el *gramo* y el *litro*.

**metric system (SI)** The decimal system of measurement. Includes units such as *meter*, *gram*, and *liter*.

**sistema usual** Conjunto de unidades de medida de uso más frecuente en Estados Unidos. Incluye unidades como el *pie*, la *libra* y el *cuarto*.

**customary system** The measurement system most often used in the United States. Units include *foot*, *pound*, and *quart*.

**suma** Resultado que se obtiene al sumar.

**sum** The answer to an *addition* problem.

**suma (sumar)** *Operación* de dos o más *sumandos* que da como resultado una *suma*.

$$9 + 3 = 12$$

**add (adding, addition)** An *operation* on two or more *addends* that results in a *sum*.

$$9 + 3 = 12$$

**sumando** Cualquier número que se *suma* a otro.

**addend** Any numbers being *added* together.

**sustraendo** Número que se *resta* a otro número.

$$14 - 5 = 9$$

↑ **sustraendo**

**subtrahend** A number that is *subtracted* from another number.

$$14 - 5 = 9$$

↑ **subtrahend**

## Tt

**tabla de conteo** Manera de llevar la cuenta de los *datos* usando *marcas de conteo* para anotar el número de respuestas o sucesos.

| ¿Cuál es tu color favorito? | |
|---|---|
| **Color** | **Conteo** |
| azul | ~~||||~~ ||| |
| verde | |||| |

**tally chart** A way to keep track of *data* using *tally marks* to record the number of responses or occurrences.

| What is Your Favorite Color? | |
|---|---|
| **Color** | **Tally** |
| Blue | ~~||||~~ ||| |
| Green | |||| |

**tabla de frecuencias** Tabla para organizar un conjunto de *datos* que muestra el número de veces que se ha obtenido cada resultado.

**frequency table** A table for organizing a set of *data* that shows the number of times each result has occurred.

**taza (tz)** Unidad *usual* para medir la *capacidad* que equivale a 8 onzas líquidas.

**cup (c)** A *customary* unit for measuring *capacity* equal to 8 fluid ounces.

**término** Cada número de un *patrón numérico*.

**term** Each number in a *numeric pattern*.

**tiempo transcurrido** Cantidad de tiempo que ha pasado entre el principio y el fin de algo.

**elapsed time** The amount of time that has passed from beginning to end.

**tonelada (T)** Unidad *usual* para medir el *peso*.

**1 tonelada = 2,000 libras**

**ton (T)** A *customary* unit to measure *weight*.

**1 ton = 2,000 pounds**

**transportador** Instrumento con el que se miden los ángulos.

**protractor** An instrument used to measure angles.

**trapecio** *Cuadrilátero* que tiene exactamente un par de lados *paralelos*.

**triángulo** *Polígono* que tiene tres *lados* y tres *ángulos.*

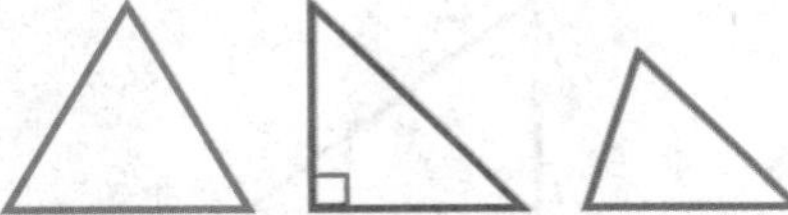

**triángulo acutángulo** *Triángulo* que tiene tres *ángulos* que miden menos de 90°.

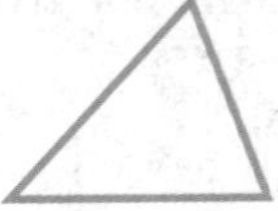

**triángulo equilátero** *Triángulo* que tiene tres lados *congruentes*.

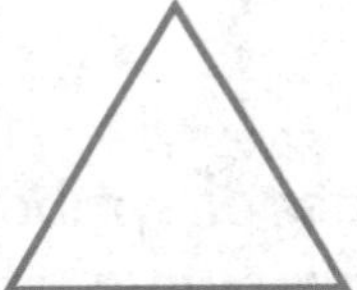

**triángulo isósceles** *Triángulo* que tiene por lo menos dos lados con la misma *longitud*.

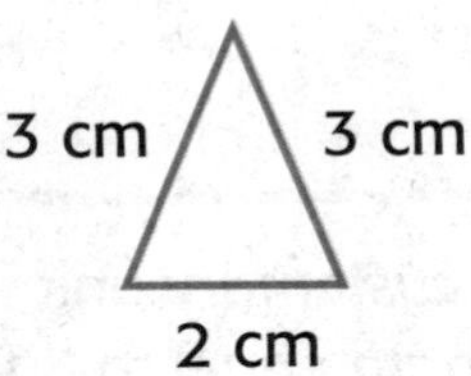


**trapezoid** A *quadrilateral* with exactly one pair of *parallel* sides.

**triangle** A *polygon* with three *sides* and three *angles.*

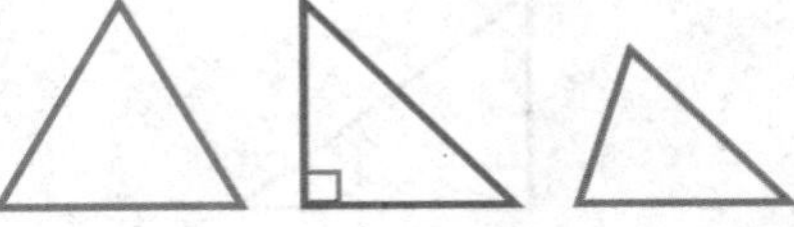

**acute triangle** A *triangle* with all three *angles* less than 90°.

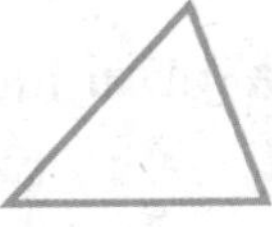

**equilateral triangle** A *triangle* with three *congruent* sides.

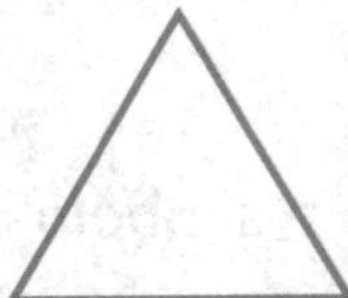

**isosceles triangle** A *triangle* with at least two sides of the same *length*.

3 cm 3 cm

2 cm

## Tt

**triángulo obtusángulo** *Triángulo* que tiene un *ángulo obtuso*.

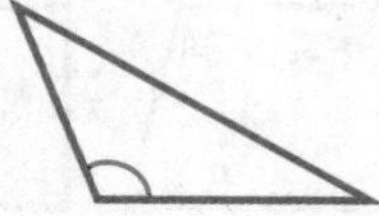

**obtuse triangle** A *triangle* with one *obtuse angle*.

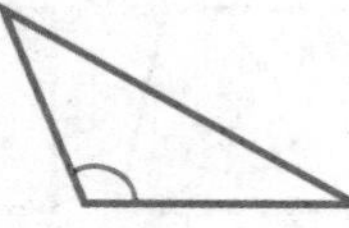

**triángulo rectángulo** *Triángulo* que tiene un *ángulo recto*.

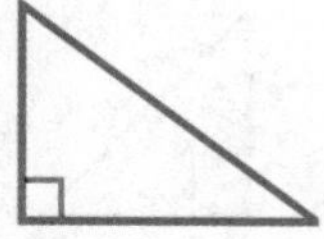

**right triangle** A *triangle* with one *right angle*.

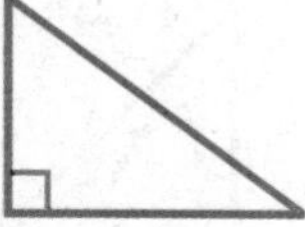

## Uu

**unidad cuadrada** Unidad para medir el *área*.

**square unit** A unit for measuring *area*.

## Vv

**valor posicional** Valor dado a un *dígito* que corresponde a su posición en un número.

**place value** The value given to a *digit* by its position in a number.

**variable** Letra o símbolo que representa una cantidad desconocida.

**variable** A letter or symbol used to represent an unknown quantity.

**vértice** Punto donde se unen dos *semirrectas* formando un *ángulo.*

**vertex** The point where two *rays* meet in an *angle*.

## Yy

**yarda (yd)** Unidad *usual* para medir la *longitud* igual a 3 pies o 36 pulgadas.

**yard (yd)** A *customary* unit for measuring *length* equal to 3 feet or 36 inches.

Nombre ..............................................................

# Tablero de trabajo 5: Modelos de décimos y centésimos

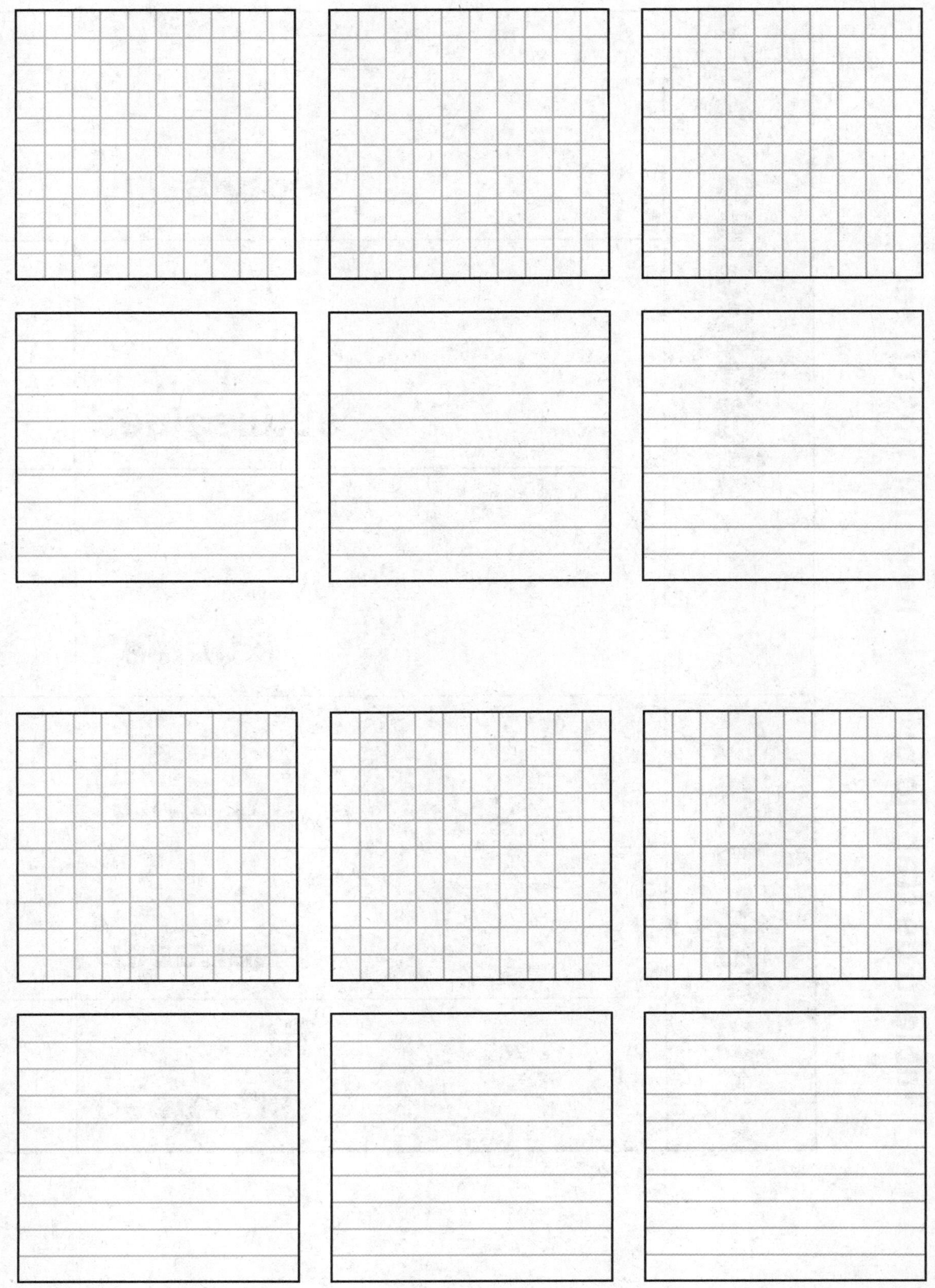

# Tablero de trabajo 6: Tabla de valor posicional

| Unidades | | | Decimales | | |
|---|---|---|---|---|---|
| centenas | decenas | unidades | décimos | centésimos | milésimos |
| | | | | | |

Nombre

# Tablero de trabajo 7: Cuadrícula en centímetros

# Tablero de trabajo 8: Rectas numéricas

0 1 2 3 4 5 6 7 8 9 10